高等学校人体结构与功能系列教材

人体结构与功能基础

刘尚明　易　凡　主编

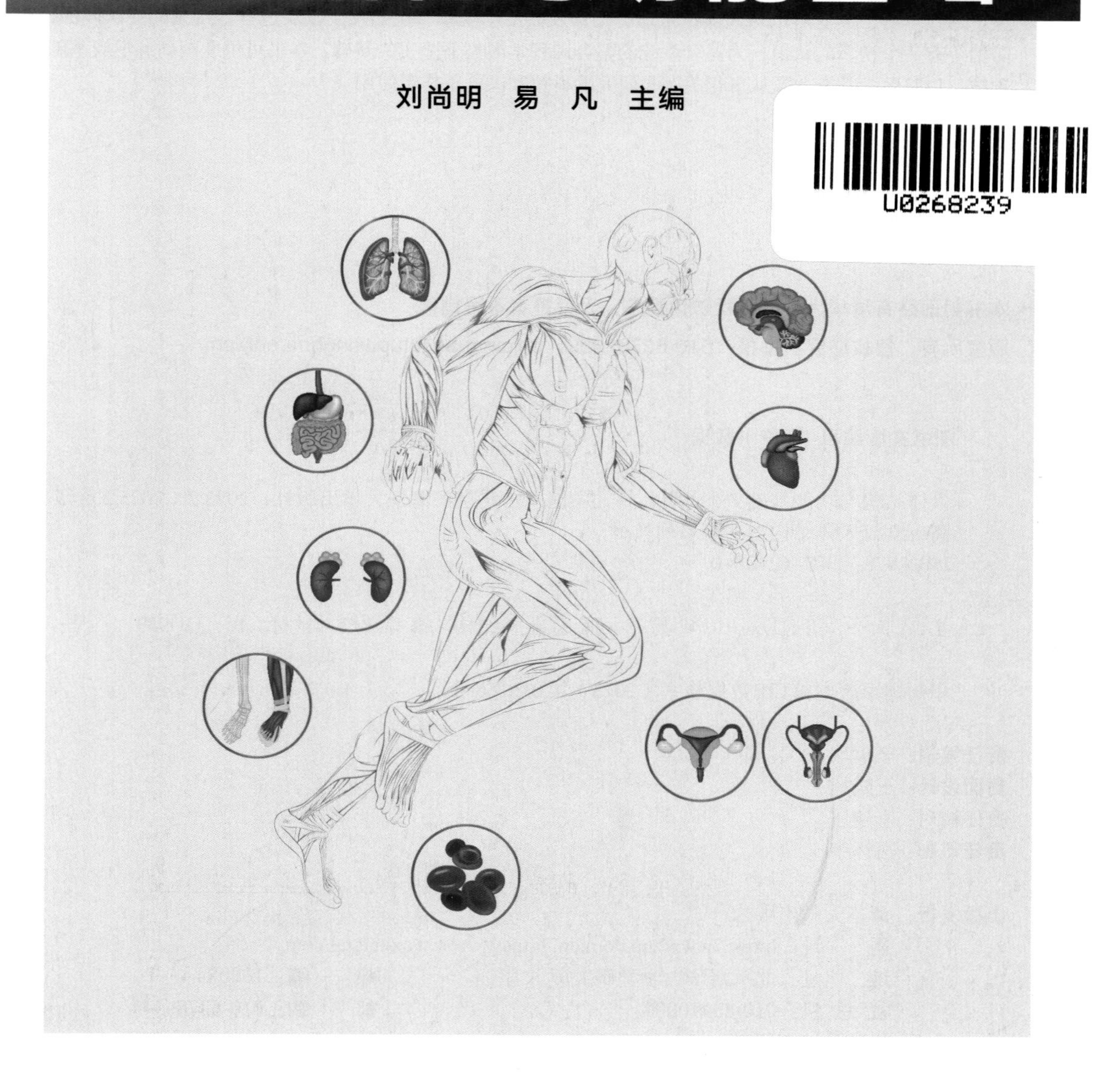

清華大學出版社
北　京

内 容 简 介

《人体结构与功能基础》强调结构与功能紧密结合、微观与宏观相互统一，对人体发生、组织构成、正常形态结构的活动规律、疾病的发生发展过程、常见的症状体征、药物与机体相互作用等内容进行了系统阐述。通过学习，读者可以对人体正常形态结构及其活动规律、疾病发生发展过程、常见的症状体征、疾病的防治等有一个初步的认识，为器官系统的整合课程学习打下坚实的基础。本书可供全国高等学校基础、临床、预防、口腔医学类专业及从事相关医学研究的科技和医务工作者使用。

图书在版编目（CIP）数据

人体结构与功能基础 / 刘尚明，易凡主编. —北京：清华大学出版社，2023.2（2025.2重印）
高等学校人体结构与功能系列教材
ISBN 978-7-302-62408-0

Ⅰ. ①人… Ⅱ. ①刘… ②易… Ⅲ. ①人体结构 – 高等学校 – 教材 Ⅳ. ①Q983

中国国家版本馆CIP数据核字（2023）第016166号

责任编辑：辛瑞瑞
封面设计：王晓旭
责任校对：李建庄
责任印制：丛怀宇

出版发行：清华大学出版社
网　址：https://www.tup.com.cn, https://www.wqxuetang.com
地　址：北京清华大学学研大厦A座　**邮　编：**100084
社 总 机：010-83470000　**邮　购：**010-62786544
投稿与读者服务：010-62776969，c-service@tup.tsinghua.edu.cn
质量反馈：010-62772015，zhiliang@tup.tsinghua.edu.cn
印 装 者：北京博海升彩色印刷有限公司
经　销：全国新华书店
开　本：210mm×285mm　**印　张：**21　**字　数：**398千字
版　次：2023年4月第1版　**印　次：**2025年2月第3次印刷
定　价：89.00元

产品编号：100233-01

主 编 简 介

刘尚明　副教授

山东大学转化医学共享平台主任，山东大学医学基础国家级实验教学示范中心常务副主任，教育部高等学校国家级实验教学示范中心联席会基础医学组副组长。

担任《人体与结构功能》融合课程组组长，承担《组织学与胚胎学》《人体结构与功能》《临床胚胎学》等课程的教学。主持山东省本科高校教学改革研究重点课题、山东省本科一流课程，获山东大学本科教学优秀奖、山东省教学成果一等奖、山东省本科课程思政示范课程、山东省研究生课程思政示范课程、教育部“拓金计划”示范课程。共同主编及参编多部规划教材。

易凡　教授

美国威斯康星医学院博士，国家杰出青年科学基金获得者、国家“万人计划”科技创新领军人才、享受国务院政府特殊津贴专家。现任山东大学副校长兼齐鲁医学院院长，中国药理学会肾脏药理专业委员会主任委员，*Kidney Diseases*、*Current Urology*、*BMEMat*等国际学术期刊副主编。先后主持国家基金委杰出青年科学基金、重大项目、重大研究计划等多项国家级项目。近年以通讯作者在Cell Metabolism、Circulation Research、Kidney International等国际权威期刊发表SCI论文120余篇，H指数为49，其中4篇被选为封面论文，6篇获得当期特别推荐并配发专题述评，相关研究获国家科技进步二等奖和中华医学科技奖一等奖。从事药理学即相关学科教学工作多年，获山东省教学成果二等奖一项，主编教材一部。

高等学校人体结构与功能系列教材

编　委　会

《人体结构与功能基础》

编 委 会

主　编 刘尚明　易　凡

副主编 高　鹏　王婧婧　杨　帆　郭雨霁

编　委（按姓氏笔画排序）

马雪莲　山东大学齐鲁医学院

王　媛　山东中医药大学

王姿颖　山东大学齐鲁医学院

王婧婧　山东大学齐鲁医学院

刘尚明　山东大学齐鲁医学院

刘洪彬　山东大学齐鲁医学院

刘甜甜　山东大学齐鲁医学院

孙玉静　山东大学齐鲁医学院

苏衍萍　山东第一医科大学

杨　帆　山东大学齐鲁医学院

张　斌　山东大学齐鲁医学院

张晓芳　山东大学齐鲁医学院

张翠娟　山东大学齐鲁医学院

易　凡　山东大学齐鲁医学院

郑　荟　山东第一医科大学

郝　晶　山东大学齐鲁医学院

郝爱军　山东大学齐鲁医学院

钟　宁　山东第一医科大学

娄海燕　山东大学齐鲁医学院

高　鹏　山东大学齐鲁医学院

郭雨霁　山东大学齐鲁医学院

丛书前言

“高等学校人体结构与功能系列教材”秉承国际医学教育改革和发展的核心理念，打破学科之间的壁垒，将人体解剖学、组织学与胚胎学、生理学、病理生理学、病理学、药理学、诊断学七门内容高度相关的医学核心课程以器官系统为主线进行了整合，形成《人体结构与功能基础》《神经系统》《运动系统》《血液与淋巴系统》《心血管系统》《呼吸系统》《消化系统》《泌尿系统》《内分泌与生殖系统》共九本书，系统阐述了各器官的胚胎发生、正常结构和功能、相关疾病的病因和发病机制、疾病发生后的形态及功能改变、疾病的诊断和相关药物治疗等内容。

本套教材根据“全面提高人才自主培养质量，着力造就拔尖创新人才”要求，坚持精英医学人才培养理念，在强调“内容精简、详略有方”的同时，力求实现将医学知识进行基于人体器官的实质性融合，克服了整合教材常见的“拼盘”做法，有利于帮助医学生搭建机体结构－功能－疾病－诊断－药物治疗为基础的知识架构。多数章节还采用案例引导的方式，在激发学生学习兴趣的同时，引导学生运用所学知识分析临床问题，提升知识应用能力。

为推进教育数字化，建设全民终身学习的学习型社会，编写组还制作了配套的在线开放课程并在慕课平台免费开放，为医学院校推进数字化教学转型提供了便利。建议选用本套教材的学校改变传统的“满堂灌”教学模式，积极推进混合式教学，将学生线上学习基础知识和教师线下指导学生内化与拓展知识有机结合，使以学生为中心、以能力提高为导向的医学教育理念落到实处。本套教材还支持学生以案例为基础（CBL）和以问题为中心（PBL）的自主学习，辅以实验室研究型学习和临床见习，从而进一步提高医学教育质量，实现培养高素质医学人才的目标。

本套教材以全国高等医学院校临床医学类、口腔医学类、预防医学类和基础医学类五年制、长学制医学生为主要目标读者，并可作为临床医学各专业研究生、住院医师等相关人员的参考用书。

感谢山东大学出版基金、山东大学基础医学院对于本套教材编写的鼎力支持，感谢山东数字人科技股份有限公司提供的高清组织显微镜下图片，感谢清华大学出版社在本书出版和插图绘制过程中给予的支持和帮助。

本套教材的参编作者均为来自山东大学等国内知名医学院校且多年从事教学科研工作的一

线教师，他们将多年医学教学积累的宝贵经验有机融入教材中。不过由于时间仓促、编者水平有限，教材中难免会存在疏漏和错误，敬请广大师生和读者提出宝贵意见，以利今后在修订中进一步完善。

刘传勇　易　凡

2022 年 11 月

前　言

秉承国际医学教育改革和发展理念，人体结构与功能系列教材以器官、系统为主线，对相关医学基础核心课程进行了整合，实现了人体形态结构与功能活动、生理机能与病理改变、疾病诊断与药物治疗等相关知识的有机衔接。

《人体结构与功能基础》是《高等学校人体结构与功能系列教材》的首本图书，本书秉承国际第二代医学教育改革的核心思想，按照“胚胎发生-细胞-基本组织-疾病概论-损伤与修复-肿瘤-药物与机体相互作用-疾病临床资料获取”的顺序进行编写，由浅入深，强调结构与功能紧密结合、微观与宏观相互统一，对人体发生、组织构成、正常形态结构的活动规律、疾病的发生发展过程、常见的症状体征、药物与机体相互作用等内容进行了系统阐述。通过对本书内容的学习，学生能够掌握医学基础知识，可为后续各器官系统的整合学习打下坚实的基础。

为方便学习，教材编委会还制作了在线开放课程并在慕课平台免费开放，为使用本教材的医学院校开展线上线下相结合的混合式教学提供了便利。本教材的参编作者均为长期工作在教学科研一线的专家、教授。他们在编写过程中，力求深入浅出、突出重点，同时在书中也介绍了某些领域新的研究进展。

感谢参与本册教材编写工作的编委会成员的大力支持和通力合作。在编写过程中，大家集思广益、字斟句酌，对编写大纲及章节内容进行了反复梳理和打磨。在审稿及交叉审稿过程中，各位编者精益求精，力求将最好的内容呈现给读者。在此特别感谢系列教材的编委会主委刘传勇教授，他对本版教材进行了通篇审校，其严谨细致、一丝不苟的工作态度值得我们敬重和学习。最后，感谢清华大学出版社在本书的出版和插图绘制过程中给予的大力支持。

在编写过程中，尽管编者已尽了最大努力，但由于时间仓促，疏漏和错误在所难免，请广大师生和读者不吝指教，以便在下一版中完善。

刘尚明　易　凡

2023 年 2 月

目　录

第一章　绪　论

■ 人体结构与功能课程的研究内容
◎ 研究人体的正常形态结构
◎ 研究人体的正常生命活动及其规律
◎ 研究病理状态下机体形态和功能的变化、相应的症状与体征
◎ 研究药物在人体内的作用过程及其机制

■ 人体结构与功能课程的研究方法
◎ 形态学研究方法
◎ 机能学研究方法

■ 人体结构基本术语
◎ 人体的组成和分部
◎ 人体的解剖方位
◎ 人体的轴和面

■ 生命活动基本特征
◎ 新陈代谢
◎ 兴奋性
◎ 适应性
◎ 生殖

■ 稳态及人体功能调节
◎ 内环境及稳态
◎ 人体功能调节与控制

■ 人体结构与功能课程的学习方法
◎ 结构与功能相联系
◎ 以器官系统为中心，器官与系统相整合
◎ 理论与实践相结合

人体结构与功能是研究人体正常形态结构和生命活动规律、疾病发生发展过程以及药物与机体相互作用原理的整合性课程，本课程根据知识点的内在联系，将内容高度相关的7门医学核心课程，包括人体解剖学、组织学与胚胎学、生理学、病理学、病理生理学、药理学、诊断学进行了整合，并按照“结构-功能-疾病-诊断-药物治疗”的认知规律进行了有机融合，构建了9册整合教材，分别是《人体结构与功能基础》《神经系统》《运动系统》《血液与淋巴系统》《心血管系统》《呼吸系统》《消化系统》《泌尿系统》《内分泌与生殖系统》，实现了人体形态与功能、宏观与微观、生理与病理、疾病诊断与药物治疗等相关知识的有机衔接。《人体结构与功能基础》是9册整合教材之首，通过本书内容的学习，可以对人体正常形态结构的活动规律、疾病的发生发展过程、常见的症状体征、疾病的防治等有一个初步的认识，为后续各器官系统的整合课程学习打下坚实的基础。

第一节　人体结构与功能课程的研究内容

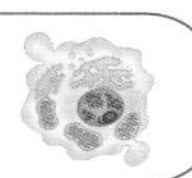

一、研究人体的正常形态结构

从细胞、组织、器官、系统及整体来研究的人体正常形态结构以及人体发育过

程，阐明人体构造的基本理论，是本课程的重要研究内容。这部分内容涉及人体解剖学、人体组织学与人体胚胎学。人体解剖学主要是通过宏观解剖的方式，用肉眼观察和研究人体器官、系统的形态及构造；人体组织学则是借助于显微镜，从微观水平阐明机体的细胞、组织及器官的微细结构；人体胚胎学则是研究胚胎在母体内发生、发育的过程及机制。只有掌握了人体正常形态结构，才能正确理解人体的生理功能，才能区分出异常病理及病理生理变化，从而对疾病进行正确诊断和治疗。

二、研究人体的正常生命活动及其规律

人体结构与功能相适应，对机体正常活动及其规律的探索是人体生理学的研究范畴，其研究内容大致可分为三个水平。①细胞分子水平：揭示细胞以及组成细胞的生物大分子的功能和生物学特性，认识相关器官生理功能产生的机制；②器官系统水平：研究各个器官及系统生理活动的规律及其影响因素；③整体水平：研究完整机体与各个系统之间的相互关系及完整机体与内外环境间的平衡。人体是一个有机的整体，构成整体的各个器官及系统相互协调、相互配合、相互制约，从而保障生命活动的正常进行。只有深入地了解人体正常功能活动及其机制，才能更好地理解疾病状态下功能异常和代谢紊乱的变化规律。

三、研究病理状态下机体形态和功能的变化、相应的症状与体征

这部分内容涉及病理学、病理生理学以及诊断学的知识。病理学侧重于从形态上观察和研究疾病发生后细胞、组织及器官的异常结构变化；病理生理学则是研究患病机体的功能、代谢变化及其机制；诊断学更多的是研究疾病状态下机体出现的症状及体征的改变。三者相辅相成，是连接基础医学与临床医学的桥梁，为临床疾病的诊断和治疗提供理论根据。

四、研究药物在人体内的作用过程及其机制

此部分内容涵盖了药理学的范畴。药物是指可以改变或查明机体的生理功能及病理状态，可用于预防、诊断和治疗疾病的物质。药理学是研究药物与机体相互作用规律及作用机制的科学，阐明药物在机体内吸收、分布、血药浓度、生物转化、药效和排泄过程及其机制，为临床防治疾病、合理用药提供理论依据。

（刘尚明　易　凡）

第二节　人体结构与功能课程的研究方法

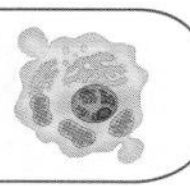

人体结构与功能是一门实践性很强的整合性课程，涵盖生物学、基础医学、临床医学和药学等一级学科相关内容。按照所涉及内容的特点，其研究方法大致上可以归

纳为两类，分别是形态学研究和机能学研究。

一、形态学研究方法

形态学研究方法以观察为主，基于客观、真实的结构，对观察的结果进行描述和对比分析。基于观察对象的不同，可分为大体形态观察和显微形态观察。

（一）大体形态观察

大体形态观察依赖肉眼对人体形态结构进行观察，是人体解剖学及大体病理学等学科研究的基本方法。人体解剖学通过尸体解剖展示及描述人体各器官的形态、结构、位置、大小、毗邻等，大体病理学则主要是对大体标本及其病变性状（外形、大小、重量、质地、病变特征等）进行细致地观察和检测。随着放射性核素、电子计算机断层扫描（computed tomography，CT）、磁共振成像（magnetic resonance imaging，MRI）等新技术在医学上的应用，动态观察、研究活体器官的形态结构成为可能。

（二）显微形态观察

显微形态观察主要是借助显微镜观察和研究人体微观形态结构，是组织学与胚胎学、病理学等学科研究的基本方法。组织学主要是观察和研究正常人体细胞、组织及器官的形态结构；胚胎学主要是观察和研究胚胎的发育过程及其规律，包括先天畸形；病理学则是观察和研究病理状态下细胞、组织及器官的形态学变化。显微镜可分为光学显微镜（light microscope）和电子显微镜（electron microscope）两大类。光学显微镜的发明将人体结构的观察推进到细胞水平，电镜的出现将观察水平深入到细胞内部各种细胞器。

1. 光学显微镜

应用一般光学显微镜（简称光镜）观察组织切片是组织学研究的最基本方法。取动物或人体的新鲜组织块，先用甲醛等固定剂固定（fixation），使组织中的蛋白质迅速凝固，防止细胞自溶和组织腐败。固定后的组织块用石蜡等包埋成硬块，用切片机切成4～10 μm厚的组织切片（tissue section）。组织块也可用液氮进行快速冻结，用冷冻切片机进行切片，该方法制片迅速，有助于保存细胞内酶活性。组织切片经染色后可进行显微镜观察，其染色原理一般基于化学结合或物理吸附作用。细胞和组织的酸性物质与碱性染料亲和力强者，称嗜碱性；而碱性物质与酸性染料亲和力强者，称嗜酸性；与两种染料的亲和力均不强者，称中性。组织学中最常用的是苏木精（hematoxylin）和伊红（eosin）染色法，简称HE染色法。苏木精使细胞核和胞质内的嗜碱性物质着蓝紫色，伊红使细胞质和细胞外基质内的胶原纤维等着红色。显微形态观察不仅可以进行定性观察，还可通过计算机运用数学和统计学原理对组织细胞进行二维和三维的形态学测量，完成定量观察。除普通光学显微镜外，还有用于观察标本中的自发荧光或以荧光素染色或标记结构的荧光显微镜，用于未染色活细胞观察的倒置相差显微镜，用于对细胞进行三维结构分析、细胞内荧光标记精确分析的共聚焦扫描显微镜等。

2. 电子显微镜

电子显微镜以电子束代替可见光，用电磁场代替玻璃透镜。电子显微镜可分为透射电镜和扫描电镜。

（1）透射电镜（transmission electron microscope）：用电子束穿透标本，经过电磁透镜的会聚、放大后，在荧光屏上成像观察。透射电镜的分辨率为0.1～0.2 nm，放大倍数从几千倍到几十万倍，常用于观察细胞的内部结构，尤其是各种细胞器的结构变化。由于电子束穿透力弱，电镜标本需制成50～80 nm的超薄切片，用重金属盐（如柠檬酸铅和醋酸铀等）染色。密度大、被重金属染色的结构，电子束散射的多，射落到荧光屏上的电子少而呈暗像，电镜照片上呈深灰色或黑色，通常称该结构电子密度高；反之，称电子密度低。

（2）扫描电镜（scanning electron microscope）：用于观察细胞、组织和器官表面的微细结构。扫描电镜发射的细电子束在样品表面按顺序逐点移动扫描，使样品表面发射出电子（称二次电子），经采集、信号放大后在荧光屏上成像。扫描电镜成像特点是景深长，图像清晰，富有立体感。

二、机能学研究方法

机能学研究方法主要是采用实验性研究，一些反映功能活动的生理指标可以通过观察、测定而获得，如心率、体温、呼吸频率等。机体大量的生理学知识是通过实验研究而获取的。实验性研究是在人为控制的条件下，观察实验因素对机体的影响，以探明其生理效应，揭示其作用机制。生理学、病理生理学和药理学等都是研究机体功能活动规律的科学，其研究方法均属于实验性研究，机能学实验可分为人体试验和动物实验。

（一）人体实验

以人作为研究对象，检测人体各器官系统的生理功能以及分析其机制，其前提条件是不能损害人体健康，所用的方法必须符合伦理要求。常见的无创人体功能学研究方法包括心电、脑电、血压、肺通气功能测定等。然而，能够直接观察人体生理活动的人体实验有限，许多器官、组织、细胞的生理活动数据、作用原理等受到研究技术的限制，目前还无法直接测量，只能通过动物实验间接求证。常用的实验动物往往选用进化上与人类比较接近的哺乳动物，也用一些低等脊椎动物，如两栖类。例如，研究心脏的活动规律及原理常以蟾蜍或青蛙的离体心脏为实验材料。

（二）动物实验

动物实验分为在体实验和离体实验。

1. 在体实验

在体实验可分为急性实验和慢性实验。急性实验一般只观察几个小时，最多2天；慢性实验则长达几个星期，甚至更长。急性实验一般在动物麻醉的情况下，手术暴露预观察的器官或组织，并行人为干预，再观察其生理功能的改变。例如观察迷走

神经对动脉血压的作用，可以先分离颈总动脉并插管记录血压，然后用电刺激迷走神经，并观察血压变化。慢性实验则以清醒的动物为研究对象，在体内环境尽量保持自然的条件下，对某一项功能进行研究。例如，研究唾液分泌规律，可预先把狗的一侧腮腺导管开口移植到面部表面，便于收集唾液。待创伤愈合后，观察在环境变化时，唾液分泌量的变化。

2. 离体实验

该实验方法是把动物的某一组织或器官取出，在一个能保持其正常功能活动的人工环境下进行实验，从而研究某一组织或器官固有的功能及其调节机制。例如，研究某种药物对心脏收缩功能的影响，可从蛙体内取出蛙心，用近似其血浆成分的液体灌流，使蛙心继续跳动，然后在灌流液中加入药物再观察心脏收缩的变化。

（刘尚明）

第三节　人体结构基本术语

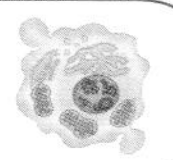

一、人体的组成和分部

（一）人体的组成

人体构成的最小单位是原子，主要的原子有碳、氢、氧、氮，这4种元素占人体元素的96%，无机元素如钙、磷、钠、钾、铁、氯等占4%。原子互相结合形成分子，如糖类、蛋白、核酸、脂肪、维生素、水等都是生命体重要的分子。分子化合物结合形成细胞器和生物膜，由生物膜包裹诸多细胞器形成细胞。细胞（cell）是构成人体形态结构和功能的基本单位。形态相似功能相近的细胞，借细胞外基质结合在一起构成组织（tissue）。按其结构和功能的不同，人体组织可分为4种基本类型，分别是上皮组织、结缔组织、肌组织和神经组织。几种不同的组织结合起来，具有一定形态、执行某一种特定功能，就构成了器官（organ）。有些器官中央有较大的空腔，称空腔性器官，如心、血管、胃、肠道、膀胱等；如无大的空腔，称实质性器官，如脾、淋巴结、肝、肾、肺等。许多功能相关的器官联合完成一种连续的生理功能，即组成系统（system）。人体有运动系统、消化系统、呼吸系统、泌尿系统、生殖系统、心血管系统、神经系统、内分泌系统和免疫系统等。

（二）人体的分部

人体从外形上可分成10个局部，每个局部又可细分为若干个小部分。人体重要的局部有：头部（包括颅、面部）、颈部（包括颈、项部）、背部、胸部、腹部、盆会阴部（后四部合称躯干部）和左、右上肢与左、右下肢，（上肢和下肢合称为四肢）。上

肢包括上肢带和自由上肢2个部分，自由上肢再分为臂、前臂和手3个部分；下肢分为下肢带和自由下肢2个部分，自由下肢再分为大腿、小腿和足3个部分。

人体胸腔由胸壁和膈肌围成，向上经胸廓上口通颈部，向下以膈肌与腹腔分隔。胸腔的中部为纵隔，有心、大血管、气管、食管、淋巴管、神经等，两侧部容纳左、右肺和胸膜腔。腹腔由腹壁围绕而成，腹腔的顶为膈肌，腹腔的下端借骨盆上口与盆腔相连。腹腔内有消化系统的大部分脏器和泌尿系统的部分脏器，还有脾、肾上腺、血管、神经、淋巴管等。胸腔和腹腔内都衬有浆膜，分别覆盖在胸腔的肺、腹盆腔脏器表面和衬覆于胸壁、腹壁内。脏、壁浆膜互相移行形成完整的浆膜囊，囊的内腔为不规则的巨大潜在间隙，分别形成两个体腔：胸膜腔和腹膜腔。

二、人体的解剖方位

为了正确地描述人体结构的形态，解剖学上常采用一些公认的统一标准和描述用语。人体方位的确定基于标准姿势：即身体直立，面部向前，两眼向正前方平视，双足并立，足尖向前，上肢下垂于躯干两侧，手掌向前。无论研究的对象处于何种体位，对人体任何结构的描述均需以标准姿势为基准。常用于描述方位的术语如下。

（一）上和下

上和下是对部位高低关系的描述。头部在上，双足在下，故近头侧为上，远头侧为下。如眼位于鼻之上，而口则位于鼻之下。对于动物和胚胎而言，可用颅侧、尾侧作为对应名词。

（二）前（腹侧）和后（背侧）

凡距身体腹面近者为前，距背面近者为后。如乳房在前胸壁，脊柱在消化道的后面。

（三）内侧和外侧

内侧和外侧是描述人体各局部或器官、结构与人体正中矢状面相对距离远近而言的术语。如眼位于鼻的外侧、耳的内侧。

（四）内和外

内和外是对与空腔相互关系的描述。近内腔者为内，远离内腔者为外。如胸腔内、外，腹腔内、外等。内、外与内侧和外侧是有显著区别的。

（五）浅和深

浅和深是对与皮肤表面相对距离关系的描述。离皮肤表面近者为浅，远离皮肤而距人体内部中心近者为深。

三、人体的轴和面

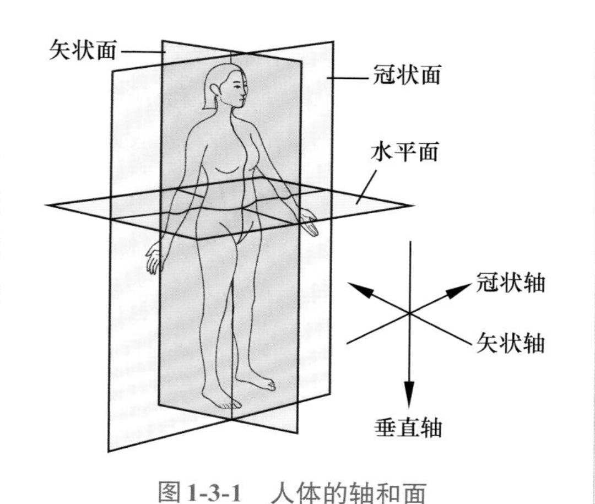

图1-3-1 人体的轴和面

轴和面是描述人体器官形态常用的术语。人体可设计相互垂直的3种轴，即垂直轴、矢状轴和冠状轴；依据3种轴，还可设计出互相垂直的3种面，即矢状面、冠状面和水平面（图1-3-1）。

（一）轴

1. 垂直轴

为上、下方向与人体长轴一致，垂直于水平面的轴。

2. 矢状轴

为前、后方向，与人体长轴垂直的轴。

3. 冠状轴

为左、右方向，与前两个轴相垂直的轴。

（二）面

1. 矢状面

矢状面是指前后方向，将人体分成左右两部的纵切面，该切面与地面垂直。位居正中的矢状面称为正中矢状面，将人体分成左右相等的两半。

2. 冠状面

冠状面是指左右方向，将身体分为前后两部的切面。

3. 水平面或横切面

水平面或横切面是指与地面平行，将身体分为上下两部的断面，与矢状面和冠状面相互垂直。

（刘尚明）

第四节 生命活动基本特征

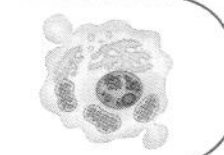

生命活动有4个基本生理特征：新陈代谢、兴奋性、适应性和生殖。

一、新陈代谢

生物体与环境之间不断进行物质交换和能量交换，以实现自我更新的过程称为新陈代谢（metabolism），包括合成代谢和分解代谢两个方面。合成代谢（anabolism）是

指机体从外界环境中摄取营养物质，合成机体自身的结构成分或更新衰老的组织结构并储存能量的过程（也称同化作用）；分解代谢（catabolism）是指机体分解自身物质，同时释放能量的过程（也称异化作用）。在分解代谢中释放的能量，50%以上迅速转化为热能，用于维持体温；其余的能量以高能磷酸键的形式储存，为合成代谢、循环、呼吸等基本生命活动以及机体的对外做功提供能量。机体只有在与环境进行物质与能量交换的基础上，才能不断地自我更新。新陈代谢一旦停止，生命也就随之终结。

二、兴奋性

机体受到周围环境改变的刺激时具有发生反应的能力，称为兴奋性（excitability）。能引起机体或其组织细胞发生反应的环境变化，称为刺激（stimulus）。刺激引起机体或其组织细胞的代谢改变及其活动变化，称为反应。反应可分为两种：一种是由相对静止变为活动状态，或者活动由弱变强，称为兴奋（excitation）；另一种是由活动变为相对静止状态，或活动由强变弱，称为抑制（inhibition）。刺激引起的反应是兴奋还是抑制，取决于刺激的质和量以及机体当时所处的机能状态。刺激的种类很多，按性质不同可分为物理性刺激（如电、声、光、机械、温度、射线等）、化学性刺激（如酸、碱、离子、药物等）、生物性刺激（如细菌、病毒、支原体等）、社会心理性刺激（如情绪波动、社会变革等）。

当机体受到刺激时，可将感受到的刺激转变为生物电信号，传入中枢神经系统，经过整合后引发特有的功能活动。如神经细胞以动作电位在细胞膜传播形成的神经冲动作为活动的特征；肌细胞通过兴奋-收缩耦联，表现为肌纤维收缩与舒张；腺体组织通过兴奋-分泌耦联引起腺体分泌。生物体受刺激能产生动作电位的组织称为可兴奋组织。组织兴奋的标志是动作电位的产生。

周围环境经常发生改变，但并不是任何变化都能引起机体或其组织细胞发生反应。能引起反应的刺激一般要具备3个条件，即一定的强度、一定的持续时间和一定的时间变化率。这三个条件的参数不是固定不变的，三者可以相互影响，当三者中有一个或两个的数值发生改变，其余的数值必将发生相应的变化。电刺激的强度、持续时间和时间变化率易于控制，而且电刺激对组织的损伤比较小，能够重复使用，所以实验中常采用电刺激。当我们使用方波电刺激时，其时间变化率是特定的，这时可以观察到在一定范围内引起组织兴奋的强度和持续时间之间呈反变的关系，即刺激强度加大时，所需持续时间就缩短。一般将引起组织发生反应的最小刺激强度（具有足够的、恒定的持续时间）称为阈强度（threshold intensity）或强度阈值。阈值的大小能反映组织兴奋性的高低。组织兴奋性高则阈值低，兴奋性低则阈值高。刺激对一种特定的组织细胞来讲，可分为适宜刺激和非适宜刺激，采用适宜刺激时阈值低，而用非适宜刺激时阈值高。机体对环境变化作出适当的反应，是机体生存的必要条件，所以兴奋性也是基本生理特征。

三、适应性

生物体所处的环境无时不在发生着变化，如温度、湿度、气压等在不同季节

中的变化差别很大。人类在长期的进化过程中，已逐步建立了一套通过自我调节以适应生存环境变化的机制。机体调整自身生理功能以应对环境变化的过程称为适应（adaptation）。机体这种根据内外环境情况而调整体内各部分活动和关系的能力称为适应性。适应可分为生理性适应和行为性适应两种，生理性适应以体内各组织、器官、系统活动的改变为主，例如人到高海拔低氧环境中生活时，血液中红细胞和血红蛋白均增加，以增强运输氧的能力，使机体在低氧条件下仍能进行正常活动，这属于生理性适应。行为性适应常有躯体活动的改变，如机体处在低温环境中会出现趋热活动，遇到伤害性刺激时会出现躲避活动。这种适应在生物界普遍存在，属于本能性行为适应。适应能力是生物体应对环境变化的一种生存能力，适应过程与环境变化的强度和适应的持续时间有关。长期刺激与适应的结果可通过基因水平的固化而保留给后代，如长期生活在高海拔的人群比生活在平原的人群耐缺氧能力强。

四、生殖

生殖（reproduction）是机体繁殖后代、延续种系的一种特征性活动。成熟的个体通过无性或有性繁殖方式产生或形成与本身相似的子代个体。无性生殖是指不经过两性生殖细胞结合，由母体直接产生新个体的生殖方式，如分裂生殖、出芽生殖、孢子生殖。有性生殖是指由亲代产生携带各自遗传信息的有性生殖细胞，再经过两性生殖细胞（如精子和卵细胞）的结合，成为受精卵，由受精卵发育成为新的个体的生殖方式。

（刘尚明 杨 帆）

第五节 稳态及人体功能调节

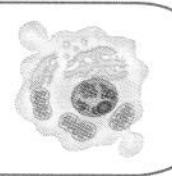

一、内环境及稳态

（一）体液及其组成

人体内的液体总称为体液，约占体重的60%，其中约2/3分布于细胞内，称为细胞内液；其余约1/3分布于细胞外，称为细胞外液，包括血浆、组织液、淋巴液和脑脊液等。

（二）内环境

机体生存的外界环境称为外环境，包括自然环境和社会环境。但人体内绝大多数细胞并不与外界环境相接触，而是浸浴在细胞外液中，因此细胞外液是细胞直接接触和赖以生存的环境，称为机体的内环境（internal environment）。内环境是细胞直接进

行新陈代谢的场所，细胞外液中含有各种无机盐和细胞新陈代谢所必需的营养物质及各种代谢产物。

（三）稳态

内环境的稳态（homeostasis）是指内环境的理化性质，如温度、pH、渗透压和各种液体成分等相对恒定的状态。1926年，美国生理学家坎农（Cannon W.B.）首次提出了“稳态”的概念。内环境的稳态并不是静止不变的固定状态，而是各种理化因素在一定范围内变动但又保持相对稳定的状态，简言之，是一种动态平衡。例如，人的正常体温在37℃上下波动，但每天的波动幅度不超过1℃；血浆pH可在7.35～7.45之间波动；血浆中各种离子浓度的波动范围也很小，如血钾浓度仅在3.5～5.5 mmol/L之间的狭小范围内波动。

稳态的维持具有重要的生理意义。因为细胞的各种代谢活动都是酶促生化反应，因此，细胞外液中需要有足够的营养物质、氧、水分以及适宜的温度、离子浓度、酸碱度和渗透压等。细胞膜两侧一定的离子浓度和分布也是可兴奋细胞保持其正常兴奋性和产生生物电的重要保证（详见第三章）。稳态的破坏将影响细胞功能活动的正常进行，如高热、低氧、水与电解质以及酸碱平衡紊乱等都可导致细胞功能的严重损害，引起疾病，甚至危及生命。因此，稳态是维持机体正常生命活动的必要条件。稳态的维持需要全身各器官和系统的共同参与和相互协调。在正常情况下，由于细胞的代谢，机体将不断消耗氧和营养物质，并不断产生CO_2和H^+等代谢产物，外界环境因素也会干扰稳态。但机体可通过调节多个系统和器官的活动，使遭受破坏的内环境及时得到恢复，从而维持其相对稳定。

二、人体功能调节与控制

（一）人体生理功能调节方式

1. 神经调节

神经调节（neuroregulation）是机体最主要的调节方式，是指神经系统的活动通过神经纤维的联系，对机体各组织、器官和系统的生理功能发挥调节作用。神经调节的基本方式是反射。反射（reflex）是指机体在中枢神经系统的参与下，对内、外环境刺激所做出的规律性应答。反射的结构基础是反射弧（reflex arc），由感受器、传入神经、神经中枢、传出神经和效应器五个部分组成。感受器（receptor）是指接受某种刺激的特殊装置，效应器（effector）则为产生效应的器官。神经中枢（nerve center）是指位于脑和脊髓灰质内的调节某一特定功能的神经元群。传入神经（afferent nerve）是从感受器到中枢的神经通路；而传出神经（efferent nerve）则为从中枢到效应器的神经通路。例如在膝跳反射中，当叩击股四头肌肌腱时，其中的感受器肌梭兴奋，通过传入神经将信息传递给脊髓，脊髓对传入信息进行分析，然后通过传出纤维将信息传到效应器——股四头肌，引起肌肉收缩，完成反射。反射弧的结构和功能必须完整，反射才能正常进行，反射弧的任何一个环节被阻断，反射将不能完成。反射可简

单也可复杂。例如，膝跳反射在中枢只经过一次突触传递即可完成，而心血管反射、呼吸反射等则须经中枢神经系统中多级水平的整合才能完成。神经调节的过程比较迅速，作用比较局限和精确。

2. 体液调节

体液调节（humoral regulation）是指体内某些特殊的化学物质通过体液途径对某些组织或器官的活动进行调节的过程。一些内分泌细胞分泌的激素（hormone）可经血液途径作用于全身各处的靶细胞（target cell），产生一定的调节作用，这种方式称为远距分泌（telecrine）。有些细胞产生的生物活性物质可不经血液运输，仅在组织液中扩散，作用于邻旁细胞，这种方式称为旁分泌（paracrine）。一些神经元也能将其合成的某些化学物质释放入血，然后经血液运行至远处，作用于靶细胞，这些化学物质被称为神经激素（neurohormone），神经激素分泌的方式称为神经分泌（neurosecretion）。人体内多数内分泌腺或内分泌细胞都接受神经的支配，在这种情况下，体液调节成为神经调节反射弧的传出部分，这种调节称为神经-体液调节（neurohumoral regulation）。同神经调节相比，体液调节相对缓慢、持久而弥散。

3. 自身调节

自身调节（autoregulation）是指组织细胞不依赖于神经和体液调节，自身对环境刺激发生适应性反应的过程。这种调节方式只存在于少数组织和器官。例如，在一定范围内增加骨骼肌的初长度可增强肌肉的收缩张力；肾动脉灌注压在80～180 mmHg范围内变动时，肾血流量基本保持稳定，从而保证肾泌尿活动在一定范围内不受动脉血压改变的影响。自身调节是一种比较简单、局限的原始调节方式，其特点是影响范围局限，调节幅度小、灵敏度低。

神经调节、体液调节和自身调节相互配合，使生理功能活动更趋完善。

（二）机体功能调节控制模式

从控制论的观点分析，人体内的控制系统可分为非自动控制系统、反馈控制系统和前馈控制系统三类。

1. 非自动控制系统

非自动控制系统是一种“开环”系统，控制部分发出指令影响受控部分，而受控部分的活动不会反过来影响控制部分的活动，因而它不起自动控制的作用。非自动控制系统在人体生理功能调节中较为少见。

2. 反馈控制系统

反馈控制系统又称为自动控制系统，是一种“闭环”系统，控制部分发出指令，控制受控部分的活动，而受控部分的活动可被一定的感受装置感受，感受装置再将受控部分的活动情况作为反馈信号送回到控制部分，控制部分可以根据反馈信号来改变自己的活动，调整对受控部分的指令。由受控部分发出的信息反过来影响控制部分的活动，称为反馈（feedback）。反馈有负反馈和正反馈两种形式。

（1）负反馈：负反馈（negative feedback）是指受控部分发出的反馈信息调整控制部分的活动，最终使受控部分的活动向着与原来相反的方向变化。当某种生理活动过强时，通过负反馈调控使该生理活动减弱；当某种生理活动过弱时，通过负反馈调控使该生理活动增强。人体内的负反馈极为常见，在维持机体生理功能的稳态中具有重要意义。如在动脉血压的压力感受性反射中，当动脉血压升高时，可通过反射抑制心脏和血管的活动，使心脏活动减弱，血管舒张，血压便回降；相反，当动脉血压降低时，也可通过反射增强心脏和血管的活动，使血压回升，从而维持血压的相对稳定。负反馈控制都有一个调定点（set point）。调定点是指自动控制系统所设定的一个工作点，使受控部分的活动只能在这个设定的工作点附近的一个狭小范围内变动。如正常动脉血压的调定点约为100 mmHg，体温的调定点为37℃，体液的pH调定点为7.4；需要指出的是，在一些情况下，调定点是可以发生变动的。例如，当高血压患者的血压持续升高时，血压调定点可上移，此时动脉血压可在较高水平上保持相对稳定。生理学中将调定点发生变动的过程称为重调定（resetting）。

（2）正反馈：正反馈（positive feedback）是指受控部分发出的反馈信息，促进控制部分的活动，最终使受控部分的活动向着与原来相同的方向进一步加强。正反馈远不如负反馈多见，其意义在于产生“滚雪球”效应，或促使某一生理活动过程很快达到高潮并发挥最大效应。例如排尿过程，当排尿中枢发动排尿后，由于尿液刺激了后尿道的感受器，后者不断发出反馈信息进一步加强排尿中枢的活动，使排尿反射持续加强，直至尿液排完为止。其他如排便、分娩、血液凝固等过程也都属于正反馈调节。在病理情况下出现的恶性循环也是一种正反馈，如发生心力衰竭（简称心衰）时，由于心脏射血无力，心室搏出量减少，射血后残留在心室内的血量增多，结果导致心室扩大和心肌耗氧量增多，心脏因负担加重，收缩力进一步减弱。如此反复，最终将导致死亡。

3. 前馈控制系统

控制部分在反馈信息尚未到达前已受到纠正信息（前馈信息）的影响，及时纠正其指令可能出现的偏差，这种自动控制形式称为前馈（feed-forward）。例如，正常人将手伸向某一预定目标时的动作十分准确而稳定。在进行这一动作的过程中，于中枢发出运动指令的同时，通过前馈控制，可使受控的肌群收缩活动受到一定制约，手不会不及目标，也不会超越目标。当然，在这一动作过程中，除前馈控制外，还有反馈控制，即肌肉和关节不断发回反馈信息，也有纠正中枢指令的作用。但假如只有反馈而无前馈，肌肉运动时将出现震颤，动作将不能快速、准确和协调地进行。条件反射也是一种前馈控制。例如，食物的外观、气味等有关信号在食物进入口腔之前就能引起唾液、胃液分泌等消化活动，运动员在到达运动场地尚未开始比赛之前，循环和呼吸活动就已发生改变等，都属于条件反射，也属于前馈控制。由此可见，前馈控制系统使机体的反应具有一定的超前性和预见性。

（马雪莲　杨　帆）

第六节 人体结构与功能课程的学习方法

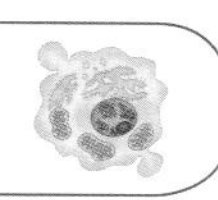

一、结构与功能相联系

人体是一个结构和功能的统一体，任何形态结构都有其相应的功能，而任何功能也必有其形态结构基础，功能的变化影响形态结构的变化，形态结构的改变也必将导致功能的改变。如浆细胞内发达的粗面内质网，其蛋白质合成功能必定旺盛，体现了浆细胞合成及分泌免疫球蛋白（抗体）的功能；凡具有较强吞噬功能的细胞（如巨噬细胞），必然含有较多的溶酶体，以消化吞噬物。疾病状态下，人体组织器官的形态结构发生变化，必将导致正常功能活动的异常改变。因此，医学生在学习不同的细胞、组织、器官的形态结构时一定要密切联系其功能，而学习机体器官、系统的各种功能活动规律时也要联想其各自的形态结构基础。

二、以器官系统为中心，器官与系统相整合

人体是由不同器官系统构成的一个有机统一体，每个器官或系统都是机体不可分割的一部分。以"器官系统为中心"的课程整合重组医学基础学科中的知识架构，深入剖析形态结构与功能、微观与宏观、病理与生理、疾病与诊治之间的内在联系，进一步建立医学基础知识与临床实践的深入关系，从而淡化学科之间的界限，加强基础课程与临床医学课程的联系，使学生的基础理论知识与临床实践技能同步发展。

同时，我们还应注意到各器官系统在结构和功能上互相联系、相互协调、相互配合、互相影响，以适应整体的需要。例如，心、肺、血管相互配合、共同作用，保证了机体O_2的吸入和CO_2的排出；呼吸系统的异常也会引起心血管系统的改变。局部的损伤不仅可影响邻近的局部，而且还可影响到整体。因此，在学习人体结构与功能时，还要加强学习理解局部与整体的联系，不能简单地把各个器官或系统割裂开独立地看待，要将器官和系统融为一体，这样才能更好地了解人体这个有机的整体。

三、理论与实践相结合

医学是一门实践性很强的学科，医学的理论来源于实践，从实践中不断得到总结、发展和提高，一旦理论建立后，反过来又可指导实践。因此，在学习人体结构与功能理论时，要结合实验课、见习等加深对理论知识的理解。例如，在人体形态结构的学习中，需要把书本上的理论知识与标本、切片、模型、光镜图片、电镜图片等结合起来，将病变组织的形态结构与正常结构进行对比，要动眼观察、动脑思考、动手操作，方能取得较好的学习效果。在学习诊断相关内容时，除了要掌握诊断的基本理论、基本知识和检查方法、思维程序外，还需要学会与患者的沟通交流，取得患者的信任和合作，做到关心、体贴、爱护患者，一切从患者利益出发，不能因为学习知识和技能而增加患者的痛苦。

理论与实践相结合，不仅能促进医学生全面正确地理解医学理论知识，也能培养医学生动手操作能力，对实验现象的观察和思考能力，对实验结果的处理、分析和总结能力，为最终的科研基本能力培养打下牢固的基础；同时还能培养医学生临床能力，做到学以致用，在临床见习及临床实习中得心应手、应用自如。

（刘尚明）

第二章 人胚发生和发育

■ 胚胎学概论
◎ 人体胚胎学的发展历史
◎ 畸形学概论
■ 配子发生和受精
◎ 配子发生
◎ 受精
■ 胚前期发育
◎ 卵裂和胚泡形成
◎ 植入
◎ 蜕膜的形成
◎ 二胚层胚盘及相关结构的发生
■ 胚期发育
◎ 三胚层的发生
◎ 脊索的发生
◎ 尿囊的发生
◎ 绒毛膜的形成和演变
◎ 三胚层的分化
◎ 胚期胚胎外形的变化
■ 胎期的发育及胚胎龄的计算
◎ 胎期的发育
◎ 胚胎龄的推算
■ 胎膜和胎盘
◎ 胎膜
◎ 胎盘
■ 双胎、多胎和连体双胎
◎ 双胎
◎ 多胎
◎ 连体双胎

第一节　胚胎学概论

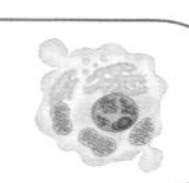

人体的发生起源于单个细胞——受精卵，受精卵是由带有父体遗传信息的精子和带有母体遗传信息的卵子相互融合产生，经过细胞增殖、分化和若干复杂的生物学过程，发育成为一个成熟的胎儿。人体的这一发生过程称为个体发生（ontogenesis）。研究人体个体发生过程及其机制的科学称为人体胚胎学（human embryology）。研究内容包括生殖细胞发生、受精、胚胎早期发育、器官系统的发生、胚胎与母体的关系、先天畸形等。

人胚胎在母体子宫中发育经历38周（约266天），可分为三个时期：①从受精到第2周末（二胚层胚盘出现）为胚前期（preembryonic period），此阶段主要是胚胎细胞的早期增殖和分化。②从第3周至第8周末为胚期（embryonic period），此阶段主要是胚胎细胞的进一步增殖和分化。胚期末，胚胎已具人形，各器官的雏形形成。③从第9周至出生为胎期（fetal period），此期内的胎儿逐渐长大，各器官、系统继续发育成形，部分器官出现不同程度的功能活动。

一、人体胚胎学的发展历史

人体胚胎学是人类在生存发展、繁衍生息的历史长河中客观实践和主观认识的结晶，经历了从大体形态到微细结构再到分子组成、从静态到动态、从客观描述到主动干预的过程。

早在公元前4世纪，古希腊的“医学之父”希波克拉底（Hippocrates）就曾对生殖过程有过认真的观察和正确的描述，标志着人类对生殖的认识开始从迷信和臆测转向实际的观察。显微镜的发明扩大了人的视野，发现了精子和卵子，观察了鸡胚的发育，积累了大量生殖和胚胎发生方面的知识，开始把生殖和胚胎发生与精子和卵子联系起来。但是，受当时科学发展水平的限制，人们对精子和卵子在胚胎发生中的真正意义还不理解，因而出现了两派臆测：一派认为精子内存在一个微小的个体，卵子只为这个微小个体提供营养，使其生长为胎儿；另一派则认为卵子内存在一个微小个体，受到精子的刺激后生长成胎儿。这就是胚胎学发展史上的“精原论”和“卵原论”。两种观点之间的论争虽然延续了多年，但都认为精子或卵子内存在一个预先形成的微小个体，因而后人将其统称为“先成论”或“预成论”。随着显微镜的不断改进和相关学科的发展，人们有条件深入地观察精子和卵子的微细结构和胚胎的发育过程，发现精子和卵子内没有预成的微小个体，胚胎的各器官结构都是从无到有、从简单到复杂逐渐形成的，从而提出了与“先成论”完全相反的“渐成论”。从“先成论”到“渐成论”是人类对生殖认识的一大飞跃，是胚胎学发展史上的一个里程碑。但是，“渐成论”存在太多的理论推导和想象，对胚胎发生的过程仍然缺乏深刻的认识。

19世纪细胞学说的创立和达尔文进化论的问世为胚胎学的发展提供了坚实的基础，胚胎学得到了快速发展。在这一时期，胚胎学家对多种动物的胚胎发生和各种器官结构的发生和演变进行了全面的观察和系统的描述，形成了描述胚胎学（descriptive embryology）。有些学者利用化学、生物化学和组织化学的技术，研究了胚胎发生过程中细胞及组织内某些化学物质的变化和形态发生的化学基础，形成了化学胚胎学（chemical embryology）。有些学者研究了多种动物的胚胎发生过程，比较和分析了不同种类的动物在胚胎发生中的异同，找出了若干共同的规律，这就是比较胚胎学（comparative embryology）。随着实验条件的改善和实验技术的进步，有些学者用胚胎切割、细胞移植、放射性核素标记示踪、体外培养等实验方法研究了胚胎发生的各种机制，这就是实验胚胎学（experimental embryology）。

进入 20 世纪后，胚胎学得到了长足的发展。随着分子生物学理论和技术的兴起，人们开始用分子生物学的理论和技术研究受精、植入、细胞分化、组织诱导、细胞迁移等生物学过程的分子基础，研究胚胎发生的基因调控和各器官结构形态发生和演变的分子机制，形成了分子胚胎学（molecular embryology）。分子胚胎学的研究显示，胚胎发生过程是各种发育相关基因程序性时空表达的结果，这些基因的程序性表达受着调节基因的调控，也受环境因素的影响。基因敲除和转基因技术的建立使人们可以获得各种表型的动物模型，为研究基因功能和建立各种疾病动物模型创造了条件，标志着分子胚胎学发展到了新的高度。分子胚胎学与实验胚胎学、分子遗传学、细胞生

物学等学科相互渗透，发展建立了发育生物学（developmental biology）。

随着社会的进步和科学的发展，人们越来越多地利用胚胎学理论和技术去改善人类的生殖过程，这就是各种形式的辅助生殖技术，统称生殖工程，如人工授精（artificial insemination）、体外受精-胚胎移植（in vitro fertilization and embryo transfer，IVF-ET）、单精子卵细胞质内注射（intracytoplasmic sperm injection，ICSI）、胚胎植入前遗传学诊断（preimplantation genetic diagnosis，PGD）、生殖细胞和胚胎冷冻等。1978年世界首例"试管婴儿"在英国诞生。1992年比利时诞生了人类首例ICSI婴儿。1990年英国将PGD技术应用于临床并获得健康婴儿。目前辅助生殖技术已被广泛应用于男性不育和女性不孕的治疗，表明胚胎学的发展不仅使人类逐渐破译了生殖过程的奥秘，而且逐渐实现了人类对生殖过程的改善和调控。

近年来，一大批新理论和新技术的出现，极大丰富了胚胎学的内涵，延展了胚胎学的研究领域。如干细胞工程、体细胞核移植、类器官培养技术等。

（一）胚胎干细胞

胚胎干细胞（embryonic stem cell，ESC）来源于着床前胚泡的内细胞群（inner cell mass，ICM），是一类未分化的二倍体多能干细胞，具有无限增殖、自我更新和多向分化潜能。1998年，美国科学家Thomson等利用体外受精获得人胚泡，成功建立了人胚胎干细胞系。大量研究已证实，一定条件下诱导胚胎干细胞可以分化出具有生理功能的神经元、心肌细胞、血细胞等，为细胞移植治疗奠定了基础。

（二）体细胞核移植

将成熟体细胞的细胞核移植入去核的卵细胞，可使移入的细胞核重新编程，获得的细胞具有受精卵的特点，这一过程称为体细胞核移植（somatic cell nuclear transfer，SCNT）。1996年，英国科学家将成年绵羊乳腺细胞的核移植到去核的山羊卵母细胞中，获得了全世界第一只存活的哺乳类克隆动物，即克隆羊"多莉"。之后，人们相继成功克隆了小鼠、牛、猪和大鼠等哺乳动物。2017年，世界上首次克隆成功的克隆猴"中中"和"华华"在我国诞生，体现了我国在克隆领域的突出贡献。

（三）诱导多能干细胞

2006年，日本科学家Yamanaka等将4个转录因子（Oct4、Sox2、Klf4和c-Myc）导入胎鼠成纤维细胞，将其诱导为与胚胎干细胞相似的诱导性多能干细胞（induced pluripotent stem cell，iPSC）。2007年，Yamanaka等又用同样的技术构建了人iPSC细胞系。2009年，中国科学家获得了iPSC小鼠，证明了iPSC诱导是与体细胞核移植具有同等重编程能力的一种有效的重编程手段。相对于体细胞核移植，iPSC诱导更为简单，且不受卵母细胞来源的限制，因此有更大的临床应用前景。

（四）类器官培养技术

类器官（organoid）属于三维（3D）细胞培养物，包含其代表器官的一些关键

特性。在3D类器官培养体系中，一群具有多分化潜能的干细胞可分化为多个器官特异的细胞类型，与对应的器官拥有类似的空间组织并能够重现对应器官的部分功能，从而提供一个高度生理相关系统。目前，类器官培养已广泛用于各种器官，其中包括肠、肝脏、胰腺、肾脏、前列腺、肺、视杯以及大脑等。这些类器官已广泛用于发育和再生机制研究、疾病模型建立、细胞替代治疗以及药物毒性和药效实验等。

二、畸形学概论

先天畸形（congenital malformation）是由于胚胎发育紊乱而引起的出生时就存在的形态结构异常，属于出生缺陷的一种。研究先天畸形发生的原因、机制和预防措施的科学称为畸形学（teratology），是胚胎学的一个重要分支。

（一）先天畸形的分类

先天畸形主要分为以下几种类型。

1. 整胚发育畸形

多由严重遗传缺陷引起，大都不能形成完整胚胎，并在早期死亡吸收或自然流产。

2. 胚胎局部发育畸形

由胚胎局部发育紊乱所引起的，常涉及多个器官，如头面发育不全、并肢畸形等。

3. 器官和器官局部畸形

由某一器官不发生或发育不全所致，如单侧或双侧肺不发生、室间隔膜部缺损、腭裂等。

4. 组织分化不良性畸形

由组织分化紊乱引起，发生时间较晚且肉眼不易识别，如骨发育不全、克汀病、先天性巨结肠等。

5. 发育过度性畸形

由器官或器官的一部分增生过度所致，如多指（趾）畸形等。

6. 吸收不全性畸形

由胚胎发育过程中某些应全部或部分吸收的结构吸收不全所致，如蹼状指（趾）、肛门闭锁、食管闭锁等。

7. 超数或异位发生性畸形

由器官原基超数发生或发生于异常部位所引起，如多乳腺、异位乳腺、双肾盂、双输尿管等。

8. 发育滞留性畸形

因器官发育中途停止，器官呈中间状态，如双角子宫、隐睾、骨盆肾、气管食管瘘等。

9. 重复畸形

由于单卵双胎未能完全分离，致使胎儿整体或部分结构不同程度地重复出现，如连体双胎等。

10. 寄生畸形

由于单卵双胎的两个胎儿发育速度相差甚大，致使小胎或不完整的小胎附着在大胎的某一部位上。

目前，我国常规检测包括无脑儿、脑积水、先天性心血管病、短肢畸形、腭裂、膈疝、Down综合征、尿道裂等19种先天畸形。

（二）先天畸形的发生原因

先天畸形的发生原因主要包括遗传因素、环境因素和两者的相互作用；其中遗传因素引起的先天畸形约占25%，环境因素约占10%，遗传因素与环境因素相互作用和原因不明者约占65%。

1. 遗传因素

遗传因素引起的先天畸形包括亲代畸形的血缘遗传和配子或胚体细胞的染色体畸变及基因突变。

染色体畸变包括染色体数目异常和染色体结构异常。染色体数目异常是细胞分裂过程中，染色体分离障碍所致，可发生于精子发生、卵子发生和卵裂过程中。染色体数目减少可引起先天畸形，常见于性染色体单体型，如Turner综合征（45，X）。染色体数目的增多也可引起畸形，多见于三体型（trisomy），如21号染色体的三体可引起先天愚型，即Down综合征。染色体结构异常是由于染色体断裂后的染色体部分缺失或异常的结构重组导致的。电离辐射、化学物质、病毒等都可能导致染色体的结构异常而引起畸形，如5号染色体短臂末端断裂缺失可引起猫叫综合征。

基因突变指DNA分子碱基组成或排列顺序的改变，但染色体外形无异常。其发生频率比染色体畸变多，但引起的畸形少，主要引起微细结构和功能方面的遗传性疾病，如软骨发育不全、镰状细胞贫血、苯丙酮酸尿症等。

2. 环境因素

能引起先天畸形的环境因素统称为致畸因子（teratogen）。致畸因子主要通过改变母体的外环境、母体的内环境和胚体的微环境，进而影响胚胎发育。环境致畸因子主要有以下5类。

（1）生物性致畸因子：主要指致畸微生物，目前已明确对人类胚胎有致畸作用的生物因子有风疹病毒、巨细胞病毒、单纯疱疹病毒、弓形虫、梅毒螺旋体等。

（2）物理性致畸因子：目前已确认对人类胚胎有致畸作用的物理因子包括射线、机械性压迫和损伤等。

（3）致畸性药物：主要包括抗肿瘤、抗惊厥、抗凝血药物、抗生素和激素等。如抗肿瘤药物氨基蝶呤可引起无脑、小头及四肢畸形；如孕期内大剂量应用新生霉素可引起先天性白内障和短指畸形等。

（4）致畸性化学物质：在工业“三废”、农药、食品添加剂、防腐剂中均含有一些有致畸作用的化学物质，主要包括某些多环芳香碳氢化合物、某些亚硝基化合物、某些烷基和苯基化合物、重金属（铅、镉、汞等）。

（5）其他致畸因素：酗酒、大量吸烟、缺氧、维生素缺乏、严重营养不良等均有

致畸作用。妊娠期间过量饮酒可引起多种畸形，称为胎儿酒精综合征，其主要表现为发育迟缓、小头、小眼、短眼裂、眼距小等。

3. 环境因素与遗传因素相互作用

多数先天畸形是环境因素与遗传因素相互作用的结果，这种相互作用包括两方面：一方面是环境致畸因子通过引起染色体畸变和基因突变而导致先天畸形；另一方面是胚胎的遗传特性决定和影响胚体对致畸因子的易感性。流行病学调查显示，在同一地区同一自然条件下，同时妊娠的妇女在一次风疹流行中都受到感染，但其新生儿有的出现畸形，有的却完全正常。出现这种情况的原因在于每个胚胎对风疹病毒的易感性不同。在环境因素与遗传因素相互作用引起的先天畸形中，标示遗传因素所起作用的指标称为遗传度。某种畸形的遗传度越高，说明遗传因素在该畸形发生中的作用越大，如先天性心脏畸形的遗传度为35%、无脑儿为60%、腭裂为76%。

（三）胚胎的致畸敏感期

胚胎在发育过程中受到致畸因子作用后，是否发生畸形和发生什么样的畸形，不仅取决于致畸因子的性质和胚胎的遗传特性，而且取决于胚胎受到致畸因子作用时所处的发育阶段。胚胎发育是一个连续的过程，但也有着一定的阶段性，处于不同发育阶段的胚胎对致畸因子的敏感程度也不同。受到致畸因子的作用后，最易发生畸形的发育阶段称为致畸敏感期（susceptible period）。

胚前期（即受精后的前2周）的胚胎受到致畸因子作用后较少发生畸形。因为此时的细胞分化程度较低，若致畸作用强，胚胎即死亡；若致畸作用弱，少数细胞受损死亡，多数细胞可代偿调整。

胚期（即受精后第3～8周）的胚胎细胞增生、分化活跃，器官原基正在发生，最易受到致畸因子的干扰而发生畸形。所以，胚期是受到致畸因子作用后最易发生畸形的致畸敏感期。由于胚胎各器官的发生时间不同，故各器官的致畸敏感期也不同（图2-1-1）。

胎期（即受精后第9周至出生）是胚胎发育过程中最长的一个时期。此期胎儿生长发育快，各器官进行组织发生和功能分化，受到致畸因子作用后也会发生畸形，但多属组织结构异常和功能缺陷，一般不出现严重的器官形态畸形。因此，胎期不属于致畸敏感期。

另外，不同致畸因子对胚胎的致畸敏感期也不同。如风疹病毒的致畸敏感期为受精后第1个月，其畸形发生率为50%；第2个月降为22%；第3个月仅为6%～8%。沙利度胺（反应停）的致畸敏感期为受精后第21～40天。

（四）先天畸形的预防和诊治

出生缺陷干预的关键是预防。为此，世界卫生组织（WHO）提出了出生缺陷的三级预防策略。一级预防是指防止出生缺陷儿的发生；二级预防是指减少出生缺陷儿的出生；三级预防是指对出生缺陷儿的治疗。

1. 先天畸形的预防

一级预防的主要措施包括遗传咨询和孕期保健。

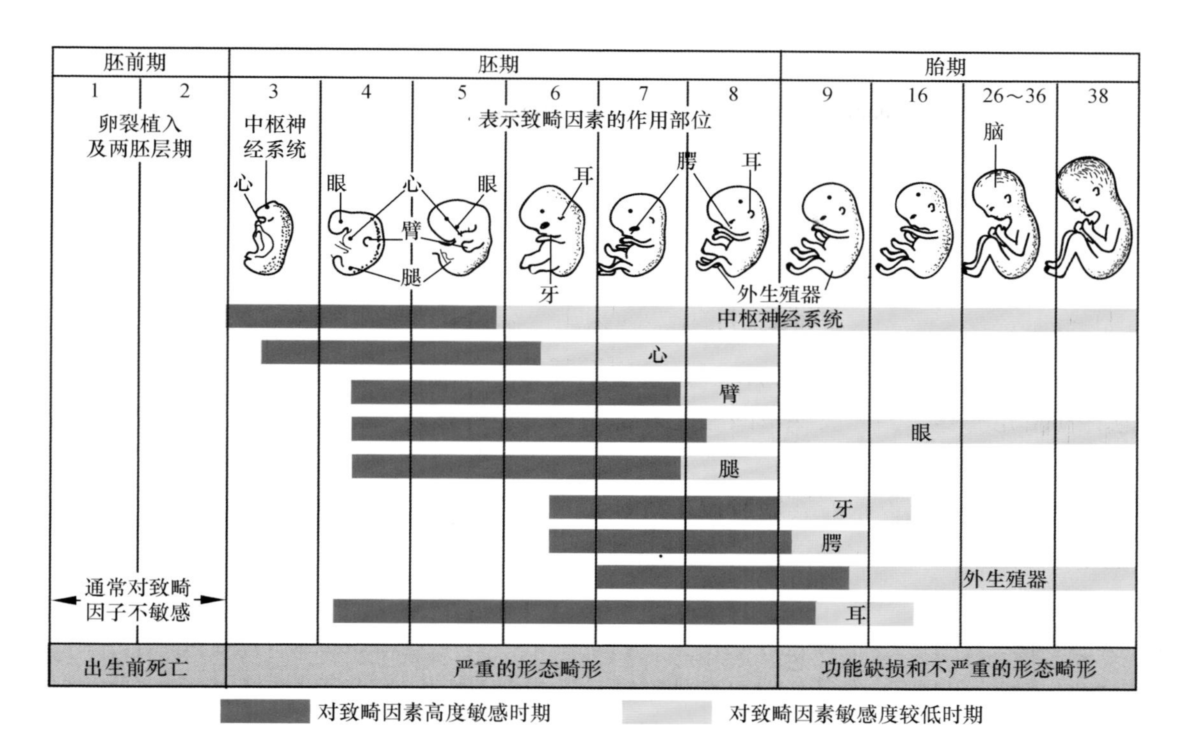

图2-1-1 人体主要器官的致畸敏感期

遗传性畸形的发病率较高，遗传咨询是预防遗传性畸形的重要措施。可通过家系调查、家谱分析、临床资料等确定婚配双方是否患有遗传性疾病，确定遗传方式，评估遗传风险，并进一步提出医学婚育建议，如对携带同种隐性遗传致病基因的夫妇可建议采用胚胎植入前遗传学诊断等措施。

孕期保健是防止环境致畸的根本措施。在妊娠期间，特别是妊娠前8周，要尽量预防感染，特别是要防止风疹病毒、弓形虫、单纯疱疹病毒、巨细胞病毒和梅毒螺旋体的感染。孕期谨慎用药是防止药物致畸的根本途径。戒烟、戒酒、避免和减少射线的照射也是预防胎儿畸形的一个重要方面。

2. 先天畸形的宫内诊断

先天畸形的二级预防是一级预防的必要补充，主要是在孕期通过早发现、早诊断和早采取措施，以预防缺陷儿的出生。主要措施包括产前筛查和产前诊断。

产前筛查是采用简便、经济、微创的方法，对危害严重的先天畸形、遗传性疾病、代谢性疾病等进行筛查。目前，产前筛查的疾病主要有Down综合征、胎儿神经管畸形、地中海贫血症等。

产前诊断又称宫内诊断，是指在胎儿出生前利用有创性和无创性方法对胎儿的发育状态、是否患有某种遗传病或先天性疾病等进行诊断。目前宫内诊断的方法有以下几种。

（1）羊膜囊穿刺：羊膜囊穿刺（amniocentesis）是在妊娠第16～22周，在超声引导下，抽取10～20 mL羊水做细胞染色体组型检查和化学成分检测。因羊水的化学成分分析可以准确地反映胎儿的代谢状况，羊水中胎儿脱落细胞的染色体分析能够准确地反映胎儿的遗传状况，所以羊膜囊穿刺可用于诊断开放性的神经管畸形、Down综

合征、18-三体综合征，Turner综合征等。

（2）绒毛膜活检：绒毛膜细胞与胚体细胞同源，有着相同的染色体组型，可以通过绒毛膜活检（chorionic villi biopsy，CVB）诊断胚胎的染色体异常。这种检查可以在妊娠第10周进行，故可早期诊断。

（3）胎儿镜检查：胎儿镜是用光导纤维制成的一种内镜，在妊娠第15～20周使用最好。通过胎儿镜可直接观察胎儿外部结构有无异常，并可采集胎儿血液、皮肤等样本做进一步检查，还可直接给胎儿注射药物或输血。

（4）超声检查：是一种简便易行且安全可靠的宫内诊断方法，可在荧光屏上清楚地看到胎儿的影像，不仅能诊断胎儿外部畸形，还可诊断某些内脏畸形，在临床应用最为普遍。

此外，X线检查和磁共振成像（MRI）可用于观察胎儿结构；孕妇外周血中胎儿游离DNA定量分析可用于胎儿染色体异常的诊断。

3. 先天畸形的治疗

近年，宫内诊断的研究进展很快，已经能对多种畸形做出准确的宫内诊断，但能进行宫内治疗的畸形还很有限。非手术性治疗开展较早，如小剂量可的松治疗胎儿肾上腺性征综合征，甲状腺素治疗胎儿甲状腺功能低下引起的发育紊乱。进展较快并能迅速收效的宫内治疗方法是宫内手术。宫内诊断和宫内手术已经成为一个专门学科，称胎儿外科学（fetal surgery）。目前，可经宫内手术治疗的先天畸形包括脑积水、先天性横膈疝、先天性肺囊性腺瘤性病变、尿道梗阻等。

（郝　晶）

第二节　配子发生和受精

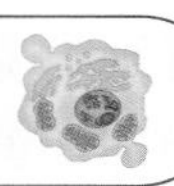

一、配子发生

配子（gamete）是指具有受精能力的生殖细胞。男性配子为精子，女性配子为卵子。配子发生（gametogenesis）是指具有受精能力的生殖细胞的成熟过程，主要通过减数分裂[（meiosis），又称成熟分裂（maturation division）]完成。在减数第1次分裂之前的分裂间期，初级精/卵母细胞进行DNA合成和染色体复制，其所含23对染色体中的每一个染色体都由两条姊妹染色单体构成，致使每个初级精/卵母细胞都含有2倍数的染色体和4倍量的DNA（4n DNA）。在减数第1次分裂中，成对的同源染色体配对联会，姊妹染色单体间发生基因交换。然后，同源染色体分离并分别进入分裂后的两个子细胞，即次级精/卵母细胞。这样，每个次级精/卵母细胞就含有23条即单倍数的染色体和2倍量的DNA（2n DNA）。次级精/卵母细胞几乎不经过分裂间期便进入了减数第2次分裂。此时，两条姊妹染色单体赖以连在一起的着丝粒分裂，于是两姊

妹染色单体分离并分别进入两个子细胞，即精子细胞或卵子。这样，每个精子细胞或卵子中既含单倍数的染色体，又含单倍量的DNA（1n DNA），成为真正的单倍体细胞。精子细胞经过形态结构的变化形成蝌蚪形的精子。卵子不再发生形态结构的变化。一个初级精母细胞经过减数分裂和复杂的形态结构变化，可生成4个精子，其中2个精子的性染色体为X，其余2个精子的性染色体为Y。一个初级卵母细胞经过减数分裂，只生成一个卵子，另外3个细胞为极体，其性染色体均为X（图2-2-1）。

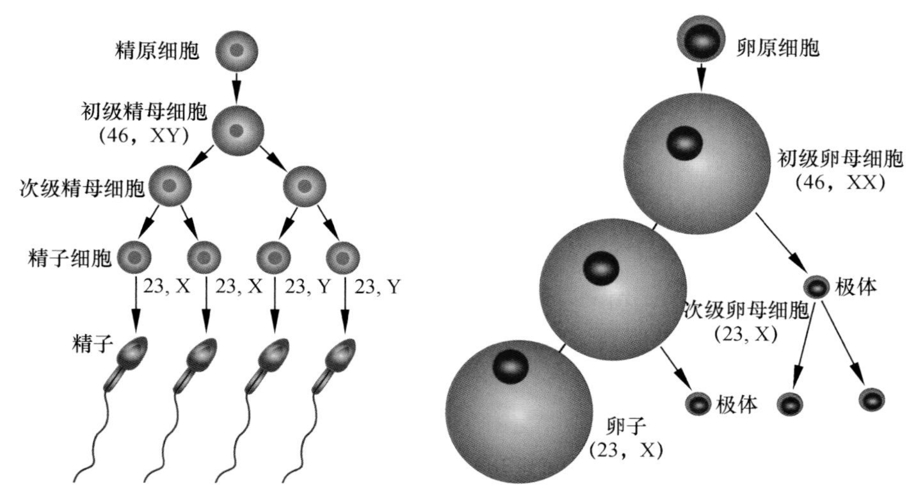

图2-2-1 精子和卵子的发生示意图

减数分裂是配子发生中必须经历的两次特有的细胞分裂。由于在减数第1次分裂中发生同源染色体的联会和姊妹染色单体之间的基因交换，因而染色体上的基因产生新的组合。由于同源染色体的分离和自由组合，以及减数第2次分裂中姊妹染色单体的分离和自由组合，便产生了多种不同染色体组合的配子。可见，减数分裂不仅生成了单倍体的配子，从而为受精后恢复二倍体奠定了基础，而且产生了遗传构成多样性的男性配子和女性配子。

二、受精

受精（fertilization）是精子与卵子相互融合生成受精卵的过程，于排卵后的12小时内发生于输卵管壶腹部。

成熟卵泡破裂、卵细胞从卵巢表面排至腹膜腔的过程称为排卵（ovulation）。包绕卵细胞的透明带和放射冠与卵细胞一起被排出。排卵前的36～48小时，初级卵母细胞完成减数第1次分裂，并开始减数第2次分裂，停止在减数第2次分裂中期。因此，排出的卵细胞是处于减数第2次分裂中期的次级卵母细胞。排卵时，受高水平雌激素的调节，输卵管伞部的突起伸长，其中的平滑肌节律性收缩，在卵巢表面扫描样运动；同时，输卵管上皮表面的纤毛向子宫腔方向快速摆动，输卵管壁上的平滑肌节律性收缩，输卵管腔内的液流方向朝向子宫腔。这些因素使排出的卵细胞连同其周围的透明带和放射冠进入输卵管并向子宫腔方向运转（图2-2-2）。当卵细胞到达输卵管壶腹部时，因此处管腔大、液流速度缓慢，其运转速度减缓，受精就在此处进行。

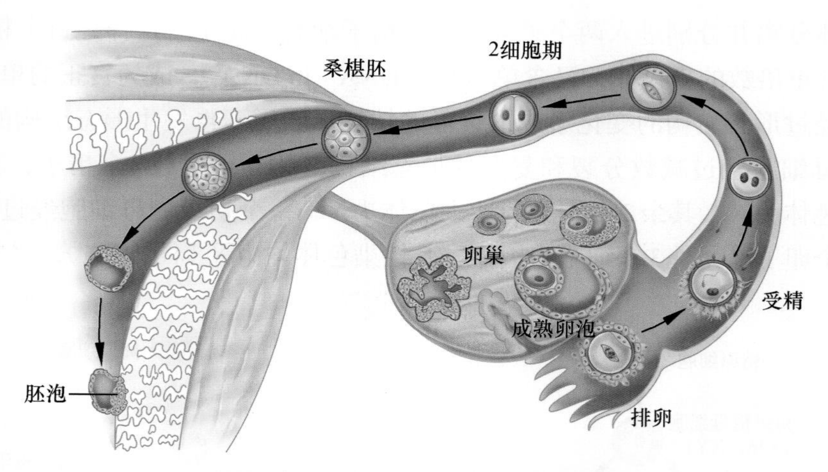

图 2-2-2 排卵、受精、卵裂与植入示意图

在生精小管内发生并在附睾内成熟的精子仍不能使卵子受精，必须经过获能才具有受精能力。精子获能（sperm capacitation）是指精子在女性生殖管道，尤其是在输卵管运行中获得受精能力的过程。此时，精子表面附着的一些糖蛋白衣和精浆蛋白从精子头部脱落，暴露顶体表面的细胞膜。

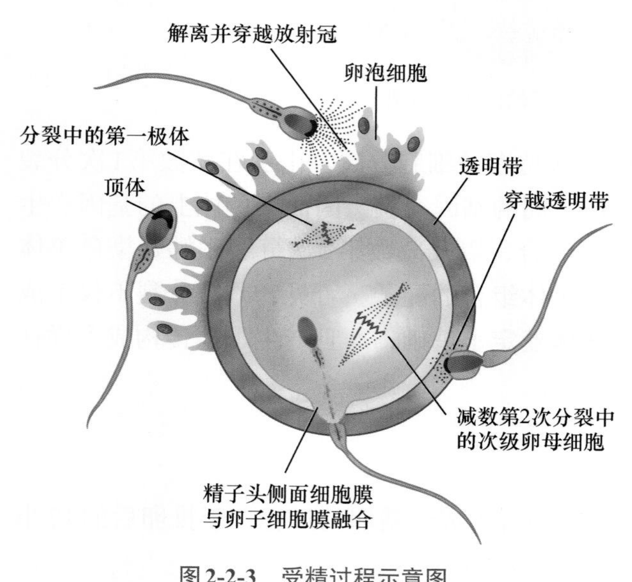

图 2-2-3 受精过程示意图

当获能后的精子遇到卵细胞周围的放射冠时，便释放顶体酶，溶解放射冠颗粒细胞之间的基质，穿越放射冠，这一过程称为顶体反应（acrosome reaction）。在透明带蛋白-3（zona protein 3，ZP3）与精子细胞膜上的相应受体的介导下，精子与透明带黏附并进一步释放顶体酶。在顶体酶的作用下，精子穿越透明带与卵细胞膜接触并融合（图 2-2-3）。精子与卵细胞膜的接触和融合引发了卵浆内皮质颗粒（cortical granule）与卵细胞膜融合破裂，内容物进入透明带，改变了透明带的性质，灭活了透明带表面的精子特异性受体，从而阻止了其他精子的穿越，这一过程称透明带反应（zona reaction）。透明带反应使一个精子进入卵浆后，其他精子不能进入，从而保证了单精受精，防止了多精入卵（polyspermy）。

由于在顶体反应中覆盖在顶体前膜上的质膜已经消失，精子头部后份的质膜与卵膜融合，精子头部的细胞核及头尾部的少量细胞质进入卵细胞质，精子的细胞膜变成了卵细胞膜的一部分（图 2-2-3）。精子的进入使卵细胞很快完成了减数第 2 次分裂，生成了一个成熟的卵子和一个几乎不含细胞质的极体细胞。卵子的细胞核呈泡状，称卵原核（ovum pronucleus）或雌原核（female pronucleus）。精子的细胞核紧靠卵原核

并胀大呈泡状，称精原核（sperm pronucleus）或雄原核（male pronucleus）。两原核进一步贴近，核膜消失，染色体释放到卵浆中，来自两个原核的染色体相互混合，形成了一个由精子与卵子融合而成的、含有46条染色体的二倍体细胞——受精卵，又称合子（zygote）。至此，受精过程完成。

发育正常并已获能的精子与发育正常的卵细胞在限定的时间相遇是受精的基本条件。排卵后12小时，卵细胞便失去受精能力。精液中精子的数量越少，受精的概率也越小（如果每毫升精液所含精子＜400万个，受精的可能几乎为0）。精子和卵细胞的质量与受精密切相关：如果小头、双头、双尾等畸形精子的数量＞30%，或者精子的活动力太弱，或者卵子发育不正常，受精成功的概率会很小。如果女性或男性生殖管道不通畅，尽管精子数量和质量俱佳，受精也不可能实现，避孕套、子宫帽、输精管结扎、输卵管粘堵等就是根据这一原理而设计的避孕或绝育方法。雌、孕激素是维持和调节生殖细胞发生、发育及其在生殖管道中正常运转的重要条件，如果这两种激素的水平太低，也会影响受精过程。

受精是生殖过程中的一个关键环节，受精卵是精子和卵子相互融合、相互激活的产物，是新个体的开端。受精过程是双亲的基因随机组合的过程，并使受精卵恢复二倍体核型，因此由受精卵发育来的新个体既保持了双亲的遗传特征，又具有与亲代不完全相同的性状。受精决定了新个体的遗传性别。如果性染色体为X的精子与卵子受精，新个体的遗传性别就会是女性（46，XX）；如果性染色体为Y的精子与卵子受精，新个体的遗传性别就会是男性（46，XY）。

（刘尚明　刘洪彬）

第三节　胚前期发育

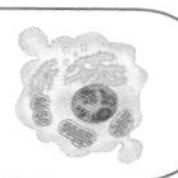

受精完成后，受精卵向子宫方向移动，并发生连续的有丝分裂。受精第2周形成二胚层胚盘，15天后，二胚层胚盘分化为胚体原基——三胚层胚盘。三胚层胚盘出现之前的这段时间，即受精之后的前2周，称胚前期。

一、卵裂和胚泡形成

（一）卵裂

受精卵形成后便开始了连续的细胞分裂，称为卵裂（cleavage），分裂后的子细胞称卵裂球（blastomere）。卵裂形式上虽然属于有丝分裂，但与通常的有丝分裂相比，有如下特点：卵裂始终在透明带内进行，因而随着卵裂球数目的增加，每个卵裂球的体积越来越小；随着卵裂的进行，卵裂球之间出现了越来越明显的差异，即细胞分

化。受精后30小时第1次卵裂完成，进入2细胞期；约40小时，进入4细胞期。受精后第3天，卵裂球达到16个左右，细胞排列紧密，外观似桑椹，故称桑椹胚（morula）（图2-3-1）。

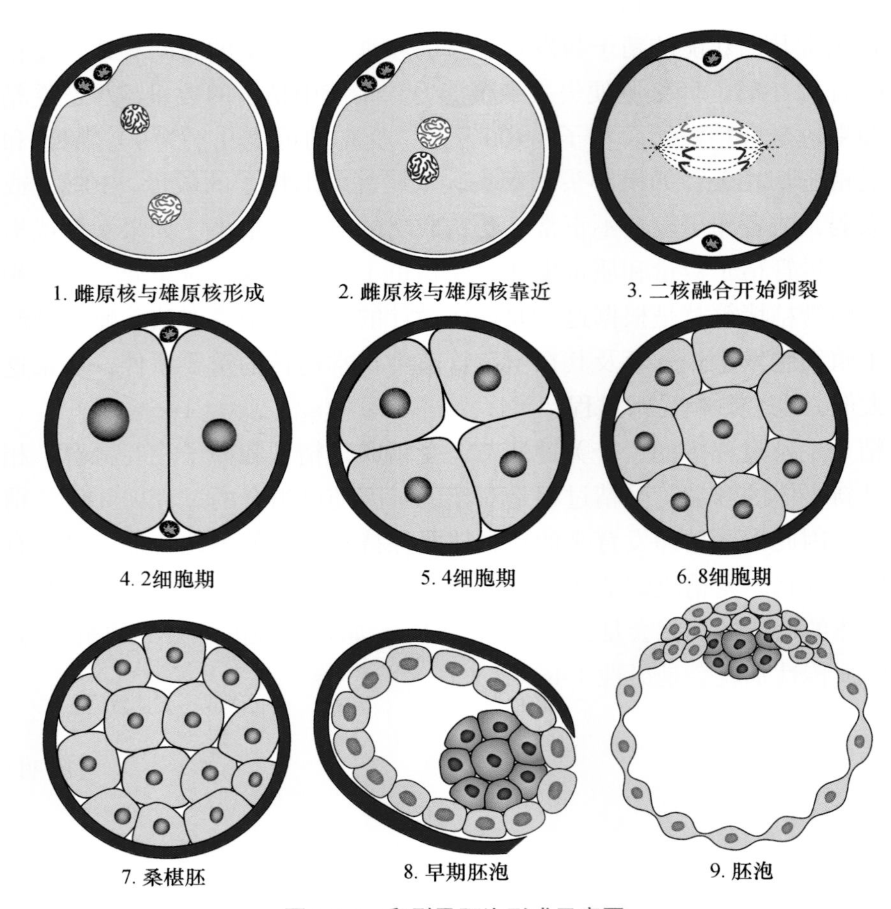

图2-3-1 卵裂及胚泡形成示意图

（二）胚泡形成

受精后第4天，桑椹胚进入子宫腔后，卵裂球很快增至100个左右，细胞分化更加明显。细胞间先是出现了一些小间隙，后融合为一个大腔，使整个胚呈泡状，故称胚泡（blastocyst），又称囊胚（图2-3-1）。胚泡中央的腔为胚泡腔（blastocoele），包绕胚泡腔的一层扁平细胞与吸收营养有关，称滋养层（trophoblast）。胚泡腔一端有一团细胞，称内细胞群（inner cell mass），这群细胞是多能干细胞，未来分化为胚胎的各种组织结构和器官系统，故又称成胚细胞（embryoblast）。位于内细胞群一侧的滋养层称胚端滋养层，与胚泡植入密切相关。

二、植入

植入（implantation）是胚泡进入子宫内膜的过程，开始于受精后第5天末或第6天初，完成于受精后第12天左右。

受精后第4天末，胚泡逐渐从透明带中孵出。第5天末，覆盖内细胞群的胚端滋养层细胞首先与子宫内膜的表面上皮黏附，分泌蛋白水解酶并溶蚀子宫内膜，在局部形成缺口。胚泡沿缺口进入子宫内膜功能层（图2-3-2）。进入子宫内膜的滋养层细胞迅速增殖并分化为两层，即内面的细胞滋养层（cytotrophoblast）和外面的合体滋养层（syncytiotrophoblast）。合体滋养层无细胞界限，呈合胞体样；细胞滋养层的细胞略呈立方形，细胞界限清楚，细胞不断分裂增殖并补充融入合体滋养层，使合体滋养层逐渐加厚（图2-3-3）。受精后第9天，胚泡已深入子宫内膜，表面上皮的植入口由纤维蛋白凝栓（fibrin coagulum）封堵。与此同时，合体滋养层增厚并形成若干陷窝，称滋养层陷窝（trophoblastic lacunae）（图2-3-4）。

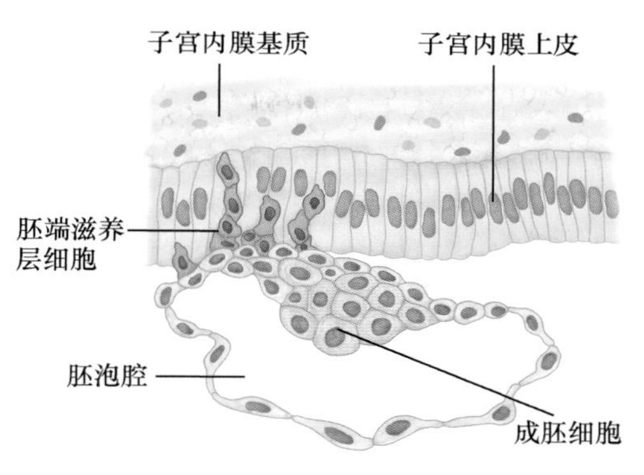

图2-3-2　第6天胚泡开始植入

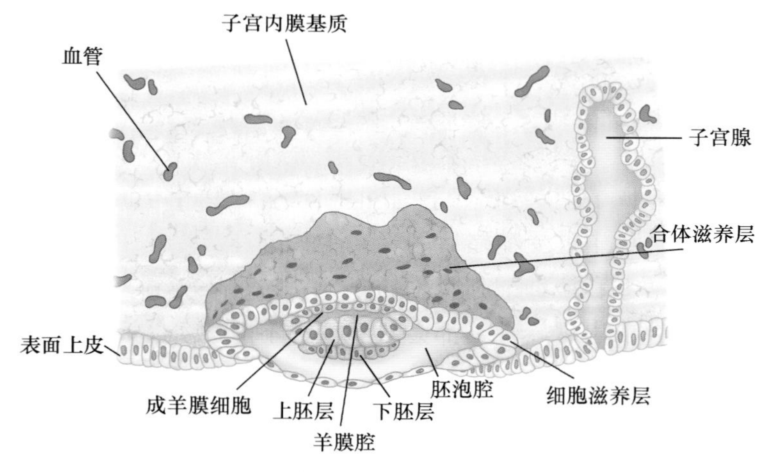

图2-3-3　第8天胚泡部分进入子宫内膜

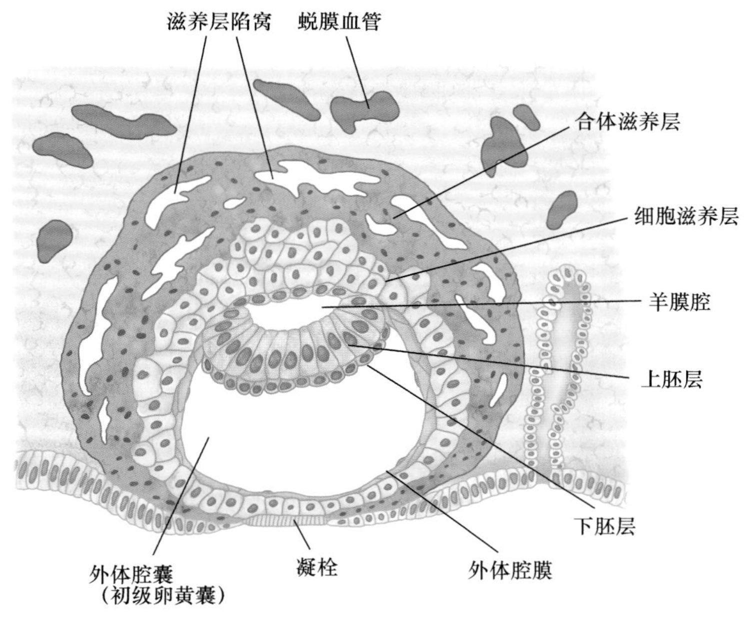

图2-3-4　第9天胚泡植入即将完成

受精后第12天左右，胚泡已完全进入子宫内膜，内膜表面的植入口已被表面上皮完全覆盖，从子宫腔内可以看到一个轻微突起。此时，合体滋养层内的陷窝增多，并相互吻合成网。合体滋养层侵蚀子宫内膜中的小血管，血液进入陷窝网（图2-3-5）。

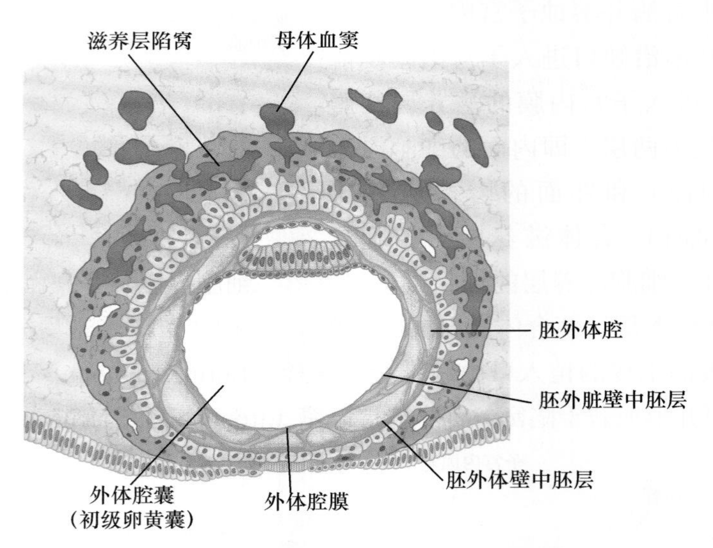

图2-3-5 第12天胚泡完全进入子宫内膜

植入是遗传构成不同的两种组织——胚泡和子宫内膜相互识别、相互黏附、相互容纳的过程，是生殖过程中继受精之后的又一个关键环节。这一复杂的生物学过程受到雌激素、孕激素的调控和多种细胞因子的介导，同时还受到宫腔内环境的影响，这些因素中的任何一个环节出现异常，都会引起植入不能性不孕。人为地干扰其中的某一个环节，就会达到避孕的效果。

植入通常发生于子宫体的前壁和后壁，偶尔也会植入在子宫颈内口附近，并在此形成胎盘，称前置胎盘（placenta praevia）。这种情况常常会在分娩时发生大出血，因而多行剖宫产。植入也会发生在子宫以外的部位，称异位妊娠（ectopic pregnancy）。大约95%的异位妊娠发生于输卵管，其中大部在输卵管的壶腹部。异位妊娠也可发生于卵巢，称卵巢妊娠；也可发生于腹膜上，特别是子宫直肠窝处（图2-3-6）。在异位妊娠中，多数胚胎早期死亡并被吸收，少数发育较大后破裂而引起大出血。

三、蜕膜的形成

植入部位的子宫内膜首先发生反应性变化，后逐渐扩展至整个子宫内膜。这些变化统称为蜕膜反应。经蜕膜反应之后的子宫内膜称蜕膜（decidua）。子宫内膜的变化主要包括：子宫内膜进一步增厚，血管增生，血供更加丰富；子宫腺扩大、分泌旺盛，腺腔内充满分泌物；基质细胞肥大，胞质内富含糖原颗粒和脂滴，这种细胞称蜕膜细胞；细胞间隙增大，呈“水肿状态”。

根据蜕膜与植入胚泡的位置关系，通常将蜕膜分为三个部分：位居胚泡深面的部分称底蜕膜或基蜕膜（decidua basalis），覆盖胚泡表层宫腔侧的部分为包蜕膜（decidua capsularis），其余部位的蜕膜称壁蜕膜（decidua parietalis）。底蜕膜未来参与

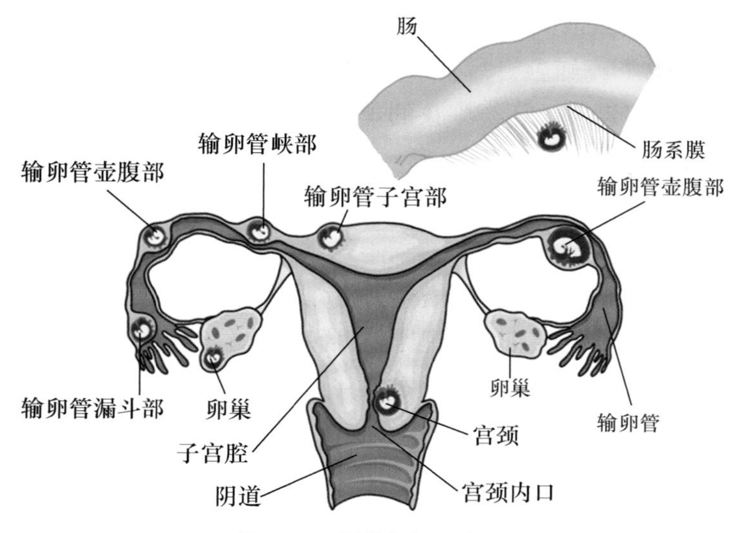

图 2-3-6 异位妊娠示意图

胎盘的形成，包蜕膜和壁蜕膜则逐渐退化、变薄，随着胚胎的逐渐增大，包蜕膜逐渐靠近壁蜕膜，最终两者相互融合，子宫腔随之消失（图2-3-7）。

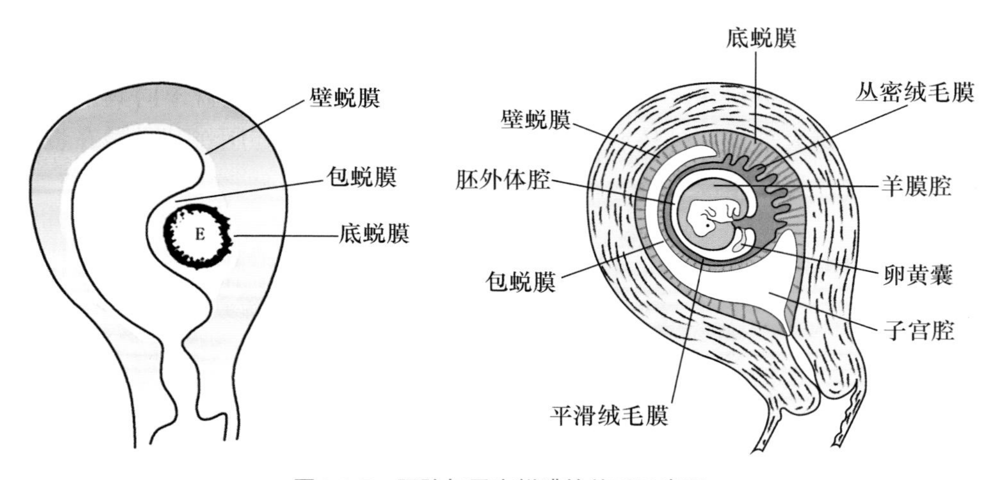

图 2-3-7 胚胎与子宫蜕膜的关系示意图

四、二胚层胚盘及相关结构的发生

（一）二胚层胚盘的形成

胚泡开始植入后，内细胞群的细胞分裂增殖，并于受精后第7～8天分化为上、下两层细胞：上层细胞呈高柱状，称为上胚层（epiblast）；下层细胞呈低立方形，称为下胚层（hypoblast）。两层细胞紧密相贴，中间隔有一层基膜。这两层细胞构成的椭圆形盘状结构，称二胚层胚盘（bilaminar germ disc）（图2-3-3、2-3-4）。

（二）羊膜囊的形成

受精后第8天，随着上胚层细胞的增生，在细胞间出现了一个小的腔隙并逐渐扩

大，形成羊膜腔（amniotic cavity），腔中充满了羊水（amniotic fluid）。贴近细胞滋养层内面的一层细胞为成羊膜细胞，后形成羊膜；与下胚层相贴的一层细胞仍为上胚层。这两层细胞的边缘相延续，环绕中央的羊膜腔，共同构成了羊膜囊，上胚层构成羊膜囊的底（图2-3-3）。

（三）初级卵黄囊的形成

受精后第9天，下胚层边缘的细胞增生并沿细胞滋养层内面向下迁移，形成了一层扁平细胞，称外体腔膜。这层细胞在腹侧遇合后，便与下胚层共同构成了一个囊，称外体腔囊（exocoelomic sac），即初级卵黄囊（primary yolk sac），其囊腔就是原来的胚泡腔，下胚层就是其顶（图2-3-4）。

（四）胚外中胚层、胚外体腔及体蒂的形成

受精后第11天，在细胞滋养层内面与外体腔膜及羊膜之间出现了一层疏松的网状结构，称胚外中胚层（extraembryonic mesoderm）。受精后第12天，随着胚外中胚层的增厚，其中出现了一些小的腔隙，后融合为一个大腔，称胚外体腔（extraembryonic coelom），又称绒毛膜腔。胚外体腔的出现，将胚外中胚层分隔成了两部分：一部分铺衬在滋养层的内表面并覆盖在羊膜囊的外表面，称胚外体壁中胚层；另一部分覆盖在卵黄囊的表面，称胚外脏壁中胚层（图2-3-5）。此时，二胚层胚盘连同其上方的羊膜囊和下方的卵黄囊大部被胚外体腔所环绕，只有一束胚外中胚层将其悬吊在滋养层上，这就是连接带，又称体蒂（body stalk）（图2-3-8）。

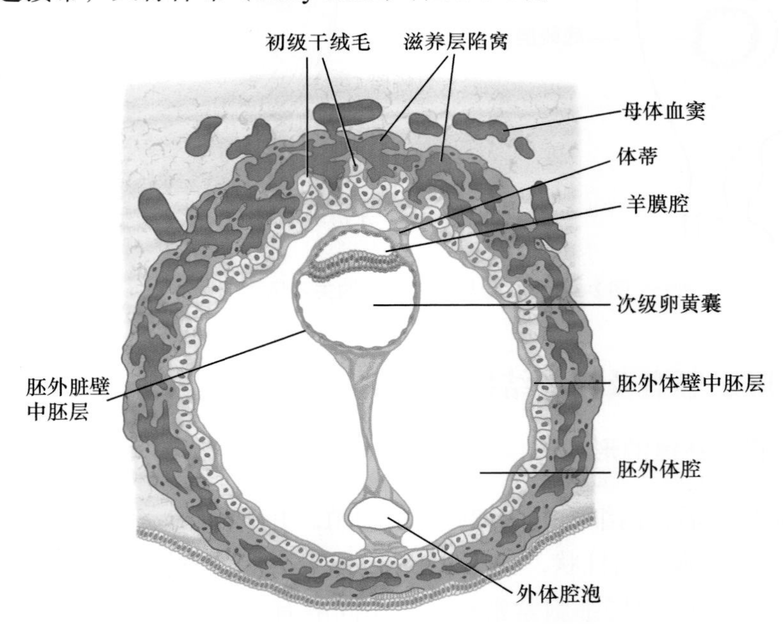

图2-3-8 第13天次级卵黄囊形成示意图

（五）次级卵黄囊的形成

受精后第2周末，下胚层周缘的细胞增生，并沿外体腔膜向下迁移，最终在初级

卵黄囊内形成一个较小的囊，这就是次级卵黄囊（secondary yolk sac），简称卵黄囊（yolk sac）。次级卵黄囊的出现掐断了初级卵黄囊与下胚层的连接，使其逐渐萎缩退化为若干小泡，位于胚外体腔中，称外体腔泡（图2-3-8）。

（刘尚明）

第四节　胚期发育

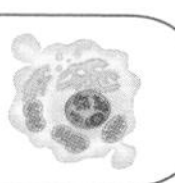

从受精后第15～56天为胚期，历时6周。通过此期的分化发育，胚胎已初具人形，各种组织和器官结构明显可见。这一时期的胚胎发育最复杂，对环境有害因素的影响也最敏感，受到致畸因素的作用而发生先天畸形的概率也最大。

一、三胚层的发生

受精后第15天，上胚层细胞增生并向胚盘尾端中线迁移，于是在胚盘尾端中线上出现一条纵行的细胞索，称原条（primitive streak）。原条的头端膨大，称原结（primitive node）。原结的背侧凹陷，称原凹（primitive pit）。增生的上胚层细胞继续向原条方向迁移，并经原条下陷。下陷的细胞首先迁入下胚层，并逐渐置换了下胚层细胞，从而形成了一层新细胞，称内胚层（endoderm）。经原条迁移的另一部分细胞在上胚层与新形成的内胚层之间扩展，逐渐形成了一层新细胞，称为胚内中胚层，即中胚层（mesoderm）。内胚层和中胚层形成之后，原上胚层改称为外胚层（ectoderm）。由此可见，内、中、外三个胚层均来自上胚层。由三个胚层构成的头端较宽、尾端较窄的椭圆形盘状结构称为三胚层胚盘（trilaminar germ disc），此乃人体发生的原基，构成人体的各种细胞、组织、器官、结构均来源于此（图2-4-1）。

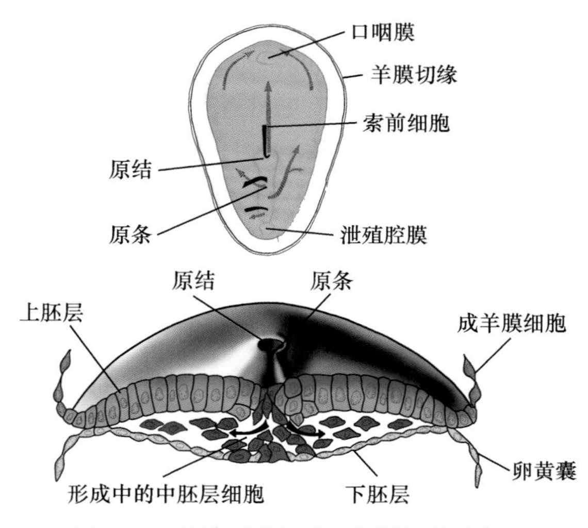

图2-4-1　细胞迁移形成三胚层胚盘示意图

二、脊索的发生

增殖的上胚层细胞经原凹向胚盘头端方向迁移，在上胚层与形成中的内胚层之间形成一个细胞柱，称头突（head process），又称脊索突（notochordal process）。头突镶嵌在新形成的中胚层的中轴线上，但其头侧有一个圆形区域，没有中胚层，内、外两

个胚层组织直接相贴，这一区域称口咽膜（oropharyngeal membrane）。在原条的尾侧也有一个同样结构的圆形区域，称泄殖腔膜（cloacal membrane）（图2-4-2）。

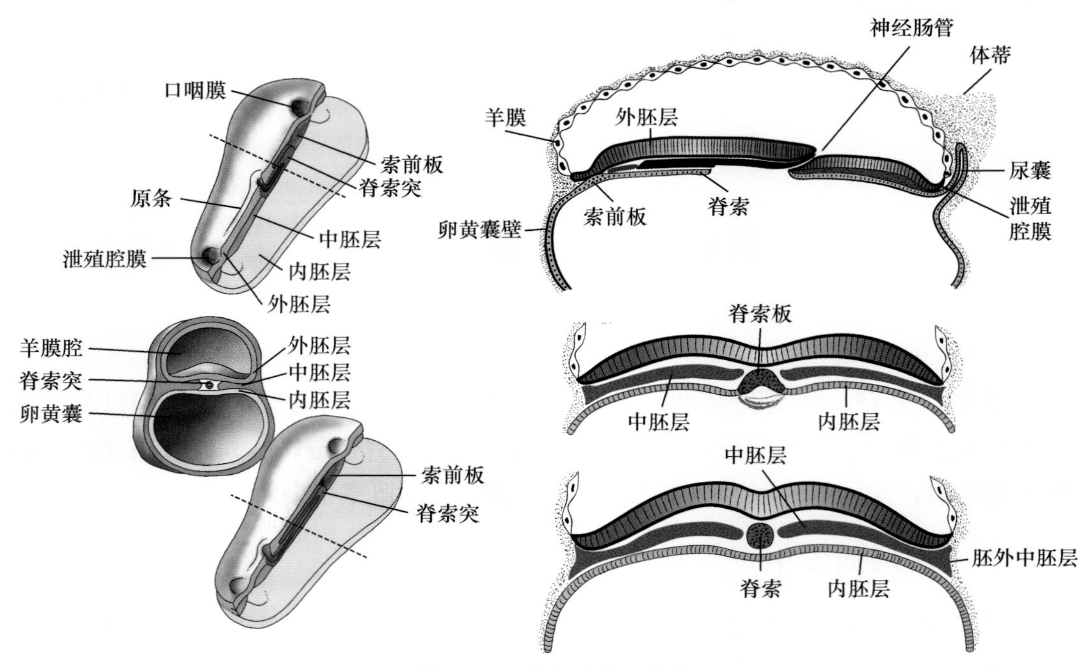

图2-4-2 脊索形成示意图

随着原凹向脊索突中延伸，脊索突由实心的细胞索变成了空心的细胞管，称脊索管（notochordal tube）。受精后第20天左右，脊索管的腹侧壁与其下方的内胚层融合并破裂，于是脊索管向背侧通过原凹与羊膜囊相通，向腹侧则通过破裂的腹侧壁与卵黄囊相通，这一管道也称神经肠管（neurenteric canal）（图2-4-2）。此时脊索管也演变形成脊索板。受精后第22～24天，随着脊索板细胞增殖及向腹侧卷折以及内胚层细胞的愈合，脊索板形成一条细胞索，称脊索（notochord）（图2-4-2）。脊索由头端开始形成，并逐渐向尾端进行延伸。原条则逐渐向尾端退缩，最后完全消失。如果原条未完全消失，残存部分可形成畸胎瘤。在人体发生中，脊索的出现只是生物进化过程的重演，已失去在头索动物中的支持功能，并很快退化，退化后的遗迹留在椎间盘中央，称髓核。尽管如此，脊索突及脊索的出现对神经管、体节等结构的发生仍有着重要的诱导作用。

三、尿囊的发生

受精后第16天，卵黄囊尾侧的内胚层细胞增生，形成一囊状突起，伸入体蒂中，这就是尿囊（allantois）（图2-4-2）。关于尿囊的演变及其生物学意义，将在胎膜中讲述。

四、绒毛膜的形成和演变

受精后第2周末，合体滋养层及其下方的细胞滋养层向蜕膜内突出，形成一些绒毛样突起，称初级绒毛（primary villus）或初级干绒毛（primary stem villus），其轴心

为细胞滋养层，外周为合体滋养层（见图2-3-8）。第3周初，随着胚外中胚层长入初级干绒毛的中轴部，初级干绒毛演变为次级干绒毛（secondary stem villus）。滋养层与其内面的胚外中胚层构成的板状结构称为绒毛膜板（chorionic plate）。绒毛膜板及由此发出的绒毛，统称为绒毛膜（chorion）。第3周末，在绒毛膜板中的胚外中胚层内发生了小血管并长入次级干绒毛，由此形成具有血管的绒毛称三级干绒毛（tertiary stem villus）（图2-4-3）。干绒毛生长并发出若干分支绒毛，游离于绒毛间隙（intervillous space）的母血中，称游离绒毛（free villus）。干绒毛的末端固定于底蜕膜上，称固定绒毛（anchoring villus）。在固定绒毛的末端，原位于合体滋养层内面的细胞滋养层细胞增殖并穿过合体滋养层而长入底蜕膜中，形成细胞滋养层细胞柱（cytotrophoblast column）。细胞柱的细胞继续增生，在合体滋养层的外面扩展，形成一层分隔合体滋养层与底蜕膜的细胞，称细胞滋养层壳（cytotrophoblast shell）。干绒毛主要通过细胞滋养层柱和细胞滋养层壳固定在底蜕膜上。绒毛间隙由滋养层陷窝扩大融合而成，与蜕膜中的小血管相通，因而充满了母体血。胚胎通过绒毛摄取母血中的营养物质，并排出代谢产物。

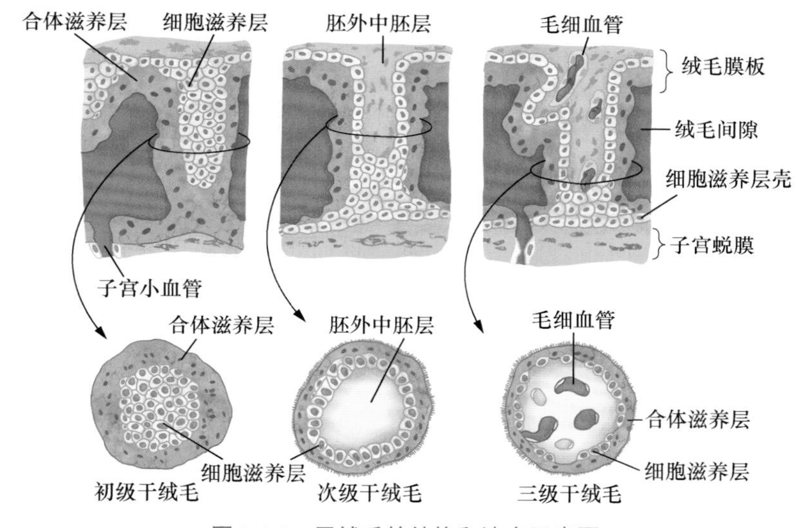

图2-4-3　干绒毛的结构和演变示意图

在胚胎发育的前6周，绒毛膜的表面均匀分布着绒毛。6周后，伸入底蜕膜中的绒毛由于营养丰富而生长茂盛，此处的绒毛膜称丛密绒毛膜（chorion frondosum）。伸入包蜕膜的绒毛因缺乏营养而逐渐萎缩退化，故此处的绒毛膜称平滑绒毛膜（chorion laeve）。丛密绒毛膜与底蜕膜共同形成胎盘。

五、三胚层的分化

（一）外胚层的分化

在脊索突和脊索的诱导下，受精后第19天左右，胚盘中轴线两侧的外胚层细胞增生，由单层先后变为假复层和复层，于是形成了一个头端宽、尾端窄的椭圆形

细胞板，称神经板（neural plate）。构成神经板的这部分外胚层组织，称神经外胚层（neural ectoderm）。第20～21天，神经板两侧高起，形成神经褶（neural fold）；中央凹陷成沟，称神经沟（neural groove）。第22天，神经沟开始闭合，先从第4～5对体节平面开始闭合，然后向头尾方向延续。至第24天，头端和尾端各留有一个未闭合的孔，分别称为前神经孔（anterior neuropore）和后神经孔（posterior neuropore）。第25天，前神经孔闭合。第27天，后神经孔闭合，形成了一条完全封闭的神经上皮管，称神经管（neural tube）（图2-4-4）。神经管的头段将分化为脑，尾段将分化为脊髓。如果神经管未完全闭合，就会引起多种类型的神经管畸形（neural tube defect）。

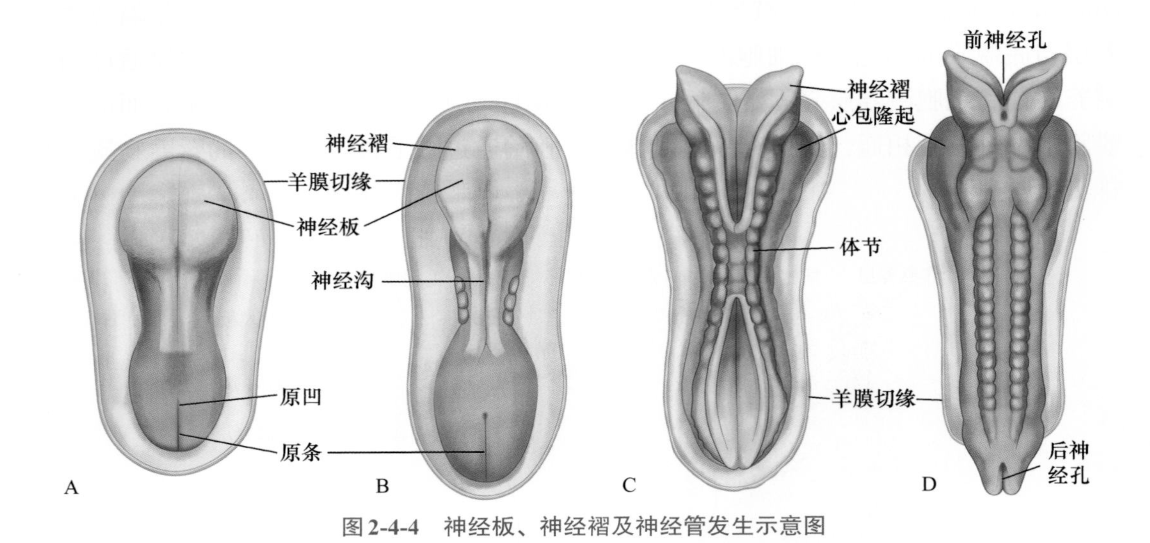

图2-4-4 神经板、神经褶及神经管发生示意图
A. 第19天；B. 第20天；C. 第22天；D. 第24天

在神经沟闭合为神经管时，神经上皮外侧缘的细胞随之进入神经管壁的背外侧，并很快从管壁迁移出来，并游离于神经管外，形成神经管背外侧的两条纵行细胞索，称神经嵴（neural crest）（图2-4-5）。神经嵴是周围神经系统的原基，可分化为脑神经节、脊神经节、交感神经节和副交感神经节及外周神经。另外，神经嵴细胞还远距离

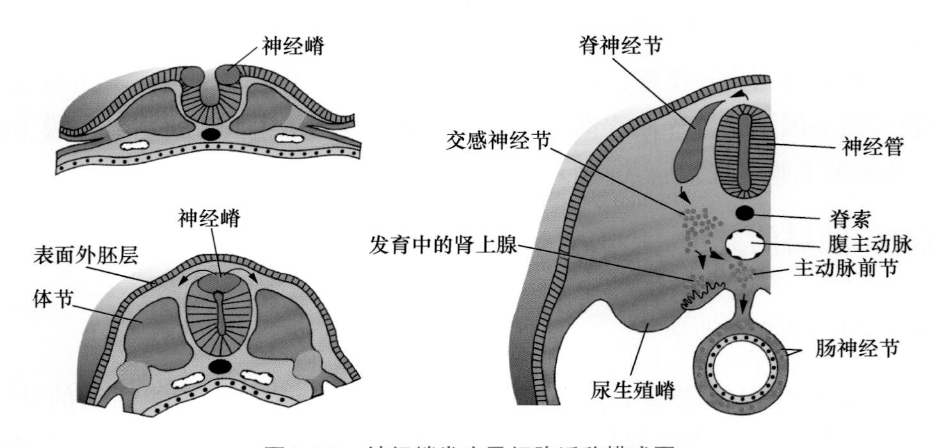

图2-4-5 神经嵴发生及细胞迁移模式图

迁移，分化为肾上腺髓质中的嗜铬细胞、黑素细胞、甲状腺滤泡旁细胞、颈动脉体Ⅰ型细胞；还可迁至头部，参与头面部骨、软骨、肌肉、结缔组织的形成，并可参与大动脉根部管壁组织的形成。

神经沟闭合后，神经管及神经嵴脱离外胚层，并被表面外胚层覆盖。表面外胚层将分化为表皮及其衍生结构，如毛发、指（趾）甲、皮脂腺、汗腺、乳腺，还分化为角膜上皮、晶状体、内耳膜迷路、腺垂体、牙釉质、唾液腺和口腔、鼻腔、肛管下段的黏膜上皮等。

（二）中胚层的分化

受精第16天左右，胚盘中轴线两侧的中胚层细胞增生，形成了两条增厚的中胚层组织带，称轴旁中胚层（paraxial mesoderm）。胚盘两侧边缘的中胚层仍然较薄，称侧中胚层（lateral mesoderm）。轴旁中胚层与侧中胚层之间的中胚层组织称间介中胚层（intermediate mesoderm）（图2-4-6）。

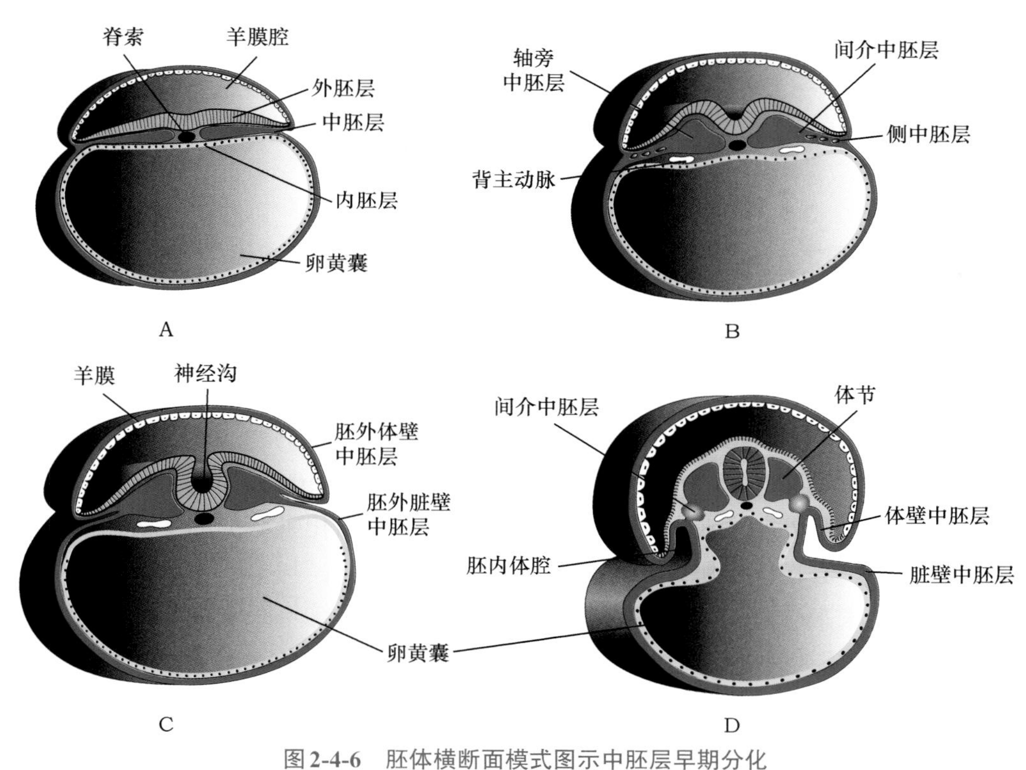

图2-4-6　胚体横断面模式图示中胚层早期分化

A. 第17天；B. 第19天；C. 第20天；D. 第21天

1. 轴旁中胚层的分化

受精后第17天，轴旁中胚层细胞局部增生，形成节段性膨大的细胞团，称为体节（somite）。体节左右成对，从颈区至尾端，依次形成。第一对体节于第20天出现于颈区，之后以每天3对的速度向尾端进展。直到第5周末，先后共出现42～44对体节，包括4对枕节、8对颈节、12对胸节、5对腰节、5对骶节和8～10对尾节。

体节的横断面略呈三角形，其内侧壁和腹侧壁为生骨节或巩节（sclerotome），细胞迁至脊索和神经管周围并包绕这些结构，后分化为脊椎骨。体节的外侧壁为生皮节（dermatome），将分化为真皮和皮下结缔组织。生骨节和生皮节之间为生肌节（myotome），将分化为四肢和体壁上的骨骼肌（图2-4-7）。

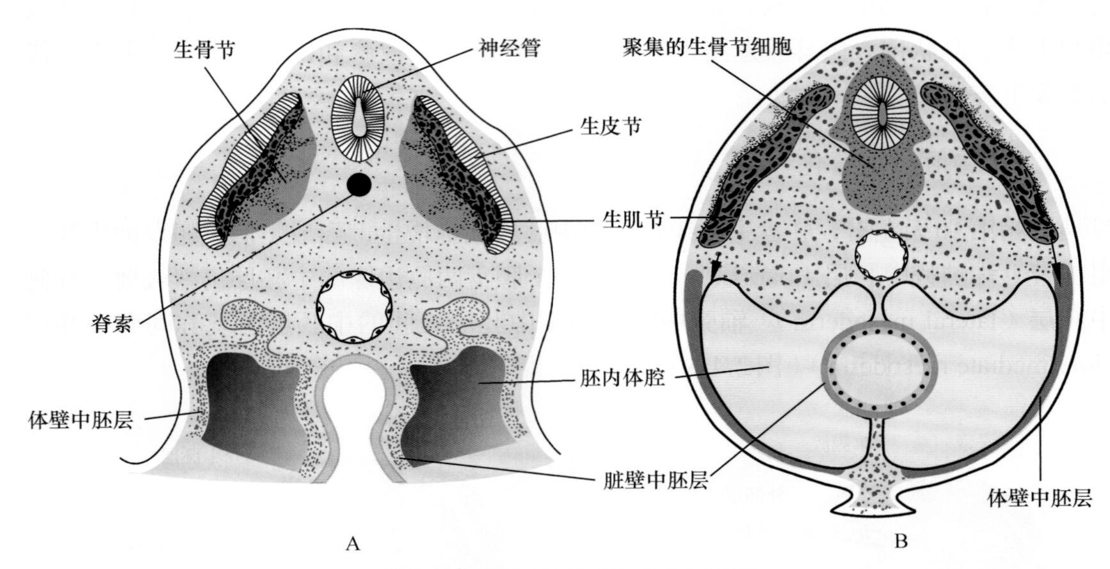

图2-4-7 体节的形成和分化示意图

2. 间介中胚层的分化

间介中胚层分化形成泌尿系统和生殖系统的主要器官和结构。

3. 侧中胚层的分化

侧中胚层是中胚层的最外侧部分，随着胚胎发育，其内部先是出现一些小的腔隙，然后融合为一个大的胚内体腔。随着胚内体腔的出现，侧中胚层被分隔成脏壁中胚层（visceral mesoderm）和体壁中胚层（parietal mesoderm），前者覆盖着内胚层，并与卵黄囊壁上的胚外脏壁中胚层相延续，未来分化为消化管壁上的平滑肌、结缔组织和腹膜、胸膜、心包膜的脏层；后者铺衬在外胚层内面，与羊膜囊外面的胚外体壁中胚层相延续，未来分化为腹壁和外侧体壁中的肌肉、结缔组织和腹膜、胸膜、心包膜的壁层。胚内体腔将分化为心包腔、胸膜腔和腹膜腔（图2-4-6）。

（三）内胚层的分化

内胚层被卷入胚体内，形成原始消化管（primitive digestive duct），又称原肠（primitive gut）。与内胚层相连的卵黄囊被卷至胚体外，通过卵黄蒂与原肠相通。卵黄蒂又称卵黄管（vitelline duct），随着胚胎发育而逐渐闭锁。与卵黄管相对的原肠部称中肠（midgut），中肠之前的原肠部称前肠（foregut），中肠之后的原肠部称后肠（hindgut）。卵黄管退化后，卵黄囊与消化管分离。前肠、中肠、后肠分化为消化管的各段，内胚层分化为消化管各段的黏膜上皮和管壁上的消化腺。肝、胆、胰和呼吸系统中的各器官结构都是原肠的衍化物，因而这些器官结构中的上皮也都来自

内胚层。此外，内胚层也分化形成中耳、甲状腺、胸腺、膀胱、前列腺等器官的上皮组织。

六、胚期胚胎外形的变化

受精后第3周初的胚呈椭圆形盘状，直径0.1～0.2 mm，其上方有羊膜囊，下方有卵黄囊，由宽阔的体蒂将其连接至绒毛膜内面，并悬吊在胚外体腔中。第3 周末或第4周初，胚盘开始向腹侧卷折，随着头褶（cephalic fold）、尾褶（caudal fold）和侧褶（lateral fold）的形成和加大，胚体由盘状逐渐变成了圆柱状或圆筒状。胚盘卷折主要是因其各部分生长速度的差异所致。胚盘中轴部由于神经管和体节的生长而向背侧隆起，又由于外胚层的生长速度快于内胚层，这样导致了侧褶，使外胚层包于胚体外表，内胚层被卷到胚体内部。胚体头尾方向的生长速度快于左右侧向的生长；头端由于脑和颜面器官的发生，故其生长速度又快于尾端，因而胚盘卷折为头大尾小的圆柱形胚体，胚盘边缘则卷折到胚体腹侧，并逐渐靠拢，最终在成脐处会聚（图2-4-8）。

圆柱形胚体形成的结果是，胚体凸入羊膜腔，浸泡于羊水中；体蒂和卵黄囊于胚体腹侧中心合并，外包羊膜，形成脐带；口咽膜和泄殖腔膜分别转到胚体头和尾的腹侧；外胚层包于胚体外表；内胚层卷折到胚体内部，形成原始消化管，头端由口咽膜封闭，尾端由泄殖腔膜封闭。至第8周末，胚体外表已可见眼、耳、鼻及四肢，初具人形（图2-4-8）。

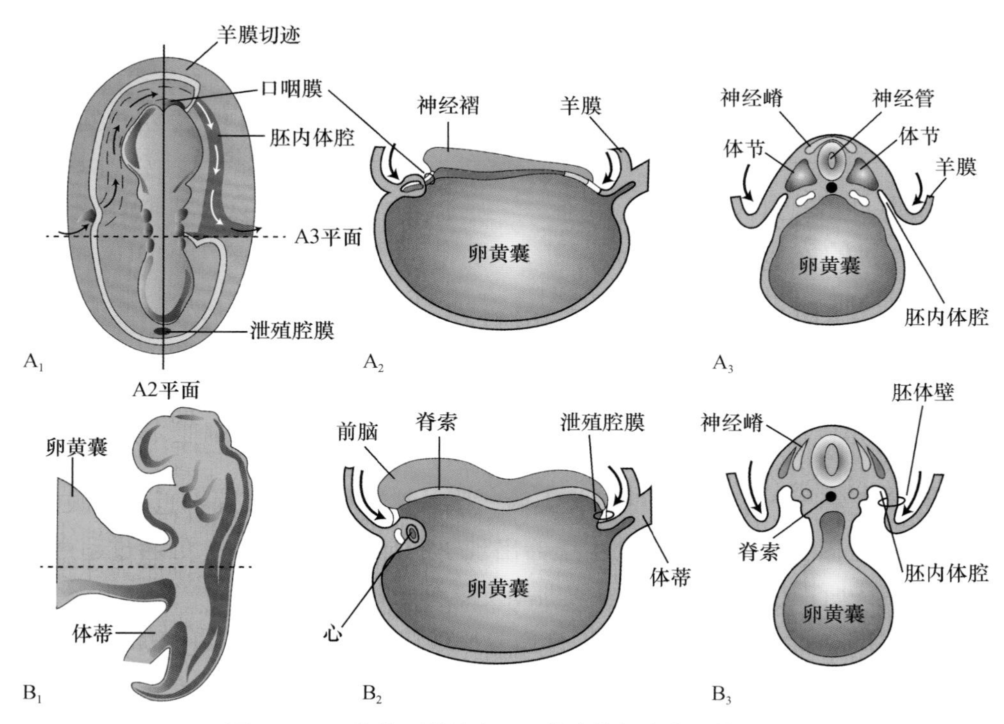

图2-4-8　胚体外形的演变和胚体内的相应变化模式图

A．第20天胚背面观；B．第23天胚侧面观；C．第26天胚侧面观；D．第28天胚侧面观

A2～D2为A1～D1的相应纵切面；A3～D3为A1～D1的相应横断面

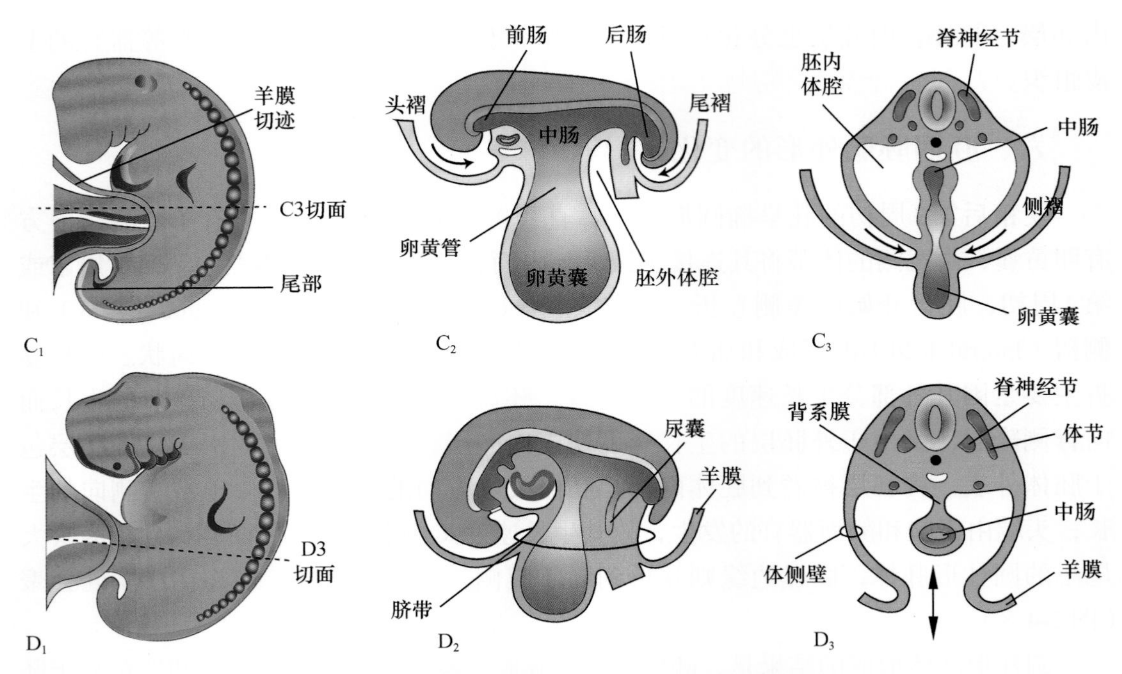

图 2-4-8 胚体外形的演变和胚体内的相应变化模式图

A．第20天胚背面观；B．第23天胚侧面观；C．第26天胚侧面观；D．第28天胚侧面观

A2～D2为A1～D1的相应纵切面；A3～D3为A1～D1的相应横断面

（刘尚明）

第五节 胎期的发育及胚胎龄的计算

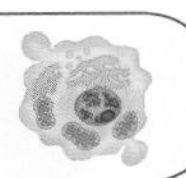

一、胎期的发育

胎期始自第9周，止于胎儿出生，历时约210天。此期的胚胎发育主要是组织和器官的成熟及胎儿的快速生长。第3～5个月，胎儿的身长增长特别显著；而最后2个月，胎儿的体重增长特别明显。胎期，胎儿头部的生长逐渐减缓，而躯体的生长则逐渐加快。

胚胎发育至第3个月，其面部更像人脸，眼从头部两侧移至面部近中，眼睑闭合。耳从胎头下部上移至眼鼻平面。外生殖器出现了明显的性别分化，可通过超声扫描辨认出性别。胎头所占比例较大，几乎是胎儿冠-臀长的一半。

胎儿发育的第4～5个月，是胎儿身长增长最快的时期，但体重增加缓慢。第5个月末，胎儿体重仍不足500 g。此时，胎儿全身覆盖胎毛，眉毛和头发也明显可见，孕妇可清楚地感到胎动。

第6～7个月，胎儿由于缺少皮下组织，皮肤多皱褶，体瘦色红，指甲全出现。此时多数器官系统已具有功能，但呼吸系统尚无功能。

胎儿出生前的最后2个月，体重增长最快，胎儿出生时的体重有近半数是在此期增加的。皮下脂肪大量沉积，致使胎儿外观丰满圆滑。皮脂腺分泌旺盛，皮肤表面覆盖一层白色脂类物质，即胎脂（vernix caseosa）。

二、胚胎龄的推算

胚胎龄的表示方法有两种：一种是以孕妇妊娠前最后一次月经的第1天作为胚胎龄的起始日，胎儿娩出日为胚胎龄的最后一天，共280天左右，如此计算出的胚胎龄称月经龄；另一种方法是以受精之日为胚胎龄的起始日，至胎儿娩出时，共266天左右，如此计算出的胚胎龄称受精龄。月经龄的起始日容易准确记忆，常用于临床预产期的计算，但常因月经周期的个体差异而出现一定的误差，用此方法计算出的胚胎龄也并非胚胎发育的真正时间。受精龄表达了胚胎发育的确切时间，故常用于科学研究。学术专著、教科书及参考书中的胚胎发育时间都是用受精龄表示，但是受精时间难以准确测定，因而受精龄的应用受到一定限制。

根据胚胎发育的时限，推导出了预产期的计算公式：年＋1，月－3，日＋7，即末次月经的年份＋1，月份－3，日期＋7。例如，某孕妇末次月经的第1天为2022 年8月1日，其预产期就应该是2022年＋1＝2023年，8月－3＝5月，1日＋7＝8日，即2023年5月8日分娩。

在临床实践和法医办案中，常常需要对早产、流产和意外伤害中的胚胎进行胚胎龄的认定。认定的方法是测量胚胎的身长和体重，观察其典型的外部特征，然后与大样本测量和观察得出的参数对照。常用的测量径线有：最大长度（greatest length，GL）；冠臀长（crown-rump length，CRL），又称坐高或顶臀长；冠踵长（crown-heel length，CHL），又称立高或顶跟长（图2-5-1）。

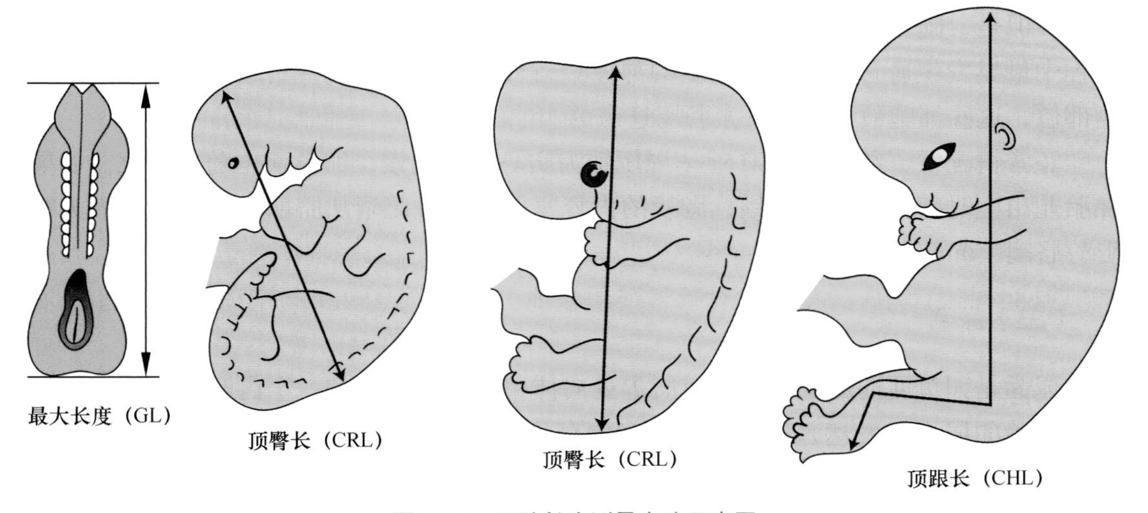

图2-5-1　胚胎长度测量方法示意图

（刘尚明）

第六节　胎膜和胎盘

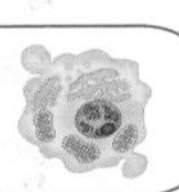

一、胎膜

胎膜主要包括绒毛膜、卵黄囊、尿囊、羊膜和脐带，均来源于胚泡，与胚体有着共同的来源，但不参与胚体的构成，只是对胚体提供营养、保护等辅助作用，胎儿娩出时，均退化并脱离胎儿。

（一）绒毛膜

绒毛膜（chorion）的形成和演变过程，绒毛膜板、固定绒毛、游离绒毛的微细结构以及绒毛膜与蜕膜的结构关系已在前面讲述，在此不再赘述。

绒毛膜的功能十分重要。绒毛浸浴在绒毛间隙的母血中，从母血中吸收O_2和营养物质，并排出CO_2和代谢废物。绒毛膜还有重要的内分泌功能，可分泌多种激素，如绒毛膜促性腺激素（human chorionic gonadotropin，hCG）。

（二）卵黄囊

卵黄囊的发生和演变过程已在本节前讲述。卵生动物的卵黄囊很发达，囊内储存了大量卵黄物质，为胚胎发育提供全部营养物质。包括人胚在内的哺乳动物胚胎靠胎盘从母体吸收营养物质，其卵黄囊的营养功能丧失，尽管仍然出现，但很快退化，囊内也几乎不含卵黄物质。从这个意义上来说，人胚卵黄囊的出现只是生物进化过程的重演。但是，随着卵黄囊的出现，其壁上的胚外中胚层中出现了血岛，这是人胚发育过程中最早发生血管和造血干细胞的部位。另外，卵黄囊尾侧壁是原始生殖细胞的发生部位，这些细胞最早也是从上胚层迁来的。

正常情况下，卵黄管于第5～6周闭锁为实心的细胞索，卵黄囊也随之退化。如果在胎儿出生时卵黄管仍未闭锁，肠管的内容物便可通过此管从脐部溢出，这种先天畸形称脐瘘（umbilical fistula）。

（三）尿囊

尿囊是卵黄囊的尾侧壁与胚盘交界处向体蒂内突出形成的一个内胚层盲囊。卵生动物胚胎的尿囊很发达，有气体交换和储存代谢产物的功能。人胚的尿囊发生于第3周初，不发达，仅存数周便退化，且没有气体交换和排泄功能。从这个意义上说，人胚尿囊的出现只是生物进化过程的重演。但是，随着尿囊的出现，在其壁上的胚外中胚层出现了两对大血管，即一对尿囊动脉和一对尿囊静脉。这两对血管并不随尿囊的退化而退化，而是越来越发达，最终演变成了脐动脉和脐静脉。尿囊大部退化，只有其根部演变成了膀胱的一部分。尿囊先是退化为一条细管，称脐尿管（urachus），后

闭锁为一条细胞索，称脐正中韧带。如果脐尿管在出生时仍未闭锁，尿液就会从膀胱通过此管溢出脐部，这种畸形称脐尿瘘（urachal fistula）。

（四）羊膜

羊膜（amnion）为半透明薄膜，由单层羊膜上皮和薄层胚外中胚层构成。羊膜环绕羊膜腔（amniotic cavity）而形成的一个囊状结构称为羊膜囊。早期的羊膜囊位于胚盘背侧，胚盘的上胚层和之后的外胚层就是羊膜囊的底。随着胚盘向腹侧包卷和羊膜囊的快速生长扩大，胚体逐渐被羊膜囊所包绕。当胚胎由盘状变为筒状时，整个胚体游离于羊水之中。

羊膜腔内充满羊水（amniotic fluid），早期的羊水无色透明，主要由羊膜上皮分泌和羊膜的转运而产生。大约在16周，越来越多的胎儿尿液成了羊水的重要来源。胎儿的皮肤黏膜脱落的上皮及胎毛、胎脂、胎便也进入羊水，因而羊水逐渐变浑浊。羊水不断产生，也不断通过胎儿吞咽而被肠道吸收，从而形成动态平衡。随着妊娠时间的延续，羊膜囊逐渐增大，羊水量也逐渐增多。妊娠第10周只有30 mL，第20周增至350mL，第7个月达最高峰，最后2个月略有减少。出生前的羊水量一般在1000 mL左右。如果＞2000 mL，则为羊水过多（polyhydramnios）。如果＜300 mL，则为羊水过少（oligohydramnios）。羊水过多往往预示胎儿神经系统发育障碍或上消化道闭锁。羊水过少往往预示胎儿肾缺如或发育不全，或有尿路阻塞。羊水过少和羊膜腔过小还会阻碍胎儿的正常生长发育，引起各种先天畸形。

羊膜囊和羊水为胎儿的生长发育提供了适宜的微环境，并具有保护胎儿免受外力损伤、防止与周围组织粘连的作用。分娩时，羊水还可促进宫颈扩张、冲洗软产道。

（五）脐带

脐带（umbilical cord）为圆柱状结构，是胎儿与母体间进行物质转运的唯一通道，一端连于胎儿脐环，另一端连于胎盘的胎儿面，外包光滑的羊膜，内含黏液性结缔组织。结缔组织内含有脐动脉、脐静脉和退化的卵黄囊、尿囊遗迹。

脐带的形成与胚盘的卷折密切相关（图2-4-8）。当胚盘向腹侧卷折时，其背侧的羊膜囊也迅速生长并随胚盘的卷折而向腹侧包卷。当胚盘卷成筒状胚时，胚盘的周缘形成了宽大的原始脐环（primitive umbilical ring），卵黄囊被卷折于原始脐环之外并缩窄成卵黄管。此时，连于胚盘周缘的羊膜囊完全包裹了整个胚体，将卵黄管、体蒂以及体蒂内的尿囊、尿囊壁上的尿囊动脉、尿囊静脉等挤压在一起并被包成一条圆柱状结构，这就是脐带。与胚内体腔相通的胚外体腔的残存部分也被包裹在脐带中。随着胚胎的发育，脐带逐渐增长，脐带内的胚外中胚层形成了黏液性结缔组织，尿囊动脉、静脉变成了脐动脉、静脉，卵黄管和脐尿管逐渐闭锁，残存的胚外体腔也在10周后逐渐闭锁。妊娠末期，脐带长达30～100 cm，平均55 cm，直径2 cm左右。长度＞100 cm称脐带过长，可发生脐带绕颈、打结、缠绕肢体、脱垂或脐带受压。如果长度＜30 cm，则称脐带过短，可引起胎盘早期剥离等异常。

二、胎盘

胎盘（placenta）由丛密绒毛膜和底蜕膜构成，前者为胎盘的子体部，后者为胎盘的母体部。胎盘是胎儿与母体进行物质交换的重要结构，同时还具有内分泌和屏障功能。

（一）胎盘的形态结构

胎盘呈圆盘状，中央略厚，边缘稍薄。足月胎儿胎盘的直径为15～20 cm，平均厚2.5 cm。胎盘有两个面，即胎儿面和母体面。胎儿面表面光滑，覆盖羊膜，脐带多附着于该面的偏中央，少数附着于中央或边缘。透过羊膜可以看到脐血管的分支由脐带附着处向四周呈放射状走行。母体面粗糙不平，是胎盘从子宫壁剥离后的残破面，由若干不规则走行的沟分隔为15～25个小区，即胎盘小叶（cotyledon）（图2-6-1）。

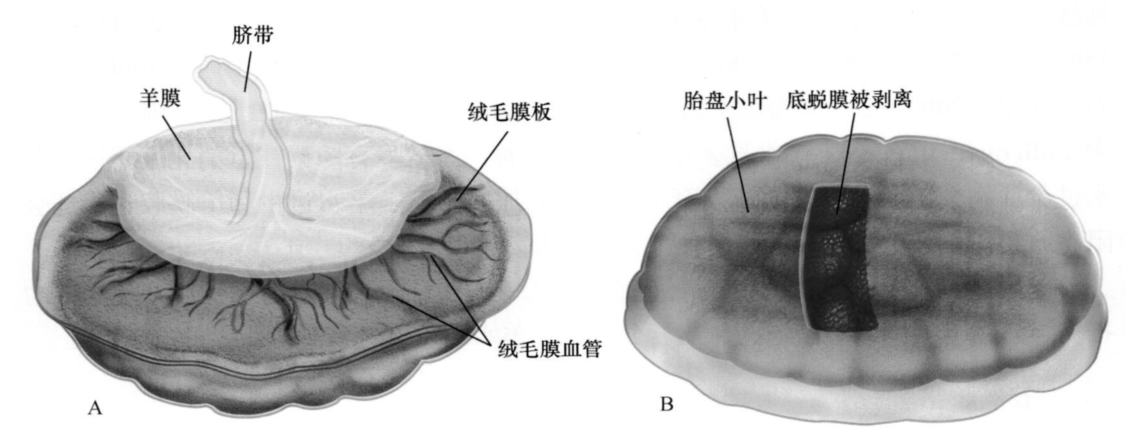

图2-6-1　足月胎盘模式图

A. 胎盘的胎儿面；B. 胎盘的母体面

在胎盘的垂直断面上，可见胎盘由三明治样3层结构构成：胎儿面为绒毛膜板，母体面为滋养层壳和蜕膜构成的基板，中层为绒毛和绒毛间隙，间隙中流动着母体血（图2-6-2）。从绒毛膜板发出大约60个干绒毛，每个干绒毛又分出数个游离绒毛。从底蜕膜上发出若干楔形小隔伸入绒毛间隙，将胎盘分为15～25个小区，每个小区内含有1～4个干绒毛及其分支。这些小区就是在母体面上看到的胎盘小叶，分隔这些小叶的隔称胎盘隔（placental septum）。胎盘隔的远端游离，不与绒毛膜板接触，因而胎盘小叶之间的分隔是不完全的，母体血液可以从一个小叶流入相邻小叶。

（二）胎盘的血液循环和胎盘膜

胎盘内存在母体和子体两套血液循环通路。母体血液循环通路起自子宫动脉的分支，经螺旋动脉和绒毛间隙的血池汇入子宫静脉的属支。胎儿血液循环通路起自脐动脉，经绒毛内毛细血管最终汇入脐静脉。在胎盘小叶内，流经绒毛毛细血管的胎儿血与流经绒毛间隙的母体血并不沟通，两者之间隔着一薄层结构，称胎盘膜（placental

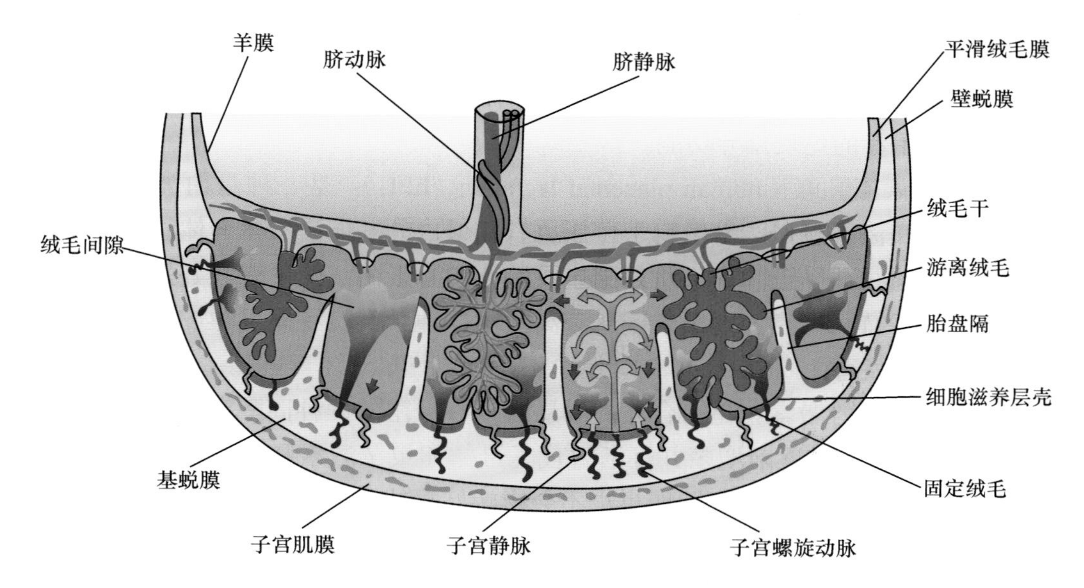

图 2-6-2　胎盘的结构和血液循环模式图
箭头示血流方向，红色示富含营养和O_2的血，蓝色示含代谢废物与CO_2的血

membrane)，胎儿血与母体血之间的物质交换就是通过这层膜进行的。胎盘膜是一层选择性透过膜，对一些有害物质具有屏障作用，因此又称胎盘屏障(placental barrier)。胎盘膜最初由绒毛内毛细血管内皮及其基膜、合体滋养层和细胞滋养层上皮及其基膜，以及两基膜之间的少量结缔组织构成(图2-4-3)。随着胎儿的发育长大，胎盘膜变得越来越薄，主要是细胞滋养层逐渐消失，合体滋养层变薄，此时胎盘膜由绒毛内毛细血管内皮、合体滋养层及两者之间的基膜构成，更加有利于物质交换(图2-4-3)。

(三) 胎盘的生理功能

1. 物质交换和防卫屏障

妊娠期间，胎儿生长发育所需要的O_2和营养物质均通过胎盘从母体获得；胎儿代谢所产生的CO_2和代谢废物也都是通过胎盘而排至母体。胎儿与母体之间的这种物质交换是通过胎盘膜实现的。

大多数药物都可通过胎盘膜而进入胎儿体内，因而妊娠期间不可轻易服用未经医生核准的药物，以免影响胎儿的正常发育。胎盘膜对多数细菌具有防卫屏障功能，但不能阻止病毒的通过，因而胎盘膜的这种屏障防卫功能是有限的。有些具有致畸作用的病毒、药物、化学物质通过胎盘膜进入发育中的胚胎，可引起多种先天畸形。

2. 内分泌功能

胎盘可分泌多种内分泌激素，对于妊娠的正常进行和胎儿的正常生长发育有着非常重要的作用。

(1) 人绒毛膜促性腺激素(hCG)：是合体滋养层合成和分泌的一种糖蛋白类激素。受精后第2周末便出现于母血中，逐渐增多，第9～11周达到高峰，随之逐渐下降，近20周时降至最低点。孕妇尿中hCG的浓度变化曲线与血中的浓度变化曲线相

平行，因此可用来检测早孕。hCG有多种生理功能，其主要功能类似黄体生成素，可促进孕妇卵巢黄体的继续存在和旺盛分泌，以维持妊娠的正常进行。hCG还具有抑制母体对胎儿及胎盘的免疫排异功能。

（2）人胎盘催乳素（human placental lactogen，hPL）：是一种蛋白类激素，其分子结构与人生长激素相似，其生物学作用也有相似之处。该激素由合体滋养层合成和分泌，其分泌曲线与胎盘的重量增长曲线及胎儿的生长曲线相平行。妊娠初期便出现于母血中，以后持续升高，妊娠末期达到高峰。这种激素具有促进孕妇乳腺生长发育和促进胎儿生长发育的功能。

（3）孕激素和雌激素：是由合体滋养层合成和分泌的两种固醇类激素，于妊娠第4个月开始分泌，以后逐渐增多并逐渐替代了母体卵巢孕激素和雌激素的功能。至妊娠第5～6个月后，即使因病切除卵巢也不会影响妊娠的继续进行。

（刘尚明）

第七节　双胎、多胎和连体双胎

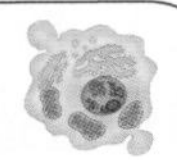

一、双胎

双胎（twins）又称孪生。来自一个受精卵的双胎称单卵双胎（monozygotic twins），来自两个受精卵的双胎称双卵双胎（dizygotic twins）。几乎2/3的双胎为双卵双胎，其发生率为7‰～11‰，且随孕妇年龄的增长而升高。双卵双胎的两个胎儿有各自独立的胎膜和胎盘，但有时也会因两个胚胎在子宫中的植入部位很近而使2个胎盘及2个羊膜相互融合。由于双卵双胎的两个个体具有不同的遗传构成，因而在表型方面与一般兄弟姐妹相比，并无更多的相似性。单卵双胎的发生率只有3‰～4‰，是一个早胚一分为二的结果。分离最早发生于2细胞期，多见于胚泡早期，偶尔也会发生于原条形成期。根据两个单胚分离的时间不同，两者与胎盘和胎膜的关系也不同。如果在卵裂早期分裂，两胎儿就会有各自独立的胎盘和羊膜囊。如果在胚泡早期的内细胞群分裂为两个，两个胎儿就会共用一个胎盘，但具有各自独立的羊膜囊。如果在原条形成期分离，两个胎儿就会共用一个胎盘和一个羊膜囊。由于单卵双胎具有完全相同的遗传构成，因而两个个体的性别和遗传表型都完全相同，两者之间进行组织移植或器官移植时，不会发生免疫排异现象（图2-7-1）。

二、多胎

多胎（multiple births）的发生率很低。据统计，三胎的发生率约为1/7600，四胎以上的发生率更低，且出生后的死亡率很高。但是，近年来由于促性腺激素在不孕症治疗中的应用，多胎的发生率升高。从理论上讲，来自一个受精卵的多胎称单卵多

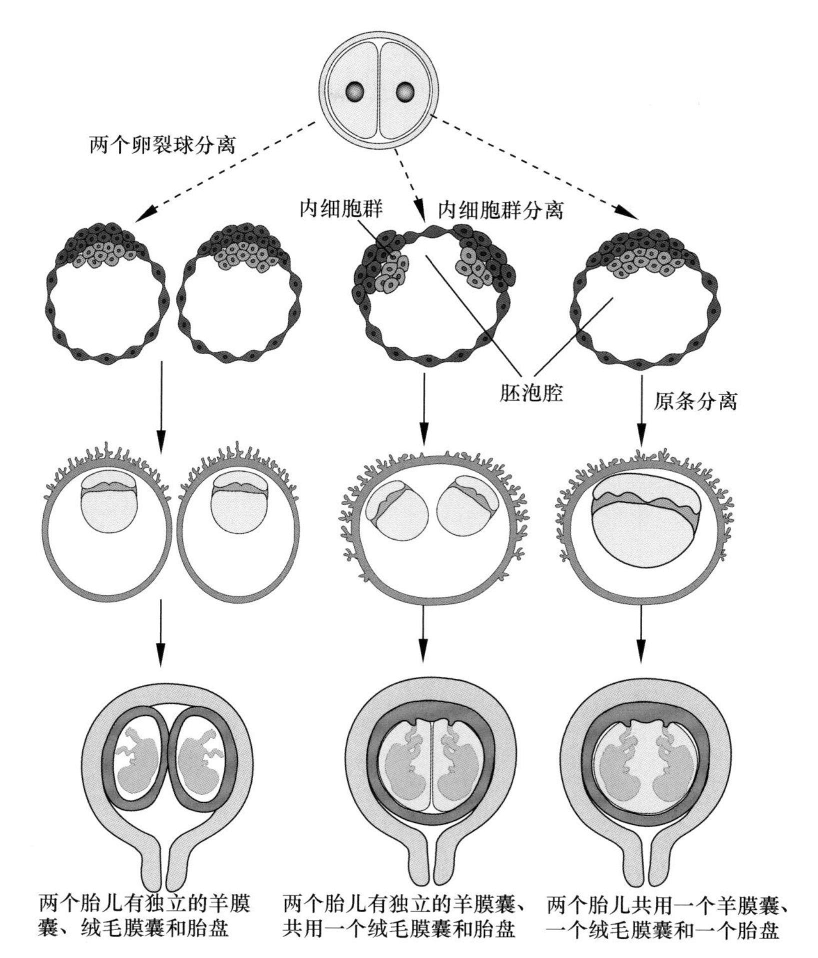

图2-7-1　双胎的形成类型及其与胎膜、胎盘的关系模式图

胎，来自多个受精卵的多胎称多卵多胎，如果多胎中既有单卵性也有多卵性，称混合性多胎。

三、连体双胎

连体双胎（conjoined twins）是指两个未完全分离的单卵双胎。根据相连部位的不同，可分为头连双胎、臀连双胎、胸连双胎、腹连双胎等（图2-7-2）。连接的深度和广度也有所不同，有的只有肌肉、骨骼相连，有的内脏相连，有的肢体内脏融为一体。如果两个连体胎儿发育相当、大小一致，称对称性连体双胎。如果两个连体胎儿的发育不相当，称不对称性连体双胎，如果其中的一个胎儿

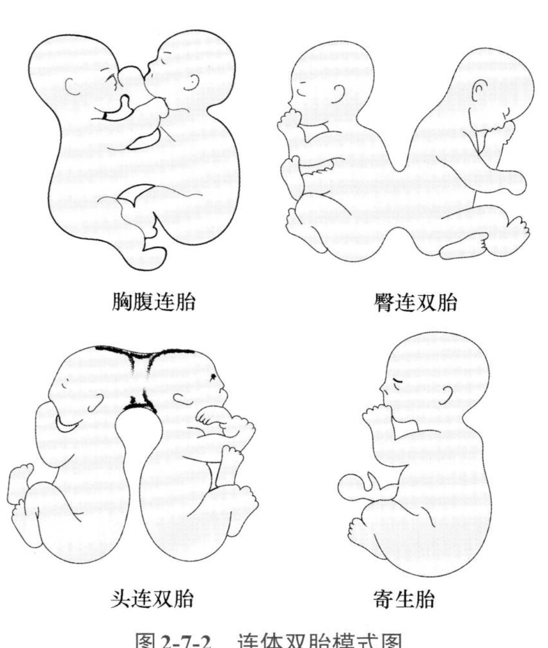

图2-7-2　连体双胎模式图

很小且发育不完整，常称为寄生胎（parasite）；如果小而不完整的胎儿被包裹在大胎儿体内，常称胎内胎；如果小的胚胎被挤压成薄片，常称为纸样胎。连体双胎皆为一个胎盘和一个羊膜囊。

超声检查对连体胎儿发育状况的评价、连体程度的辨认、胎儿之间血管连接的确认及胎儿的处理有重要的意义。如果连体双胎均发育良好、器官共用程度比较轻或无重要器官共用等，考虑有手术分离的可能，则应于临产后剖宫产结束妊娠，适时手术分离；如果超声检查显示胎儿发育不好、连体范围较大、器官共用严重或合并其他发育异常，则应及时引产或剖宫产结束妊娠。

（刘尚明　刘洪彬）

第三章 细胞膜及跨膜物质转运

■ 细胞膜结构
◎ 细胞膜的脂质
◎ 细胞膜的蛋白
◎ 细胞膜的糖类
■ 单纯扩散
■ 易化扩散
◎ 经通道的易化扩散
◎ 经载体的易化扩散
■ 主动运输
◎ 原发性主动转运
◎ 继发性主动转运
■ 膜泡运输
◎ 出胞
◎ 入胞

第一节 细胞膜结构

机体的每个细胞都被细胞膜（cell membrane）所包被，细胞膜又称为质膜，它把细胞内容物与细胞外部环境分隔开来。此外，细胞内部各种细胞器也被与质膜相似的膜结构所包被，使细胞器内的物质构成不同于胞质，从而保持细胞器的正常功能活动。细胞膜和细胞器膜的结构及其化学组成是基本相同的，主要由脂质和蛋白质组成，此外还有少量糖类物质。蛋白质与脂质在膜内的比例在1∶4～4∶1之间，取决于细胞的功能活动水平，功能活跃的细胞，膜蛋白含量较高，而功能简单的细胞，膜蛋白含量相对较低。

虽然细胞膜中各种化学成分的排列形式无法直接观察，但是Singer和Nicholson于1972年提出的液态镶嵌模型（fluid mosaic model）学说一直得到多方面研究结果的支持。该学说认为，细胞膜以液态脂质双层为基架，其间镶嵌着许多具有不同结构和功能的蛋白质，糖类分子与脂质和蛋白结合后附在细胞膜的外表面（图3-1-1）。

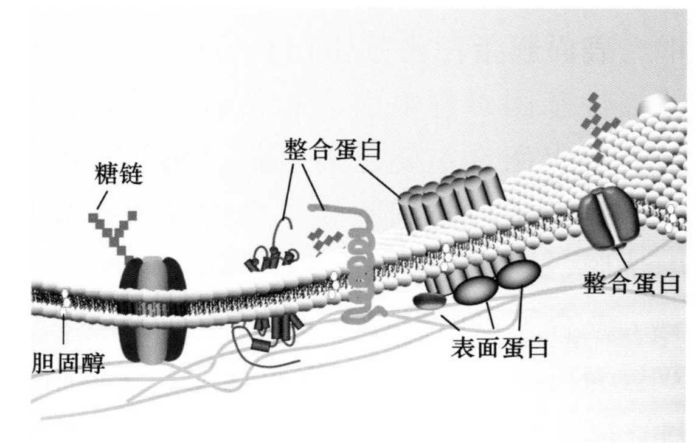

图3-1-1 液态镶嵌模型示意图

一、细胞膜的脂质

细胞膜的脂质主要由磷脂（phospholipid）、胆固醇（cholesterol）和少量糖脂（glycolipid）构成。其中以磷脂为主，约占膜脂质总量的70%；其次是胆固醇，不超过膜脂质总量的30%；糖脂含量最少，不超过10%。磷脂中含量最多的是磷脂酰胆

碱，其次是磷脂酰丝氨酸和磷脂酰乙醇胺，含量最低的是磷脂酰肌醇。它们在膜上呈不对称分布，大部分磷脂酰胆碱和全部糖脂都分布在细胞膜的外层，而含氨基酸的磷脂（磷脂酰丝氨酸、磷脂酰乙醇胺、磷脂酰肌醇）则主要分布在膜的内层。脂质分子都是双嗜性分子（amphiphilic molecule），例如，磷脂分子中的磷酸和碱基、胆固醇分子中的羟基以及糖脂分子中的糖链具有亲水性，分子的另一端则具有疏水性。这些分子在质膜中以脂质双层（lipid bilayer）的形式存在，亲水端分别朝向膜外或膜内，疏水的脂肪酸烃链则彼此相对，形成膜内部的疏水区。

在正常体温条件下，膜脂质在人体内呈溶胶状态，具有一定程度的流动性，但脂质双层的流动性仅限于脂质分子做侧向运动，分子在同一层内“掉头”运动或做跨层运动的机会非常少。脂质双分子层在热力学上的稳定性和流动性使细胞能进行变形运动，细胞可承受相当大的张力和变形而不破裂，如红细胞能通过比其直径还小的毛细血管和血窦空隙而不破裂，说明有很强的变形性和可塑性。脂质双分子层的流动性还可使嵌入的膜蛋白发生移动、聚集和相互作用。细胞的许多基本活动，如膜蛋白的相互作用、膜泡运输、细胞的运动、分裂、细胞间连接的形成等都有赖于质膜保持适当的流动性。质膜的流动性与温度、膜脂质的成分及膜蛋白的含量有关。胆固醇分子具有不易变形的甾环结构，能够与膜磷脂分子的脂肪酸链结合，限制脂质的流动，故膜脂质中胆固醇含量越高，膜的流动性就越低；脂肪酸烃链越长、饱和脂肪酸越多，膜的流动性也越低，如动物脂肪以饱和脂肪酸为主，室温下可呈固态；膜中镶嵌的蛋白质越多，膜的流动性也越低。

二、细胞膜的蛋白

细胞膜的功能主要通过膜蛋白（membrane protein）实现。根据膜蛋白在膜上的存在形式，可分为表面膜蛋白（peripheral membrane protein）和整合膜蛋白（integral membrane protein）两类。

表面膜蛋白占膜蛋白总量的20%～30%，它们通过肽链中的带电氨基酸与脂质的极性基团以静电引力相结合，或以离子键与膜中的整合蛋白相结合，附着于细胞膜的表面，主要是内表面。例如，红细胞膜内表面的骨架蛋白就是一种表面蛋白。表面蛋白与细胞膜结合力较弱，高盐溶液可使离子键断开，将表面蛋白从膜中洗脱。

整合膜蛋白占膜蛋白总量的70%～80%，它们以肽链一次或反复多次穿越膜脂质双层为特征。肽链也具有双嗜性，穿越脂质双层的肽段以疏水性氨基酸残基为主，肽键之间易形成氢键，因而多以α螺旋结构的形式存在；暴露于膜外表面或内表面的肽段则是亲水性的，构成连接疏水性α跨膜螺旋的细胞外环或细胞内环。脂质双分子层的疏水区厚度约为3 nm，一个α跨膜螺旋需18～21个氨基酸残基才能穿越疏水区，因此，可根据肽链中所含的有足够长度的疏水性片段的数目来推测蛋白是否为跨膜蛋白及其跨膜次数。例如，G蛋白耦联受体的肽链包含7个有足够长度的疏水性片段，因而推测它是一个7次跨膜的蛋白。一般来说，与物质跨膜转运功能有关的蛋白都属于整合膜蛋白，如载体、通道、离子泵、G蛋白耦联受体等。

三、细胞膜的糖类

细胞膜中的糖类主要是一些寡糖和多糖链，它们以共价键的形式与膜蛋白或膜脂质结合，生成糖蛋白（glycoprotein）或糖脂（glycolipid）。糖链几乎都存在于细胞膜的外表面，形成细胞的糖包被（glycocalyx）。许多糖类带有负电荷，使细胞表面呈现负电性，从而排斥带有负电荷的物质与其接触；由于糖链在化学结构上具有特异性，因而可以作为一种分子标记，发挥受体或抗原的功能。例如，霍乱毒素的受体就是一种称为Gmi的糖脂；人的红细胞ABO血型系统中，红细胞的不同抗原特性就是由糖蛋白或糖脂上不同的寡糖链所决定的。

（马雪莲　杨　帆）

第二节　单纯扩散

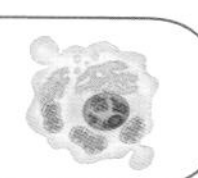

细胞膜的脂质双分子层是细胞与周围环境之间的一个天然屏障，大多数极性分子很难穿越细胞膜脂质双层的疏水区，导致胞质中溶质的成分和浓度与细胞外液显著不同。但是，细胞在新陈代谢的过程中需要不断选择性地摄入和排出多种多样的物质，这些物质的摄入和排出都要经过细胞膜转运。细胞膜对于理化性质不同的溶质具有不同的转运机制。脂溶性物质和少数小分子水溶性物质可直接穿过细胞膜；大多数小分子水溶性物质和所有的无机离子的跨膜转运都需要膜蛋白的介导来完成；大分子物质或物质团块则是通过复杂的出胞和入胞方式整装进出细胞。

单纯扩散（simple diffusion）是指脂溶性物质和少数小分子水溶性物质从细胞膜高浓度一侧通过脂质分子间隙向低浓度一侧移动的过程。该过程是一种物理现象，没有生物学转运机制的参与，无须代谢耗能，属于被动转运。物质分子的扩散速率和方向取决于质膜两侧该物质的浓度梯度、分子量以及质膜对该物质的通透性。扩散的最终结果是该物质在膜两侧的浓度差消失。一般来说脂溶性高、分子量小的物质容易穿过脂质双分子层，例如O_2、N_2、CO_2、类固醇激素、乙醇、尿素、甘油等都是以单纯扩散的方式进行跨膜转运的。其中，脂溶性分子如O_2、N_2、CO_2、类固醇激素等跨膜扩散速度很快；不带电荷、分子量小的水溶性分子（如乙醇、尿素、甘油等）也能够通过脂质双层，水是不带电荷的极性小分子，也能以单纯扩散的方式通过细胞膜，但脂质双层对水的通透性很低，其扩散速度很慢，在有些质膜，水分子需要借助特异性水通道的帮助，才能有较高的通透性；不带电荷、分子量较大的水溶性分子，如葡萄糖、氨基酸等，不能通过脂质双层，因此需要膜上特殊的载体蛋白转运；各种带电离子，尽管其直径很小，但都高度不通透。

（马雪莲　杨　帆）

第三节 易化扩散

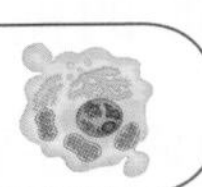

易化扩散（facilitated diffusion ）是指非脂溶性的小分子物质或带电离子借助于细胞膜上特殊的蛋白质的帮助，顺浓度梯度和（或）电位梯度进行的跨膜转运。根据跨膜蛋白及其转运物质的不同，易化扩散可分为经通道的易化扩散和经载体的易化扩散两种形式。两者都属于被动转运，无需消耗ATP。

一、经通道的易化扩散

带电离子在通道蛋白的介导下，顺浓度梯度和（或）电位梯度的跨膜转运称为经通道的易化扩散（facilitated diffusion via channel）。通道蛋白又称为离子通道（ion channel），是一类贯穿脂质双层、中央带有亲水性孔道的膜蛋白。所有的通道蛋白均无分解ATP的能力，因此通道介导的跨膜转运都属于被动转运。当孔道关闭时没有离子通过，当孔道开放时，离子可顺浓度梯度和（或）电位梯度经孔道跨膜流动，无须与脂质双层相接触，以极快的速度跨越质膜。据测定，经通道扩散的转运速率可达每秒10^6～10^8个离子。但离子通道绝不仅仅是一种单纯的亲水性孔道，通道选择性（channel selectivity）和通道门控（channel gating）特性是其有别于简单孔道的基本特征，也是其调控离子跨膜转运的基本机制。

（一）通道的离子选择性

离子选择性（ion selectivity）是指每种通道只对一种或几种离子有较高的通透能力，而对其他离子的通透性很小或不通透。通道对离子的选择性取决于通道开放时水相孔道的几何大小、孔道壁的化学结构及带电情况等。根据通道对离子的选择性可将通道分为钠通道、钙通道、钾通道、氯通道和非选择性阳离子通道等。但通道的离子选择性只是相对的，比如，钠通道除主要对Na^+通透外，对NH_4^+也通透，甚至对K^+也稍有通透。

（二）通道的门控特性

许多离子通道具有“闸门”结构，能够开放和关闭通道，称为门控（gating）。“闸门”通常是通道蛋白分子内部的一些可移动的结构或化学基团。在静息状态下，大多数通道都处于关闭状态，只有受到刺激时才发生分子构象变化，引起“闸门”开放。许多因素可引起“闸门”运动，导致通道的开放或关闭，根据门控机制的不同可将离子通道进行分类（图3-3-1）。

1. 电压门控通道

电压门控通道（voltage-gated ion channel）受膜电位调控而开放和关闭，又称电压依赖性（voltage-dependent）或电压敏感性（voltage-sensitive）通道。电压门控通道均有开放（激活）和关闭（静息状态，可被激活而开放）两种状态，有些电压门控通道

还有失活（关闭，不可被激活）状态，如电压敏感Na^+通道。当细胞膜两侧电位差发生改变，通常是在膜发生去极化时，通道蛋白分子内的电位感受区（一些带电化学基团）发生移动，引起通道蛋白构象变化和“闸门”开放，如神经元细胞膜上的电压门控钠通道。也有少量电压门控通道在膜发生超极化时打开，如心肌细胞膜上的I_f通道。

2. 化学门控通道

化学门控通道（chemical-gated ion channel）受细胞内外特定化学物质（称为配体）的调控（图3-3-1）。配体与通道蛋白结合后可引起通道蛋白发生构象变化，使通道开放或关闭。这类通道本身既是通道又是受体，也称配体门控通道（ligand-gated ion channel），按配体的来源不同，可分为细胞外配体门控通道和细胞内配体门控通道。如乙酰胆碱受体阳离子通道，其膜外侧有两个乙酰胆碱结合位点，结合乙酰胆碱分子后可使通道的构象发生改变，引起“闸门”开放；而ATP敏感的钾通道受胞内ATP抑制，与ATP结合后通道关闭。

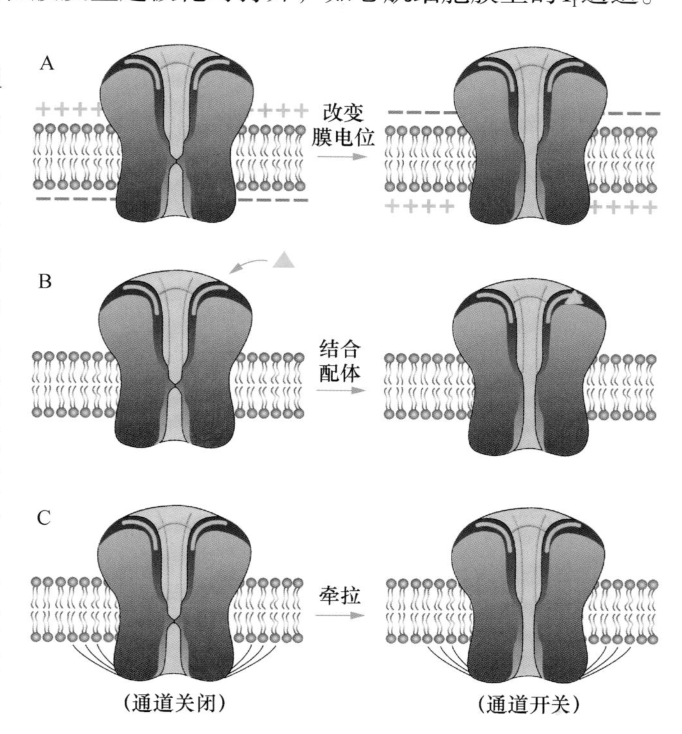

图3-3-1 离子通道的门控特性示意图

3. 机械门控通道

机械门控通道（mechanically-gated ion channel）受机械刺激调控，质膜感受到细胞膜表面应力（摩擦力、牵张力、压力、剪切力等）变化后，引起其中的通道开放或关闭，例如，耳蜗基底膜毛细胞听毛是对牵拉力敏感的感受装置，听毛弯曲时，毛细胞顶端机械门控通道开放，引起K^+离子内流，使膜去极化，导致毛细胞底部电压门控Ca^{2+}通道开放，触发递质释放，产生感受器电位。此外，动脉血管平滑肌细胞上存在机械门控钙通道；触觉、听觉、运动觉、位置觉、血压等感受器细胞上也存在机械门控通道，介导感受器的换能作用。

此外，也有少数几种通道始终是持续开放的，这类通道称为非门控通道，如神经纤维上的钾漏通道（potassium leak channel），心肌细胞膜上的内向整流钾通道等。

二、经载体的易化扩散

载体（carrier）也称转运体（transporter），是介导多种水溶性小分子物质或离子跨膜转运的一类整合膜蛋白。载体或转运体没有离子通道的孔道结构，但具有结合被转运分子的特异性结合位点。经载体的易化扩散（facilitated diffusion via carrier）是指水溶性小分子物质经载体介导的顺浓度梯度和（或）电位梯度进行的跨膜转运，属于载体介导的被动转运。被转运物在高浓度一侧与载体上特异性位点结合后，可引发

载体蛋白的分子构象改变，将被转运物从膜的一侧转移到另一侧并与载体解离，随后载体恢复原来的构型，可进行新一轮的转运。即经历一个“与底物结合-构象变化-与底物解离”的过程。经载体易化扩散的速率较慢，每秒转运的分子或离子数仅有200～50 000个，远低于离子通道的转运速率。

许多重要的营养物质，如葡萄糖、氨基酸、核苷酸等的跨膜转运就是经载体易化扩散实现的，如葡萄糖转运体（glucose transporter，GLUT）可将胞外的葡萄糖顺浓度梯度转运到细胞内，GLUT至少有5种亚型，即GLUT1～GLUT5，它们分布于不同的组织细胞并具有不同的功能特性。其中，GLUT1表达于多种组织细胞，是一种基本的葡萄糖转运体；GLUT2主要分布于肝细胞；GLUT4分布于横纹肌和脂肪等组织，GLUT5分布于小肠黏膜上皮。

载体介导的易化扩散具有以下特点。

（一）结构特异性

载体蛋白有较高的结构特异性，只能识别和结合具有特定化学结构的底物。例如：在同样浓度差的情况下，右旋葡萄糖的跨膜转运量远超过左旋葡萄糖（人体内可利用的糖类都是右旋的）；木糖则几乎不能被转运。

（二）饱和现象

由于细胞膜中载体和载体结合位点的数量都是有限的，当被转运物达到一定的浓度时，转运速度不再随被转运物浓度的增加而继续增大，这种现象称为载体转运的饱和现象（saturation）。通常用最大反应速度（V_{max}）和米氏常数（Michealis constant，K_m）来描述载体蛋白对底物分子的亲和力和转运效率。此处V_{max}表示最大扩散速度，反映载体蛋白构象转换的最大速率；K_m表示扩散速率达最大转运速率一半时的底物浓度，K_m值越小，表示亲和力和转运效率越高，反之亦然（图3-3-2）。

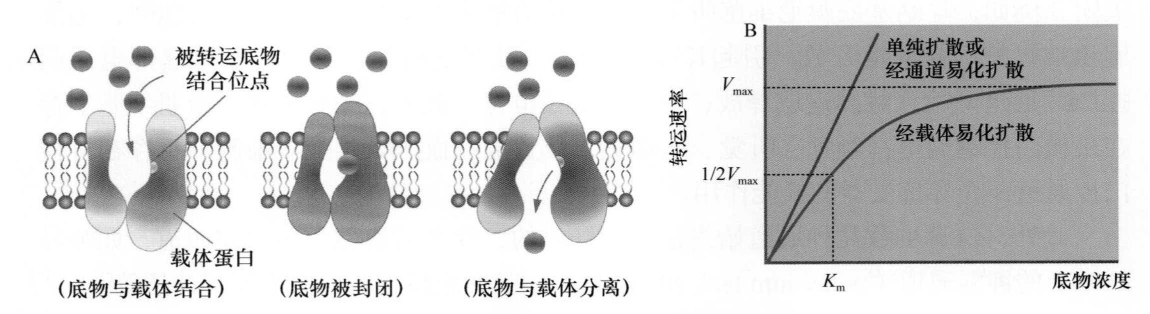

图3-3-2　经载体易化扩散及饱和现象示意图

（三）竞争性抑制

化学结构相似的分子经同一载体转运时会出现竞争性抑制，浓度较低或K_m较大的溶质，其转运将受到抑制。

（马雪莲　杨　帆）

第四节 主动运输 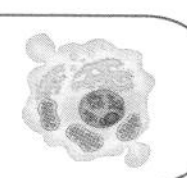

物质分子可由高浓度处向低浓度处扩散，但由低浓度处向高浓度处转运则需要另行供能。主动转运（active transport）是指某些物质在膜蛋白的帮助下，由细胞代谢提供能量而进行的逆浓度梯度和（或）电位梯度跨膜转运。参与主动转运的膜蛋白本质上也属于载体，根据其是否直接消耗能量，主动转运可分为原发性主动转运和继发性主动转运。一般所说的主动转运是指原发性主动转运。

一、原发性主动转运

细胞膜上具有ATP酶活性的特殊蛋白直接水解ATP提供能量而将一种或多种物质逆着各自的浓度梯度和（或）电位梯度进行跨膜转运的过程，称为原发性主动转运（primary active transport）。介导这一过程的膜蛋白或载体被称为离子泵（ion pump），离子泵能将胞内的ATP水解为ADP，并利用高能磷酸键储存的能量完成离子的跨膜转运，所以也称为ATP酶。离子泵种类很多，常以转运的离子种类命名，如同时转运Na^+和K^+的钠-钾泵、转运Ca^{2+}的钙泵、转运H^+离子的质子泵等。

（一）钠-钾泵

钠-钾泵（sodium-potassium pump）是哺乳动物细胞膜中普遍存在的离子泵，简称钠泵，因其具有ATP酶的活性，故也称Na^+-K^+-ATP酶。钠泵每分解1分子ATP可逆浓度差将3个Na^+移出胞外，同时将2个K^+移入胞内。由于钠泵的活动可使细胞外液中的Na^+浓度达到胞质内的10倍左右，细胞内的K^+浓度达到细胞外液的30倍左右。当细胞内的Na^+浓度升高或细胞外的K^+浓度升高时，都可使钠泵激活，维持细胞膜两侧Na^+和K^+的浓度梯度。

钠泵是由α和β两个亚单位组成的二聚体蛋白质。α亚单位上包含了磷酸化位点、ATP 酶活性部位以及Na^+、K^+的结合部位，是实现其功能的主要亚单位，可以与3个Na^+、2个K^+和一个ATP分子相结合，表现为E1和E2两种构象形式。当α亚单位与ATP结合时，构象为E1，离子结合位点朝向胞内，此时α亚单位对K^+亲和力较低而对Na^+亲和力较高，当胞内的Na^+浓度升高时，El与胞内的3个Na^+结合，并把已结合的2个K^+释放到细胞内；同时水解ATP，α亚单位发生磷酸化，成为E2构象，离子结合位点朝向细胞外侧，这时α亚单位与Na^+的亲和力降低，而与K^+的亲和力提高，于是将已结合的3个Na^+释放到胞外，同时再结合2个K^+，此时，α亚单位发生去磷酸化，再次与另一分子的ATP结合，重新回到El构象，结合位点也随之朝向胞内，紧接着开始下一个周期的活动，每个转运周期约需10毫秒，最大转运速率为每秒500个离子（图3-4-1）。

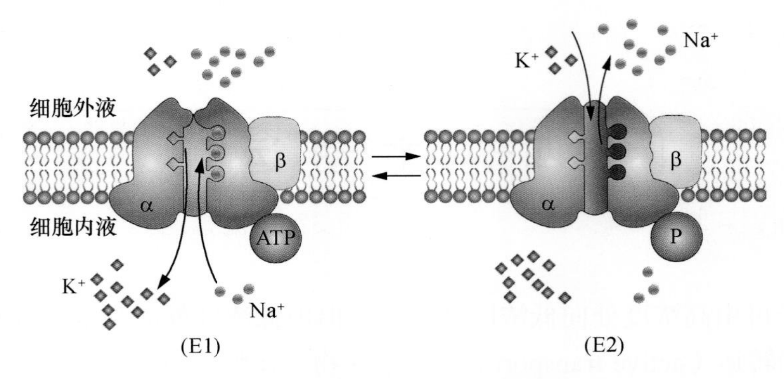

图3-4-1 钠泵主动转运示意图

钠泵活动具有重要的生理意义。细胞膜上的钠泵不断将ATP储存的化学能转变为维持Na^+、K^+跨膜梯度的势能，其消耗的能量在哺乳动物细胞占代谢产能的20%～30%，在某些功能活动活跃的神经细胞中甚至高达70%。钠泵的主要功能包括以下几个方面：①钠泵活动造成的细胞内高K^+，为胞质内许多代谢反应所必需，如核糖体合成蛋白质就需要高K^+环境。②维持胞内渗透压和细胞容积。在静息状态下，膜对 Na^+、K^+、Cl^-都有一定通透性，虽然对K^+的通透性相对较高，但由于膜内有机负离子（带负电的蛋白质、核苷酸等）几乎不能跨膜移出，限制了K^+的外漏，外漏的K^+较少，而Na^+和Cl^-却不断漏入胞内，钠泵的活动可将漏入胞内的Na^+不断转运出去，以保持细胞正常的渗透压和容积。③钠泵活动形成的Na^+和K^+跨膜浓度梯度是细胞发生电活动如静息电位和动作电位的前提条件（见《神经系统》分册）。④钠泵活动建立的Na^+跨膜浓度梯度可为继发性主动转运提供势能储备，例如，在Na^+-H^+交换、Na^+-Ca^{2+}交换，以及葡萄糖和氨基酸在小肠和肾小管被吸收的过程中，H^+、Ca^{2+}、葡萄糖和氨基酸的逆浓度梯度转运，都是以Na^+经主动转运造成的跨膜浓度梯度作为驱动力的。⑤钠泵活动是生电性的，使膜内电位的负值增大，直接参与了静息电位的形成。

（二）钙泵

钙泵是体内广泛分布的另一种离子泵，也称Ca^{2+}-ATP酶，广泛分布于细胞膜、肌质网或内质网膜上。质膜的钙泵每分解1分子ATP可将1个Ca^{2+}由胞质内转运至胞外；肌质网或内质网的钙泵则每分解1分子ATP可将2个Ca^{2+}从胞质内转运至肌质网或内质网内。其转运机制与钠泵相似，即通过磷酸化和去磷酸化反应引起酶蛋白构象间的相互转换来完成Ca^{2+}的转运。钙泵分子是由一条肽链构成的，其N端和C端都位于胞质。ATP结合位点、磷酸化位点和Ca^{2+}结合位点都位于胞质侧，细胞膜钙泵C端有能与Ca^{2+}和钙调蛋白（calmodulin，CaM）复合物相结合的结构域，对酶自身活性具有抑制作用，即所谓的自抑作用。胞质内Ca^{2+}浓度升高时，生成较多的Ca^{2+}-CaM复合物，与该部位结合后，能够解除其对酶活性的抑制作用，从而提高酶蛋白对Ca^{2+}的亲和力和转运速率，加速Ca^{2+}外排。因此，Ca^{2+}内流促进Ca^{2+}外排，为细胞内Ca^{2+}的稳态提供了一个负反馈机制。

真核细胞胞质内游离Ca^{2+}浓度保持在0.1～0.2 μml/L的水平，仅为细胞外液中Ca^{2+}浓度（1～2 mmol/L）的万分之一。膜内外如此大的Ca^{2+}浓度梯度的维持有赖于肌质网（内质网）钙泵、细胞膜上的钙泵和Na^{+}-Ca^{2+}交换体的共同活动。细胞对胞质内Ca^{2+}浓度的增加非常敏感，胞质内的Ca^{2+}浓度升高是触发或激活许多生理过程如肌细胞收缩、腺细胞分泌、神经递质释放以及某些酶蛋白或通道蛋白激活等的关键因素。

（三）质子泵

除钠泵和钙泵外，体内还有两种较为重要的离子泵，它们都是质子泵（proton pump）。一种是主要分布于胃腺壁细胞和肾脏集合管闰细胞顶端膜上的H^{+}-K^{+}-ATP酶，也称氢钾泵，主要功能是分泌H^{+}和摄入K^{+}，可逆浓度梯度将H^{+}有效地分泌到胃液或尿液中，分别参与胃酸形成和肾脏的排酸功能。另一种是分布于各种细胞器膜上的H^{+}-ATP酶，也称氢泵，可将H^{+}由胞质转运至溶酶体、内质网、突触囊泡等细胞器，以维持胞质的中性和细胞器内的酸性，使不同部位的酶都处于最适pH环境，同时也建立起跨细胞器膜的H^{+}浓度梯度，为溶质的跨细胞器膜转运提供动力。

二、继发性主动转运

许多物质在进行逆浓度梯度或电位梯度的跨膜转运时，所需的能量并不直接来自ATP的分解，而是来自Na^{+}或H^{+}离子在膜两侧的浓度势能差，后者是钠泵利用分解ATP释放能量建立的，这种间接利用ATP能量的主动转运过程称为继发性主动转运（secondary active transport）。显然，继发性主动转运依赖于原发性主动转运，其本质就是载体介导的易化扩散与原发性主动转运相耦联的主动转运系统。若用药物（如哇巴因）抑制钠泵活动，相应的继发性主动转运将会逐渐减弱，甚至消失。在绝大多数情况下，溶质跨质膜转运的动力来自钠泵活动建立的Na^{+}的跨膜浓度梯度，而溶质跨细胞器膜转运的动力则来自质子泵活动建立的H^{+}的跨膜浓度梯度。

载体介导的易化扩散只转运一种底物分子，称为单转运体（uniporter）；而继发性主动转运的载体可同时转运两种或两种以上的底物分子，称为耦联转运体。根据这些物质的转运方向，继发性主动转运又分为同向转运和反向转运两种形式。

（一）同向转运

被转运的分子或离子都向同一方向运动的继发性主动转运称为同向转运（symport），其载体称为同向转运体（symporter）。例如，Na^{+}-葡萄糖同向转运体，葡萄糖在小肠黏膜上皮的吸收以及在近端肾小管上皮的重吸收是通过Na^{+}-葡萄糖同向转运体和钠泵的耦联活动实现的（图3-4-2）。转运过程如下：上皮细胞基底侧膜上钠泵的活动造成细胞内低Na^{+}，并在上皮细胞顶端膜的内、外形成Na^{+}的浓度差。顶端膜上的Na^{+}-葡萄糖同向转运体利用膜两侧Na^{+}的化学驱动力，将管腔中的Na^{+}和葡萄糖分子一起转运至上皮细胞内，Na^{+}顺浓度梯度进入细胞的同时将葡萄糖

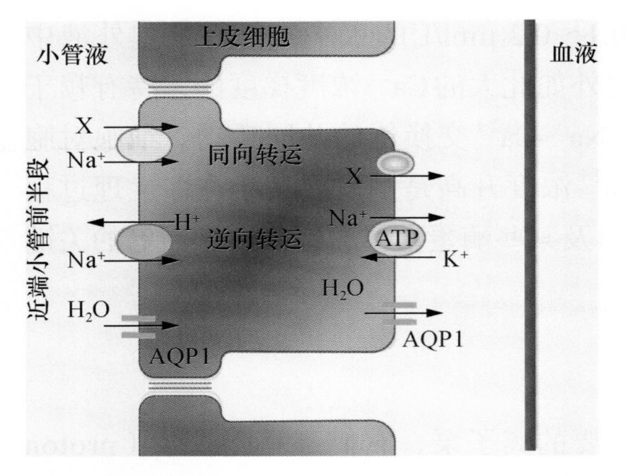

图3-4-2 肾脏近端小管上皮细胞继发性主动转运模式图

X代表葡萄糖、氨基酸、磷酸盐和Cl^-

分子逆浓度梯度转运至细胞内。进入上皮细胞的葡萄糖分子可经基底侧膜上另一种葡萄糖载体扩散至组织液，完成葡萄糖在肾小管中的主动吸收过程。Na^+-葡萄糖同向转运体在小肠黏膜是以2个Na^+和1个葡萄糖同时转运的，在肾小管处则是以1个Na^+和1个葡萄糖进行转运。氨基酸在小肠也是以同样的方式被吸收的。此外，体内同向转运体还有肾小管上皮细胞的Na^+-K^+-$2Cl^-$同向转运体、Na^+-HCO_3^-同向转运体、甲状腺上皮细胞的Na^+-I^-同向转运体等。

（二）反向转运

被转运的分子或离子向相反方向运动的继发性主动转运称为反向转运（antiport）或交换（exchange），其载体称为反向转运体（antiporter）或交换体（exchanger）。如Na^+-Ca^{2+}交换体、Na^+-H^+交换体等。心肌细胞在兴奋-收缩耦联过程中流入胞内的Ca^{2+}主要是通过胞膜上的Na^+-Ca^{2+}交换体排出细胞，在转入3个Na^+的同时排出1个Ca^{2+}，除了心肌细胞，其他几乎所有细胞都存在Na^+-Ca^{2+}交换体。肾小管近端小管上皮细胞的顶端膜则分布较多的Na^+-H^+交换体，可将肾小管管腔内的1个Na^+顺电化学梯度重吸收进入细胞内，同时将胞内的1个H^+逆浓度梯度分泌到管腔中（图3-4-2），这对维持机体的酸碱平衡具有重要意义。

（马雪莲　杨　帆）

第五节　膜泡运输

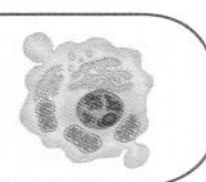

大分子物质或物质团块不能直接穿越细胞膜，它们通过形成质膜包被的囊泡，通过膜包裹、膜融合和膜离断等一系列过程完成转运，故称为膜泡运输（vesicular transport），又称为批量运输（bulk transport）。膜泡运输需要消耗能量，是一个主动的过程，包括出胞和入胞两种形式（图3-5-1）。

一、出胞

出胞（exocytosis）是指胞质内的大分子物质以分泌囊泡的形式排出细胞的过程。例如，外分泌腺细胞排放酶原颗粒和黏液到腺导管腔内、内分泌腺细胞分泌激素到组

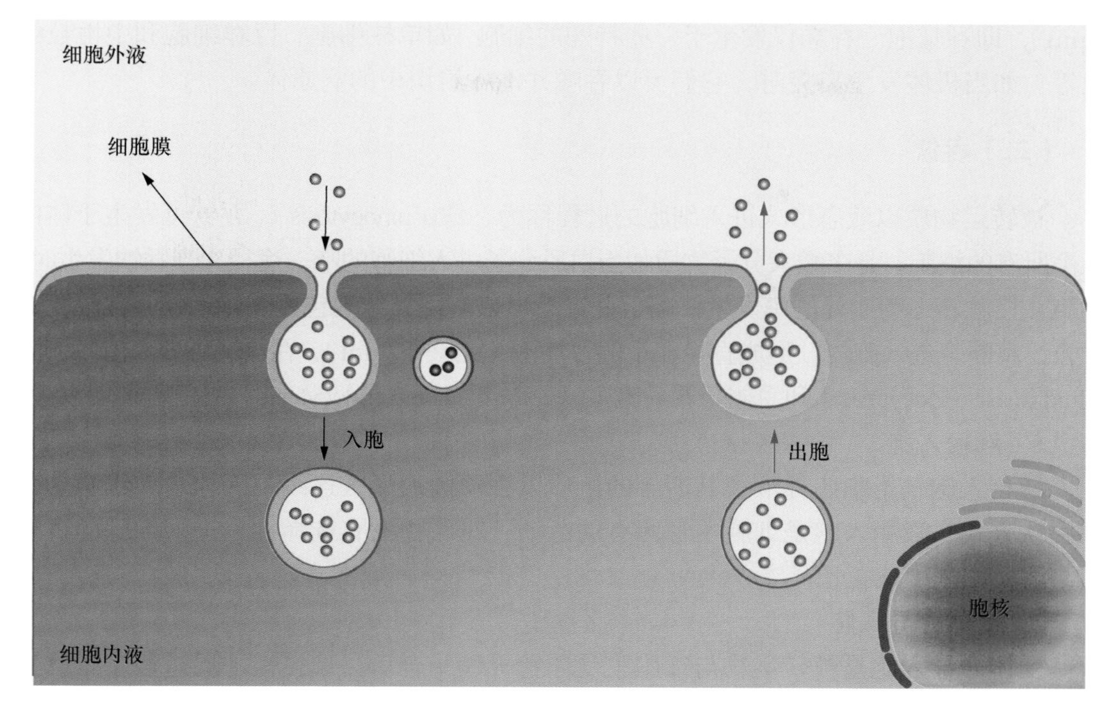

图3-5-1　膜泡运输示意图

织液或血液中、神经纤维末梢释放神经递质到突触间隙等，都属于出胞。分泌物通常在粗面内质网上的核糖体中合成，转移到高尔基体加工处理，形成具有膜包裹的分泌囊泡。出胞时，囊泡逐渐移向细胞膜的内侧，并与细胞膜发生融合、破裂，最后将分泌物排出细胞。囊泡膜随即成为细胞膜的组分，因而会使细胞膜表面积有所增加。出胞有两种形式：一种是持续性出胞，囊泡内容物以上述方式不间断地被排出细胞，它是细胞本身固有的功能活动，如小肠黏膜杯状细胞持续分泌黏液的过程；另一种是调节性出胞，合成的物质首先储存于细胞膜内侧或某些特殊的部位，细胞受到某些化学信号（如激素）或电信号（如动作电位）的诱导时，分泌囊泡与细胞膜大量融合并将其内容物排出细胞，是一种受调节的出胞过程，如神经末梢递质释放的过程，当动作电位到达神经末梢时导致进入胞内的Ca^{2+}增多，触发神经递质的出胞过程。

二、入胞

入胞是指细胞外大分子物质或物质团块（如细菌、细胞碎片等）被细胞膜包裹后以囊泡形式进入细胞的过程，也称内化（internalization）。与出胞相反，入胞时一部分细胞膜形成吞噬泡或吞饮泡，因而会使细胞膜的表面积有所减小。入胞分为吞噬和吞饮两种形式。

（一）吞噬

被转运物质如细菌、死亡细胞或组织碎片等，以固态形式进入细胞的过程称为吞噬（phagocytosis）。吞噬发生时，细胞膜在膜受体和收缩蛋白参与下伸出伪足将团块或颗粒包裹起来，经膜融合、离断后进入胞内，形成直径较大的膜性囊泡（1～

2 μm），即吞噬泡。吞噬仅发生于一些特殊的细胞，如单核细胞、巨噬细胞和中性粒细胞等。如当机体发生炎症时，它们可以吞噬并清除组织中的病原体。

（二）吞饮

被转运物质以液态形式进入细胞的过程称为吞饮（pinocytosis）。吞饮可发生于体内几乎所有的细胞，是多数大分子物质如蛋白质分子进入细胞的唯一途径。当吞饮发生时，细胞在接触转运物质处的膜发生凹陷，并逐渐形成囊袋样结构包裹被转运物，再经膜的融合、离断、进入胞内，形成直径较小的吞饮泡（0.1～0.2 μm）。吞饮又可分为液相入胞（fluid-phase endocytosis）和受体介导入胞（receptor-mediated endocytosis）两种形式。

1. 液相入胞

液相入胞是指细胞外液及其所含的溶质以吞饮泡的形式连续不断地进入细胞的一种吞饮方式。液相入胞是细胞本身固有的活动，对底物没有选择性，进入细胞的溶质量与溶质的浓度成正比。

2. 受体介导入胞

受体介导入胞是被转运物与细胞膜受体特异性结合后，选择性地促进被转运物进入细胞的一种入胞方式。在溶质选择性进入细胞的同时，并没有带入较多的细胞外液；即使溶质的浓度很低，也不影响有效的入胞过程，因此是一种非常有效的入胞方式。许多大分子物质，如运铁蛋白、低密度脂蛋白（low-density lipoprotein，LDL）、维生素 B_{12} 转运蛋白、多种生长因子、一些多肽类激素（如胰岛素）等都以这种方式进入细胞。如血浆中的LDL主要在肝脏由细胞膜上的LDL受体介导入胞，LDL入胞后被溶酶体消化，将其结合的胆固醇释放出来被利用。如果LDL过高或LDL受体缺乏，LDL将不能被正常代谢，可使血浆中LDL浓度升高，引起高胆固醇血症和动脉粥样硬化（图3-5-2）。

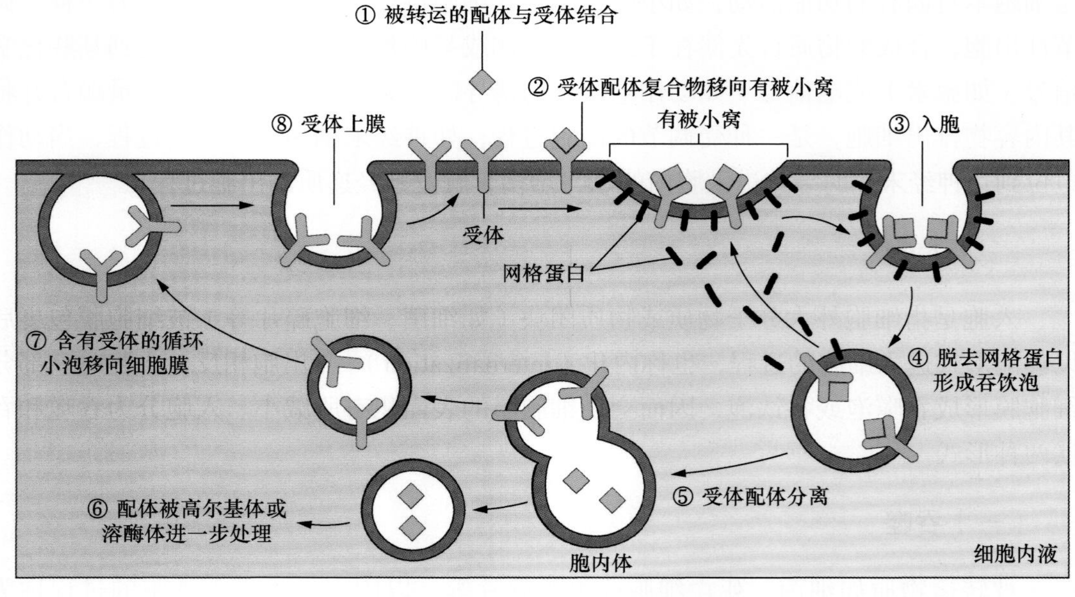

图3-5-2 受体介导的入胞示意图

（马雪莲 杨 帆）

第四章 基本组织

- **上皮组织**
  - ◎ 被覆上皮
  - ◎ 腺上皮和腺
- **固有结缔组织**
  - ◎ 疏松结缔组织
  - ◎ 致密结缔组织
  - ◎ 脂肪组织
  - ◎ 网状组织
- **肌组织**
  - ◎ 骨骼肌
  - ◎ 心肌
  - ◎ 平滑肌
- **神经组织**
  - ◎ 神经元
  - ◎ 突触
  - ◎ 神经胶质细胞
  - ◎ 神经纤维和神经
  - ◎ 神经末梢

人体内约有二百余种、上百万亿个细胞（cell），形态结构和生理功能相同或相似的细胞与细胞之间的细胞外基质（又称细胞间质）一起，共同构成了具有一定形态结构和生理功能的细胞群体，称为组织（tissue）。按其结构和功能的不同，人体的组织可分为4种基本类型，即上皮组织、结缔组织、肌组织和神经组织，本章将分别讲授4种基本组织的形态结构及其生理功能。

第一节 上皮组织

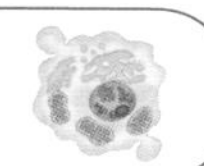

上皮组织（epithelial tissue）简称上皮（epithelium），由密集排列的上皮细胞和少量细胞间质组成。上皮组织具有极性（polarity），即上皮或上皮细胞不同的面在结构和功能上具有明显的差异。其中朝向体表或中空性器官腔面的一面为游离面，常分化形成一些特殊的结构与其功能相适应；与其相对的一面，称为基底面，常借基膜与深部结缔组织相连；相邻细胞之间为侧面，常形成细胞连接结构。上皮组织内无血管，所需营养物质依靠深部结缔组织内的血管提供。上皮组织内有丰富的感觉神经末梢。

人体内不同部位的上皮行使着不同的功能，按其功能分为被覆上皮和腺上皮两大类。被覆上皮覆盖在体表或内衬于有腔器官的腔面，具有保护、吸收、分泌和排泄等作用。腺上皮是组成腺的主要成分，具有分泌功能。另外，体内还有少量特化的上皮，如感觉上皮、肌上皮等。

一、被覆上皮

（一）被覆上皮的分类和结构

根据构成上皮的细胞层数的不同，被覆上皮可分为单层上皮和复层上皮。根据单层上皮的细胞形态及复层上皮表层细胞的形态，又可进一步划分为多种类型（表4-1-1）。

表4-1-1 被覆上皮的分类、主要分布及功能

细胞层数	表层细胞形态	主要分布	主要功能
单层	扁平上皮	内皮：心脏、血管和淋巴管腔面	利于物质交换
		间皮：胸膜、腹膜和心包膜表面	便于内脏活动
		其他：肺泡和肾小囊壁层等处	便于气体交换或滤过
	立方上皮	肾小管、甲状腺滤泡等	吸收、分泌
	柱状上皮	胃、肠、胆囊和子宫等腔面	保护、润滑、吸收、分泌
假复层	纤毛柱状上皮	呼吸管道的腔面	保护、分泌
复层	扁平上皮	角化：皮肤表皮	保护
		未角化：口腔、食管、阴道等腔面	保护、分泌
	柱状上皮	睑结膜、男性尿道等腔面	保护
	变移上皮	肾盂、肾盏、输尿管、膀胱等腔面	保护

1. 单层扁平上皮

单层扁平上皮（simple squamous epithelium）仅由一层扁平细胞组成。从上皮表面观察，细胞呈不规则形或多边形，边缘呈锯齿状，彼此嵌合，核扁圆形（图4-1-1）。从垂直切面观察，细胞胞质扁薄，含核的部位略厚（图4-1-1）。衬贴在心脏、血管和淋巴管腔面的单层扁平上皮称内皮（endothelium），其表面光滑，有利于血液和淋巴流动；分布在胸膜、腹膜和心包膜表面的单层扁平上皮称间皮（mesothelium），间皮还分泌少量浆液，表面湿润光滑，有利于内脏器官的运动。

2. 单层立方上皮

单层立方上皮（simple cuboidal epithelium）由一层立方形细胞组成。从表面观察，每个细胞呈六角形或多角形；从垂直切面观察，细胞呈立方形，核圆、居中（图4-1-2）。单层立方上皮主要分布于肾小管、甲状腺滤泡等处，有吸收和分泌功能。

3. 单层柱状上皮

单层柱状上皮（simple columnar epithelium）由一层高棱柱状细胞组成。从表面观察，细胞呈六角形或多角形；从垂直切面观察，细胞为柱状，核长椭圆形，其长轴多与细胞长轴平行，常位于细胞近基底部（图4-1-3）。主要分布在胃、肠、胆囊、子宫和输卵管等器官的腔面，具有分泌和吸收功能。

分布在子宫和输卵管等器官腔面的单层柱状上皮，细胞游离面有纤毛，称单层纤毛柱状上皮（图4-1-3）。

4. 假复层纤毛柱状上皮

假复层纤毛柱状上皮（pseudostratified ciliated columnar epithelium）是由形态不

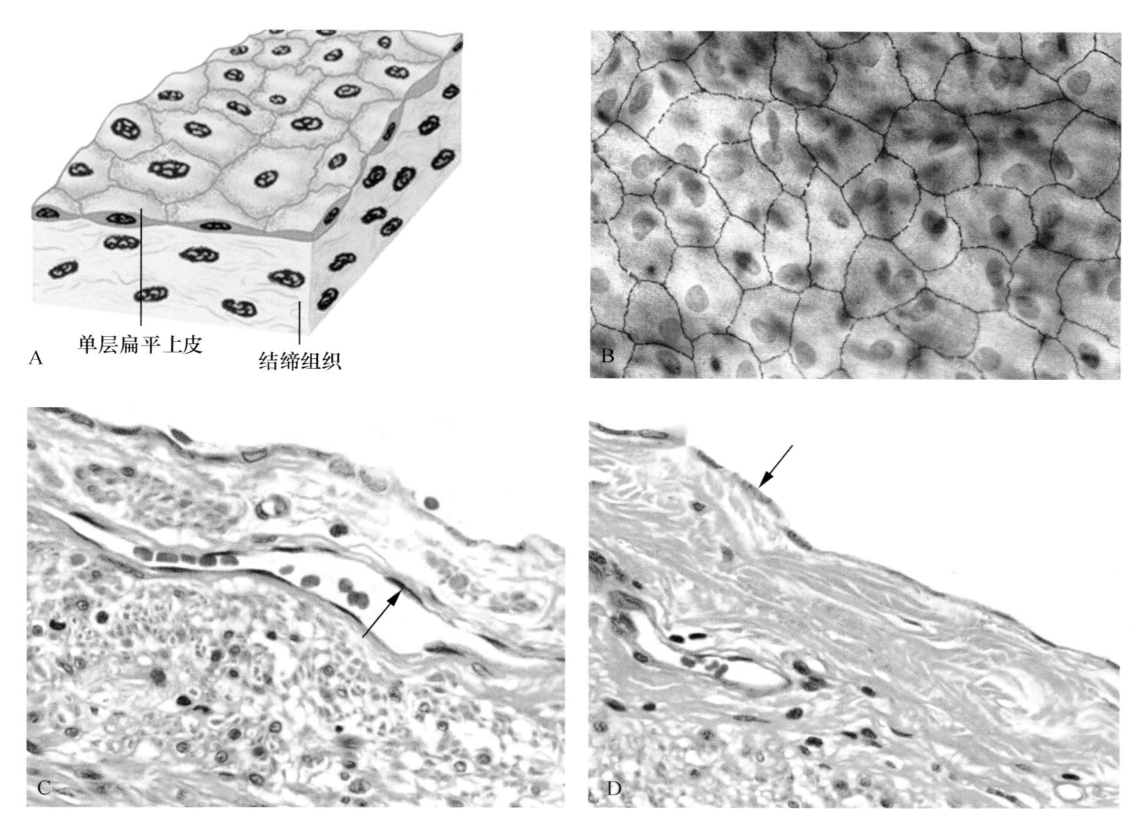

图4-1-1　单层扁平上皮

A.单层扁平上皮模式图；B.蛙肠系膜铺片示单层扁平上皮表面观（镀银染色）；C.阑尾切片示毛细血管（HE染色），箭头示内皮细胞核；D.阑尾切片示间皮侧面观（HE染色），箭头示间皮细胞核

同、高矮不等的一层细胞组成，所有细胞的基底部均附于基膜上。由于细胞高矮不等，细胞核的位置不在同一平面上，在光镜下，貌似复层上皮，实为单层上皮（图4-1-4）。上皮中有柱状、杯状、梭形和锥形细胞，其中柱状细胞最多，而且柱状细胞的游离面有纤毛，故称假复层纤毛柱状上皮。假复层纤毛柱状上皮主要分布在呼吸道腔面。

5. 复层扁平上皮

复层扁平上皮（stratified squamous epithelium）由多层细胞组成，因表层细胞呈扁平鳞片状，又称为复层鳞状上皮。从垂直切面观察，细胞形态不一，与基膜紧贴的一层细胞呈立方形或矮柱状，可分裂增殖，新生的细胞向浅层推移。基底层以上为数层多边形细胞，再向上是数层梭形细胞，表层为几层扁平细胞（图4-1-5A）。上皮基底面

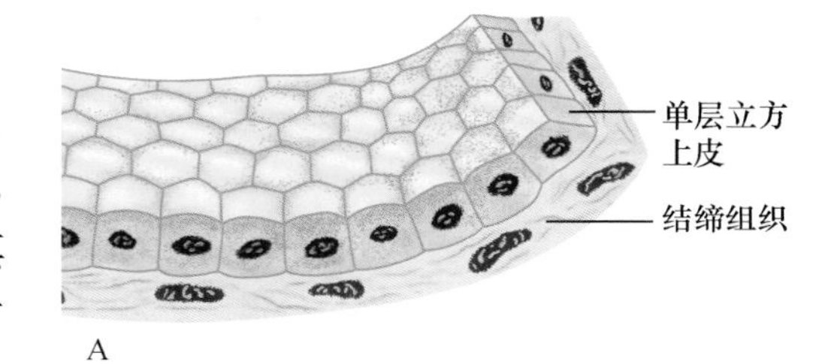

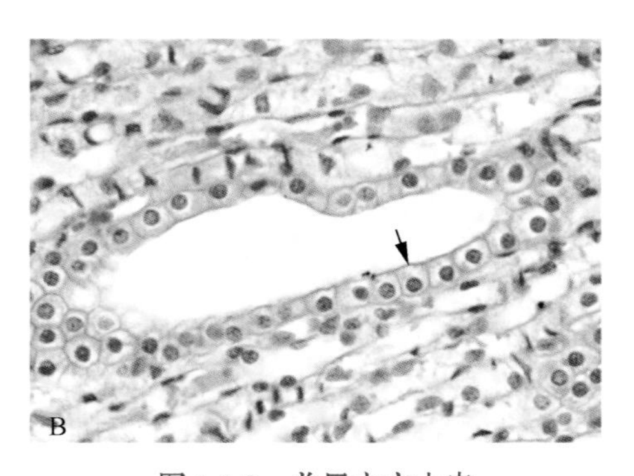

图4-1-2　单层立方上皮

A.单层立方上皮模式图；B.肾脏切片示单层立方上皮（HE染色），箭头示单层立方细胞

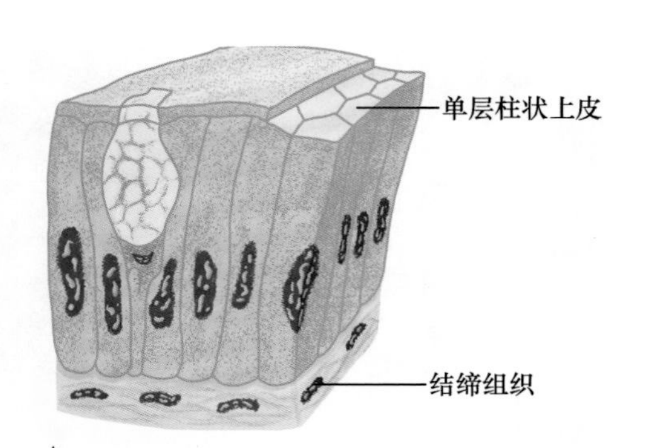

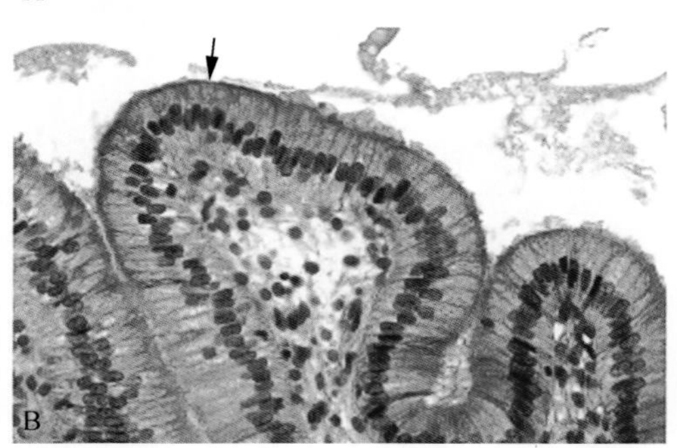

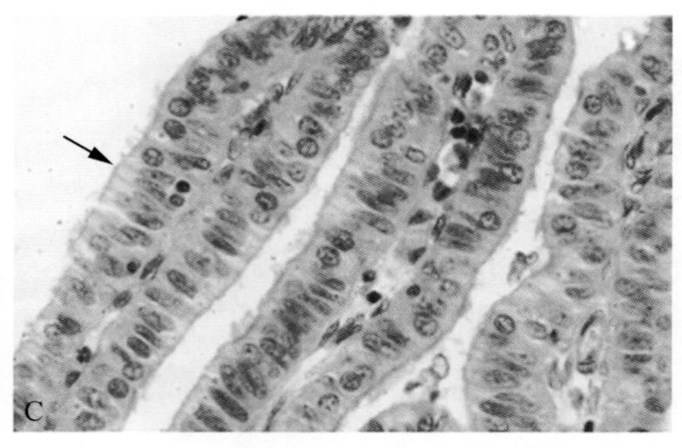

图4-1-3 单层柱状上皮

A.单层柱状上皮模式图；B.胆囊切片示单层柱状上皮（HE染色），箭头示单层柱状上皮；C.输卵管切片示单层纤毛柱状上皮（HE染色），箭头示单层纤毛柱状上皮

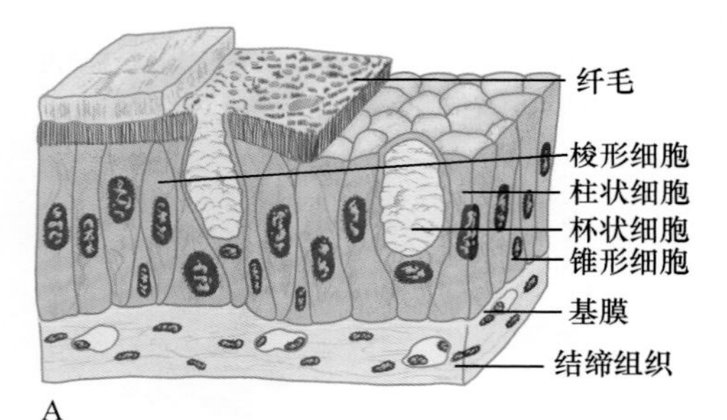

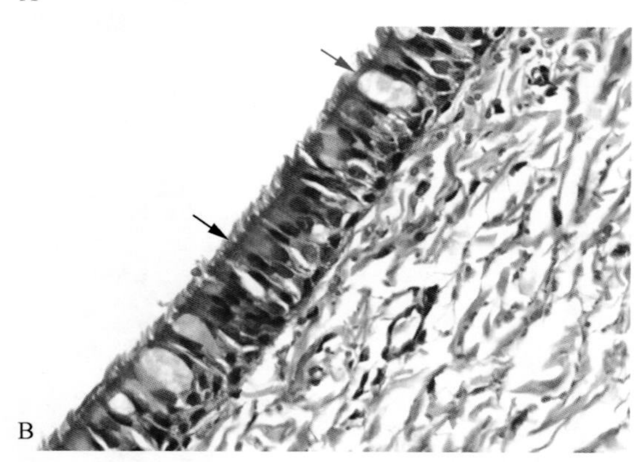

图4-1-4 假复层纤毛柱状上皮

A.假复层纤毛柱状上皮模式图；B.气管切片示假复层纤毛柱状上皮（HE染色），黑色箭头示柱状细胞；红色箭头示杯状细胞

与结缔组织的连接处凹凸不平，扩大了二者的接触面。复层扁平上皮较厚，有较强的机械保护、耐摩擦和阻止异物侵入等作用，受损伤后有很强的再生修复能力。

根据上皮的浅层细胞是否角化，又可将其分为未角化的复层扁平上皮和角化的复层扁平上皮。未角化的复层扁平上皮衬贴在口腔、食管和阴道等腔面，浅层细胞有核，胞质含角蛋白少（图4-1-5B）。角化的复层扁平上皮位于皮肤的表皮，浅层细胞死亡，核消失，胞质内充满角蛋白，不断脱落（图4-1-5C）。

6. 复层柱状上皮

复层柱状上皮（stratified columnar epithelium）的深层为一层矮柱状细胞，中层为数层多边形细胞，浅层为一层排列较整齐的柱状细胞（图4-1-6）。复层柱状上皮分布于眼睑结膜和男性尿道等处。

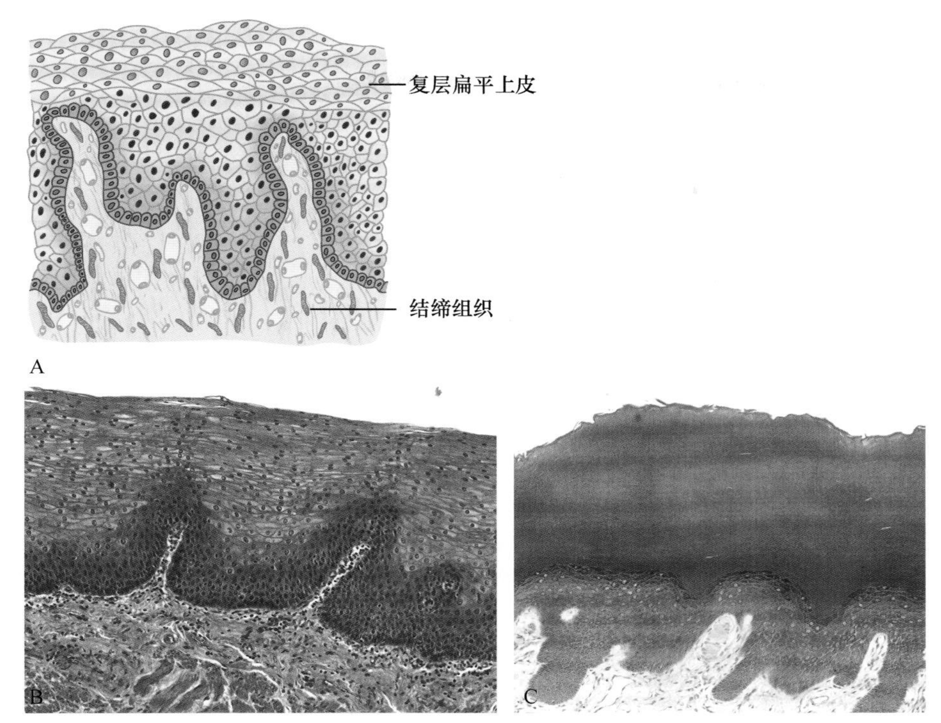

图4-1-5 复层扁平上皮

A. 复层扁平上皮模式图；B. 食管切片示未角化的复层扁平上皮（HE染色）；C. 手指皮切片示角化的复层扁平上皮（HE染色）

7. 变移上皮

变移上皮（transitional epithelium）分布于排尿管道腔面，细胞形状和层数可随器官的功能状态而改变，又称为移行上皮。当膀胱空虚时，上皮增厚，细胞层数变多，可达5～10层，表层细胞呈立方形，细胞较大，有的含有两个核，称为盖细胞；一个盖细胞可覆盖深面的几个细胞（图4-1-7A、B）。中间数层细胞呈多边形；基底层细胞呈矮柱状或立方形。当膀胱充盈时，上皮变薄，细胞层数减少，表层细胞呈扁梭形（图4-1-7C、D）。

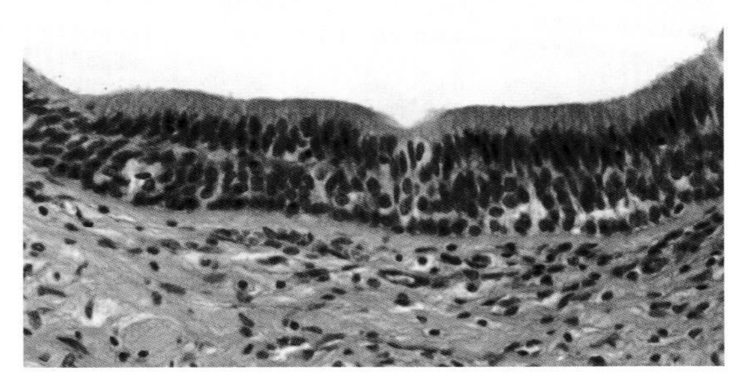

图4-1-6 男性尿道切片示复层柱状上皮（HE染色）

（二）上皮细胞的特殊结构

上皮细胞为了适应其保护、吸收和分泌等功能，在游离面、基底面和侧面常形成一些特殊的结构。

1. 上皮细胞游离面的特殊结构

（1）微绒毛：微绒毛（microvilli）由上皮细胞游离面的细胞膜和细胞质共同向腔内伸出的微细指状突起，需借助电镜进行观察（图4-1-8A）。在吸收功能旺盛的小肠上皮细胞和肾近曲小管上皮细胞游离面有排列整齐而密集的微绒毛，形成光镜下可见纹状缘（striated border）或刷状缘（brush border）（图4-1-8B），可使游离面的表

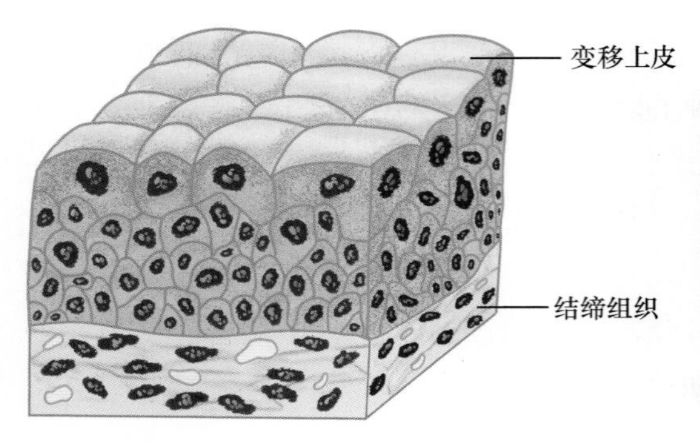

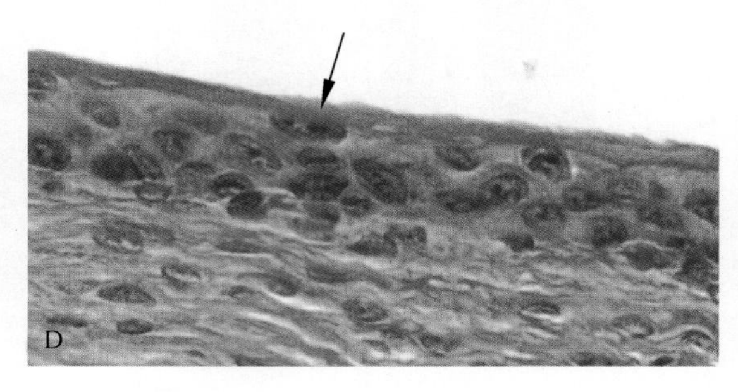

图4-1-7 变移上皮

A．变移上皮模式图（膀胱排空时）；B．膀胱切片示变移上皮（HE染色，膀胱排空时），箭头示盖细胞；C．变移上皮模式图（膀胱充盈时）；D．膀胱切片示变移上皮（HE染色，膀胱充盈时），箭头示盖细胞

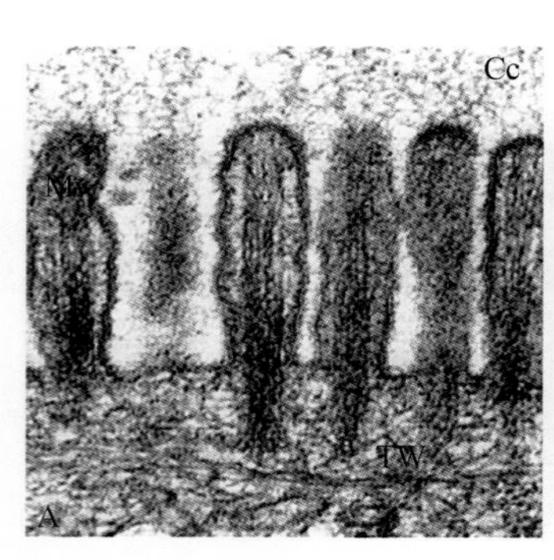

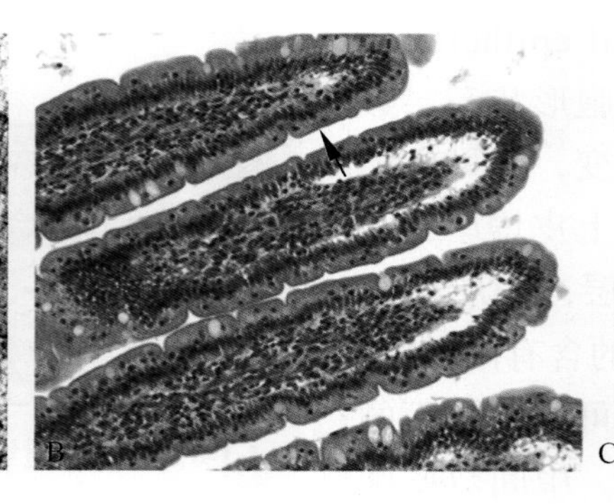

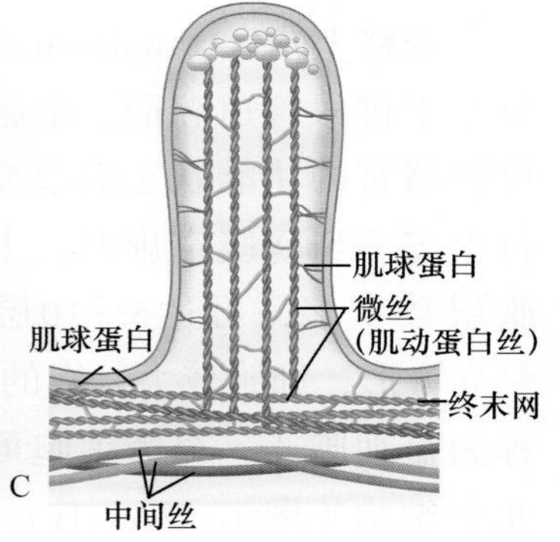

图4-1-8 微绒毛

A. 小肠柱状上皮细胞微绒毛超微结构（×15 000），Mv示微绒毛，TW示终末网，Cc示细胞衣；B.小肠单层柱状上皮（HE染色），箭头示纹状缘；C. 微绒毛超微结构模式图（纵切面）

面积扩大20～30倍，而且小肠柱状上皮细胞微绒毛表面常覆盖一层厚的细胞衣（cell coat），主要由延伸、分支的糖蛋白、糖脂等组成，可吸附消化酶，有利于大分子物质的消化吸收。

微绒毛直径约0.1 μm，长约1 μm，内含许多纵行的肌动蛋白丝，肌动蛋白丝一端直达微绒毛的顶端，另一端伸入顶部细胞质中，附着于终末网（terminal web）上（图4-1-8C）。终末网是由微绒毛基部胞质中与细胞表面平行的微丝交织成网形成的，这些微丝附着于细胞侧面的中间连接处。终末网内有肌球蛋白，可与微绒毛内的肌动蛋白相互作用，从而改变微绒毛的长度。

（2）纤毛：纤毛（cilia）是由上皮细胞游离面的细胞膜和细胞质伸出的细长指状突起，比微绒毛粗而长，长5～10 μm，直径0.3～0.5 μm，光镜下可见。电镜下，纤毛内含纵行的微管，微管下行终止于电子致密的基体，基体的结构与中心粒基本相同，可控制和调节纤毛的活动（图4-1-9）。横切面上，纤毛中央有一对完整的微管，周围有9组二联微管（即9+2结构）（图4-1-9D）。二联微管一侧伸出一对动力蛋白臂，含有动力蛋白，是一种具有ATP酶活性的蛋白质，该蛋白分解ATP后使微管产生位移或滑动所致，导致纤毛的摆动（图4-1-9）。许多纤毛的协调摆动像风吹麦浪一样，把黏附在上皮表面的分泌物和颗粒物向一定方向推送。

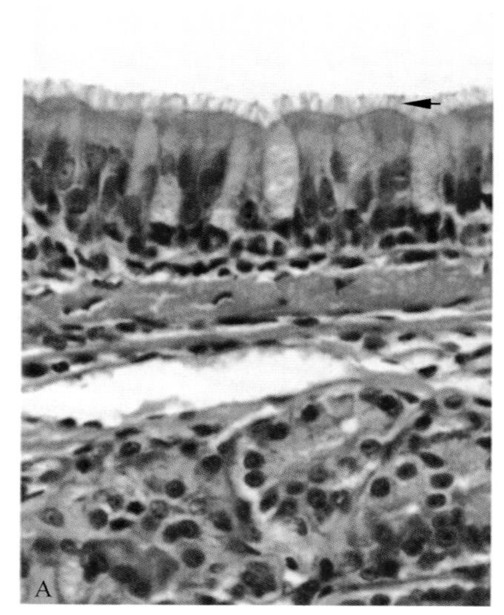

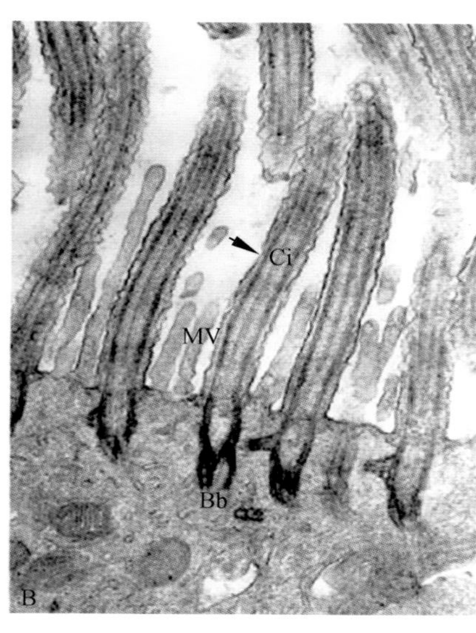

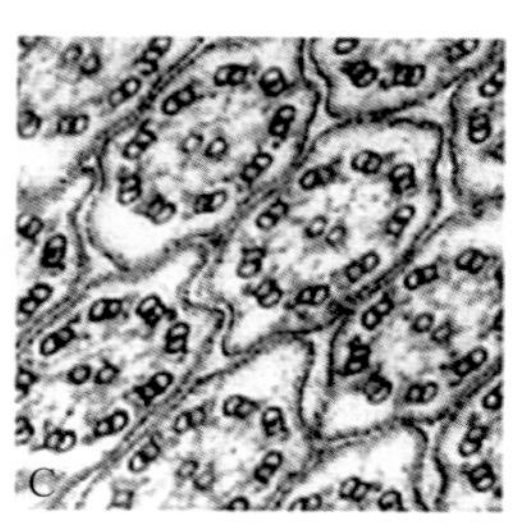

图4-1-9　纤毛

A. 气管假复层纤毛柱状上皮（HE染色），箭头示纤毛；B. 纤毛纵切电镜图（×59 000），Ci示纤毛，Bb示基体，Mv示微绒毛；C. 纤毛横切电镜图（×80 000）；D. 纤毛横切面示意图

2. 上皮细胞侧面的特殊结构

上皮细胞间隙很窄，相邻上皮细胞之间特化形成多种细胞连接（cell junction），加强细胞之间的机械连接。细胞连接是普遍存在的，如上皮细胞、心肌细胞、骨细胞、神经细胞等，但以柱状上皮细胞之间的细胞连接结构最为典型。根据结构和功能特点，细胞连接可分为紧密连接、中间连接、桥粒和缝隙连接（图4-1-10）。

（1）紧密连接：紧密连接（tight junction）位于上皮细胞侧面的顶端，相邻细胞膜形成点状、斑状或带状融合，呈带状环绕细胞，又称闭锁小带（zonula occludens）。细胞融合处间隙消失，非融合处有10～15 nm的细胞间隙（图4-1-10）。紧密连接封闭了相邻上皮细胞顶部的细胞间隙，可防止大分子物质通过细胞间隙而进入深部组织，具有屏障作用。

（2）中间连接：中间连接（intermediate junction）常位于紧密连接下方，环绕上皮细胞顶部，又称黏着小带（zonula adherens）。参与中间连接形成的主要蛋白是钙黏附蛋白，钙黏附蛋白的细胞外结构域同相邻细胞膜上另一钙黏附蛋白的细胞外结构域相互作用形成桥，连接相邻细胞，相邻细胞间有15～20 nm的间隙（图4-1-10）。钙黏

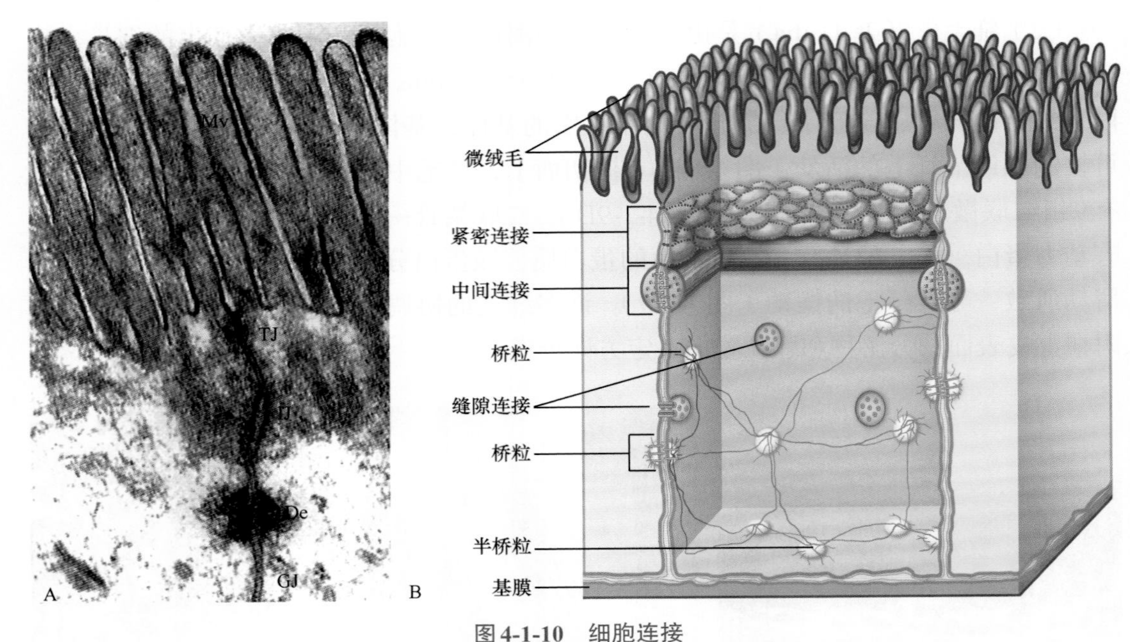

图 4-1-10 细胞连接

A. 小肠单层柱状上皮细胞连接电镜图（×84 000），TJ示紧密连接，IJ示中间连接，De示桥粒，GJ示缝隙连接，Mv示微绒毛；B. 单层柱状上皮细胞连接模式图

附蛋白的细胞内结构域与锚定蛋白相结合，形成薄层致密物质，来自终末网的微丝附着其上。中间连接也可见于心肌细胞间闰盘部位。中间连接有黏着、保持细胞形状和传递细胞收缩力的作用。

（3）桥粒：桥粒（desmosome）位于中间连接的深部，相邻两细胞膜之间呈斑块状的局部连接，大小不一，又称黏着斑（macula adherens）。电镜下，相邻细胞间有20～30 nm宽的间隙，间隙内填有低电子密度的丝状物，间隙中央有一条与细胞膜相平行的、致密的中间线。在间隙两侧细胞膜的胞质面有致密的板状结构，称为附着板，附近胞质内有大量直径约10 nm的中间丝呈袢状附着于附着板，而后又返回胞质。通过这些中间丝的机械性连接作用，加强细胞间的连接（图4-1-10），在越易受摩擦、牵拉的组织结构中，桥粒越丰富，如表皮、食管等部位的复层扁平上皮。在上皮细胞与基膜的相邻面上，有时在上皮细胞基底面一侧会形成半个桥粒结构，称为半桥粒（hemidesmosome），将上皮细胞固定在基膜上（图4-1-10）。

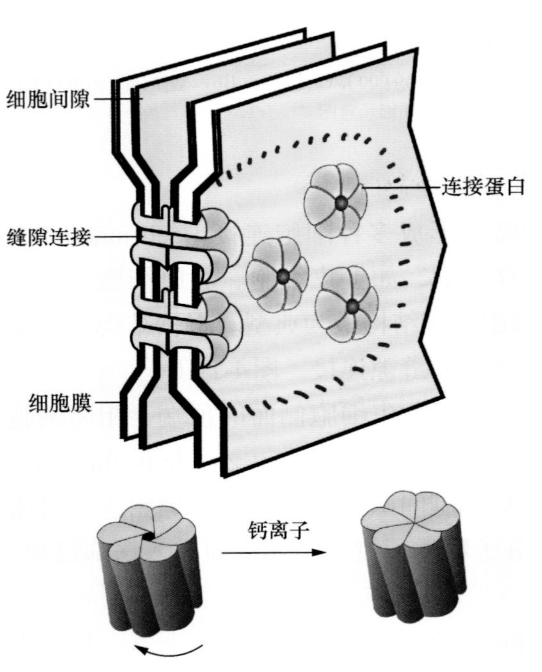

图 4-1-11 缝隙连接模式图

（4）缝隙连接：缝隙连接（gap junction）是广泛存在于各组织细胞间的一种细胞连接形式，又称通讯连接（communication junction）。电镜下，缝隙连接处相邻细胞膜

平行，细胞间仅有2～3 nm的间隙，内有许多间隔大致相等的连接点（图4-1-10）。冷冻蚀刻复型电镜观察，缝隙连接处的细胞膜上有许多规律分布的柱状颗粒，每个柱状颗粒由6个杆状的连接蛋白（connexin）围成，直径7～9 nm，中央为直径约2 nm的小管。相邻细胞膜上的柱状颗粒彼此对接，管腔通连，成为细胞间直接交通的管道（图4-1-11），一些离子和小分子物质可以通过此通道来传递化学信息。在Ca^{2+}等因素的调节下，管道可打开或关闭。由于缝隙连接处电阻较低，有利于心肌细胞、神经细胞之间传递电冲动。

在以上四种细胞连接方式中，有两个或两个以上同时存在，称连接复合体（junctional complex）。

3. 上皮细胞基底面

（1）基膜：基膜（basement membrane）是位于上皮细胞基底面与深部结缔组织之间的一层薄膜，具有支持连接作用，也是一种半透膜，具有选择性通透作用。在HE染色切片上，一般不易分辨，但呼吸管道假复层纤毛柱状上皮的基膜较厚，光镜可见，呈粉红色（图4-1-12A）。用镀银染色和PAS染色时，基膜分别呈黑色和紫红色。在电镜下，基膜分为基板（basal lamina）和网板（reticular lamina）两部分（图4-1-12B）。靠近上皮的部分为基板，由上皮细胞分泌产生，主要成分为层粘连蛋白、Ⅳ型胶原蛋白和硫酸肝素蛋白多糖等。与结缔组织相连接的部分为网板，由结缔组织内的成纤维细胞分泌产生，主要由网状纤维和基质构成，有时也含有少许胶原纤维。

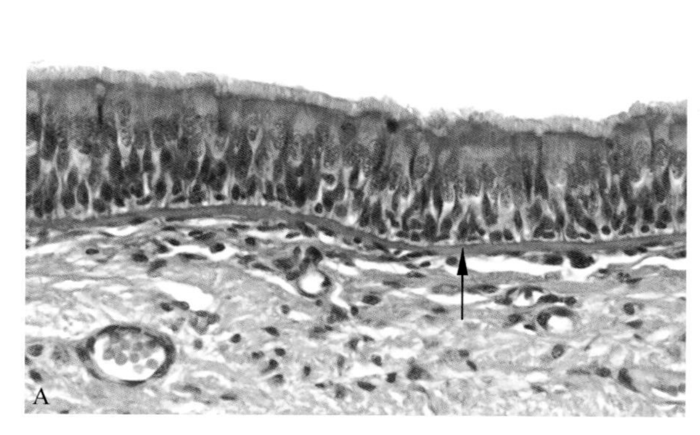

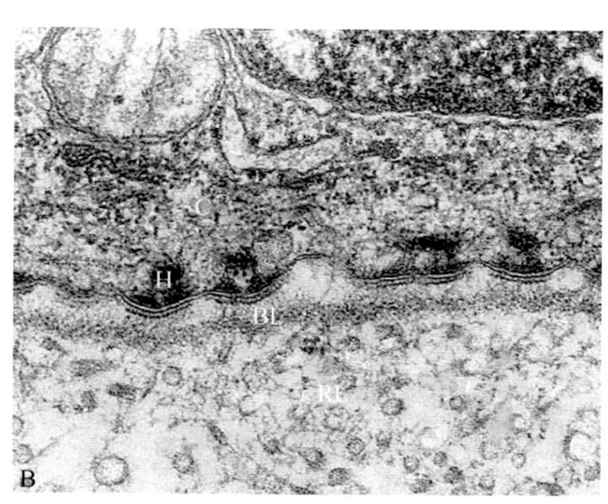

图4-1-12 基膜

A.气管假复层纤毛柱状上皮（HE染色），箭头示上皮与深部结缔组织连接处的基膜；B.基膜的透射电镜图（×54 000），C示上皮细胞，BL示基板，RL示网板，H示半桥粒

（2）质膜内褶：质膜内褶（plasma membrane infolding）是上皮细胞基底面的细胞膜折向胞质内而形成的，褶间胞质内可见许多线粒体（图4-1-13）。HE染色切片上呈嗜酸性条纹，称基底纵纹（图4-1-13）。质膜内褶主要见于肾小管、唾液腺的纹状管，其作用是扩大细胞基底面的表面积，有利于水和离子的迅速转运。

二、腺上皮和腺

腺上皮（glandular epithelium）是以分泌功能为主的上皮。以腺上皮为主要结构

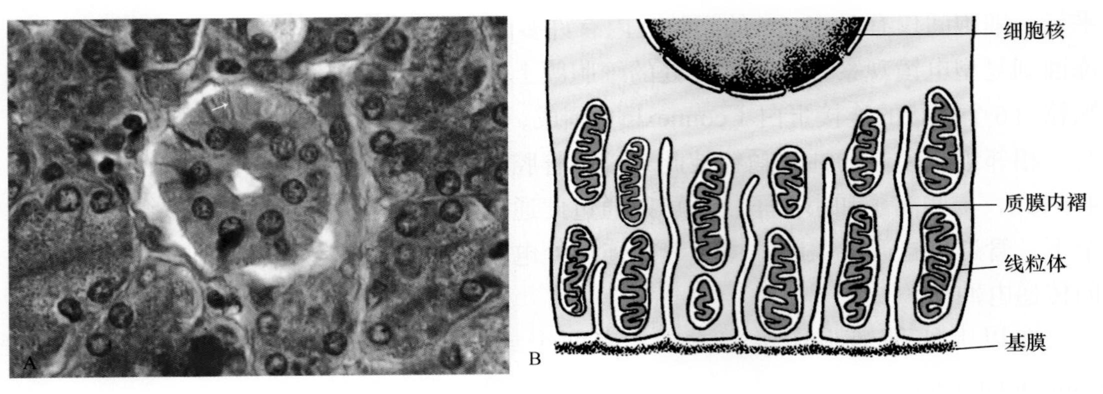

图4-1-13 质膜内褶

A. 下颌下腺纹状管（HE染色），箭头示基底纵纹；B. 质膜内褶超微结构模式图

成分的器官称为腺（gland）。有的腺分泌物经导管排出至体表或器官的腔内，称外分泌腺（exocrine gland），如唾液腺、汗腺等；有的腺没有导管，其分泌物释放入血，称内分泌腺（endocrine gland），如垂体、肾上腺等。此处只讲述外分泌腺的一般结构。

（一）腺的发生

在胚胎时期，腺大多起源于内胚层或外胚层分化的上皮，也有源于中胚层分化的上皮，如体腔上皮。这些上皮细胞分裂增殖，形成细胞索，伸入深层的结缔组织中，分化为腺（图4-1-14）。在发育过程中，若下陷的细胞索与表层上皮不分离，并发育成导管，腺的分泌物经导管排出到体表或器官的腔面，则为外分泌腺；若下陷的上皮细胞索与表面上皮联系消失，腺体没有导管，其分泌物直接进入腺细胞周围的毛细血管和淋巴管内，则为内分泌腺，下陷的上皮细胞索有的呈索团状，有的围成滤泡状。

（二）腺细胞的分类

根据腺细胞分泌物性质的不同，腺细胞可以分为蛋白质分泌细胞、糖蛋白分泌细胞、类固醇分泌细胞和肽分泌细胞。

1. 蛋白质分泌细胞

蛋白质分泌细胞（protein secretory cell）大多数呈锥体形或柱状，核圆形，位于细胞中央或近基底部；顶部胞质内含有许多嗜酸性的分泌颗粒，称酶原颗粒（zymogen granule）；基底部胞质呈强嗜碱性（图4-1-15）。电镜下，基底部胞质中有丰富的粗面内质网，核上区有发达的高尔基复合体和丰富的分泌颗粒（图4-1-15）。蛋白质分泌细胞具有合成与分泌蛋白质的功能。分泌物较稀薄，含丰富的酶类物质。具有这样结构特点的蛋白质分泌细胞常称为浆液性细胞。

蛋白质分泌细胞分泌过程如下：①细胞从血液中摄取合成分泌物所需的氨基酸；②氨基酸在粗面内质网内合成蛋白质；③内质网以出芽方式形成小泡，将蛋白质输送到高尔基体，在此加工、浓缩，形成分泌颗粒；④分泌颗粒聚集在细胞顶部，以胞吐方式将分泌物释放出细胞外（图4-1-15）。

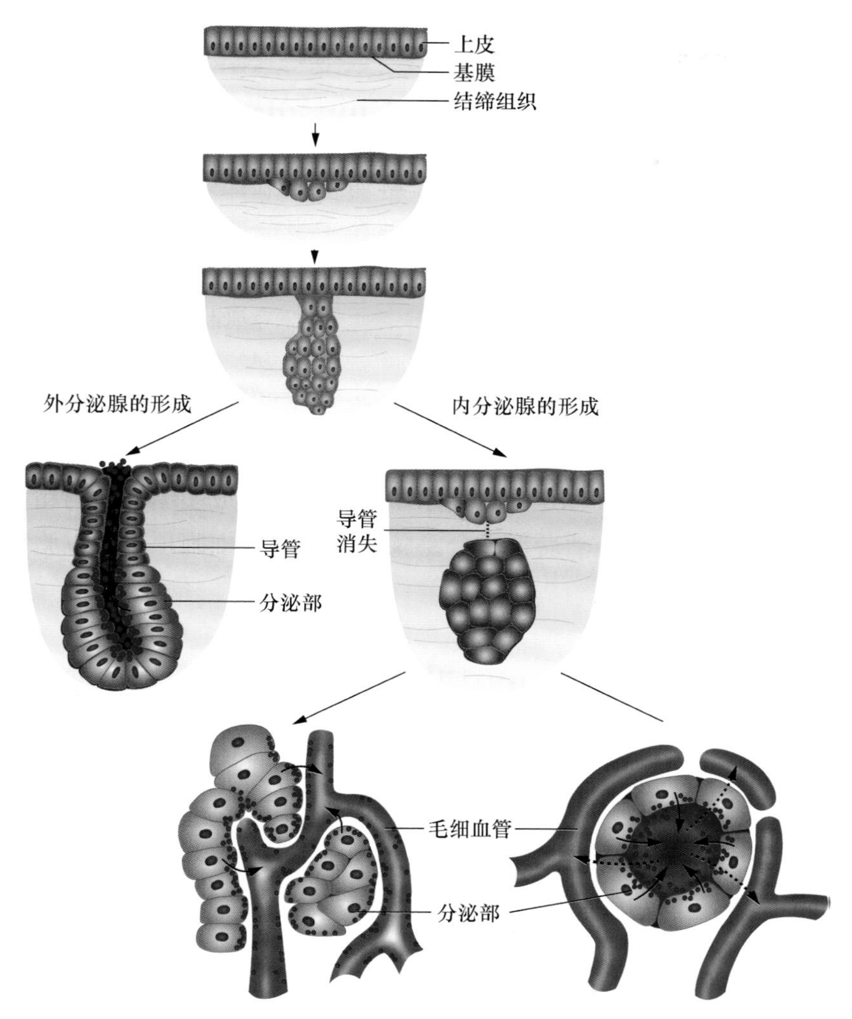

图4-1-14　腺发生的模式图

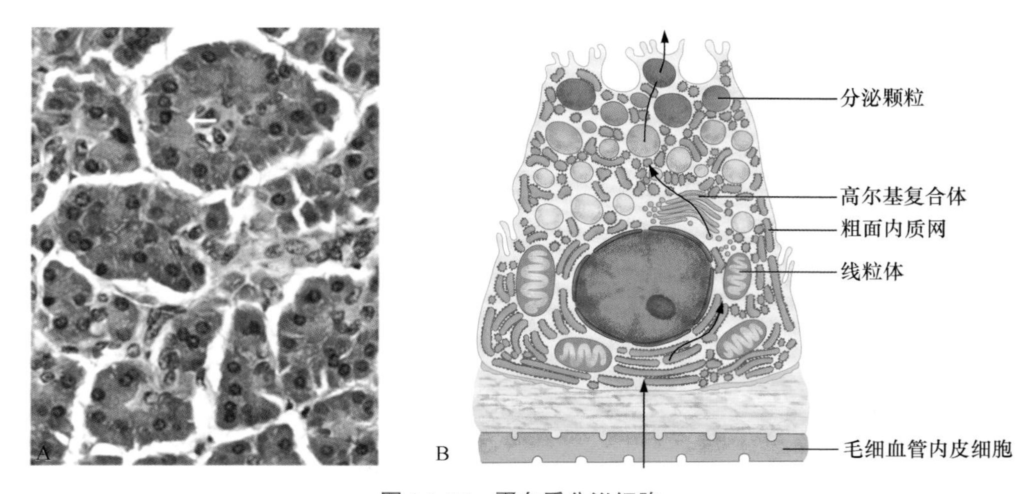

图4-1-15　蛋白质分泌细胞

A. 胰腺（HE染色），箭头示胰腺外分泌部浆液性细胞；B. 蛋白质分泌细胞超微结构模式图

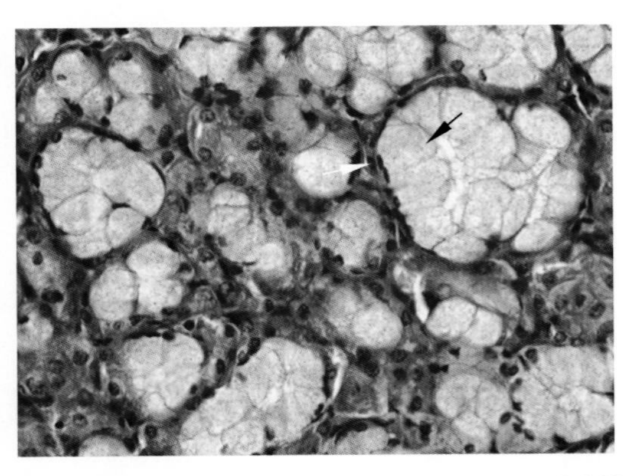
图4-1-16 舌下腺（HE染色），黑色箭头示黏液性腺细胞，白色箭头示肌上皮细胞的细胞核

2. 糖蛋白分泌细胞

糖蛋白分泌细胞（glycoprotein secretory cell）多呈锥体形或柱状，胞质的大部分被黏原颗粒充满，因颗粒被溶解而呈泡沫状或空泡状，核周胞质弱嗜碱性。胞核被挤到细胞基底部，常呈扁圆形。电镜下，细胞基底部有较多粗面内质网和游离核糖体，发达的高尔基体位于核上方。具有这样结构特点的分泌细胞常称为黏液性细胞，分泌物较黏稠，主要成分为糖蛋白（图4-1-16）。

糖蛋白分泌细胞的分泌过程是：在高尔基复合体内合成多糖，并与粗面内质网合成的蛋白质结合形成糖蛋白，然后形成分泌颗粒，聚集在细胞顶端，以胞吐方式释放到细胞外。

3. 类固醇分泌细胞

类固醇分泌细胞（steroid secretory cell）呈圆形或多边形，核圆，位于细胞中央或一侧，胞质嗜酸性，含大量小的脂滴，脂滴被有机溶剂溶解后，胞质着色浅淡呈泡沫状。电镜观察，胞质中滑面内质网丰富，常呈多层吻合的管状或泡状，膜上含有合成类固醇激素的各种酶。核旁有发达的高尔基复合体，并可见许多管状嵴的线粒体，但没有分泌颗粒（图4-1-17）。此类细胞为内分泌细胞。类固醇激素的合成是以胆固醇为原料，在滑面内质网和线粒体酶的共同参与下完成。

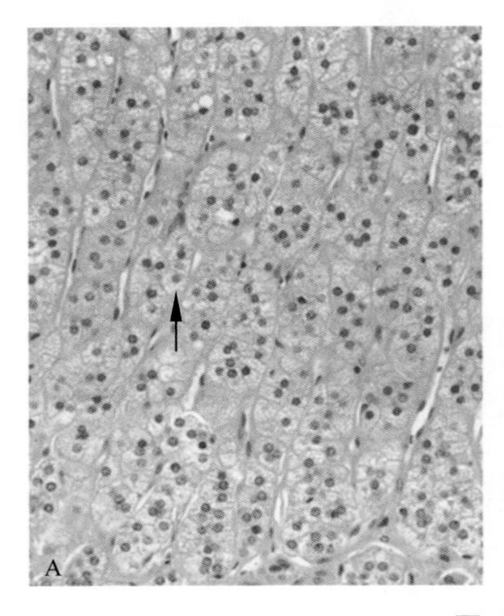

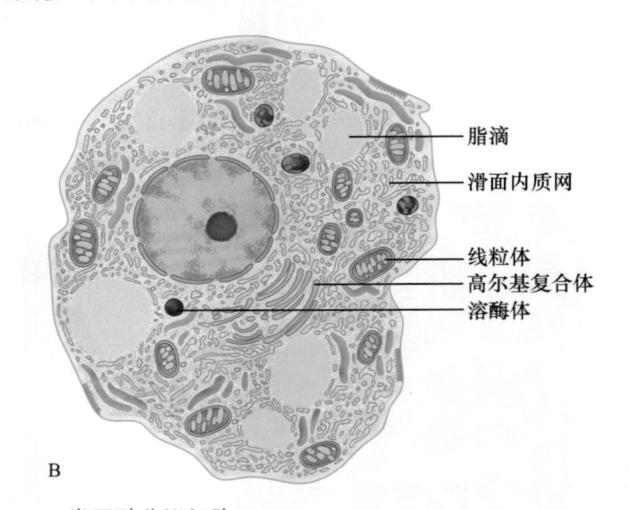

图4-1-17 类固醇分泌细胞

A. 肾上腺（HE染色），箭头示皮质束状带类固醇分泌细胞；B. 类固醇分泌细胞超微结构模式图

4. 肽分泌细胞

肽分泌细胞（peptide secretory cell）多为圆形、多边形或锥形，胞质着色浅，基底部胞质内含有大小不等的分泌颗粒，又称基底颗粒细胞。这些分泌颗粒可被银盐或铬盐着色。这类细胞能够从细胞外摄取胺的前体，并通过细胞内氨基脱羧酶的作用，

使胺前体形成相应的胺和多肽激素，属于胺前体摄取和脱羧（amine precursor uptake and decarboxylation，APUD）细胞。细胞内肽的合成过程与蛋白质的合成过程基本相同，胺在滑面内质网和高尔基复合体生成，分泌物以胞吐或分子渗出方式释放到细胞外。

（三）外分泌腺的结构与分类

按组成腺的细胞数，外分泌腺可分为单细胞腺和多细胞腺。杯状细胞属于单细胞腺。人体内绝大多数外分泌腺均属于多细胞腺。多细胞腺一般由分泌部和导管两部分组成。

1. 分泌部

分泌部（secretory portion）由一层锥体形腺细胞围成，呈管状或泡状，中央有腔，又称腺泡（acinus）。根据组成腺细胞的种类不同，腺泡可分为浆液性腺泡（serous acinus）、黏液性腺泡（mucous acinus）和混合性腺泡（mixed acinus）（图4-1-18）。浆液性腺泡是由浆液性细胞构成的。由浆液性腺泡构成的腺体，称为浆液性腺，如腮腺。黏液性腺泡是由黏液性细胞构成的。由黏液性腺泡构成的腺体，称为黏液性腺，如十二指肠腺、食管腺。混合性腺泡是由浆液性细胞和黏液性细胞共同构成的。大部分混合性腺泡主要由黏液性细胞组成，几个浆液性腺细胞附在黏液性腺泡末端或底部，呈半月状，故称浆半月（serous demilune）。由浆液性腺泡、黏液性腺泡和混合性腺泡构成的腺体，称为混合性腺，如下颌下腺、舌下腺。

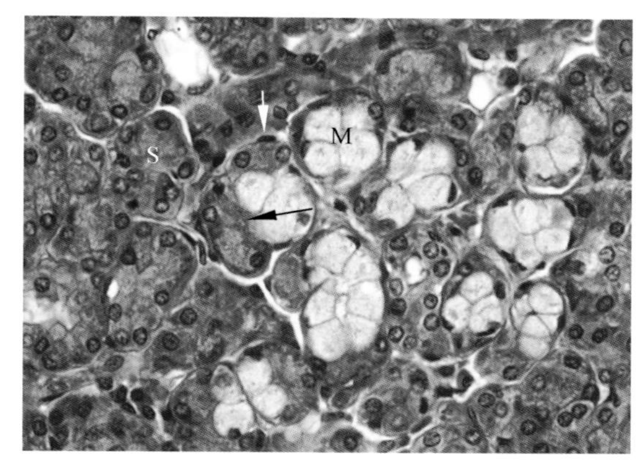

图4-1-18 下颌下腺（HE染色）
黑色箭头示浆半月，白色箭头示肌上皮细胞，M示黏液性腺泡，S示浆液性腺泡

有些腺细胞与基膜之间有肌上皮细胞（myoeipthelial cell），胞体扁平，有突起（图4-1-18），胞质内有肌动蛋白丝。肌上皮细胞的收缩有助于腺泡分泌物排入导管。

2. 导管

导管（duct）是由单层或复层上皮围成。其一端与分泌部腺泡相连，另一端开口于体表或有腔器官的腔面。导管为排出分泌物的管道，但有的导管上皮还有分泌或吸收水和电解质的功能。

按腺细胞分泌物排出的方式，外分泌腺分为局浆分泌腺（merocrine gland）、顶浆分泌腺（apocrine g1and）和全浆分泌腺（holocrine gland）。局浆分泌腺腺细胞的分泌物以胞吐方式排出，或小分子物质直接透过细胞膜释放，如小汗腺；顶浆分泌腺腺细胞的分泌颗粒移向细胞顶部，并向游离面膨出成泡状，然后连同包在其周围的细胞膜和少量胞质一起排出，如大汗腺、乳腺；全浆分泌腺腺细胞内充满分泌物，分泌时整个细胞解体连同分泌物一起排出，如皮脂腺。

根据导管有无分支，外分泌腺可分为无分支的单腺和有分支的复腺。按分泌部的形状和导管是否分支又分为单管状腺、单泡状腺、复管状腺、复泡状腺和复管泡状腺等（图4-1-19）。

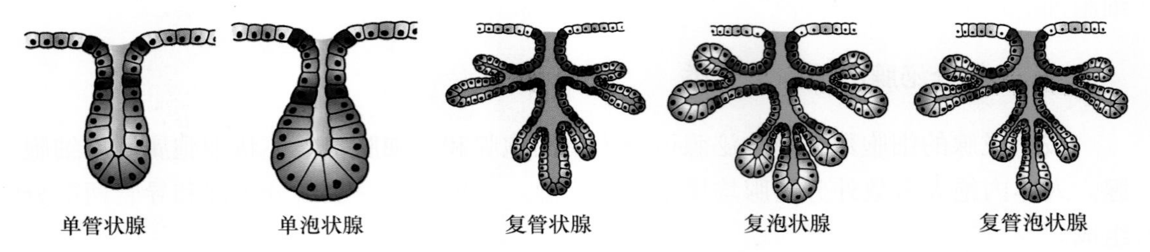

图4-1-19 外分泌腺的形态分类

（郭雨霁 郝爱军）

第二节 固有结缔组织

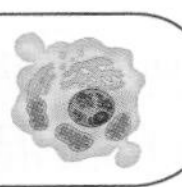

结缔组织（connective tissue）是人体内分布最广泛的一类组织，由细胞和丰富的细胞外基质组成，与上皮组织相比，细胞成分较少，细胞外基质相对较多，细胞无极性，分散在细胞外基质内。广义的结缔组织包括固有结缔组织（connective tissue proper）、软骨组织、骨组织和血液。固有结缔组织是构成器官的基本成分，又可分为疏松结缔组织、致密结缔组织、脂肪组织和网状组织等。结缔组织具有营养、连接、支持、保护、防御、修复和储水等多方面的功能。

所有的结缔组织均来自于胚胎时期的间充质。间充质（mesenchyme）是胚胎时期填充在外胚层和内胚层之间的散在中胚层组织，由间充质细胞及基质组成，无纤维成分。间充质细胞呈星形（图4-2-1A），有突起，相邻细胞的突起相互连接成网，胞质弱嗜碱性，核较大，卵圆形，核仁明显。间充质细胞的分化程度低，不但能分化为多种结缔组织细胞，还能分化为内皮细胞、平滑肌细胞、血细胞等。

一、疏松结缔组织

疏松结缔组织（loose connective tissue）的结构松散，呈蜂窝状，又称蜂窝组织（areolar tissue），广泛分布在器官之间、组织之间以及细胞之间，起连接、支持、营养和保护等作用。构成疏松结缔组织的细胞种类多、数量少，纤维较少，二者散在分布于基质内（图4-2-2）。

（一）细胞

疏松结缔组织内有成纤维细胞、巨噬细胞、肥大细胞、脂肪细胞、未分化的间充质

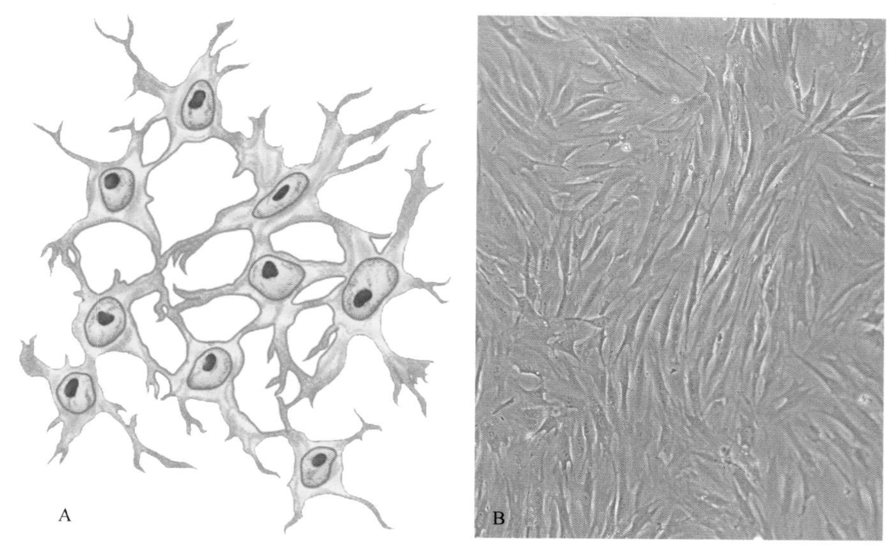

图4-2-1 间充质

A. 间充质模式图；B. 体外培养的骨髓间充质细胞

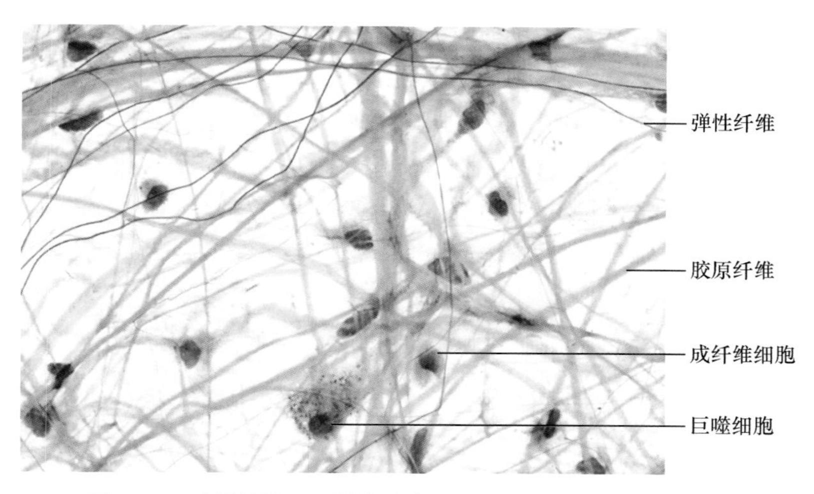

图4-2-2 疏松结缔组织铺片（腹腔注射台盼蓝，醛复红染色）

细胞、浆细胞和白细胞等。各类细胞的数量和分布随所在部位和功能状态而有所不同。

1. 成纤维细胞

成纤维细胞（fibroblast）是疏松结缔组织内的主要细胞类型。功能活跃时，细胞较大，扁平有突起，胞质着色浅，呈弱嗜碱性，核较大，卵圆形，可见核仁（图4-2-3A）。电镜下，成纤维细胞胞质内含有丰富的粗面内质网和核糖体，还有发达的高尔基体，具有蛋白质分泌细胞典型的超微结构特征。成纤维细胞能合成和分泌胶原蛋白和弹性蛋白等蛋白质及糖胺聚糖和糖蛋白等物质，生成胶原纤维、网状纤维、弹性纤维和基质。在机体遭受创伤时，成纤维细胞产生纤维和基质的功能增强，能加速创口愈合。

处于功能静止状态的成纤维细胞较小，呈梭形，称为纤维细胞（fibrocyte），胞质内细胞器不发达，核着色深，核仁不明显（图4-2-3B）。当机体需要时（如创伤修复），静止状态的纤维细胞可以转变为活跃的成纤维细胞，执行其合成基质和纤维的功能。

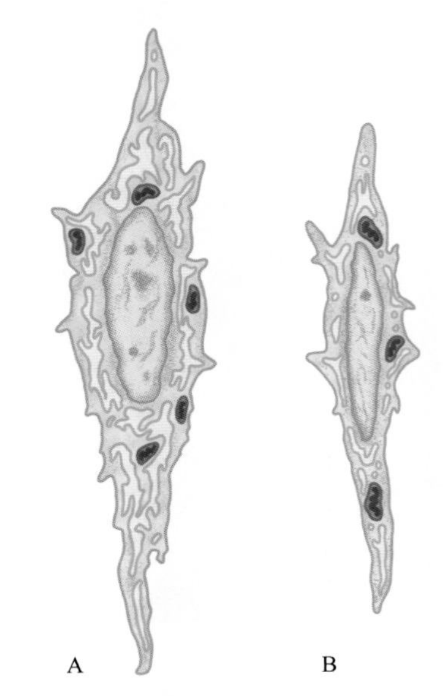

图4-2-3　成纤维细胞和纤维细胞超微结构模式图
A. 成纤维细胞；B. 纤维细胞

2．巨噬细胞

疏松结缔组织内的巨噬细胞（macrophage）是由血液中的单核细胞分化而来。细胞形态不规则，有突起，功能活跃时可伸出伪足，胞质嗜酸性，内含空泡或颗粒状物质，核较小，着色深（图4-2-2）。电镜下，可见细胞表面有许多皱褶及伪足样突起，胞质内含发达的高尔基体、丰富的溶酶体、微丝和微管、吞噬体、吞饮小泡、残余体等（图4-2-4）。

疏松结缔组织内的巨噬细胞又称为组织细胞（histocyte），当受到细菌产物、炎症变性蛋白等化学物质的刺激时，巨噬细胞可向产生或释放这些物质的部位作定向运动，巨噬细胞的这种特性称为趋化性（chemotaxis），此类化学物质称为趋化因子（chemotactic factor）。趋化性是巨噬细胞发挥功能的前提。巨噬细胞是机体内重要的防御细胞，可以行使多种功能。

（1）吞噬作用：巨噬细胞具有很强的吞噬功能，可吞噬细菌、异物或衰老的细胞等，形成吞噬体，然后与初级溶酶体融合，形成次级溶酶体。溶酶体酶能将被吞噬的异物消化或降解，不能降解的物质则形成残余体（见图4-2-4）。

（2）抗原呈递作用：巨噬细胞吞噬抗原物质后，溶酶体酶对其进行消化分解，并将关键抗原肽呈递在细胞表面，激活淋巴细胞，产生免疫应答，最终清除抗原物质。

（3）分泌生物活性物质：巨噬细胞还能分泌多种生物活性物质，如溶菌酶、肿瘤坏死因子、红细胞生成素、集落刺激因子、血管内皮生长因子、补体、干扰素、白细胞介素-1等，可调节参与免疫反应。

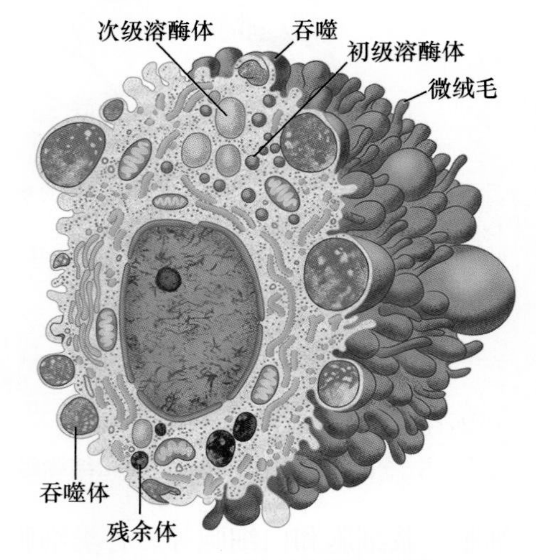

图4-2-4　巨噬细胞超微结构模式图

3．浆细胞

浆细胞（plasma cell）呈圆形或椭圆形，胞质嗜碱性，核旁着色浅，形成一淡染区，核偏向细胞的一侧，异染色质呈块状聚集在核膜内侧，呈车轮状（图4-2-5A）。电镜下，可见浆细胞的胞质内有大量平行排列的粗面内质网，核旁有发达的高尔基复合体，形成光镜下的核旁淡染区（图4-2-5B）。

浆细胞来源于B淋巴细胞，B淋巴细胞受抗原刺激，被激活形成浆细胞。浆细胞的主要功能是合成和分泌免疫球蛋白（immunoglobulin，Ig），即抗体（antibody），参与体液免疫反应。抗体与抗原特异性结合，可消除抗原对机体的危害，也可促进巨噬细胞对抗原物质的吞噬和清除。

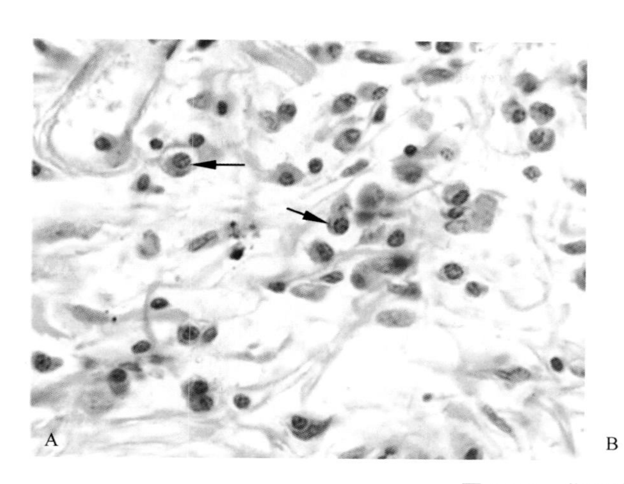
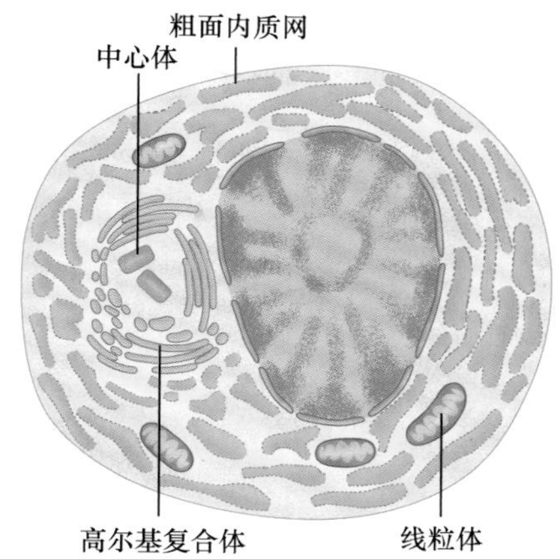

图4-2-5 浆细胞
A. 浆细胞（HE染色），箭头示浆细胞；B. 浆细胞超微结构模式图

4. 肥大细胞

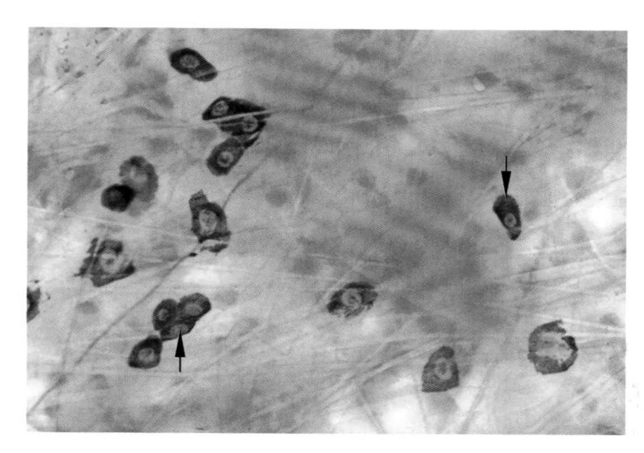
图4-2-6 肥大细胞（甲苯胺蓝染色）

肥大细胞（mast cell）是疏松结缔组织内较常见的细胞，起源于骨髓。肥大细胞较大，呈圆形或椭圆形，胞质内充满粗大的嗜碱性颗粒，并呈异染性（metachromasia）（图4-2-6），颗粒内含有组胺（histamine）、肝素（heparin）和嗜酸性粒细胞趋化因子等物质。肥大细胞还能产生白三烯（leukotriene）。

肥大细胞多沿小血管和毛细血管分布，在机体易接触外来抗原的部位，如皮肤、呼吸道和消化道上皮下的结缔组织内，肥大细胞多见。当受到过敏原（花粉、青霉素等药物）刺激时，肥大细胞可释放白三烯及颗粒内容物。其中白三烯和组胺可引起毛细血管扩张和通透性增加、小支气管黏膜水肿和平滑肌收缩等，从而引起局部或全身的变态反应，如哮喘、过敏性鼻炎、荨麻疹和过敏性休克等。肝素具有抗凝血的作用。嗜酸性粒细胞趋化因子可吸引血液内的嗜酸性粒细胞向变态反应部位集结，因而嗜酸性粒细胞具有抗过敏的功能，可减轻变态反应。

当过敏原（抗原）首次进入机体时，巨噬细胞吞噬过敏原并将抗原信息呈递给B淋巴细胞。B淋巴细胞接受抗原信息的刺激后，转化为浆细胞，浆细胞产生抗体IgE，可与肥大细胞膜上的IgE受体结合。二者结合后，机体即处于致敏状态。当相同的过敏原再次进入机体，过敏原便可与肥大细胞膜上的IgE结合，启动肥大细胞释放白三烯和颗粒内容物（脱颗粒），引起变态反应（图4-2-7）。

5. 脂肪细胞

脂肪细胞（adipocyte，fat cell）体积较大，呈圆形或椭圆形，胞质内含有大的脂滴，胞质常被挤到细胞周缘，胞核也被挤到细胞一侧，呈扁月形。在HE染色的切片

上，脂滴被溶解，脂肪细胞呈空泡状（图4-2-8）。脂肪细胞能合成和储存脂肪，参与机体的脂类代谢。

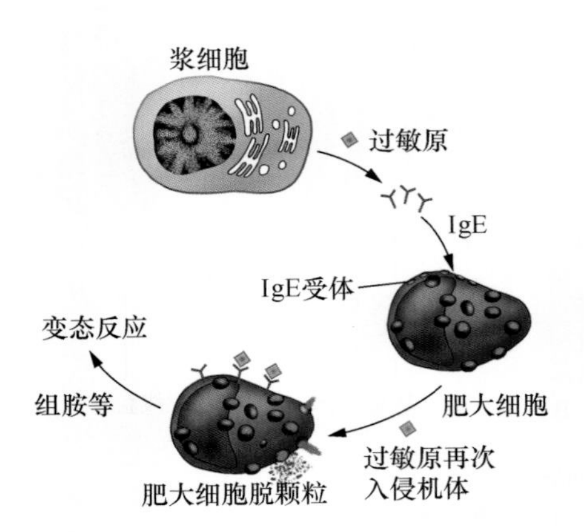

图4-2-7 肥大细胞脱颗粒机制示意图

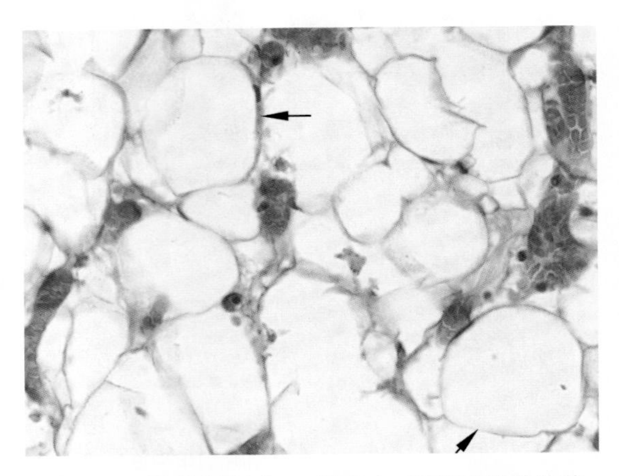

图4-2-8 脂肪组织（HE染色），箭头示脂肪细胞

6. 未分化的间充质细胞

在成体的结缔组织内还保留有一些未分化的间充质细胞，其形态类似纤维细胞，保持着间充质细胞的分化潜能，在炎症和创伤修复时可增殖和分化为成纤维细胞、脂肪细胞及平滑肌细胞等。

7. 白细胞

血液内的各种白细胞受到趋化因子作用，常以变形运动穿出毛细血管和微静脉，游走到疏松结缔组织内，行使防御功能。

（二）纤维

疏松结缔组织中含有三种纤维：胶原纤维、弹性纤维和网状纤维。三种纤维交织在一起，包埋于基质之中。

1. 胶原纤维

图4-2-9 人胶原纤维电镜像（×150 000）

胶原纤维（collagen fiber）是三种纤维中数量最多的一种纤维。在HE染色的标本中，胶原纤维呈嗜酸性，染成粉红色，粗细不等，直径1～20 μm，呈波浪状，并交织成网（图4-2-2）。胶原纤维的化学成分为Ⅰ型和Ⅲ型胶原蛋白，主要由成纤维细胞合成，分泌到细胞外聚合形成胶原原纤维（collagenous fibril）。电镜下胶原原纤维有明暗相间的横纹，横纹周期为60～70 nm（图4-2-9）。胶原纤维具有韧性大、抗拉力强的特性。

2. 弹性纤维

弹性纤维（elastic fiber）的含量较胶原纤维少。在HE染色的标本中，也呈红色，

但折光性比胶原纤维强，两者不易鉴别，若用特殊染色则能清晰地显示弹性纤维，如醛品红染色时弹性纤维呈紫红色，较细，直径0.2～1.0 μm，交织排列成网（图4-2-2）。在外力的作用下，卷曲的弹性蛋白分子能伸展拉长2.5倍；外力消除后，弹性蛋白分子能迅速恢复为卷曲状态。弹性纤维由均质状的弹性蛋白（elastin）和微原纤维（microfibril）束组成，直径约为10 nm。弹性蛋白分子能任意卷曲，分子间借共价键连接成网（图4-2-10）。

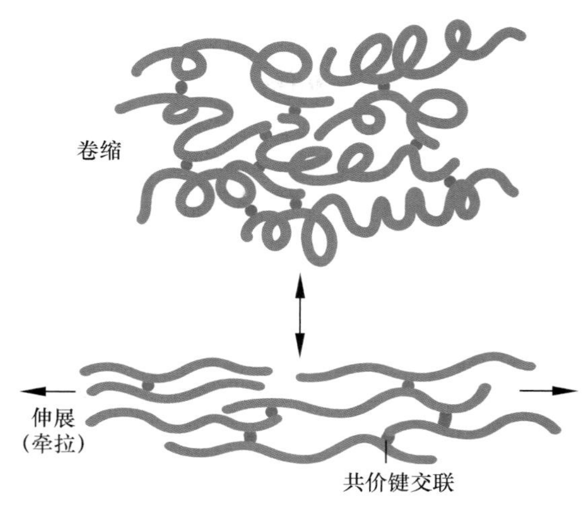

图4-2-10 弹性蛋白的构型

弹性纤维和胶原纤维交织在一起，使疏松结缔组织既有弹性又有韧性，有利于组织和器官保持形态和位置的相对固定，又具有一定的可塑性。

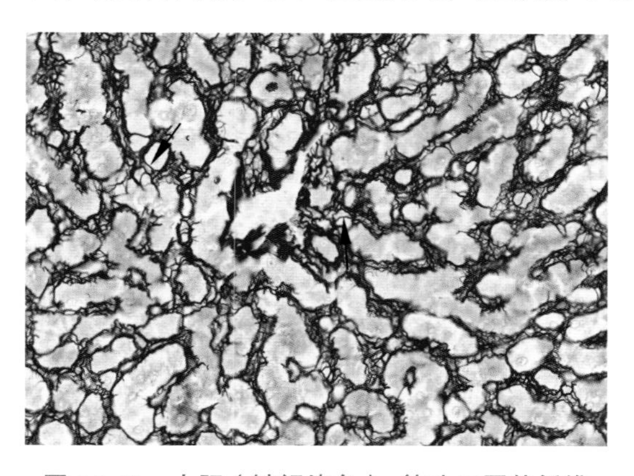
图4-2-11 人肝（镀银染色），箭头示网状纤维

3. 网状纤维

网状纤维（reticular fiber）在HE染色的标本中不易被鉴别，在镀银染色的切片上，网状纤维呈棕黑色，网状纤维细而短，有分支，互相交织成网（图4-2-11），故网状纤维又称为嗜银纤维（argyrophilic fiber）。电镜下，网状纤维也具有60～70 nm周期性横纹。网状纤维主要分布于网状组织以及结缔组织与其他组织的交界处。

（三）基质

疏松结缔组织的基质（ground substance）呈无定形的凝胶状，填充在细胞和纤维之间，其化学成分主要为蛋白多糖和糖蛋白。

1. 蛋白多糖

蛋白多糖（proteoglycan）由蛋白质和氨基聚糖（glycosaminoglycan，GSG）结合而成。蛋白质包括连接蛋白和核心蛋白，氨基聚糖包括非硫酸化的透明质酸（hyaluronic acid）以及硫酸化的小分子如硫酸软骨素、硫酸角质素、硫酸乙酰肝素等。。

蛋白多糖以透明质酸为中心，形成一种稳定的蛋白多糖聚合体。透明质酸是一种线状的长链大分子，拉直可达2.5 μm，构成蛋白多糖聚合体的主干，小分子氨基聚糖与核心蛋白相连，构成蛋白多糖亚单位，通过连接蛋白与透明质酸结合在一起。由此构成的蛋白多糖聚合体曲折盘绕，形成多微孔的筛状结构，称为分子筛（molecular sieve）（图4-2-12）。该分子筛只允许小于其微孔的物质通过，如水、营养物质、代谢产物、激素等，大于其微孔的物质则不能通过，如细菌、大分子物质等，具有屏障作

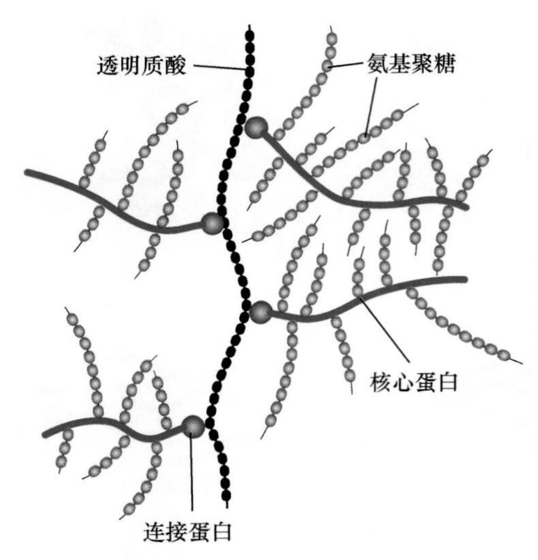

图4-2-12　蛋白多糖聚合体及分子筛模式图

用。癌细胞和溶血性链球菌分泌的透明质酸酶能分解透明质酸，破坏分子筛结构，致使癌细胞和细菌等向四周浸润扩散。

2. 糖蛋白

基质中的糖蛋白（glycoprotein）主要包括纤维粘连蛋白（fibronectin，FN）、层粘连蛋白（laminin，LN）、腱蛋白和软骨粘连蛋白等，参与细胞的识别、黏附、迁移等。在疏松结缔组织中，糖蛋白以纤维粘连蛋白为主。

3. 组织液

在毛细血管动脉端，毛细血管血压高于血浆渗透压，水和溶于水的一些小分子物质（氨基酸、葡萄糖、电解质、O_2等）渗出进入基质，成为组织液（tissue fluid）。在毛细血管静脉端，毛细血管血压低于血浆渗透压，大部分组织液又吸收入血液或淋巴内（图4-2-13）。正常生理情况下，组织液不断地生成，又不断地被吸收，保持动态平衡，是细胞赖以生存的内环境，通过组织液，细胞与血液之间进行物质交换。当动态平衡遭到破坏，基质中的组织液含量就会增多或减少，导致组织水肿或组织脱水。

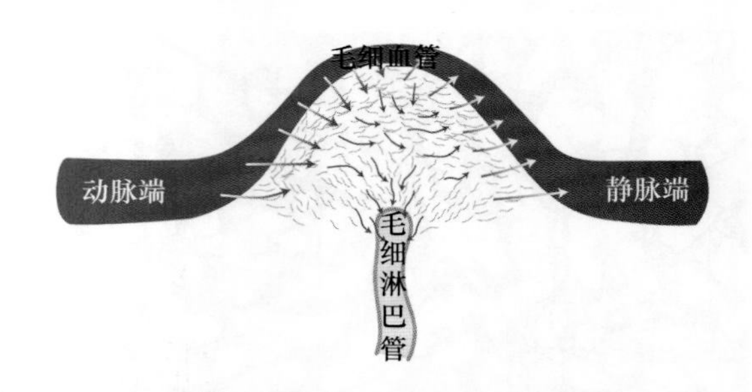

图4-2-13　组织液形成示意图

二、致密结缔组织

致密结缔组织是一类以纤维成分为主的固有结缔组织，纤维粗大，排列致密，主要起支持、连接作用。根据纤维的性质和排列方式，可分为以下几种类型。

（一）规则致密结缔组织

规则致密结缔组织（regular dense connective tissue），主要构成肌腱、腱膜和韧带，密集的胶原纤维成束平行排列，纤维束之间有形态特殊的成纤维细胞，称为腱细胞（tendon cell），胞体伸出多个薄翼状突起插入到纤维束之间，胞核扁圆，着色深（图4-2-14）。

（二）不规则致密结缔组织

不规则致密结缔组织（irregular dense connective tissue）主要分布于皮肤的真皮、硬脑膜、巩膜及一些器官的被膜等处，其特点是粗大的胶原纤维纵横交织，排列紧密，纤维间间隙很小，细胞成分较少（图4-2-15），具有很强的抗拉力作用。

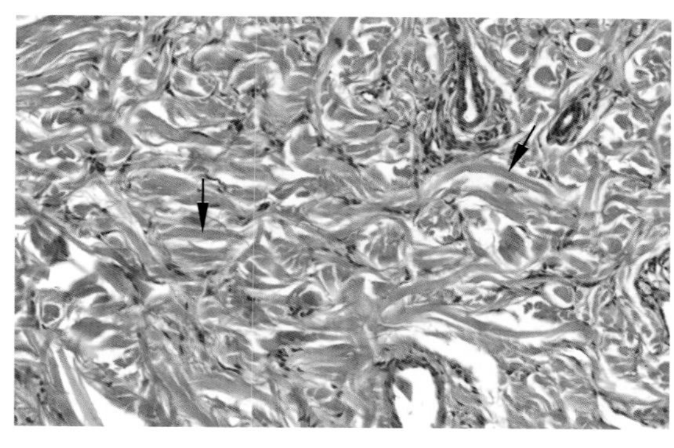

图4-2-15 不规则致密结缔组织（皮肤真皮，HE染色），箭头示胶原纤维

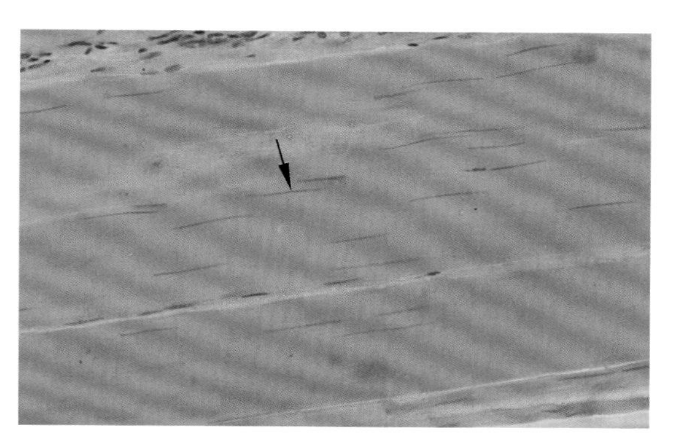

图4-2-14 规则致密结缔组织（肌腱纵切，HE染色），箭头示腱细胞核

（三）弹性组织

弹性组织（elastic tissue）是以弹性纤维为主的致密结缔组织。粗大的弹性纤维平行排列成束，形成韧带，如黄韧带、项韧带，以适应脊柱的运动；或呈层排列，如大动脉中膜的弹性膜，以缓冲血流的压力（图4-2-16）。

三、脂肪组织

脂肪组织是以脂肪细胞为主构成的结缔组织，疏松结缔组织将其分隔成小叶。按其形态结构和功能的不同，脂肪组织可以分为两种类型。

（一）黄（白）色脂肪组织

黄（白）色脂肪组织（yellow or white adipose tissue）为通常所说的脂肪组织，在人呈黄色，在某些哺乳动物呈白色，脂肪细胞呈圆形、椭圆形或多边形，胞质内大多只含一个大脂滴，HE染色的标本上，脂肪细胞内的脂滴被乙醇和二甲苯等脂溶剂所溶解而呈空泡状，胞核和少量胞质被挤向细胞的一侧，整个细胞呈印戒状外观（图4-2-17）。黄色脂肪组织主要分布于皮下、网膜、系膜、肾和肾上腺的周围、子宫

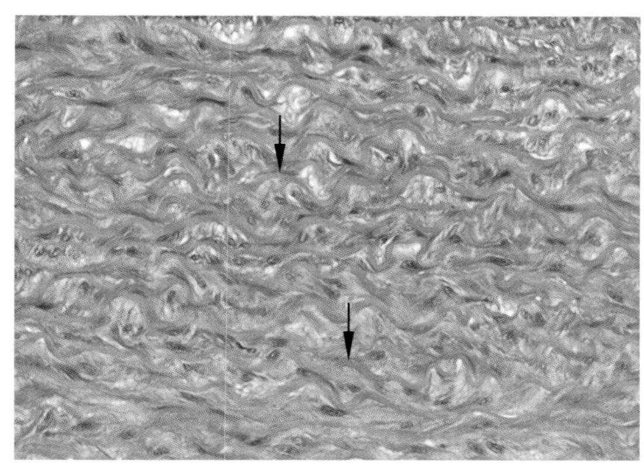

图4-2-16 弹性组织（大动脉，HE染色），箭头示中膜的弹性膜

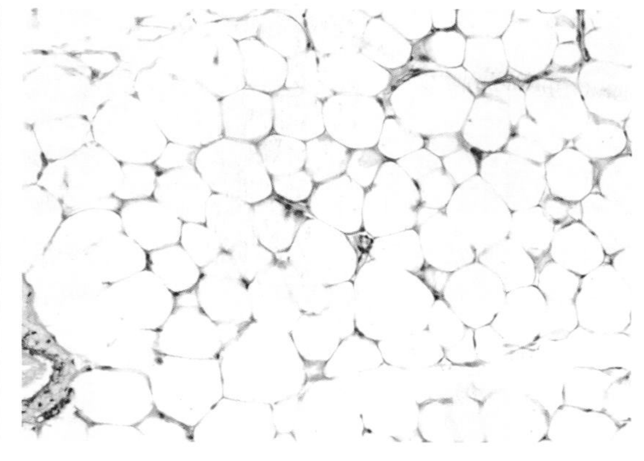

图4-2-17 黄（白）色脂肪组织（HE染色）

周围和骨髓腔等处，是体内最大的储能库，具有维持体温、缓冲、保护和支持填充等作用。

（二）棕色脂肪组织

棕色脂肪组织（brown adipose tissue）呈棕色，内有丰富的血管。棕色脂肪细胞呈圆形或多边形，胞核呈圆形或椭圆形，位于细胞中央，胞质中含有多个分散的脂滴，线粒体大而丰富（图4-2-18）。棕色脂肪组织在成人极少，新生儿及冬眠动物体内较多，主要分布在新生儿的肩胛间区、腋窝及颈后部。在寒冷的刺激下，棕色脂肪组织内的脂肪迅速分解、氧化，产生大量热量。

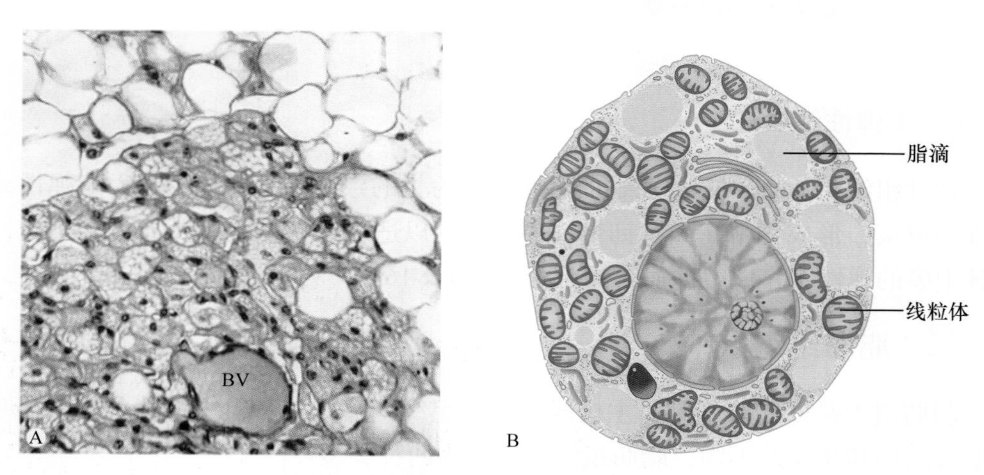

图4-2-18 棕色脂肪组织

A. 棕色脂肪组织（副品红-甲苯胺蓝染色），BV示血管；B. 多泡脂肪细胞超微结构示意图

四、网状组织

网状组织（reticular tissue）由网状细胞和网状纤维构成。网状细胞呈星状，多突起，相邻细胞的突起互相连接成网；细胞质较多，含有丰富的粗面内质网；胞核较大，圆形或卵圆形，着色浅，核仁明显（图4-2-19）。网状纤维是由网状细胞产生，互相交织成网（图4-2-11）。网状组织在体内不单独存在，而是参与构成造血组织和淋巴组织，为血细胞的发生和淋巴细胞的发育提供适宜的微环境。

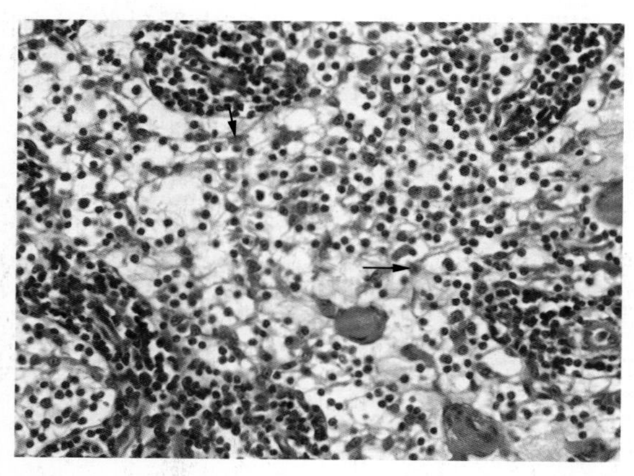

图4-2-19 网状组织（淋巴结，HE染色），箭头示网状细胞

（郭雨霁 郝爱军）

第三节 肌 组 织

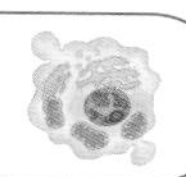

肌组织（muscle tissue）主要由肌细胞组成，其间有少量结缔组织、血管、淋巴管和神经。肌细胞呈细长纤维形，又称为肌纤维（muscle fiber）。肌纤维的细胞膜称肌膜（sarcolemma）。细胞质称肌质（sarcoplasm），肌质中含有大量与细胞长轴平行的肌丝（myofilament），它是肌纤维收缩和舒张的结构基础。

根据肌纤维形态结构与功能的差异，可将肌组织分为骨骼肌、心肌和平滑肌三种类型。骨骼肌和心肌可见明暗相间的横纹，属于横纹肌。骨骼肌受躯体神经支配，属随意肌；心肌和平滑肌受自主神经支配，为不随意肌。

一、骨骼肌

骨骼肌（skeletal muscle）借肌腱附着于骨骼上。每条肌纤维外包裹有少量的结缔组织，称肌内膜（endomysium）。若干条肌纤维平行排列形成肌束，包绕肌束的结缔组织称肌束膜（perimysium）。若干肌束组成一块肌肉，外包裹一层致密结缔组织，称肌外膜（epimysium）（图4-3-1）。结缔组织对骨骼肌起支持、连接、营养和功能调节作用。除骨骼肌纤维外，骨骼肌中还有少量附着在肌纤维表面的扁平、有突起的肌卫星细胞（muscle satellite cell），它可以参与肌纤维的损伤后修复，因此具有干细胞特性。

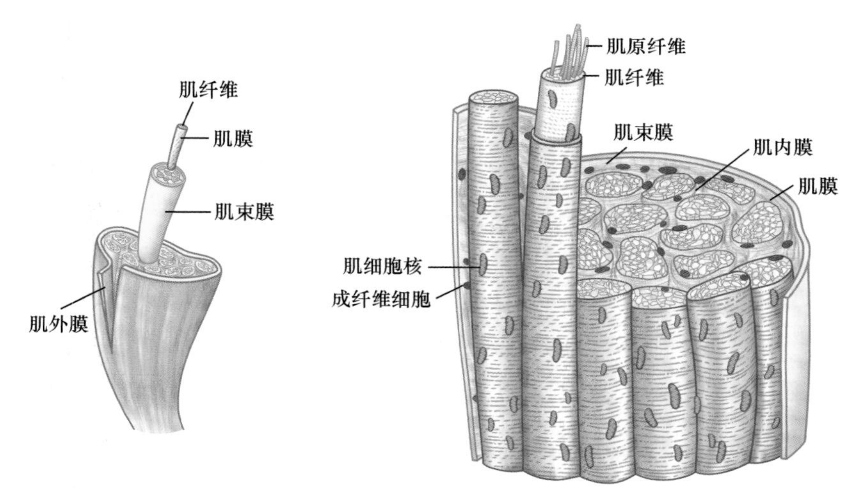

图4-3-1　骨骼肌结构模式图

（一）骨骼肌纤维的光镜结构

骨骼肌纤维呈长圆柱形，直径10～100 μm，长度一般为1～40 mm。肌膜外贴附有基膜。骨骼肌纤维是多核细胞，一条肌纤维含有数十个甚至几百个扁椭圆形的细胞核，

位于肌膜下方。肌质内含有大量与肌纤维长轴平行排列的肌原纤维（myofibril），呈细丝状，直径1～2 μm。每条肌原纤维上都有周期性横纹，即明带（light band）和暗带（dark band）相间排列（图4-3-2）。由于各条肌原纤维的明暗带都相应地排列在同一平面上，故构成了骨骼肌纤维纵切面上明暗相间的周期性横纹（cross striation）。明带又称I带，暗带又称A带。明带中央有一条深色的Z线，暗带中央有一条浅色窄带称H带，H带中央有一条深色的M线。相邻两条Z线之间的一段肌原纤维称肌节（sarcomere），每个肌节由1/2 I带＋A带＋1/2 I带组成。肌节是骨骼肌纤维结构和功能的基本单位。

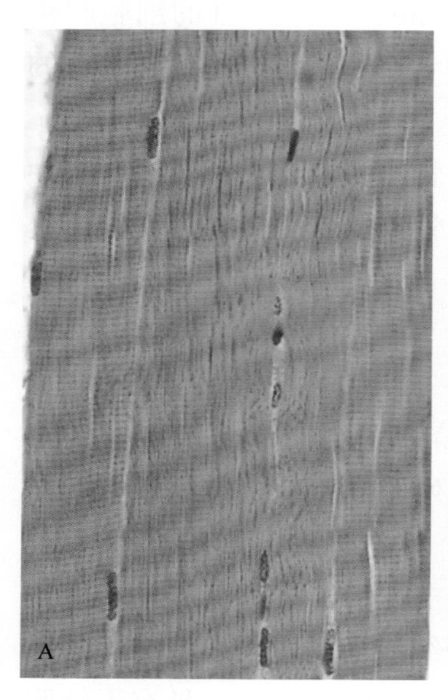

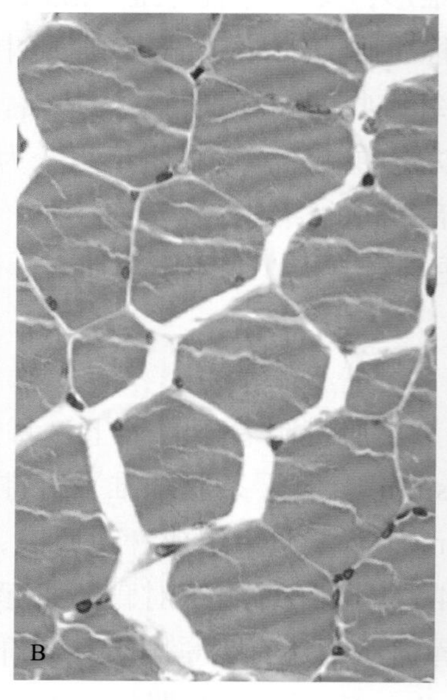

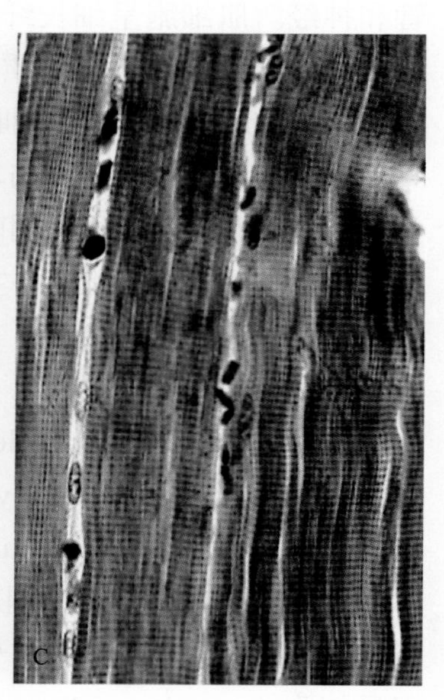

图4-3-2　骨骼肌光镜图

A.纵切面（HE染色）；B.横切面（HE染色）；C.纵切面（铁苏木精染色）

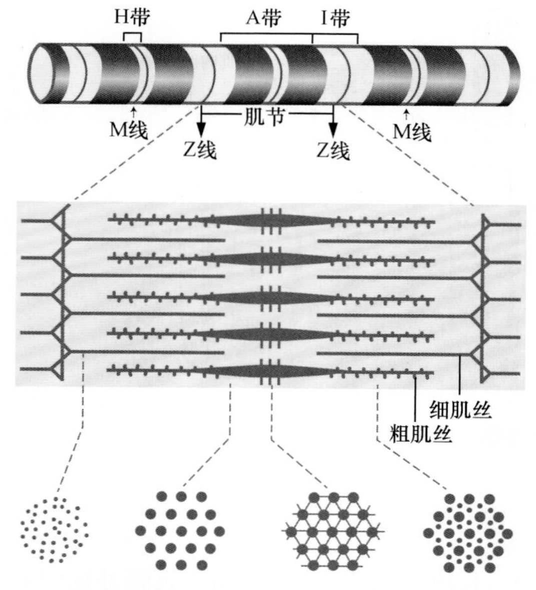

图4-3-3　骨骼肌肌原纤维电镜结构模式图

（二）骨骼肌纤维的超微结构

1. 肌原纤维

电镜下可见，肌原纤维由粗肌丝和细肌丝沿肌原纤维长轴排列组成。粗肌丝（thick filament）位于肌节中部，中央固定于M线，两端游离。细肌丝（thin filament）位于肌节两侧，一端固定于Z线，另一端游离，伸至粗肌丝之间，止于H带外缘。因此，明带只有细肌丝，H带只有粗肌丝，而H带两侧的暗带两种肌丝皆有。在横断面上可见，每条粗肌丝周围排列有6条细肌丝，而每条细肌丝周围有3条粗肌丝（图4-3-3）。

细肌丝的分子结构：细肌丝由肌动蛋

白（actin）、原肌球蛋白（tropomyosin）和肌钙蛋白（troponin）组成（图4-3-4）。肌动蛋白由球形肌动蛋白单体连接成串珠状，并形成双螺旋链，每个肌动蛋白单体上都有一个肌球蛋白头部相结合的位点。原肌球蛋白由双股螺旋多肽链组成，首尾相连，嵌于肌动蛋白双螺旋链的浅沟内。肌钙蛋白由TnC、TnT和TnI 3个球形的亚单位组成。其中TnC亚单位可与Ca^{2+}结合而引起肌钙蛋白构象改变。

粗肌丝的分子结构：粗肌丝由肌球蛋白（myosin）分子组成（图4-3-4）。肌球蛋白呈豆芽状，分头和杆两部分，在头和杆连接点及杆上有两处类似关节结构，可以屈动。M线两侧的肌球蛋白对称排列，杆部朝向M线，头部朝向Z线并突出于粗肌丝表面形成横桥（cross bridge）。肌球蛋白头部具有ATP酶活性并能与ATP结合，当与细肌丝的肌动蛋白接触时，分解ATP并释放能量，使横桥发生屈伸运动。

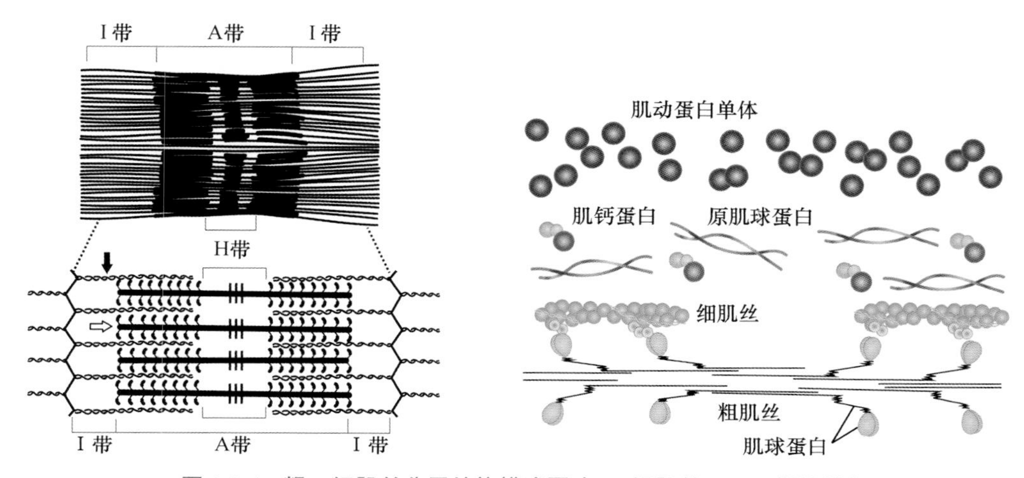

图4-3-4　粗、细肌丝分子结构模式图（⬇：细肌丝；⇨：粗肌丝）

2. 横小管

横小管（transverse tubule）是由肌膜向肌质内凹陷形成，与肌纤维长轴垂直。骨骼肌的横小管位于明带与暗带交界处（图4-3-5）。同一水平的横小管环绕每条肌原纤维，相互连通成网，可将肌膜的兴奋迅速传导至肌纤维内部。

3. 肌质网

肌质网（sarcoplasmic reticulum）是肌纤维内特化的滑面内质网，沿肌纤维长轴纵行排列并环绕肌原纤维，位于横小管之间，故又称纵小管（longitudinal tubule）。横小管两侧的肌质网扩大成扁囊状，称终池（terminal cisternae）。每条横小管与其两侧的终池组成三联体（triad）（图4-3-5），此部位将兴奋从肌膜传递到肌质网膜。肌质网有调节肌质内Ca^{2+}浓度的功能。

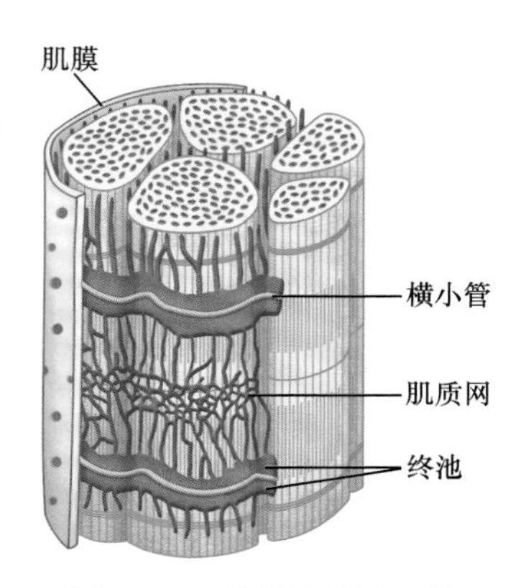

图4-3-5　骨骼肌纤维电镜结构模式图

此外，肌原纤维之间含有丰富的线粒体、糖原和少量脂滴，肌质内还有可与氧结合的肌红蛋白。

二、心肌

心肌（cardiac muscle）分布于心脏和邻近心脏的大血管壁上，其收缩具有自动节律性，属不随意肌。

（一）心肌纤维的光镜结构

心肌纤维呈不规则的短柱状，有分支并相互连接成网。心肌纤维的核呈卵圆形，位居中央，有的细胞含有双核。心肌纤维的肌质较丰富，多聚于细胞两端，其中含有线粒体、脂滴和脂褐素等。心肌纤维的肌原纤维和横纹不如骨骼肌明显。在HE染色纵切面上，心肌纤维连接处有深染的阶梯状粗线，称闰盘（intercalated disk）（图4-3-6）。

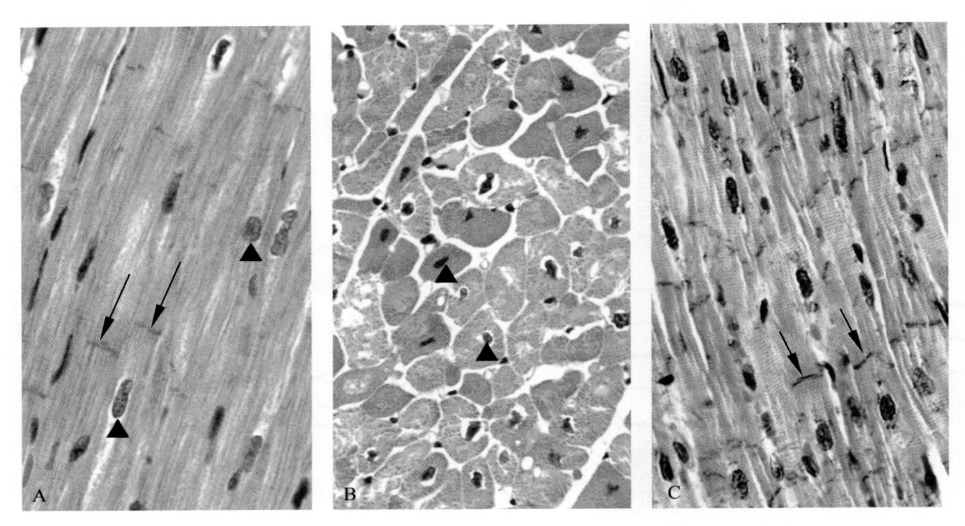

图4-3-6　心肌光镜图

A.纵切面（HE染色）；B.横切面（HE染色）；C.纵切面（铁苏木精染色）

→：闰盘；▲：心肌细胞核

（二）心肌纤维的超微结构

电镜下可见心肌纤维也有规则排布的粗、细两种肌丝，与骨骼肌纤维相比有如下特点（图4-3-7）：①肌原纤维不明显，大量纵行排列的肌丝组成粗细不等的肌丝束。②心肌纤维横小管较粗短，位于Z线水平。③心肌纤维的肌质网较稀疏，终池较小且数量少，横小管多与一侧终池相贴形成二联体（diad），故心肌肌质网储存Ca^{2+}能力不强。④闰盘位于Z线水平，在横向连接部分有中间连接和桥粒，起牢固连接的作用；在纵向连接部分有缝隙连接，便于细胞间信息传导，保证心房肌和心室肌整体收缩和舒张同步化（图4-3-8）。⑤心房肌纤维还具有内分泌功能，可分泌心房钠尿肽（或称心钠素），具有排钠、利尿和扩张血管、降低血压的作用。

三、平滑肌

平滑肌（smooth muscle）广泛分布于内脏器官和血管壁，收缩缓慢而持久，属不随意肌。

图 4-3-7 心肌纤维电镜结构模式图

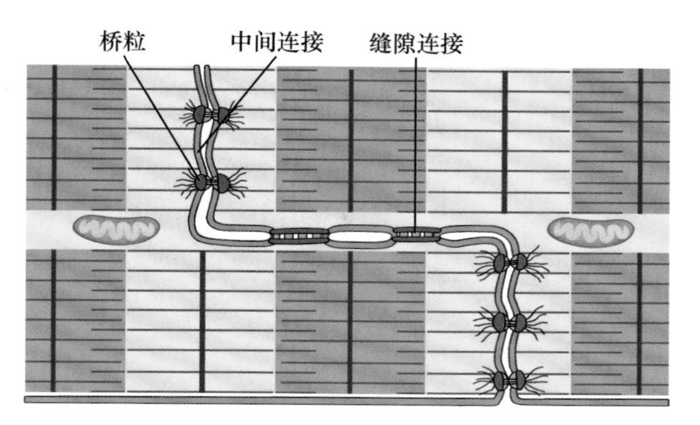

图 4-3-8 闰盘电镜结构模式图

（一）平滑肌纤维的光镜结构

平滑肌纤维呈长梭形，无横纹，细胞中央有一个杆状或椭圆形的核，核两端的肌质较丰富，嗜酸性（图4-3-9）。不同器官的平滑肌纤维长度不等，一般长200 μm，小血管壁平滑肌短至20 μm，妊娠末期子宫平滑肌可长达500 μm。

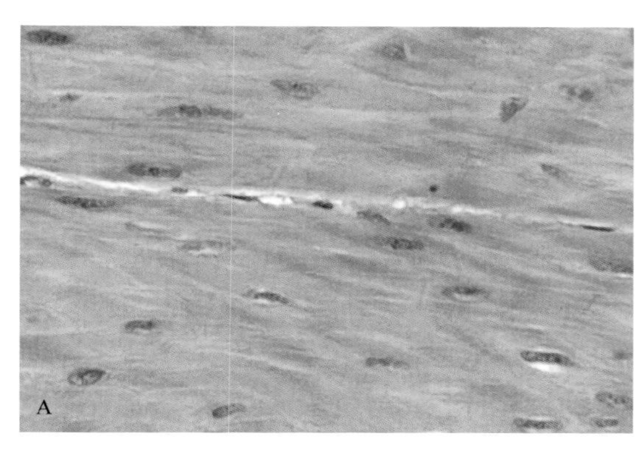

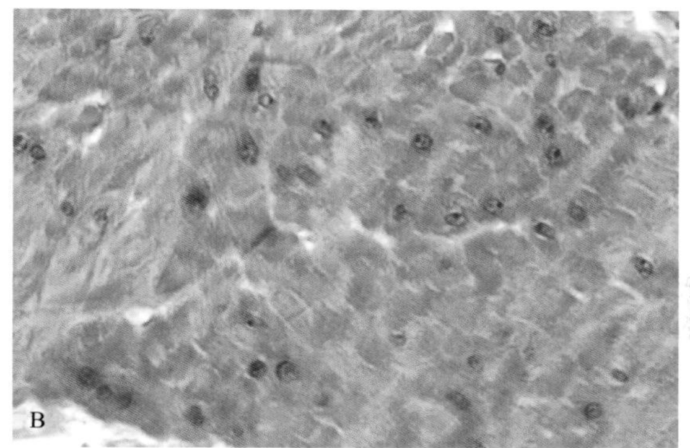

图 4-3-9 平滑肌光镜图

A. 纵切面；B. 横切面

（二）平滑肌纤维的超微结构

平滑肌纤维内没有肌原纤维，不形成明显的肌节。肌膜向内凹陷形成许多小凹（caveola），相当于横纹肌的横小管，肌质网不发达，呈稀疏的小管状（图4-3-10）。细胞核两端的肌质较多，含线粒体、高尔基体、粗面内质网、游离核糖体、糖原及脂滴。平滑肌纤维的细胞骨架系统较发达，由密斑（dense patch）、密体（dense body）和中间丝（intermediated filament）组成。密斑和密体都是电子密度高的小体，但分布部位不同。密斑位于肌膜内面，密体位于肌质内，二者之间由中间丝相连。

平滑肌纤维肌质也含有粗、细两种肌丝，细肌丝一端固定于密斑或密体，另一端游离。粗肌丝均匀地分布在细肌丝之间。若干条粗肌丝和细肌丝聚集形成肌丝单位，又称收缩单位。相邻平滑肌纤维之间有缝隙连接，便于细胞间信息传递，使众多平滑肌纤维收缩时成为功能整体。

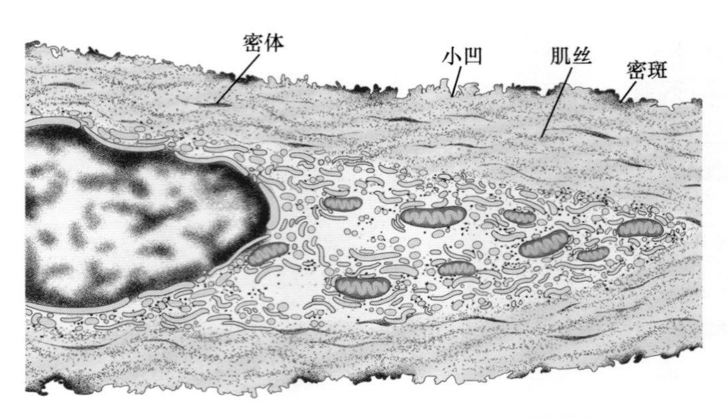

图4-3-10 平滑肌纤维电镜结构模式图

（郑 荟 苏衍萍）

第四节 神经组织 

神经组织（nervous tissue）主要由神经细胞和神经胶质细胞（neuroglial cell）组成。神经细胞是神经系统的结构和功能单位，又称神经元（neuron）。在整个神经系统中有100多亿个神经元，具有感受刺激、整合信息和传导神经冲动的能力，并且能通过突触彼此联系，形成复杂的神经网络，将神经冲动从一个神经元传给另一个神经元或其他效应细胞。神经胶质细胞的数量多于神经元，无传导神经冲动的功能，对神经元起支持、保护、分隔和营养等作用。

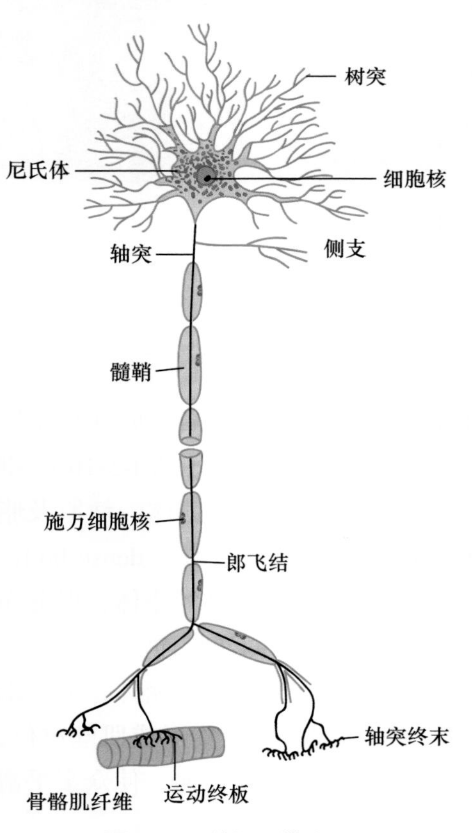

图4-4-1 神经元模式图

一、神经元

神经元是一种特化的非分裂细胞，形态多样，大小不一，由胞体和突起（neurite）组成，突起又分树突（dendrite）和轴突（axon）（图4-4-1）。通常一个神经元可有一个或多个树突，但轴突只有一条。

（一）神经元的结构

1. 胞体

神经元的胞体表面有细胞膜，内为细胞质和细胞核。胞体是神经元的营养和代谢中心，

位于脑皮质、脊髓灰质及神经节内。

（1）细胞膜：是可兴奋性单位膜，具有接受刺激、产生和传导神经冲动的功能。

（2）细胞核：多位于胞体中央，大而圆，核内异染色质少，故着色浅，核仁大而明显。

（3）细胞质：又称核周质，含有发达的高尔基体以及丰富的尼氏体（Nissl body）和神经原纤维（neurofibril）。尼氏体又称嗜染质，嗜碱性，呈斑块状或颗粒状分布于胞质内，其形状、数量和分布在不同的神经元有所不同。例如脊髓灰质前角运动神经元，尼氏体数量多，呈斑块状，有如虎皮样花斑，又称虎斑小体（tigroid body）（图4-4-2）。电镜下，尼氏体由许多平行排列的粗面内质网和游离核糖体构成，其主要功能为合成蛋白质。在银染切片中，神经元胞质内可见很多染成棕黑色的交错成网的细丝，并伸入树突和轴突，称神经原纤维。电镜下，神经原纤维是由神经丝（neurofilament）和微管构成，二者除构成神经元的细胞骨架外，还参与细胞内的物质转运。神经元胞体内还含有线粒体、溶酶体等细胞器，随着年龄的增长，棕黄色的脂褐素颗粒也逐渐增多。

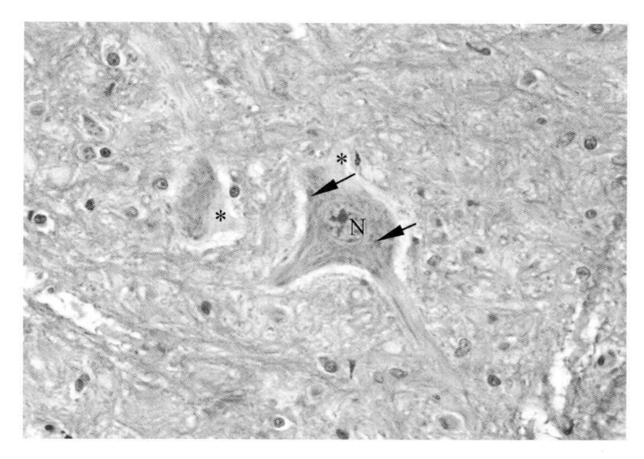

图4-4-2 脊髓运动神经元光镜图

N. 细胞核；*轴丘；↑尼氏体

2. 树突

神经元有一个或多个树突，树突内的结构与核周质基本相似。在树突分支表面有许多棘状的小突起，称树突棘（dendritic spine），是神经元之间形成突触的主要部位（图4-4-3）。树突的功能主要是接受刺激，树突棘增加了神经元的接受面积。

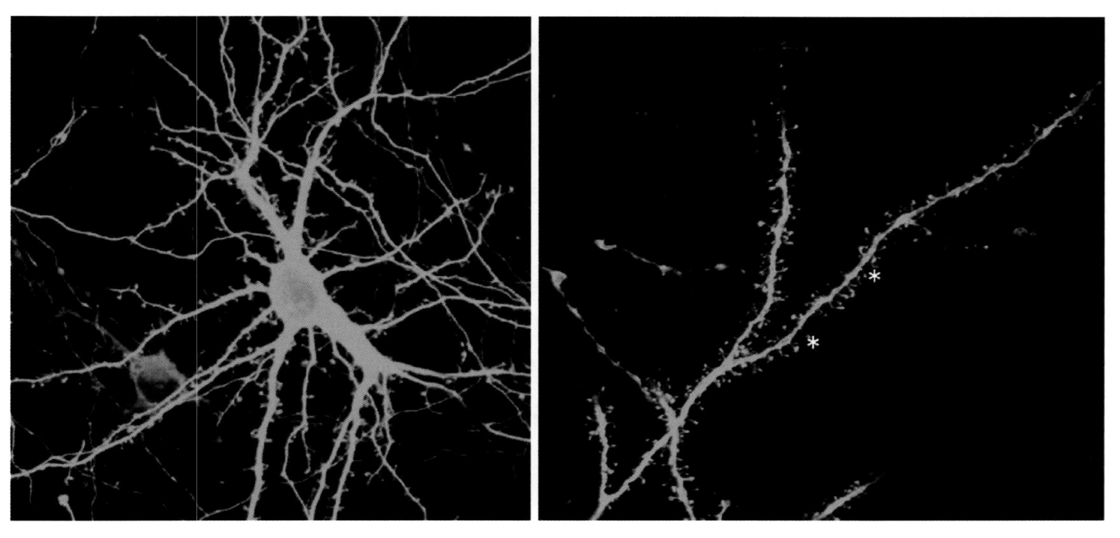

图4-4-3 多极神经元免疫荧光染色示树突棘

右侧为放大后的树突，*示树突棘

3. 轴突

轴突多自胞体发出，但也有从主树突干的基部发出。轴突的长短不一，长的可达1 m以上，短的仅数微米，侧支呈直角分出，末端的分支较多，形成轴突终末。轴突内有许多与其长轴平行的微管和神经丝，此外还有微丝、线粒体、滑面内质网和一些小泡等。胞体发出轴突的部位称轴丘（axon hillock），轴丘常呈圆锥形，光镜下此区无尼氏体，染色淡（见图4-4-2）。轴突内无粗面内质网和游离核糖体，故不能合成蛋白质，轴突成分的更新及神经递质合成所需的蛋白质和酶，是在胞体内合成后输送到轴突及其终末的。轴突的主要功能是传导神经冲动，轴突起始段电兴奋阈较胞体或树突低，常是神经元产生神经冲动的起始部位，神经冲动形成后沿轴膜向终末传递。

神经元的轴突是胞体的延续，两者间存在持续的双向性物质运输，称为轴突运输（axonal transport）。在胞体合成的可溶性酶及结构蛋白缓慢地移向轴突终末，称为慢速顺向运输。轴膜更新所需的蛋白质、含神经递质的小泡等，则由快速顺向轴突运输由胞体运输到轴突终末。轴突终末内的代谢产物或由轴突终末摄取的物质（蛋白质、小分子物质或由邻近细胞产生的神经营养因子等）经快速逆向轴突运输运回胞体。某些进入轴突终末的微生物或毒素（如破伤风毒素、狂犬病毒）也可通过逆向运输侵犯神经元胞体。微管在轴突运输中起重要作用。

（二）神经元的分类

神经元有不同的分类方法。根据突起的多少，可将神经元分为三类：①多极神经元（multipolar neuron），有一个轴突和多个树突，如脊髓前角的运动神经元；②双极神经元（bipolar neuron），有两个突起，一个是树突，另一个是轴突，如视网膜双极神经元；③假单极神经元（pseudounipolar neuron），从胞体发出一个突起，距胞体不远又呈T形分为两支，一支分布到外周的其他组织和器官，称周围突；另一支进入中枢神经系统，称中枢突（图4-4-4）。脑神经和脊神经节细胞，均为假单极神经元。

根据功能不同，神经元可分为如下三类：①感觉神经元（sensory neuron），又称传入神经元（afferent neuron），多为假单极神经元，可接受刺激，并将信息传向中枢；②运动神经元（motor neuron），又称传出神经元（efferent neuron），一般为多极神经元，负责把神经冲动传递给肌细胞或腺细胞，产生效应；③中间神经元（interneuron），又称联络神经元，主要为多极神经元，位于前两种神经元之间，起信息加工和传递作用（图4-4-4）。

根据轴突的长短，可分为高尔基Ⅰ型神经元和高尔基Ⅱ型神经元两类，前者是具有长轴突（≥1 m）的大神经元，后者的轴突可短至数微米。

此外，根据神经元释放的神经递质或神经调质的化学性质，神经元可分为胆碱能神经元、去甲肾上腺素能神经元、胺能神经元、氨基酸能神经元、肽能神经元等。

二、突触

突触（synapse）是神经元之间或神经元与效应细胞之间的一种特化的细胞连接，是传递神经信息的功能结构。神经元之间借助突触彼此相互联系，构成机体复杂的神

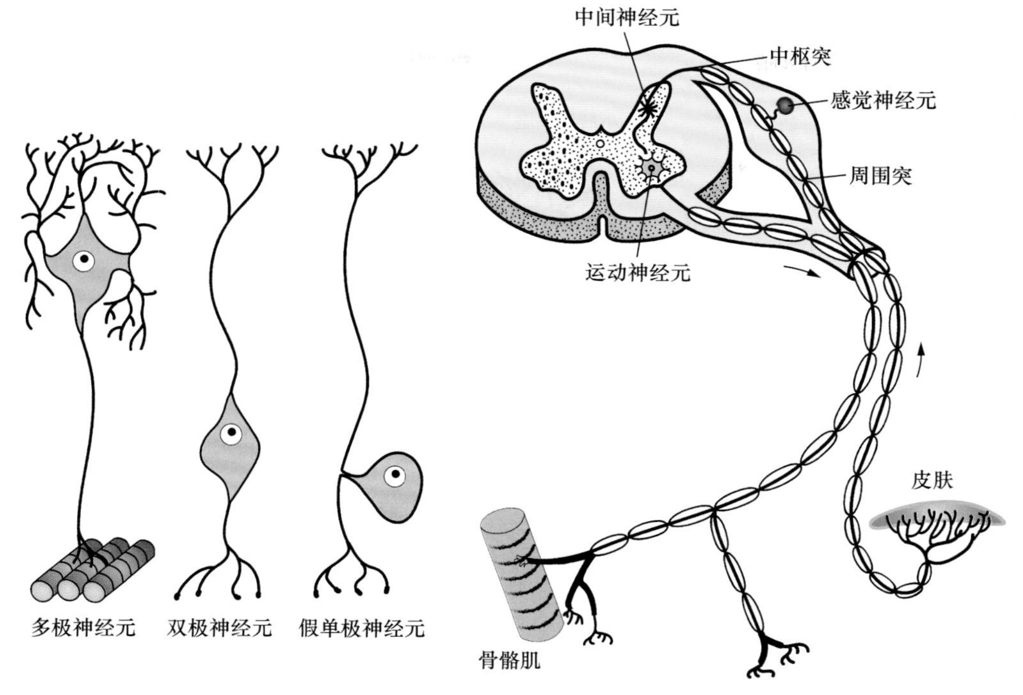

图4-4-4 神经元的分类

经网络，实现神经系统的各种功能活动。突触可分为化学突触（chemical synapse）和电突触（electrical synapse）两大类，前者是以神经递质作为通讯的媒介，后者亦即缝隙连接。通常所说的突触是指化学突触。在化学突触中，最常见的是一个神经元的轴突终末与另一个神经元的树突、树突棘或胞体连接，分别构成轴-树、轴-棘和轴-体突触，也可见两个轴突之间形成的轴-轴突触（图4-4-5）。

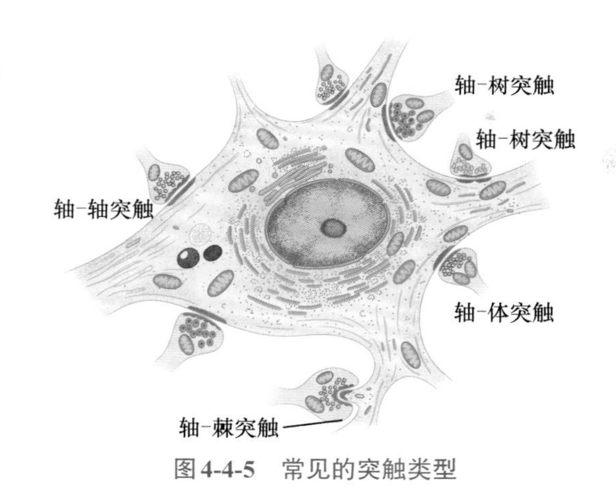

图4-4-5 常见的突触类型

三、神经胶质细胞

神经胶质细胞或简称胶质细胞，广泛分布于中枢和周围神经系统。胶质细胞与神经元一样具有突起，但不分树突和轴突，亦没有传导神经冲动的功能（图4-4-6）。

（一）中枢神经系统的胶质细胞

1. 星形胶质细胞

星形胶质细胞（astrocyte）是胶质细胞中体积最大、数量最多的一种。胞质内含有胶质丝，由胶质原纤维酸性蛋白（glial fibrillary acidic protein，GFAP）组成。星形胶质细胞可分两种（图4-4-7）：①纤维性星形胶质细胞，多分布在白质，细胞呈星形，突起细长，分支较少，胞质内含大量胶质丝；②原浆性星形胶质细胞，多

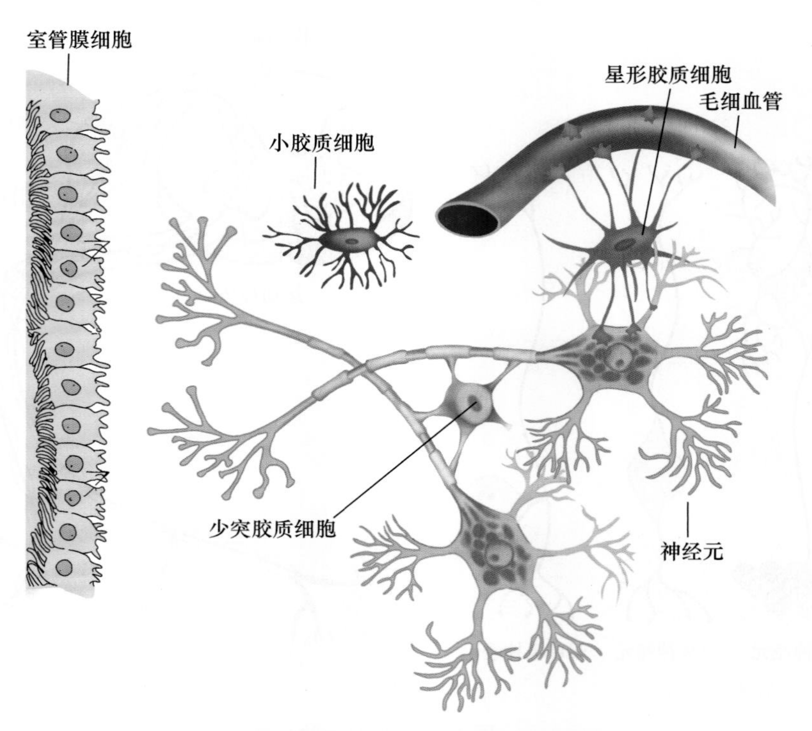

图4-4-6 中枢神经系统的神经胶质细胞

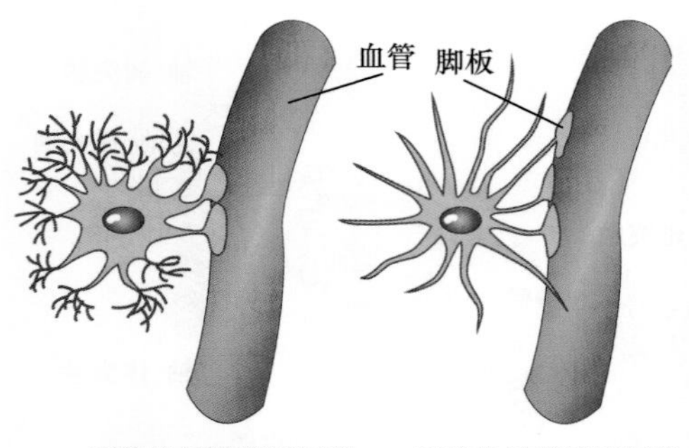

图4-4-7 纤维性及原浆性星形胶质细胞

分布在灰质，细胞的突起较短粗，分支较多，胞质内胶质丝较少。星形胶质细胞的突起伸展充填在神经元胞体及其突起之间，起支持和分隔神经元的作用。有些突起末端膨大形成脚板，附在毛细血管壁上，参与血-脑屏障的组成，或附着在脑和脊髓表面形成胶质界膜。

2. 少突胶质细胞

少突胶质细胞（oligodendrocyte）是中枢神经系统的髓鞘形成细胞。在银染色标本中，细胞的突起较少，常呈串珠状，但用特异性的免疫细胞化学染色，则可见少突胶质细胞的突起并不很少，而且分支也多（图4-4-6）。

3. 小胶质细胞

小胶质细胞（microglia）是胶质细胞中最小的一种。胞体细长或椭圆，细胞的突起细长有分支，表面有许多小棘突；核小，染色深（图4-4-6）。中枢神经系统损伤时，小胶质细胞可转变为巨噬细胞，吞噬细胞碎屑及退化变性的髓鞘。

4. 室管膜细胞

室管膜细胞（ependymal cell）为立方或柱状，分布在脑室及脊髓中央管的腔面，形成单层上皮，称室管膜。室管膜细胞表面有许多微绒毛，有些细胞表面有纤毛。某些地方的室管膜细胞，其基底面有细长的突起伸向深部，称伸长细胞（图4-4-6）。

（二）周围神经系统的胶质细胞

1. 施万细胞

施万细胞（Schwann cell）又称神经膜细胞，排列成串，包裹着周围神经纤维的轴突，是周围神经系统的髓鞘形成细胞。施万细胞能产生一些神经营养因子，在周围神经再生中起重要作用。

2. 卫星细胞

卫星细胞（satellite cell）又称被囊细胞，是神经节内包裹神经元胞体的一层扁平或立方形细胞，核圆形或卵圆形，染色深（图4-4-8），具有营养和保护神经元的功能。

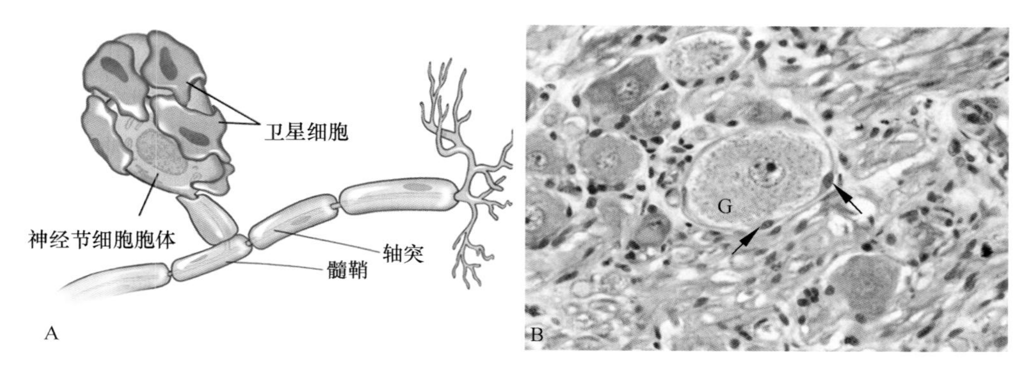

图4-4-8 卫星细胞

A. 模式图；B. 光镜切片；↑卫星细胞；G. 神经节细胞胞体

四、神经纤维和神经

（一）神经纤维

神经纤维（nerve fiber）由神经元的长轴突外包胶质细胞组成。包绕中枢神经纤维的胶质细胞是少突胶质细胞，包绕周围神经纤维的胶质细胞是施万细胞。根据胶质细胞是否形成髓鞘（myelin sheath），神经纤维可分有髓神经纤维（myelinated nerve fiber）和无髓神经纤维（unmyelinated nerve fiber）。神经纤维主要构成中枢神经系统的白质和周围神经系统的脑神经、脊神经和自主神经。

1. 有髓神经纤维

在周围神经系统，施万细胞包绕轴突形成髓鞘，髓鞘分成许多节段，各节段间的缩窄部称郎飞结（Ranvier node）。轴突的侧支均自郎飞结处发出。相邻两个郎飞结之间的一段神经纤维称结间体（internode）。每一结间体的髓鞘是由一个施万细胞呈同心圆状包卷轴突形成，电镜下呈明暗相间的同心板层状结构（图4-4-9）。髓鞘的化学成分主要是髓磷脂，包括类脂和蛋白质，其中类脂含量高达80%，故新鲜髓鞘呈闪亮的白色，但在常规染色标本上，因类脂被溶解，仅见残留的网状蛋白质（图4-4-10）。施万细胞核呈长卵圆形，其长轴与轴突平行，核周有少量胞质。施万细胞外面有一层基膜，基膜连同施万细胞最外面的一层细胞膜共同构成神经膜（neurilemma）。在有髓神

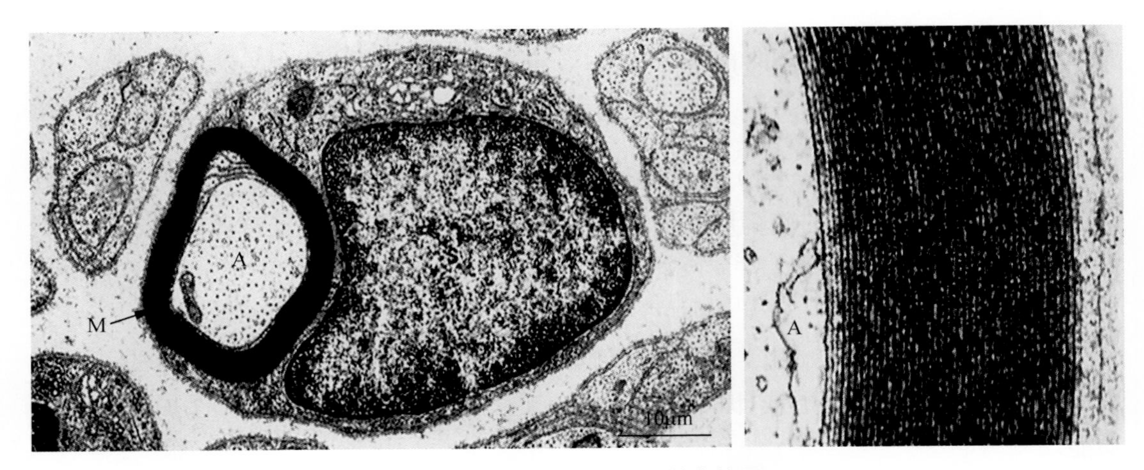

图4-4-9　有髓神经纤维髓鞘电镜图
A示轴突，M示髓鞘；右图为放大后的髓鞘

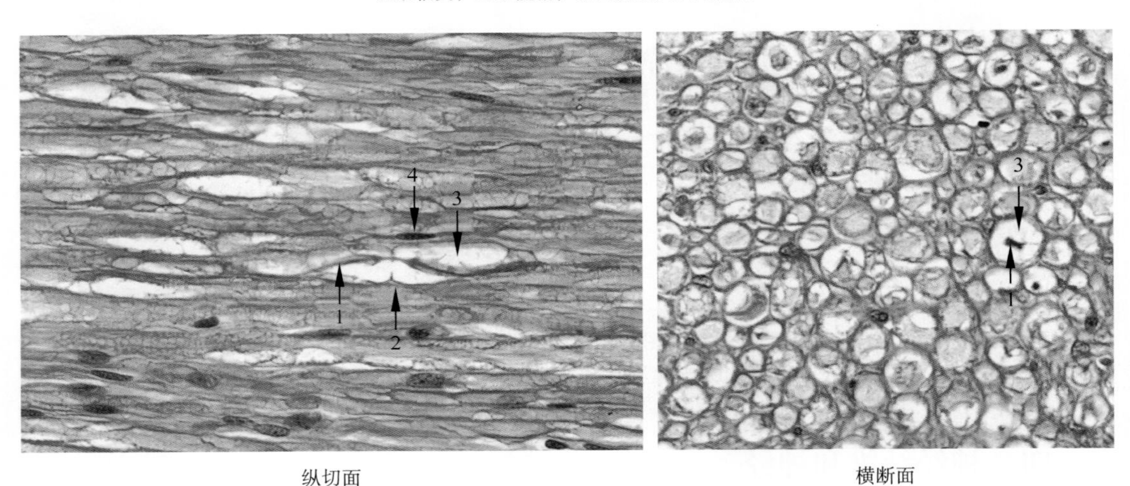

图4-4-10　有髓神经纤维髓鞘光镜图
1．轴突；2．郎飞结；3．髓鞘；4．施万细胞核

经纤维发生中，伴随轴突一起生长的施万细胞表面凹陷成一纵沟，轴突位于纵沟内，沟缘的胞膜相贴形成轴突系膜。轴突系膜不断伸长并反复包卷轴突，把胞质挤至细胞的内、外边缘及两端（即靠近郎飞结处），各层细胞膜相贴而形成许多同心圆排列的板层，即为髓鞘。

中枢神经系统的有髓神经纤维其结构与周围神经系统的有髓神经纤维相似，不同之处在于其髓鞘由少突胶质细胞突起末端的足板包卷轴突而形成。一个少突胶质细胞有多个突起，可分别包卷多个轴突，其胞体位于神经纤维之间（图4-4-6）。

有髓神经纤维的轴膜兴奋呈跳跃式传导，即从一个郎飞结跳到下一个郎飞结，故传导速度快。结间体越长，跳跃的距离也越大，传导速度也就越快。

2．无髓神经纤维

周围神经系统内的无髓神经纤维由神经元的突起和包在其外面的施万细胞组成。一个施万细胞可包裹多条突起，不形成髓鞘。中枢神经系统内的无髓神经纤维外面没有任何鞘膜，是裸露的轴突。无髓神经纤维因无髓鞘和郎飞结，神经冲动沿细胞膜连续传导，故其传导速度比有髓神经纤维慢得多。

（二）神经

周围神经系统中功能相关的神经纤维集合在一起，外包致密结缔组织，称为神经（nerve）。在结构上，多数神经同时含有髓和无髓两种神经纤维。包裹在神经外面的一层致密结缔组织称神经外膜（epineurium）。神经内的神经纤维，又被结缔组织分隔成大小不等的神经纤维束，包裹每束神经纤维的结缔组织称神经束膜（perineurium）。神经纤维束内的每条神经纤维又有薄层疏松结缔组织包裹，称神经内膜（endoneurium）（图4-4-11）。

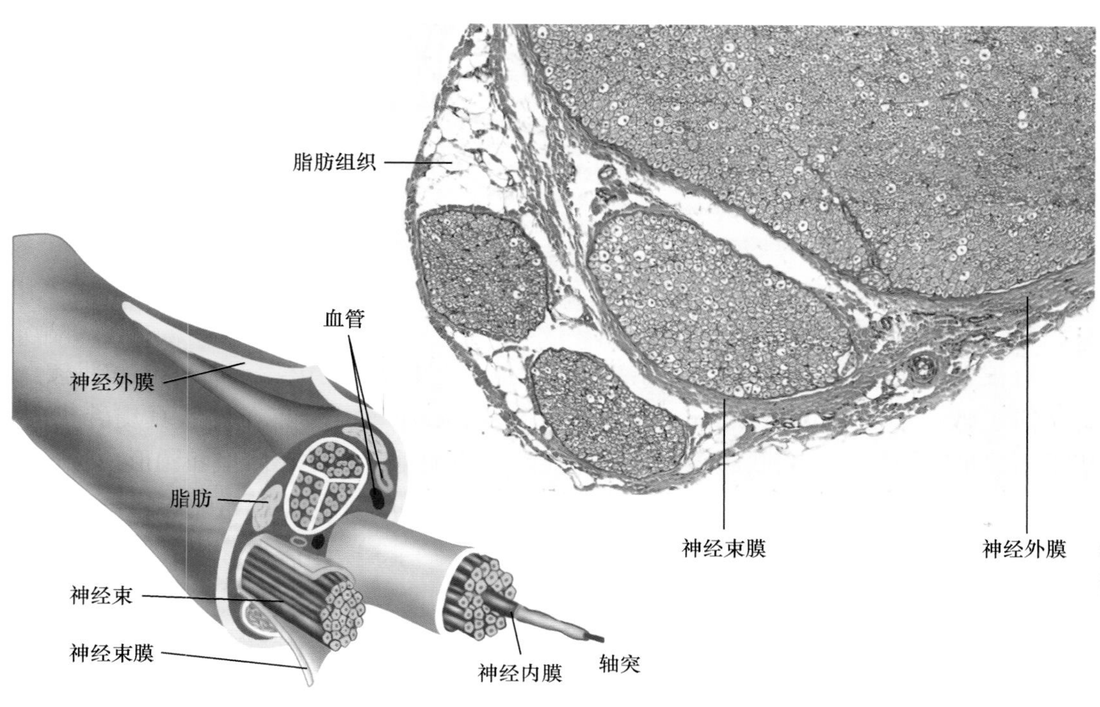

图4-4-11　神经横切模式图及光镜图

五、神经末梢

周围神经纤维的终末部分终止于全身各种组织或器官内，形成各式各样的神经末梢（nerve ending），按其功能可分感觉神经末梢和运动神经末梢两大类。

（一）感觉神经末梢

感觉神经末梢（sensory nerve ending）是指感觉神经元周围突的终末部分，也可同其他组织共同组成感受器。感觉神经末梢能接受各种刺激，并将刺激传向中枢，产生感觉。感觉神经末梢按其结构可分游离神经末梢和有被囊神经末梢两类。

1．游离神经末梢

游离神经末梢（free nerve ending）结构简单，由神经纤维的终末反复分支形成（图4-4-12）。其广泛分布在表皮、角膜和毛囊的上皮细胞间，或分布在各型结缔组织内，如骨膜、脑膜、筋膜和牙髓等处，能感受冷、热、痛和轻触的刺激。

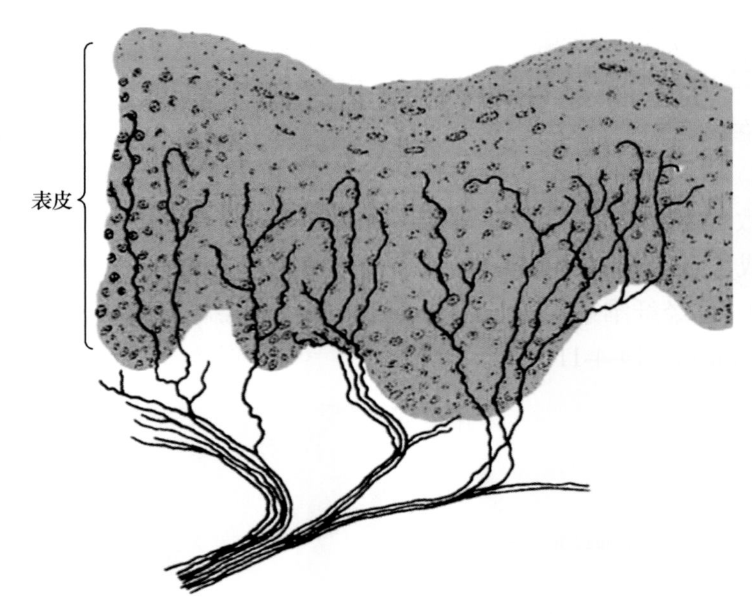

图4-4-12　游离神经末梢

2. 有被囊神经末梢

有被囊神经末梢外面都包裹有结缔组织被囊，包括触觉小体、环层小体和肌梭。

（1）触觉小体（tactile corpuscle）：又称Meissner小体，分布在皮肤真皮乳头内，以手指、足趾的掌侧的皮肤居多，主要功能是感受触觉。触觉小体呈卵圆形，长轴与皮肤表面垂直，外包结缔组织囊，内有许多横形排列的扁平细胞。有髓神经纤维进入小体时失去髓鞘，分成细支盘绕在扁平细胞间（图4-4-13）。

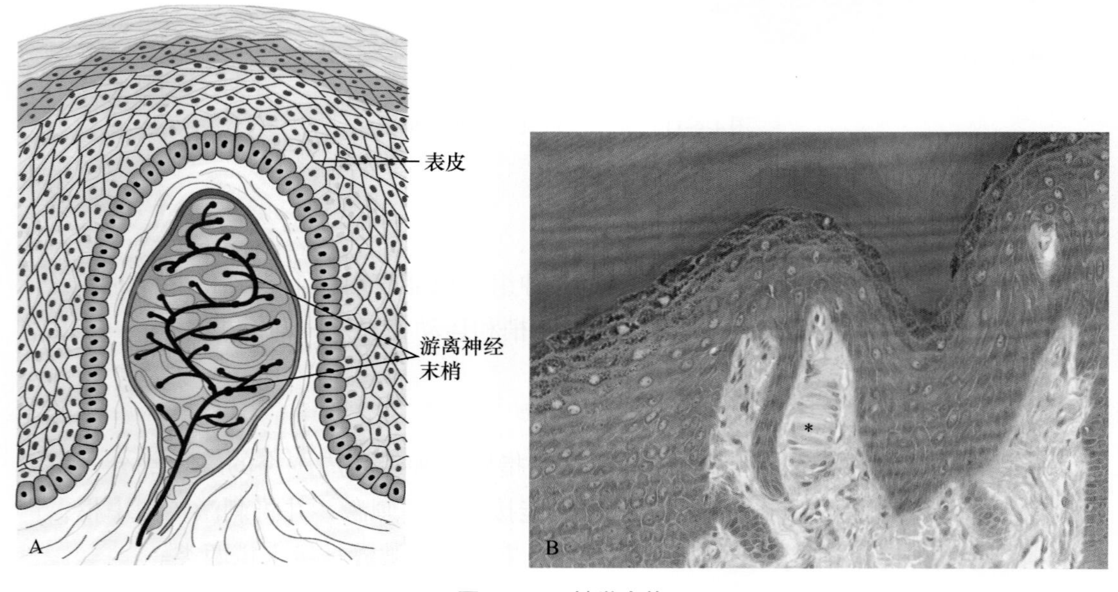

图4-4-13　触觉小体

A. 模式图；B. 光镜结构；*触觉小体

（2）环层小体（lamellar corpuscle）：又称Pacinian小体，体积较大（直径1～4 mm），一般呈卵圆形，广泛分布在皮下组织、肠系膜、韧带和关节囊及胰腺的结缔

组织等处，感受压觉和振动觉。小体的被囊是由数十层呈同心圆排列的扁平细胞组成，小体中央有一条均质状的圆柱体。有髓神经纤维进入小体时失去髓鞘，轴突终末穿行于小体中央的圆柱体内（图4-4-14）。

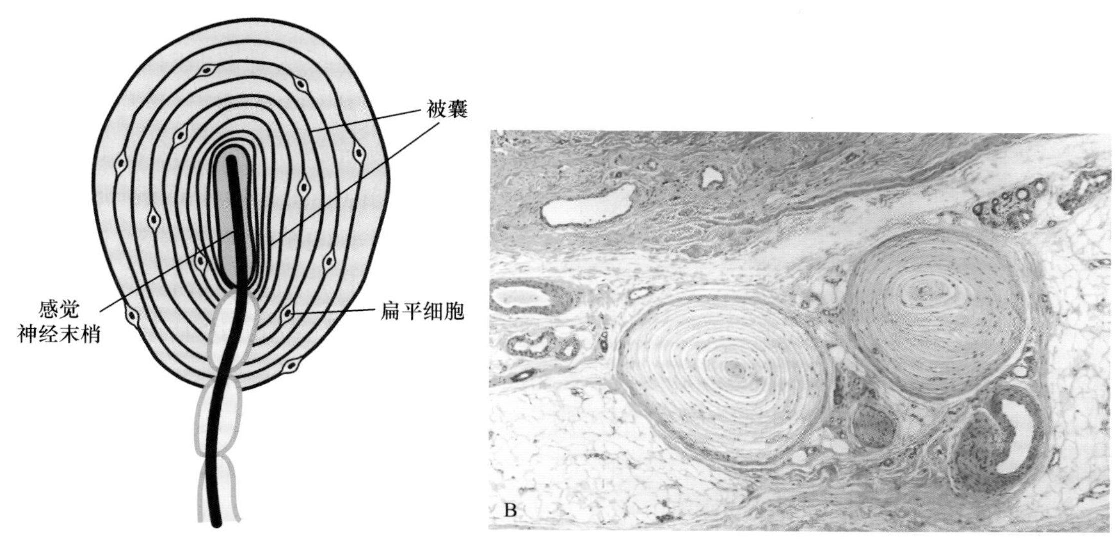

图4-4-14 环层小体

A. 模式图；B. 光镜结构

（3）肌梭（muscle spindle）：是分布在骨骼肌内的梭形小体，外有结缔组织被囊，内含若干条细小的骨骼肌纤维称梭内肌纤维。感觉神经纤维进入肌梭时失去髓鞘，裸露的终末细支呈环状包绕梭内肌纤维的中段，或呈花枝样附着于梭内肌纤维（图4-4-15）。肌梭是一种本体感受器，在调节骨骼肌的活动中起重要作用。

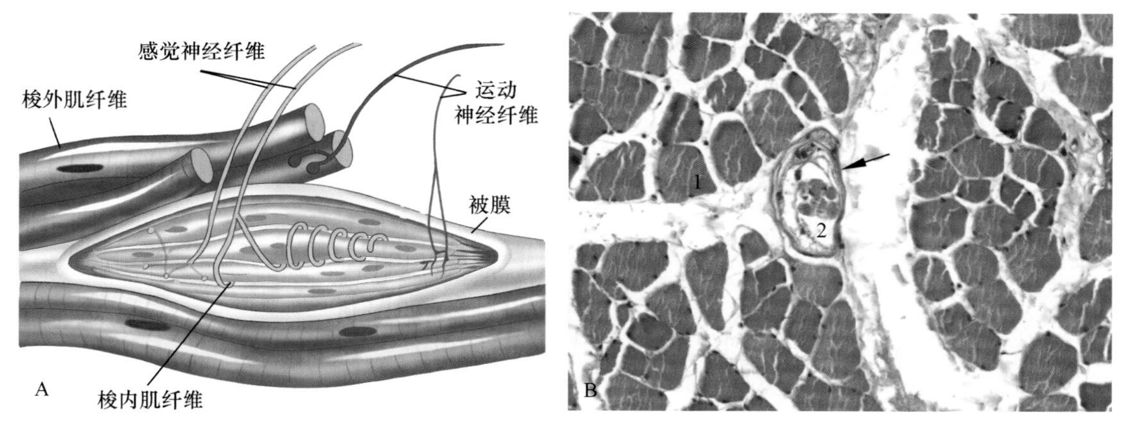

图4-4-15 肌梭

A. 模式图；B. 光镜结构

1. 梭外肌纤维；2. 梭内肌纤维；↑被膜

（二）运动神经末梢

运动神经末梢（motor nerve ending）是运动神经元传出神经纤维的终末，终止于肌组织和腺体内，支配肌纤维的收缩和腺的分泌。运动神经末梢又分躯体运动神经末

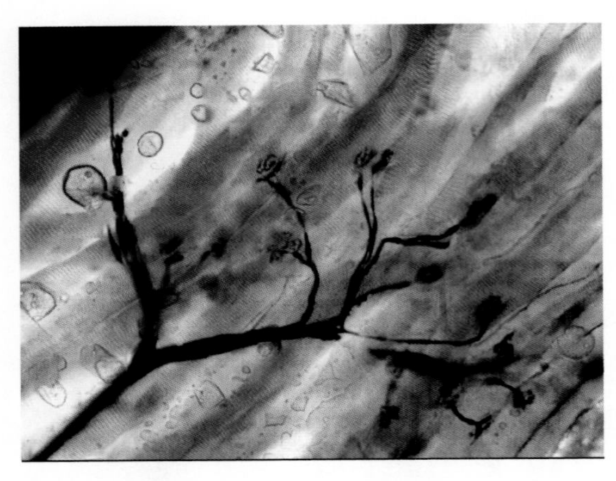

图4-4-16 运动终板光镜图

梢和内脏运动神经末梢两类。

1. 躯体运动神经末梢

躯体运动神经末梢分布于骨骼肌内，来自于脊髓灰质前角或脑干的运动神经元的轴突终末在抵达骨骼肌时髓鞘消失，反复分支，形成钮扣状膨大并与骨骼肌纤维建立突触连接，称运动终板（motor end plate）或神经肌连接（neuromuscular junction）（图4-4-16）。一条有髓运动神经纤维支配的骨骼肌纤维数目多少不等，少者仅1～2条，多者可达上千条。一个运动神经元的轴突及其分支所支配的全部骨骼肌纤维合称一个运动单位。

电镜下，运动终板处的肌膜凹陷成浅槽，轴突终末嵌入浅槽内，此处的轴膜为突触前膜。与突触前膜相对的肌膜为突触后膜，二者之间的间隙为突触间隙。突触后膜向肌质内凹陷形成许多深沟和皱褶以增大其表面积。轴突终末内有大量含乙酰胆碱的圆形突触小泡，突触后膜上有乙酰胆碱受体。当神经冲动到达运动终板时，突触小泡移附于突触前膜，以出胞方式释放其内的乙酰胆碱到突触间隙。大部分乙酰胆碱与突触后膜上相应的受体结合后使肌膜兴奋，从而引起肌纤维的收缩。

2. 内脏运动神经末梢

内脏运动神经末梢分布于内脏、血管平滑肌、心肌和腺上皮细胞等处。这类神经纤维较细，无髓鞘，轴突终末分支常形成串珠样膨体（varicosity），又称曲张体，附着于平滑肌纤维或穿行于腺细胞间。膨体内有许多圆形或颗粒型突触小泡，圆形清亮突触小泡含乙酰胆碱，颗粒型突触小泡含去甲肾上腺素或肽类神经递质（图4-4-17）。当神经冲动传至末梢时，神经递质释放，作用于效应细胞膜上的相应受体，引起肌肉收缩和腺体分泌。

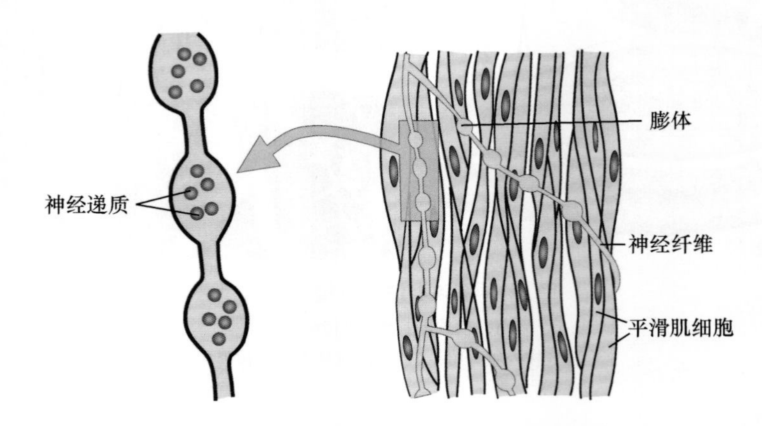

图4-4-17 内脏运动神经末梢超微结构模式图

（刘尚明 郝爱军）

第五章 疾病概论

疾病（disease）是对应于健康的一种异常生命状态，在疾病与健康之间还存在一种亚健康状态。本章将围绕疾病的概念、发生发展的原因、基本机制和转归等问题概述疾病发生发展的一些基本规律。

第一节 健康与疾病

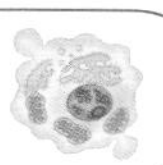

一、健康

传统观念认为不生病就是健康。1946年世界卫生组织（WHO）指出："健康是一种躯体上、精神上和社会适应上的完好状态（state of complete well-being），而不仅是没有疾病或衰弱现象"。这一定义具有高度的概括性，并隐含了医学模式的转变，目前已受到广泛的认可。

躯体上的完好状态是指采用当今的科技手段，未发现任何躯体结构、功能和代谢的异常现象。精神上的完好状态指人的情绪、心理、学习、记忆及思维等处于正常状态，表现为精神饱满、乐观向上、愉快地从事工作和学习，能应对紧急的事件，处理复杂的问题。社会适应上的完好状态指人的行为与社会道德规范相吻合，能保持良好的人际关系，能在社会中承担合适的角色。

二、疾病

"疾病"与"不舒服"之间并不能画等号。目前一般认为，疾病是在一定病因作用下，机体稳态发生紊乱而导致的异常生命活动过程。在此过程中，躯体、精神及社会适应上的完好状态被破坏，机体进入内环境稳态失衡、与外环境或社会不相适应的状态。

三、亚健康

介于健康与疾病之间的一种生理功能低下状态被称为亚健康（sub-health）。亚健康主要有3种表现形式。①躯体性亚健康状态：主要表现为疲乏无力，精神不振，适应能力和工作效率降低，免疫力差等；②心理性亚健康状态：主要表现为焦虑、烦躁、易怒、注意力不集中、失眠多梦等，严重时可伴有胃痛、心悸等表现；③社会性亚健康状态：主要表现为与社会成员的关系不和谐，心理距离变大，产生被社会抛弃和遗忘的孤独感。

引起亚健康的原因复杂，如环境污染导致人体抵抗力下降；个人生活及工作方式不科学（如吸烟、酗酒、缺乏体力活动、作息时间不规律等）破坏人体正常的平衡；家庭、社会及个人的不顺心事过多致使人焦虑等。学习、工作负荷过重使人身心疲惫，导致神经、内分泌功能失调，由此引起的亚健康被称为"慢性疲劳综合征"（chronic fatigue syndrome）。此外，自然老化以及某些遗传因素也可能在亚健康的发生发展中发挥作用。

亚健康状态处于动态变化之中。如加强自我保健，调整饮食结构，转换为积极、健康的生活、工作和思维方式，亚健康状态可向健康转化。如长期忽视亚健康状态的存在，不予处理，则亚健康可向疾病状态转化。

四、衰老

衰老（senescence）又称老化（aging），是指机体正常功能随年龄增长而逐渐减退的不可逆过程。衰老不是疾病，但衰老使机体更容易患病。随着卫生条件的改善和人类寿命的延长，人口老龄化问题日趋突出，各种老年性疾病（如心脑血管疾病、糖尿病、慢性阻塞性肺疾病、骨质疏松症、阿尔茨海默病和恶性肿瘤等）成为医学的热点问题。

老年机体功能、代谢变化的特点及其病理生理学意义如下。

（一）储备减少

老年机体物质储备减少可对机体代谢产生不利影响。例如：糖原储存减少，可使机体ATP生成减少，各器官、组织供能不足，引起功能障碍；同时，由于热量产生减少，老年人体温常常偏低。老年人蛋白质代谢呈负氮平衡，免疫球蛋白合成减少，抗体生成不足，因此，其对伤害性刺激的抵抗力下降，对许多疾病的易感性增加。

（二）内稳态调控能力减弱

老年机体由于神经-内分泌系统老化，血糖、血脂、血电解质浓度、渗透压、pH等重要生命指标的调控能力减弱，更易患冠心病、动脉粥样硬化、糖尿病、高血压和骨质疏松等症。

（三）反应迟钝

老年机体由于各系统、器官功能全面下降，在应激条件下机体难以对体内、外致病因素做出迅速、有效的反应。因此，老年人在高温、寒冷、疲劳、感染等紧急情况下比年轻人更容易产生严重后果。

（王婧婧）

第二节 病因学及发病学

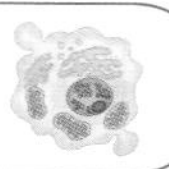

病因学（etiology）主要研究疾病发生的原因与条件，发病学（pathogenesis）是研究疾病发生发展的规律和机制的科学。

一、疾病发生的原因

疾病发生的原因（简称病因）是指引起疾病的必不可少的、决定疾病特异性的因素，一般可分成以下几大类。

（一）生物性因素

生物性因素（biological factors）主要指病原微生物（如细菌、病毒、真菌、立克次体等）及寄生虫，可引起各种感染性疾病，其致病性取决于病原体侵入的数量、毒力及侵袭力，亦与机体本身的防御及抵抗力大小有关。生物性因素致病的特点是：①病原体有特定的入侵门户和定位；例如，甲型肝炎病毒可从消化道入血，经门静脉到肝，在肝细胞内寄生和繁殖并致病；SARS-CoV-2病毒（严重急性呼吸综合征冠状病毒-2）经呼吸道传播感染肺部，引起肺炎。②病原体必须与被侵个体相互作用才能引起疾病；例如，由甲型流感病毒（也称真鸡瘟病毒或欧洲鸡瘟病毒）引起的禽流感是一种人兽共患的传染病，而伪鸡瘟（也称亚洲鸡瘟）病毒对人一般无感染性。③病原体作用于机体后常可引起免疫反应，而致病微生物的自变异可产生抗药性。

（二）理化因素

理化因素（physical and chemical factors）主要包括高温（或寒冷）、高压（或突然减压）、电流、辐射、机械力、噪声、强酸、强碱及毒物等。其致病性主要取决于理化因素本身的作用强度、部位及持续时间等，与机体的反应性关系不大。

（三）营养因素

营养因素（nutritional factors）包括糖、脂质、蛋白质、维生素和无机盐等营养

素，氟、硒、锌和碘等微量元素以及氧气和水等维持生命活动必需的物质。这些营养因素摄入不足或过多都可引起疾病。如脂质、糖、蛋白质等摄入不足可致营养不良，而摄取过量又可致肥胖及高脂血症；维生素D缺乏可致佝偻病，而摄取过多又可导致中毒。

（四）遗传因素

遗传因素（genetic factors）指染色体畸变或基因异常等遗传物质的缺陷。染色体畸变包括数目畸变和结构畸变两类，其中常染色体畸变通常可导致先天性智力低下，生长发育迟缓，伴五官、四肢、皮纹及内脏等多发畸形。性染色体畸变表现为性征发育不全，有时伴智力低下等。基因异常包括基因点突变、缺失、插入或倒位等突变类型。这些异常通过改变DNA碱基顺序或碱基类型，致使蛋白质结构、功能发生变化而致病。如甲型血友病是由于位于X染色体上的相关基因缺失或插入突变或点突变，导致凝血因子Ⅷ缺失、凝血障碍，出血倾向，该病一般男性发病，女性遗传。

遗传易感性（genetic susceptibility）是指由遗传因素所决定的个体患病风险（即在相同环境下不同个体患病的风险）。例如，糖尿病肾病的发生发展与遗传易感性密切相关，有些糖尿病患者（20%～25%）不论血糖控制好坏，患病多年也不会发生糖尿病肾病。相反，有些糖尿病患者（0～5%）即使血糖控制良好，在短期内也可出现严重的糖尿病并发症，这种现象与遗传易感性有关。

个体对疾病的易感性并不完全由基因型决定，还受环境因素影响。如链脲佐菌素结合高糖、高脂饮食诱导的2型糖尿病大鼠模型，可从亲代传至子代。可见表观遗传改变在疾病的发生、发展和遗传中均起重要作用。

（五）先天因素

先天因素（congenital factors）是指影响胎儿发育的有害因素，而由先天因素引起的疾病被称为先天性疾病。某些先天因素可以遗传，因此亦属遗传因素，如多指（趾）、唇裂等。某些先天因素不会遗传，如先天性心脏病，与母体在妊娠早期感染风疹、荨麻疹或其他病毒有关。

（六）免疫因素

免疫反应过强、免疫缺陷或自身免疫反应等免疫因素（immunological factors）均可致病。如机体对异种血清、青霉素等过敏可导致过敏性休克；对某些花粉或食物过敏可引起支气管哮喘。人类免疫缺陷病毒（human immunodeficiency virus，HIV）感染可破坏T淋巴细胞，导致获得性免疫缺陷综合征（acquired immune deficiency syndrome，AIDS，简称艾滋病）。当机体对自身抗原发生免疫反应时，可导致自身组织损伤，如系统性红斑狼疮、类风湿关节炎等。

（七）社会心理因素

随着医学模式的转变，社会心理因素（social and psychological factors）在疾病

发生发展中的作用日益受到重视。紧张的工作、不良的人际关系、自然灾害以及生活事件的突然打击等因素可引起恐惧、焦虑、悲伤、愤怒等情绪反应和机体功能、代谢紊乱及形态变化。目前已知，高血压、冠状动脉粥样硬化性心脏病（简称冠心病）、溃疡病、神经症及恶性肿瘤等许多疾病的发生发展都与社会、心理因素具有密切关系。

总之，没有病因就不可能发生疾病。目前对很多疾病的病因尚不完全明确，相信随着医学科学的发展，更多疾病的病因将会得到阐明。

二、疾病发生的条件

条件（condition）是指能促进或减缓疾病发生的某种机体状态或自然环境。条件本身并不引起疾病，但可影响病因对机体的作用。如结核分枝杆菌是结核病的病因，但并非所有与结核分枝杆菌有接触者都患结核病，在过度疲劳、营养不良或其他疾病导致免疫功能低下等"条件"下才易患结核病。有些条件与自然因素有关。如炎热夏季可促进消化道传染病的发生。因为天气炎热有利于蚊虫孳生及细菌传播，同时天气炎热可致消化液分泌减少，生冷食物摄取过多，从而促进致病菌在胃肠道的繁殖。因此，"炎热"作为条件可促进消化道传染病的发生。此外，年龄和性别也可作为某些疾病发病的条件。

病因和条件在不同疾病中可独立存在或互相转化。例如，机械暴力、高温局部作用、大量剧毒化学物质作用于机体时，无须任何条件，即可分别引起创伤、烧伤和中毒；营养缺乏是营养不良症的致病因素，而营养缺乏使机体抵抗力降低，又是某些疾病（如结核病）发生的重要条件之一；糖尿病引起的机体抵抗力降低可以成为感染性疾病，如疖、痈、败血症、结核病、肾盂肾炎的发生条件。因此，重视对疾病病因和条件的研究，对疾病的预防有重要意义。

诱因（precipitating factor）是指能加强病因作用而促进疾病发生发展的因素。如肝硬化患者因食管曲张静脉破裂而发生上消化道大出血时，可致血氨突然增高而诱发肝性脑病；妊娠、体力活动、过多过快输液及情绪激动等可诱发心力衰竭。与病因相比，诱因更易于防止或消除，因而在疾病防治中具有较大意义。

当发现某一因素与某疾病明显相关，但尚分不清楚是原因还是条件时，称为危险因素（risk factor）。如高脂血症、高血压、吸烟等是动脉粥样硬化的危险因素。从病因学的角度来看，危险因素不是一个很确切的概念，但它可以帮助我们从众多的内、外源性致病因素中，找出与疾病发生密切相关的因素。

三、疾病发生发展的普遍规律

疾病的发生、发展和转归存在一些普遍存在的共同规律，归纳如下。

（一）稳态的失衡与调节

正常状态下，机体通过神经、体液的精细调节，各系统、器官、组织和细胞之间的活动互相协调，机体与自然及社会环境亦保持适应关系，这种状态称为稳态（homeostasis）。机体的稳态平衡是生物体内自我调节（self-regulation）的结果，其中

反馈（feedback）机制起着重要作用。例如，当甲状腺激素（T_3、T_4）分泌过多时，T_3、T_4可反馈性抑制下丘脑促甲状腺激素释放激素（thyrotropin-releasing hormone，TRH）和腺垂体促甲状腺激素（thyroid stimulating hormone，TSH）的分泌，使甲状腺激素的分泌量降至正常水平，反之亦然。当遗传性甲状腺素合成酶缺陷使甲状腺激素的合成不足时，上述反馈机制不能发挥作用而导致稳态失衡（homeostatic deregulation），此时TSH的过度分泌将引起甲状腺实质细胞大量增生，甲状腺肿。

（二）损伤与抗损伤

对损伤做出抗损伤反应是生物体的重要特征，也是生物体维持生存的必要条件。原始的单细胞生物即具备这种特征，如阿米巴原虫遇到有害刺激时，可伸出伪足进行逃避。当生物进化至哺乳动物及人类时，机体各器官系统已具备精细的功能分化，由神经-内分泌系统协调机体对损伤的反应。

在正常机体和疾病发生发展过程中，损伤与抗损伤作用常常同时出现、贯穿始终且不断变化。以烧伤为例，高温引起皮肤、组织坏死，大量渗出可导致循环血量减少、血压下降等损伤性变化。与此同时，机体启动抗损伤反应，如白细胞增加、微动脉收缩、心率加快和心输出量增加等。如果损伤较轻，通过各种抗损伤反应和恰当的治疗，机体可恢复健康；反之，若损伤较重，又无恰当和及时的治疗，则病情恶化。可见，损伤与抗损伤反应的斗争及其力量对比常常影响疾病的发展方向和转归。同时也应注意，患者出现的临床症状和体征可能由损伤因素引起，也可能由抗损伤因素引起；抗损伤因素过强时，也可能导致机体损伤。

（三）因果交替

因果交替（causal alteration）指疾病发生发展过程中，由原始病因作用于机体所产生的结果又可作为病因引起新的后果。这种因果相互转化的规律在疾病发生发展中起着推波助澜的作用，常可导致恶性循环产生，使疾病不断恶化，甚至导致死亡。如失血性休克中组织血液灌流进行性下降的过程，即是因果交替导致恶性循环而加重损伤的典型范例（图5-2-1）。医务工作者应当及时发现并打断这种恶性循环，使疾病朝向有利于机体健康的方向发展。

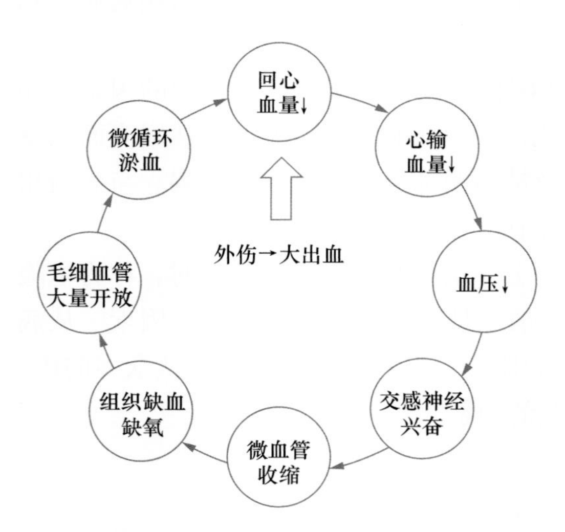

图5-2-1 因果交替示意图：失血性休克所致的恶性循环

（四）局部与整体

疾病可表现为局部变化或全身变化或两者兼而有之。局部病变可引起全身性反应，如肺结核除表现出咳嗽、咯血等局部症状外，还可导致发热、盗汗、消瘦、乏力

和红细胞沉降率加快等全身性反应，甚至可播散至身体其他部位形成新的结核病灶。有些局部改变是全身性疾病的表现，如糖尿病患者常出现局部疖肿和足底溃疡，是全身性血糖持续升高的毒性反应，此时若单纯给予局部治疗而不控制糖尿病则不会得到预期效果。因此，医务工作者应善于识别局部和整体病变之间的主从关系，抓住主要矛盾进行处理，不能“头痛医头、脚痛医脚”。

四、疾病发生发展的基本机制

疾病发生时，稳态被打破，机体通过复杂的机制进行调节，以建立疾病状态下的新稳态。在这些错综复杂的机制中，神经、体液、细胞和分子水平的调节是所有疾病发生发展过程中存在的共同机制。

（一）神经机制

机体的许多生命活动是在神经系统的调节下完成的。许多病因通过影响神经系统的结构和功能而影响疾病的发生发展。有些致病因子可直接损害神经系统，如乙型脑炎病毒或狂犬病病毒感染可直接破坏中枢神经组织而致病。有些致病因子则通过神经反射引起相应器官系统的功能代谢变化。例如，大出血致休克时，由于动脉血压降低，对颈动脉窦及主动脉弓处压力感受器的牵张刺激减弱，使抑制性传入冲动减少，由此导致交感神经系统反射性强烈兴奋、外周血管收缩，在回升血压的同时可能导致组织缺血缺氧。此外，各种社会、心理因素亦可通过影响中枢神经系统而导致躯体的功能、代谢紊乱而导致躯体疾病，被称为身心疾病（psychosomatic disease）。

（二）体液机制

体液是维持机体内环境稳定的重要因素。致病因素通过改变体液因子（humoral factor）的数量或活性而致病的过程称为疾病的体液机制。例如严重感染或创伤时可激活单核-吞噬细胞及中性粒细胞，释放大量炎症介质导致全身炎症反应综合征的发生。体液因子的种类繁多，包括全身作用的体液因子（如胰岛素、儿茶酚胺和凝血因子等）、局部作用的体液因子（如内皮素和某些神经肽等）和细胞因子（如白细胞介素和肿瘤坏死因子等）。体液因子通常通过内分泌（endocrine）、旁分泌（paracrine）及自分泌（autocrine）三种方式作用于其靶细胞上的受体。

值得指出的是，在许多情况下，神经机制常常与体液机制共同参与疾病的发生发展，被称为“神经体液机制”。例如，长期情绪紧张是高血压病的危险因素，其神经体液机制为：①长期情绪紧张或严重的心理压力可导致大脑皮质和皮质下中枢（主要是下丘脑）功能紊乱，此时血管运动中枢反应性增强，交感神经兴奋，导致去甲肾上腺素释放增加，小动脉紧张性收缩；②交感兴奋还可刺激肾上腺髓质释放肾上腺素，导致心率加快、心输出量增加；③交感兴奋还可引起肾小动脉收缩，促进肾素释放，激活肾素-血管紧张素-醛固酮系统，导致全身血容量增高。综上所述，神经体液机制共同作用的结果是升高血压。

（三）细胞机制

细胞是生物机体最基本的结构和功能单位。致病因素可直接或间接作用于细胞，导致细胞的代谢、功能和结构变化而致病。如疟原虫感染可直接破坏红细胞，导致周期性畏寒、发热；心肌缺血、病毒性心肌炎、心肌中毒等可直接损伤心肌细胞，导致心力衰竭。

目前，对不同致病因素如何引起细胞损伤的机制尚未完全阐明，但常常涉及细胞膜和多种细胞器的损伤和功能障碍。例如，细胞膜上钠泵（Na^+-K^+-ATP酶）失调时，造成细胞内Na^+大量积聚、细胞水肿甚至死亡，最终导致器官功能障碍。线粒体是细胞的能量发电站，很多病理因素可损伤线粒体，抑制三羧酸循环、脂肪酸的β-氧化、呼吸链的氧化磷酸化等过程，造成ATP生成不足、过氧化物产生增多，导致细胞功能障碍甚至死亡。

（四）分子机制

疾病过程中细胞的损伤均涉及分子的变化。近年来，从分子（如基因、蛋白质）水平探讨疾病发生发展的机制受到了广泛的关注。分子病（molecular disease）是指由于遗传物质或基因（包括DNA和RNA）的变异而引起的一类以蛋白质异常为特征的疾病。如镰刀型细胞贫血是由于血红蛋白单基因突变，导致其分子中β-肽链氨基端第6位亲水性谷氨酸被疏水性缬氨酸取代，形成溶解度下降的血红蛋白S，使红细胞扭曲呈镰刀状，引起贫血。

在无需基因变异的条件下，蛋白质分子本身的翻译后异常修饰或折叠也可致病。例如，由朊蛋白异常折叠引起疯牛病或人类的克－雅病。由于这类疾病均涉及蛋白质空间构象的异常改变，故又被称为构象病（conformational disease）。值得注意的是，随着对疾病分子机制研究的不断深入，揭示了大量信号分子或信号通路在不同疾病发生发展中的关键作用。然而，目前这些研究成果在防治疾病及降低疾病负担方面并没有获得预期的结果。因此，在研究疾病的分子机制时，也不能忽视整体的调节作用。

五、疾病的一般表现

疾病是一定病因造成的机体的自稳调节紊乱，在这个过程中，人体的形态和（或）功能会发生一定的变化，正常的生命活动受到限制或破坏，或早或迟地表现出可觉察的症状及医学征象。代表“患者主观感受”的异常感觉或病态改变称为症状（symptom），如发热、咳嗽、心悸等。体征（sign）是指医师运用自己的感官（视、触、叩、听、嗅等）和借助于简便的检查工具（如体温表、血压计、听诊器、叩诊锤、检眼镜等），客观发现的异常征象，例如通过体温表检测出患者发热、通过视诊发现患者黄疸等。

症状表现有多种形式，有些只有主观才能感觉到，如疼痛、眩晕等；有些不仅主观能感觉到，而且客观检查也能发现，如发热、黄疸、呼吸困难等；也有主观无异常感觉，是通过客观检查才发现的，如黏膜出血、腹部包块等；还有些生命现象发生了

质量变化（不足或超过），如肥胖、消瘦、多尿、少尿等，需通过客观评定才能确定。凡此种种，广义上均可视为症状，即广义的症状，也包括一些体征。

在临床上，患者往往因为有了症状才去求医问药，因此症状是发现和认识疾病的信息和依据。症状各种各样，同一疾病可有不同的症状，不同的疾病又可有某些相同的症状，即“同症异病”或“异病同症”。例如大叶性肺炎可表现为咳嗽、咳痰和呼吸困难，而左侧心力衰竭也可同样表现为咳嗽、咳痰和呼吸困难。因此，在诊断疾病时必须结合临床所有资料，综合分析症状的病因和发生机制，切忌单凭某一个或几个症状就草率地作出诊断。

（王婧婧）

第三节 疾病的转归 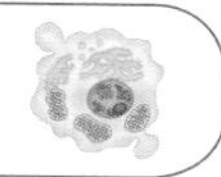

疾病的转归主要有康复和死亡两种，其走向取决于病因的类型及损伤程度、机体抗损伤反应的能力以及合理及时的治疗方案等因素。

一、康复

根据康复（recovery）的程度，可分为完全康复（complete recovery）和不完全康复（incomplete recovery）。完全康复是指疾病所致的损伤完全消失，机体的功能、代谢及形态完全恢复正常。如大出血性引起的急性功能性肾衰竭，如处理及时合理，患者可在短时间内达到完全康复。某些感染性疾病，康复后还可使机体获得特异性免疫力，如天花可获得终生免疫能力。不完全康复是指疾病所致的损伤得到控制，主要症状消失，机体通过代偿机制可维持相对正常的生命活动，但疾病基本病理改变并未完全恢复，有些可留有后遗症，如心肌梗死后留下的瘢痕。

二、死亡

死亡（death）是个体生命活动的终止，是生命的必然规律。对死亡的精确判定一直是一个难题。传统观点认为，死亡过程包括濒死期（agonal stage）、临床死亡期（stage of clinical death）和生物学死亡期（stage of biological death）。显然依据这一分期很难准确判定死亡时间。临床上，医务工作者一直把心搏和呼吸的永久性停止作为死亡的标志，即心肺死亡模式。然而，随着起搏器、呼吸机等复苏技术的普及和不断进步，使上述“心肺死亡”时间的确定面临挑战。

1968年，美国哈佛大学医学院死亡定义审查特别委员会正式提出将脑死亡（brain death）作为人类个体死亡的判断标准。脑死亡是指全脑功能（包括大脑、间脑和脑干）不可逆的永久性丧失以及机体作为一个整体功能的永久性停止。

（一）脑死亡的判断标准

自从脑死亡概念提出以来，多个国家的相关研究机构相继制定了脑死亡标准，其基本内容均与1968年首次提出的“哈佛标准”相同或相似，即：①自主呼吸停止；②不可逆性深度昏迷；③脑干神经反射消失（如瞳孔散大或固定，瞳孔对光反射、角膜反射、咳嗽反射、吞咽反射消失）；④脑电波消失；⑤脑血液循环完全停止。

（二）确定脑死亡的意义

以脑死亡作为判断个体死亡的标准具有以下意义：①可协助医务人员判定患者的死亡时间、适时终止复苏抢救，不但可节省卫生资源，还可减轻社会和家庭的经济和情感负担；②有利于器官移植，虽然确定“脑死亡”并非器官移植的需要，然而，由于借助呼吸、循环辅助装置，可使脑死亡者在一定时间内维持器官组织的低水平血液灌注，有利于局部器官移植后的功能复苏，为更多人提供生存和健康生活的机会。

脑死亡已经引起越来越多的学者和民众关注，多个国家已制定脑死亡法并在临床将脑死亡作为宣布死亡的依据。我国自1988年即提出有关脑死亡的诊断问题，2013—2014年，国家卫生健康委员会脑损伤质控评价中心推出中国《脑死亡判断标准与技术规范（成人、儿童）（中文、英文）》，并于2018年推出《中国成人脑死亡判定标准与操作规范（第二版）》。无论是中国还是其他国家，脑死亡判定标准和操作规范均是在从未间歇的理论探讨与临床实践中完善的，将误判或错判率降至最低是我们追求的目标。

需要注意的是，必须将脑死亡与“植物状态”（vegetative state）区别开来。植物状态（或植物人）是指大脑皮质广泛坏死所致的长期意识障碍，常因颅脑外伤或大脑严重缺血、缺氧等引起。患者有自主呼吸，其脉搏、血压和体温可以正常，能吞咽食物、入睡和觉醒，保留新陈代谢、生长发育等躯体生存的基本功能，但无任何言语、意识和思维，完全失去生活自理能力。植物状态与脑死亡具有本质的差别（表5-3-1）。

表5-3-1 脑死亡与植物状态的临床鉴别

项目	脑死亡	植物状态
全脑功能丧失	全脑功能丧失	脑的认知功能丧失
自主呼吸	无	有
意识	无	无，但有睡眠-觉醒周期
脑干反射	无	有
恢复的可能性	无	有

（王婧婧）

第六章 细胞、组织的适应与损伤

■ 适应
◎ 肥大
◎ 萎缩
◎ 增生
◎ 化生
■ 细胞和组织损伤的机制
◎ 细胞和组织损伤的因素
◎ 细胞和组织损伤的机制
■ 细胞的可逆性损伤
◎ 细胞水肿
◎ 脂肪变性
◎ 玻璃样变性
◎ 淀粉样变性
◎ 黏液样变性
◎ 病理性色素沉着
◎ 病理性钙化
■ 细胞死亡
◎ 坏死
◎ 凋亡
■ 细胞老化
◎ 老化的机制
◎ 老化的代谢和功能改变
◎ 老化的形态学改变

正常细胞和组织可以对体内外环境变化等刺激，作出及时的反应，表现为代谢、功能和形态结构的调整。在生理性负荷过多或过少时，或遇到轻度持续的病理性刺激时，细胞、组织和器官可表现为适应（adaptation）。若刺激超过了细胞、组织和器官的耐受程度，则会出现损伤（injury）。较轻的刺激，去除病因后，细胞可恢复正常，称为可逆性损伤（reversible injury），也称为亚致死性损伤（sublethal injury）。若刺激较强或持续存在，超过细胞承受的极限，则可引起细胞的不可逆性损伤（irreversible injury），包括坏死（necrosis）和凋亡（apoptosis）。正常细胞、细胞适应、细胞的可逆性损伤和不可逆性损伤是代谢、功能和结构连续变化的过程，在一定条件下可相互转化，其界限不甚清楚。

第一节 适　　应

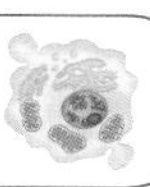

适应是细胞和由其构成的组织、器官对内、外环境中的持续性刺激和各种有害因子而产生的非损伤性应答反应。适应的目的在于通过适应，使细胞、组织、器官甚至机体调整其自身的代谢、功能和结构，达到新的平衡，避免细胞和组织受损，

表现为功能代谢和形态结构两方面。在形态学上一般表现为肥大、萎缩、增生和化生（图6-1-1），涉及细胞体积、细胞数目或细胞分化的改变。其机制比较复杂，涉及多种基因表达及其调控、多种信号转导通路，进而影响多种蛋白质的转录、运送和输出。

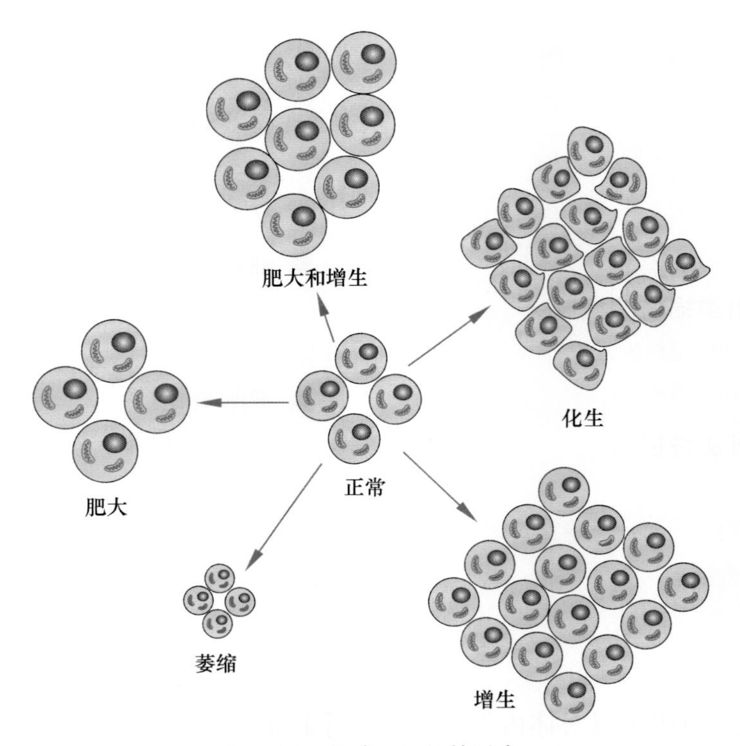

图6-1-1　细胞、组织的适应

一、肥大

肥大（hypertrophy）指细胞、组织或器官体积增大。肥大通常是由于实质细胞的体积增大所致，常伴有实质细胞数量的增加。肥大细胞通常合成代谢增加，功能增强。

（一）肥大的类型

肥大可分为生理性肥大和病理性肥大。因器官和组织功能负荷过重所致的肥大，称为代偿性肥大（compensatory hypertrophy）或功能性肥大；因内分泌激素过多作用于效应器所致，称为内分泌性肥大（endocrine hypertrophy）。二者均可由生理性或病理性因素引起。

1. 生理性肥大

（1）代偿性肥大：如生理状态下，短跑运动员下肢骨骼肌的增粗肥大。需求旺盛、负荷增加是常见的原因。

（2）内分泌性肥大：妊娠期由于雌、孕激素作用于平滑肌细胞，平滑肌细胞蛋白合成增加，细胞体积增大，同时伴有细胞数量增多（增生），子宫从非孕期壁厚0.4 cm、重量100 g，可肥大至壁厚5 cm、重量1000 g。

2. 病理性肥大

（1）代偿性肥大：如高血压时，心脏后负荷增加，为适应此变化，左心室心肌细胞体积增大，称为病理性代偿性肥大。同类器官缺如或功能丧失后正常器官可出现代偿性肥大，如一侧肾脏切除或肾小球肾炎失去部分功能，对侧肾脏或周围正常肾组织通过肥大来实现代偿。但是代偿性肥大是有限度的，超过一定限度器官会出现衰竭或失代偿（decompensation），如心力衰竭，进而出现多种不可逆性损伤。

（2）内分泌性肥大：甲状腺功能亢进时，甲状腺素分泌增多，引起甲状腺滤泡上皮细胞体积增大，呈高柱状，进而引起双侧甲状腺弥漫性肿大。

（二）肥大的病理变化

肥大的细胞体积增大，细胞核增大深染，细胞器数目增多，肥大组织与器官体积均匀增大。

（三）肥大的机制

肥大的细胞内许多细胞原癌基因活化，导致DNA含量和细胞器（如微丝、线粒体、内质网、高尔基体及溶酶体等）数量增多，结构蛋白合成活跃，细胞功能增强。

二、萎缩

萎缩（atrophy）是指已发育正常的实质细胞因细胞内物质丢失而致相应组织或器官的体积缩小。萎缩时细胞合成代谢降低，能量需求减少，原有功能下降。通常萎缩时可伴有实质细胞数目的减少。需要注意的是实质细胞萎缩时，有时可伴有间质细胞增生而致组织与器官体积增大，称为假性肥大。此外组织器官的未发育（aplasia）或发育不全（hypoplasia）不属于萎缩的范畴，前者是指器官或组织处于根本未发育的状态，后者是指器官或组织未充分发育至正常大小。

（一）萎缩的类型

萎缩分为生理性萎缩和病理性萎缩两类。

1. 生理性萎缩

生理性萎缩（physiological atrophy）是生命过程的正常现象。如胸腺青春期萎缩和生殖系统中卵巢、子宫及睾丸的更年期后萎缩，以及老年人大多数脏器均会出现不同程度的萎缩。大部分生理性萎缩时，细胞数量减少是通过细胞凋亡实现的。

2. 病理性萎缩

病理性萎缩（pathological atrophy）按其发生原因分为以下6类。

（1）压迫性萎缩（compressive atrophy）：因组织与器官长期受压，致受压细胞和组织缺血、缺氧所致。例如肾盂积水压迫周围肾组织，引起肾皮质、髓质萎缩（图6-1-2）；肝、脑、肺等脏器的肿瘤推挤压迫，可致邻近正常组织萎缩。

（2）营养不良性萎缩（malnutrition atrophy）：可分为全身营养不良性萎缩和局部营养不良性萎缩。通常因蛋白质摄入不足、消耗过多和血液供应不足引起。饥饿、糖

图6-1-2 肾压迫性萎缩
肾盂积水、扩张，肾实质受压萎缩

尿病、结核病及肿瘤等慢性消耗性疾病时，由于长期营养不良引起全身性萎缩，称为恶病质（cachexia）。

（3）去神经性萎缩（denervated atrophy）：因运动神经元或轴突损害引起所支配器官或组织的萎缩。如脑或脊髓神经损伤可致肌肉萎缩。其机制是神经对肌肉运动调节丧失，使肌肉活动减少而引起失用性萎缩；同时骨骼肌细胞分解代谢加速；此外，神经对血管运动调节丧失而致局部组织器官的营养不良，也属于去神经萎缩。

（4）废用性萎缩（disuse atrophy）：可因器官组织长期工作负荷减少和功能代谢降低，进而对合成代谢产生负反馈调节，使细胞体积缩小所致，如骨折后久卧不动，可引起患肢肌肉萎缩和骨质疏松。

（5）内分泌性萎缩（endocrine atrophy）：由于内分泌腺功能下降引起靶器官细胞萎缩，如垂体前叶（腺垂体）功能减退时，患者甲状腺、肾上腺和性腺等靶器官均可出现萎缩。外源性激素也可以引起萎缩。如子宫内膜癌患者给予孕激素治疗，可致肿瘤细胞萎缩。

（6）缺血性萎缩（ischemic atrophy）：各种原因导致局部或全身血液循环障碍，进而引起相应器官或组织的萎缩。如高血压时，肾脏供血减少，可致双侧肾脏萎缩，表面呈细颗粒状，又称为原发性颗粒样固缩肾。

（二）萎缩的机制

萎缩的机制尚未完全清楚。主要涉及蛋白质降解增加。其中泛素-蛋白酶体途径被认为是蛋白降解加速的主要途径。此外肿瘤坏死因子（TNF）等细胞因子也可促进肌肉内的蛋白溶解，导致细胞萎缩，功能下降。

（三）萎缩的病理变化

萎缩的细胞、组织和器官体积减小，重量减轻，色泽变深。光镜下萎缩细胞体积变小，细胞器数量明显减少。心肌细胞和肝细胞等萎缩细胞胞质内可出现脂褐素颗粒，使器官颜色呈褐色，又称为褐色萎缩（brown atrophy）。脂褐素是细胞内未被彻底消化的、富含磷脂的质膜包被的细胞器残体。去除病因后，轻度病理性萎缩的细胞有可能恢复常态，但持续性萎缩的细胞最终可死亡（凋亡）。电镜下萎缩细胞内自噬小泡（autophagic vacuoles）明显增多。

三、增生

组织或器官内细胞数目增多的现象，称为增生（hyperplasia），常导致组织或器官

的体积增大和功能活跃。实质细胞数目增多通过有丝分裂来实现。实质器官的体积增大常常是增生和肥大共同作用的结果。

（一）增生的类型

增生可分为生理性增生和病理性增生两种。根据增生原因，上述两种又可分为代偿性增生（compensatory hyperplasia）（或称功能性增生）和内分泌性增生（endocrine hyperplasia）（或称激素性增生）两种。

1. 生理性增生

（1）代偿性增生：损伤或者部分切除后组织的增生。如部分肝脏被切除后残存肝细胞的增生。

（2）内分泌性增生：如月经周期中子宫内膜腺体的增生；青春期乳腺腺泡上皮的增生。

2. 病理性增生

（1）代偿性增生：在组织损伤后的创伤愈合过程中，成纤维细胞和毛细血管内皮细胞因受到损伤处增多的生长因子刺激而发生增生，可促进损伤组织的修复。

（2）内分泌性增生：病理性增生最常见的原因是激素过多或生长因子过多。如雄激素过多，可引起男性前列腺腺体和间质的肥大及增生。雌激素过多，可引起子宫内膜增生，甚至发生子宫内膜癌。

（二）增生的病理变化

细胞增生可为弥漫性或局限性。弥漫性增生通常引起器官体积均匀增大。激素作用引起的增生常为局限性，表现为结节状增生。增生时细胞数量增多，细胞和细胞核形态正常或稍增大。大部分病理性（如炎症时）的细胞增生，去除诱因会停止。若细胞增生过度失去控制，则可能演变成为肿瘤性增生。

（三）增生的机制

增生常常是由各种原因引起局部生长因子增多、相应细胞表面生长因子受体或某些细胞内信号通路激活，引起细胞内生长因子及其受体基因、细胞周期调节基因等基因激活，进而导致细胞增殖。

四、化生

一种分化成熟的细胞被另一种分化成熟的细胞所取代的过程，称为化生（metaplasia）。化生并不是由原来的成熟细胞直接转变所致，而是该处具有分裂增殖和多向分化能力的干细胞或结缔组织中的未分化间充质细胞发生重编程（reprogramming）的结果。

（一）化生的类型

化生有多种类型，通常发生在同源性细胞之间，即上皮细胞之间或间叶细胞之

间。上皮组织的化生在原因消除后或可恢复，但间叶组织的化生则大多不可逆。

1. 上皮组织的化生

（1）鳞状上皮化生：鳞状上皮化生（简称鳞化）是最为常见的上皮组织的化生。如慢性支气管炎患者假复层纤毛柱状上皮易发生鳞状上皮化生；慢性宫颈炎患者腺体常常出现鳞化。

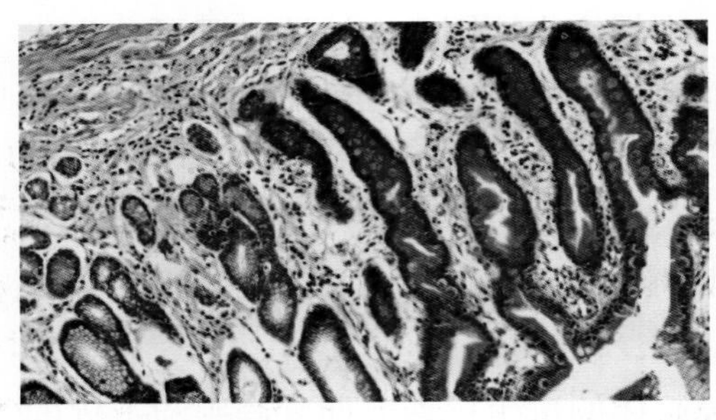

图6-1-3 肠上皮化生（慢性萎缩性胃炎）

（2）柱状上皮的化生：腺上皮组织的化生也较常见。慢性胃炎时，胃黏膜上皮转变为含有潘氏细胞（Paneth cell）或杯状细胞的小肠或大肠黏膜上皮组织，称为肠上皮化生（简称肠化，图6-1-3）；慢性反流性食管炎时，食管下段鳞状上皮也可化生为胃型或肠型柱状上皮（Barrett食管）。

2. 间叶组织化生

化生也可以发生在间叶组织，如局部受伤的软组织中，纤维母细胞可以转变为骨母细胞或者软骨母细胞，形成骨或软骨。

3. 上皮-间质转化

在某些特定条件下，上皮细胞通过特定程序转化为具有间质细胞表型的细胞的生物学过程，称为上皮-间质转化（epithelial-mesenchymal transition，EMT）。EMT在胚胎发育、组织重建、慢性炎症、肿瘤生长转移和多种纤维化疾病中发挥重要作用。

（二）化生的机制

化生通常是由一种特异性较低的细胞取代特异性较高的细胞。该过程受细胞因子、生长因子和细胞微环境中细胞外基质调控和影响。其中包括许多组织特异性基因和分化基因，如TGF-β超家族。这些因子可作为外源性启动者，诱导特异性转录因子而引发表型特异性基因的表达，进而促进细胞分化成熟。此外，化生过程中，某些表观遗传学机制参与其中。

（三）化生的意义

化生多见于慢性刺激，可增强细胞对有害的局部环境的抵抗力，但可能降低了组织原有的功能。例如呼吸道黏膜假复层纤毛柱状上皮化生为鳞状上皮后，由于细胞层次增多变厚，可强化局部抵御外界刺激的能力。但原有的黏膜自净能力、分泌功能大大减弱。此外，如果引起化生的因素持续存在，则可能引起细胞恶变，进而发展为恶性肿瘤。如人乳头瘤病毒（human papilloma virus，HPV）感染宫颈黏膜后，宫颈腺上皮发生鳞状上皮化生，部分可进一步进展为宫颈鳞状细胞癌。

（张晓芳）

第二节 细胞和组织损伤的机制

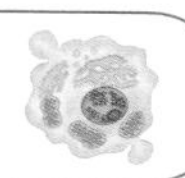

当机体内外因素刺激超过组织和细胞的适应能力后，可引起受损细胞和细胞间质发生物质代谢、组织化学、超微结构乃至光镜和肉眼可见的异常变化，称为损伤（injury）。损伤可分为可逆性损伤和不可逆性损伤（死亡）。传统上后者又分为坏死（necrosis）和凋亡（apoptosis），但目前坏死性凋亡、焦亡、自噬等新的概念逐渐被学者们提出。损伤的方式和结果，不仅取决于引起损伤因素的性质、持续时间和强度，也取决于受损细胞的种类、所处状态、适应性和遗传性等。

一、细胞和组织损伤的因素

引起细胞和组织损伤的因素很多，大致包括以下几大类：生物学因素、理化因素、营养因素、遗传因素、先天因素、免疫因素、社会心理因素等，详见第五章。

二、细胞和组织损伤的机制

细胞损伤的发生机制主要包括细胞膜和线粒体的损伤、活性氧类物质和胞质内游离钙的增多、缺血缺氧、化学毒害和遗传物质变异等几方面。它们互相作用或互为因果，导致细胞损伤的发生与发展。

（一）细胞膜的损伤

各种损伤因素，如细菌毒素、病毒蛋白、多种理化因素等都可直接损伤细胞膜，改变细胞膜的通透性和结构的完整性。细胞膜损伤的机制复杂，涉及线粒体功能的异常、膜磷脂的损伤、细胞骨架异常、活性氧的作用等。前者导致线粒体本身的膜磷脂合成下降，同时细胞质内Ca^{2+}浓度升高及ATP耗竭，进而引起线粒体钙摄取增高，激活磷脂酶，造成膜磷脂降解。自由基的形成和继发的脂质过氧化反应，可导致进行性膜磷脂减少。磷脂降解产物堆积并产生细胞毒性。氧自由基可直接损伤细胞膜（图6-2-1）。形态学上，细胞膜损伤可引起细胞及细胞器肿胀，细胞表面微绒毛消失，并有小泡形成。细胞膜和细胞器脂质变性，呈螺旋状或同心圆状卷曲，形成髓鞘样结构（myelin figures）。

（二）线粒体的损伤

所有损伤因素包括缺氧和中毒都可造成线粒体的损伤，引起线粒体形态的改变。线粒体ATP生成下降、消耗增多，致使细胞膜钠泵和钙泵功能障碍，跨膜转运蛋白和脂质合成下降，磷脂脱酰基及再酰基化停滞。线粒体损伤常伴有线粒体

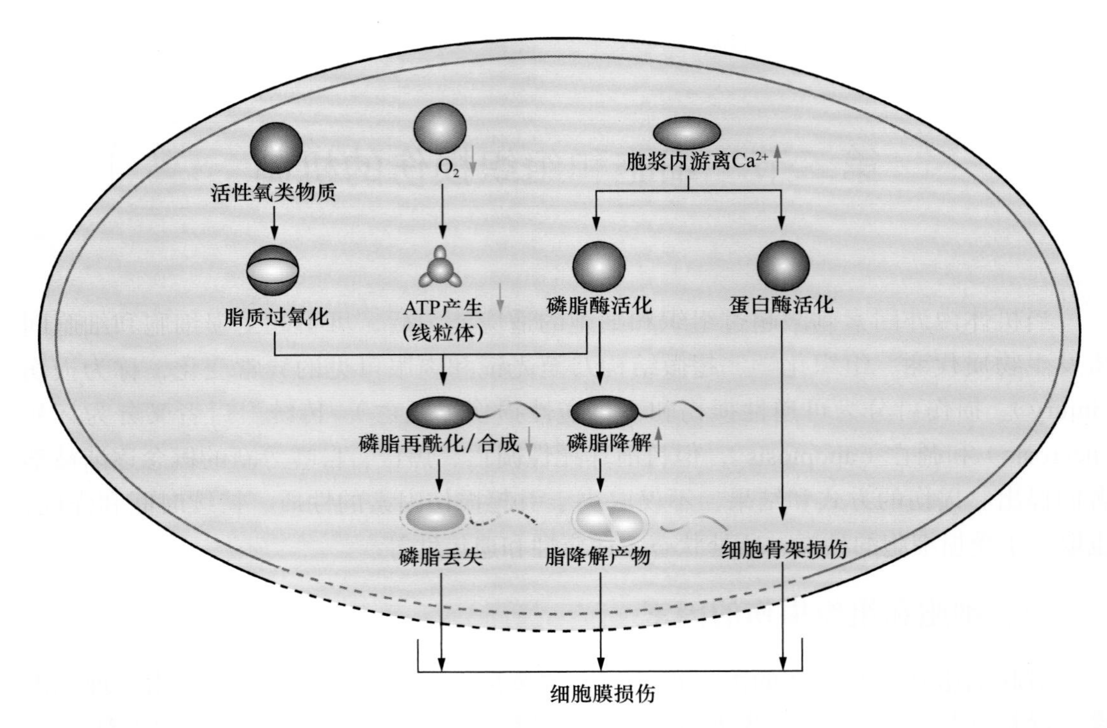

图6-2-1 细胞膜损伤机制

细胞色素C向胞质中的渗透，进而启动细胞凋亡。形态学上，线粒体损伤后，线粒体发生肿胀、空泡化，线粒体嵴变短、稀疏甚至消失，若损伤严重，可形成小空泡状结构。

（三）ATP耗竭

ATP参与细胞内多种代谢过程，为其提供能量。低氧和化学损伤常伴有ATP的消耗和合成减少。当ATP减少到正常细胞的5%～10%时，细胞会出现明显的损伤效应。其机制主要涉及以下几方面：①钠泵活性下降，导致细胞内水钠潴留，引起细胞水肿和内质网扩张；②细胞氧供应减少，氧化磷酸化减少，导致细胞依赖糖酵解供能，致使大量糖原积聚，使很多细胞内酶的活性下降；③钙泵功能下降；④细胞内合成蛋白的细胞器受损，如粗面内质网的核糖体脱落，蛋白合成下降，最终引起线粒体和溶酶体膜的不可逆性损伤。

（四）胞质内游离钙的损伤

Ca^{2+}是细胞损伤的重要介导因素。生理状态下，细胞内游离钙与钙转运蛋白结合，储存于内质网、线粒体等处。细胞膜ATP钙泵和Ca^{2+}通道参与胞质内低游离钙浓度的调节。细胞缺氧、中毒时，ATP减少，Ca^{2+}交换蛋白直接或间接被激活，细胞膜对钙通透性增高，Ca^{2+}从细胞内泵出减少，Ca^{2+}内流净增加，加之线粒体和内质网快速释放钙，导致细胞内游离钙增多（细胞内钙超载），可活化多种酶（如ATP酶、磷

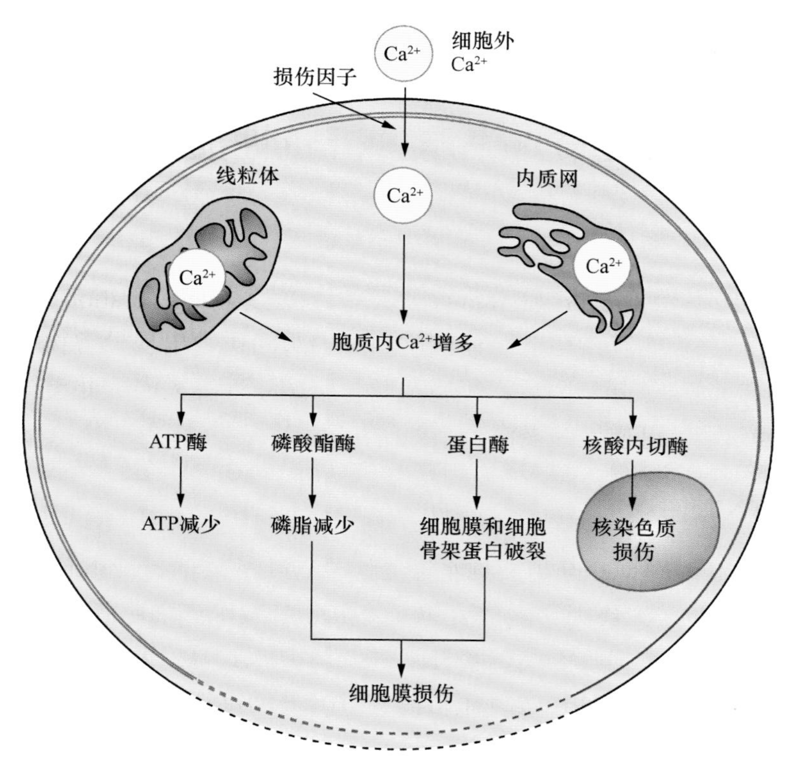

图6-2-2 细胞内钙离子增多引起细胞损伤示意图

脂酶、蛋白酶、核酸内切酶等），引起ATP的耗竭、细胞膜损伤、蛋白降解、DNA和染色体碎裂，进而引起细胞损伤（图6-2-2）。

（五）自由基的积聚

自由基（free radicals）是含有一个不成对电子的原子团，化学上也称为“游离基”，具有强氧化活性，主要包括超氧离子、羟自由基、全羟自由基、次氯酸自由基等，其中前三者称为活性氧基团。自由基可以是细胞正常代谢的内源性产物，也可由外源性因素产生，其构象不稳定，故极易与周围分子反应释放出能量，并促使周围分子产生毒性自由基，形成链式放大反应，进一步引起细胞损伤。生理状态下，细胞内产生的小量氧自由基可被其拮抗剂，如脂溶性的维生素E、水溶性的维生素C及一些酶类（如超氧化物歧化酶）等清除，故通常不致病。

各种病理情况下，如缺血再灌注损伤、衰老、化学或物理、炎性损伤等因素，引起自由基产生和清除失衡，导致细胞损伤，主要涉及以下反应：①通过生物膜脂质过氧化，引起质膜通透性增加；②蛋白质的氧化修饰：自由基通过与蛋白质中的巯基形成二硫键，引起蛋白的交联和蛋白骨架的氧化，致使蛋白降解；③非过氧化线粒体损伤，DNA单链破坏与断裂等。

（张晓芳）

Note

第三节　细胞的可逆性损伤

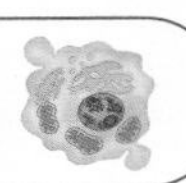

细胞的可逆性损伤（reversible injury）又称为变性（degeneration），是指细胞或细胞间质受损伤后，由于代谢障碍，使细胞内或细胞间质内出现异常物质或正常物质异常蓄积的现象，通常去除病因后，细胞水肿、脂肪变性等大多数此类损伤可恢复正常，因此是非致死性、可逆性的损伤。

一、细胞水肿

细胞水肿（cellular swelling）或称水样变性（hydropic degeneration），常是细胞损伤中最早出现的改变，主要因线粒体受损、ATP生成减少、细胞膜Na^{+}-K^{+}泵功能障碍，导致细胞内Na^{+}积聚，吸引大量水分子进入细胞；随后，无机磷酸盐、乳酸和嘌呤核苷酸等代谢产物蓄积，增加渗透压负荷，进一步加重细胞水肿。常见于缺血、缺氧、感染、中毒。

光镜下，细胞体积增大，细胞质内可见红染细颗粒状物（肿胀的细胞器），进一步发展可见细胞质疏松呈空泡状。细胞水肿明显时，形似气球，称为气球样变，如病毒性肝炎时，肝细胞体积明显增大，胞质淡染，胞质内可见红染颗粒状物质。超微结构下，可见细胞膜出现空泡、微绒毛变钝、细胞间连接松散、线粒体出现肿胀，内质网扩张和多聚核糖体的脱落。肉眼观受累器官体积增大，边缘圆钝，包膜紧张，切面外翻，颜色变淡。

二、脂肪变性

脂肪（主要为甘油三酯）蓄积于非脂肪细胞的细胞质中，称为脂肪变性（fatty change或steatosis），常见于肝细胞、心肌细胞、肾小管上皮细胞等，与酗酒、感染、缺氧、中毒、营养不良、糖尿病及肥胖等因素有关。

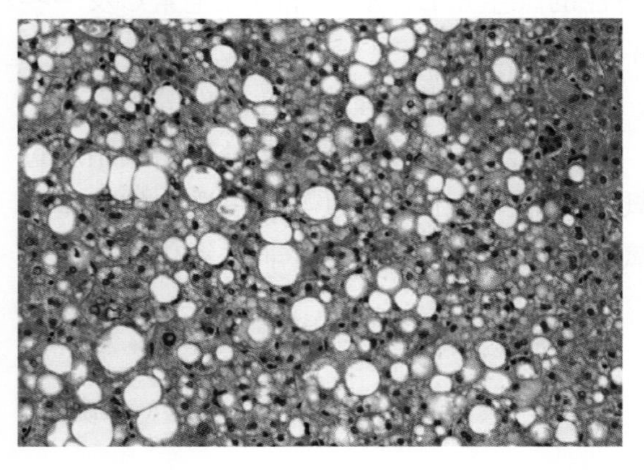

图6-3-1　肝脂肪变性

光镜下，细胞质中出现大小不等的球形脂滴，大者可充满整个细胞而将胞核挤至一侧。在石蜡切片中，因脂肪被有机溶剂溶解而呈空泡状（图6-3-1）。在冷冻切片中，应用苏丹Ⅲ、油红O等特殊染色，可将脂肪与其他物质区别开来。电镜下，细胞质内脂肪成分聚成有膜包绕的脂质小体，进而融合成脂滴。肉眼观，轻度脂肪变性时，受累器官可无明显变化。随着病变的加重，脂肪变性

的器官体积增大，被膜紧张，颜色淡黄，边缘圆钝，切面呈油腻感。

肝细胞脂肪变性：肝细胞是脂肪代谢的重要场所，是脂肪变性最常见的器官。轻度脂肪变性通常并不引起肝脏明显形态变化和功能障碍。中重度脂肪变性，肝脏体积增大，表面光滑，边缘钝，色淡黄，质软，切面油腻感。脂肪变性在肝小叶内的分布与病因有一定关系。如慢性肝淤血时，小叶中央区缺氧较重，故脂肪变性首先发生于小叶中央区；磷中毒时，小叶周边带肝细胞对磷中毒更为敏感，故以小叶周边带肝细胞受累为主；严重中毒和传染病时，脂肪变性则常累及全部肝细胞。肝细胞脂肪变性的机制大致如下。①肝细胞质内脂肪酸增多：如高脂饮食或营养不良时，血液中脂肪酸增多；或因缺氧致肝细胞中乳酸大量转化为脂肪酸；或因氧化障碍使脂肪酸利用下降，脂肪酸相对增多。②甘油三酯合成过多：如大量饮酒可改变线粒体和滑面内质网的功能，促进甘油三酯的合成。③脂蛋白、载脂蛋白减少：缺血、缺氧、中毒或营养不良时，肝细胞中脂蛋白、载脂蛋白合成减少，甘油三酯蓄积于细胞内。

心肌脂肪变性：常累及左心室内膜下和乳头肌部位。病变心肌呈黄色，与正常心肌的暗红色相间排列，形成黄红色斑纹，称为虎斑心。心肌脂肪变性需与心肌脂肪浸润相鉴别，后者指心外膜增生的脂肪组织可沿间质伸入心肌细胞间，多见于高度肥胖者或饮啤酒过度者。重度心肌脂肪浸润可致心脏破裂，引发猝死。

肾小管上皮细胞脂肪变性：肾脏体积稍增大，颜色淡黄，切面肾皮质增厚。光镜下脂滴主要位于肾近曲小管细胞基底部，为过量重吸收的原尿中的脂蛋白，严重者可累及肾远曲小管细胞。

三、玻璃样变性

细胞内或间质中出现均质、红染、半透明状蛋白质蓄积，称为玻璃样变性（hyaline degeneration），或称透明变，HE染色呈嗜伊红均质状。不同玻璃样变性形态相似，但其病因、化学成分、发生机制各异。

根据病变部位，玻璃样变性可分为以下几类。

1. 细胞内玻璃样变性

通常为细胞内蛋白质积聚，光镜下可见细胞质内形成均质红染的圆形小体。如蛋白尿时，肾近曲小管上皮细胞重吸收蛋白增加，吸收的蛋白质进入吞饮小泡中，与溶酶体融合，形成玻璃样小滴；浆细胞瘤时，浆细胞胞质粗面内质网合成大量免疫球蛋白，形成Rusell小体；酒精性肝病时，肝细胞胞质中细胞中间丝前角蛋白变性，形成Mallory小体。

2. 细小动脉壁玻璃样变性

细小动脉壁玻璃样变性又称细小动脉硬化（arteriolosclerosis），因血浆蛋白质渗入和基底膜代谢物质沉积，使细小动脉管壁增厚变硬，管腔狭窄，常见于缓进型高血压和糖尿病的肾、脑、脾等脏器的细小动脉壁（图6-3-2）。玻璃样变性的细小动脉壁弹性减弱，脆性增加，易继发扩张、破裂和出血。

3. 纤维结缔组织玻璃样变性

见于生理性和病理性结缔组织增生，为纤维组织老化的表现。肉眼呈灰白色半透

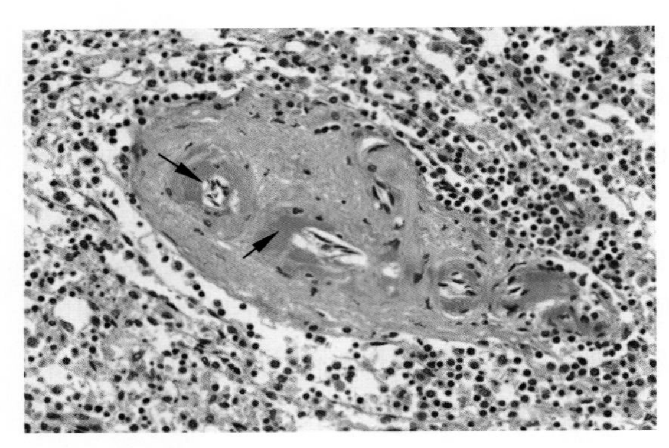

图6-3-2 脾小动脉玻璃样变性

动脉内膜可见红色均质玻璃样物质（↑），致使动脉管腔狭窄

明状，质韧、弹性减退。镜下观：纤维结缔组织中纤维细胞和血管均减少，胶原纤维变粗，相互融合，形成均质红染的梁状或片状结构，常见于瘢痕组织、动脉粥样硬化纤维斑块及各种坏死组织的机化等。

四、淀粉样变性

淀粉样变性（amyloid change）是细胞外间质内出现淀粉样物质的异常蓄积。淀粉样蛋白质为黏多糖复合物，因遇碘被染成赤褐色，再加硫酸呈蓝色，具有淀粉染色特征而得名。其本质可以是免疫球蛋白轻链、肽类激素、降钙素前体等，主要沉积于细胞间质、小血管基膜下或沿网状纤维支架分布。HE染色为淡红色均质状物，刚果红染色为橘红色，偏振光显微镜下可呈现苹果绿色。

淀粉样变性可为局灶性或全身性。局灶性淀粉样变性发生于皮肤、结膜、舌、喉和肺等处，也可见于阿尔茨海默病的脑组织及霍奇金病、甲状腺髓样癌等肿瘤的间质内（图6-3-3）。全身性可分为原发和继发。原发性全身淀粉样变性可见于多发性骨髓瘤和B淋巴细胞肿瘤，多为免疫球蛋白轻链。

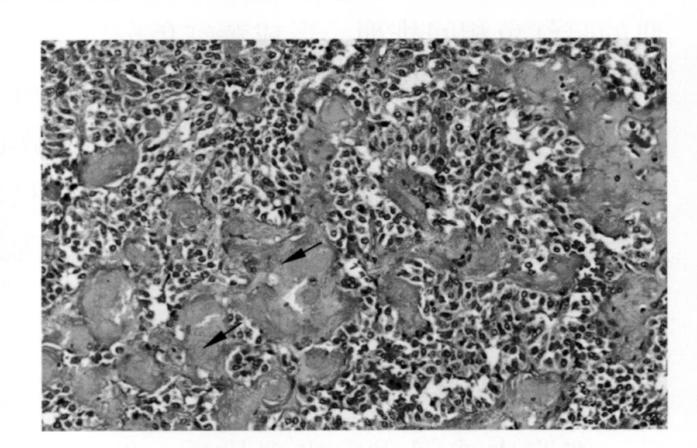

图6-3-3 淀粉样变性（甲状腺髓样癌）

肿瘤细胞间可见红染不规则物质沉积（↑），其本质为降钙素前体

五、黏液样变性

细胞间质内黏多糖（透明质酸等）和蛋白质的蓄积，称为黏液样变性（mucoid degeneration），常见于间叶组织肿瘤、动脉粥样硬化斑块和风湿病等。其镜下特点是在疏松的间质内可见多突起的星芒状纤维细胞，散在于灰蓝色黏液基质中。

六、病理性色素沉着

病理情况下，有色物质（色素）会增多并积聚于细胞内外，称为病理性色素沉着（pathological pigmentation）。这些色素包括含铁血黄素、脂褐素、黑色素及胆红素等多种内源性色素及炭尘、煤尘和文身色素等外源性色素。

1. 含铁血黄素

含铁血黄素（hemosiderin）是血红蛋白代谢的衍生物。巨噬细胞吞噬、降解红细胞血红蛋白所产生的Fe^{3+}与蛋白质结合而成。镜下呈金黄色或褐色颗粒，可被普鲁士蓝染成蓝色。主要发生在肺、脾、肝、和骨髓等器官的巨噬细胞内。

2. 脂褐素

脂褐素（lipofuscin）是细胞自噬溶酶体内未被消化的细胞器碎片形成的不溶性残体，镜下为黄褐色微细颗粒状，其成分是磷脂和蛋白质的混合物。正常时，附睾管上皮细胞、睾丸间质细胞和神经节细胞胞质内可含有少量脂褐素。在老年人、营养不良和慢性消耗性疾病患者的心肌细胞及肝细胞核周围可出现大量脂褐素。当多数细胞含有脂褐素时，常伴有明显的器官萎缩。

3. 黑色素

黑色素（melanin）是黑色素细胞合成的黑褐色颗粒，正常时存在于皮肤和黏膜的基底层和副基底层。某些慢性炎症及色素痣、黑色素瘤、基底细胞癌时，黑色素可局部性增多（图6-3-4）。黑色素合成受垂体、肾上腺和性腺等激素的调控。肾上腺皮质功能低下的Addison病患者，可出现全身性皮肤、黏膜的黑色素沉着。

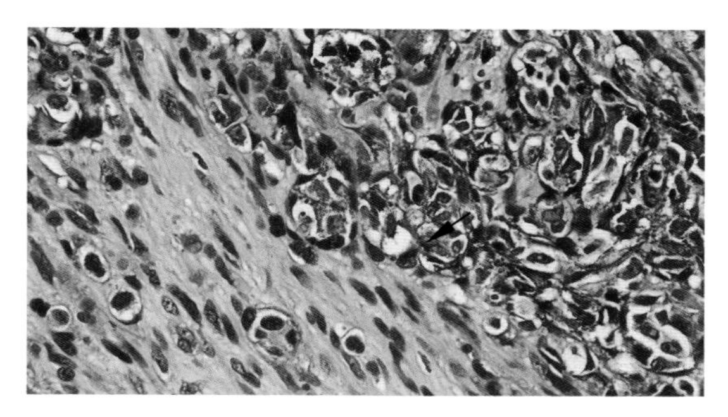

图6-3-4 黑色素瘤细胞质内可见黑色素颗粒（↑）

4. 胆红素

胆红素（bilirubin）是胆管中的主要色素，主要为血液中红细胞衰老破坏后的产物，它也来源于血红蛋白，但不含铁。血中胆红素增高时，患者出现皮肤黏膜黄染，即黄疸。

七、病理性钙化

组织中出现异常的固态钙盐沉积，称为病理性钙化（pathological calcification），可位于细胞内或细胞外。病理性钙化是许多疾病常见的伴随病变，钙盐的主要成分是磷酸钙和碳酸钙及少量铁、镁或其他矿物质。大量钙盐沉积时，肉眼可见灰白颗粒状或团块状坚硬物质，触之有沙砾感。HE染色时，钙化物呈紫蓝色不规则的颗粒或团块状。

病理性钙化可分为两种类型。

1. 营养不良性钙化

若钙盐沉积于坏死组织或异物中，称为营养不良性钙化（dystrophic calcification），此时体内钙磷代谢正常。可见于结核病、血栓、动脉粥样硬化斑块、心脏瓣膜病、脂肪坏死及瘢痕组织等，可能与局部碱性磷酸酶增多有关。

2. 转移性钙化

因全身钙磷代谢失调而致钙盐沉积于正常组织内，称为转移性钙化（metastatic calcification）。其主要见于甲状旁腺功能亢进、维生素D摄入过多、肾衰竭及某些恶性肿瘤分泌甲状旁腺激素样物质等。转移性钙化时钙盐常沉积于肺泡壁、肾小管和胃黏膜上皮细胞等。

（张晓芳）

第四节 细胞死亡

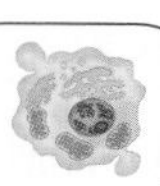

当细胞受到严重损伤累及细胞核时，发生致死性代谢、结构和功能障碍，可引起细胞不可逆性损伤（irreversible injury），即细胞死亡。经典的细胞死亡包括坏死和凋亡两种类型。

一、坏死

坏死（necrosis）是以酶溶性变化为特点的活体内局部组织中细胞的死亡。坏死可因致病因素较强直接导致，但大多由可逆性损伤发展而来，其基本表现是细胞肿胀、细胞器崩解和蛋白质变性。炎症时，坏死细胞及周围渗出的中性粒细胞释放溶酶体酶，可促进坏死的进一步发生和局部实质细胞溶解，因此坏死常同时累及多个细胞。

（一）坏死的基本病变

细胞坏死后，通常数小时后才能在镜下可见，但细胞坏死后细胞质中一些酶可释放到血液中。如心肌梗死最早的形态学改变需要在4～12小时才出现，但2小时后即可在血清中出现肌酸激酶、乳酸脱氢酶和谷草转氨酶升高。形态学改变主要包括细胞核的变化和细胞质、细胞膜的变化以及间质的变化。

1. 细胞核的变化

细胞核的变化是细胞坏死的主要形态学标志，主要表现如下：①核固缩（pyknosis）：细胞核染色质DNA浓聚、皱缩，使核体积减小，嗜碱性增强；②核碎裂（karyorrhexis）：由于细胞核染色质崩解和核膜破裂，细胞核发生碎裂，使核物质分散于胞质中；③核溶解（karyolysis）：非特异性DNA酶和蛋白酶激活，染色质降解，核染色质嗜碱性下降，仅能见到核的轮廓。核固缩、核碎裂、核溶解的发生不一定是循序渐进的过程，它们各自的形态特点和变化转归见图6-4-1。

2. 细胞质和细胞膜的变化

由于核糖体减少、胞质变性、蛋白质增多等原因，使坏死细胞胞质嗜酸性增强。线粒体内质网肿胀形成空泡、线粒体基质无定形钙致密物堆积、溶酶体释放酸性水解酶溶解细胞成分等，是细胞坏死时细胞质的主要超微结构变化。坏死细胞的细胞膜出现破裂，细胞内容物溢出，可引起周围组织的炎症反应。这是与凋亡的区别之一。

3. 间质的变化

间质细胞对于损伤的耐受性大于实质细胞，因此早期间质细胞变化不大。后期在各种酶的作用下，细胞外基质肿胀、液化崩解，形成片状模糊的无结构物质。

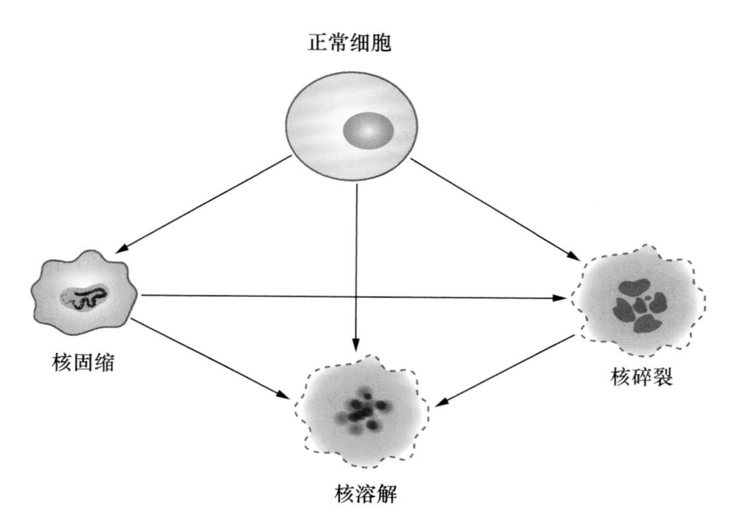

图6-4-1　细胞坏死时细胞核的变化

（二）坏死的类型

根据酶的分解作用或蛋白质变性所占地位的不同，通常分为凝固性坏死和液化性坏死两个基本类型。此外，还包括纤维素样坏死、干酪样坏死、脂肪坏死和坏疽等一些特殊类型的坏死。

1. 凝固性坏死

凝固性坏死为最常见的坏死类型，最常见原因是缺血性损伤（梗死），也可由细菌毒素、化学腐蚀剂作用引起。通常见于蛋白质变性凝固且溶酶体酶水解作用较弱时。坏死区呈灰黄、干燥、质实状态，称为凝固性坏死（coagulative necrosis）。镜下特点为细胞微细结构消失，而组织结构轮廓尚存。坏死区周围常形成充血、出血和炎症反应带。与周围组织通常界限清楚。常发生于除脑组织以外的心、肝、肺、肾等实质器官（图6-4-2）。

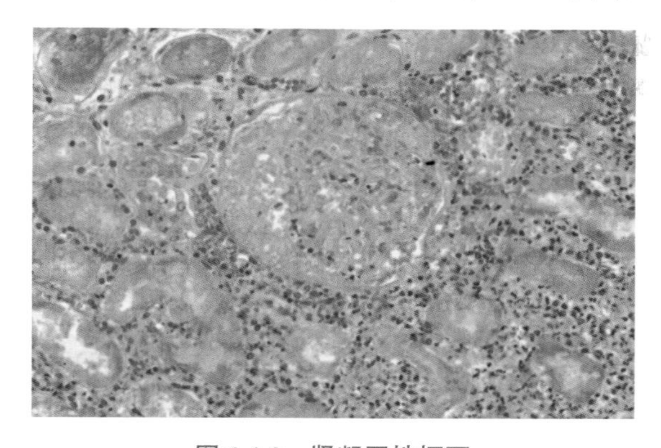

图6-4-2　肾凝固性坏死

肾小球、肾小管轮廓尚存，但是细胞器、细胞核等细微结构均消失，坏死组织周围可见炎细胞浸润

2. 液化性坏死

通常由于蛋白质较少，或蛋白酶水解作用较强时发生。由于水解酶破坏细胞，导致自溶（损伤细胞释放蛋白水解酶）和异溶（炎症细胞释放蛋白水解酶），使细胞组织坏死后发生溶解液化，称为液化性坏死（liquefactive necrosis）。可见于细菌或某些真菌感染引起的脓肿（中性粒细胞释放蛋白水解酶）及缺血缺氧引起的脑组织坏死（脑组织含有大量水分和磷脂，又称为脑软化）等。镜下特点为死亡细胞完全被消化，局部组织快速被溶解（图6-4-3）。

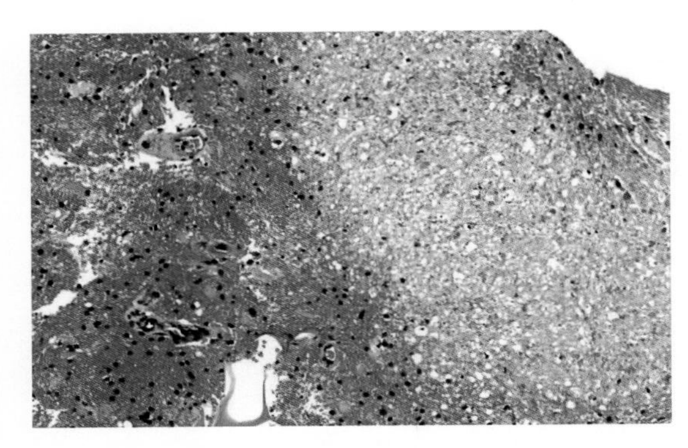

图6-4-3 脑组织液化性坏死（脑软化）
脑组织彻底坏死，原有组织轮廓消失（右侧淡染区）

3. 坏疽

坏疽（gangrene）是指继发腐败菌感染的局部组织大块坏死。感染的腐败菌通常为梭状芽孢杆菌属的厌氧菌等。腐败菌在分解坏死组织过程中，产生的硫化氢与血红蛋白中的Fe^{3+}结合，形成Fe_2S_3，使组织变为黑色或者暗绿色。坏疽分为干性、湿性和气性等类型，前两者多为继发于血液循环障碍引起的缺血坏死。

（1）干性坏疽（dry gangrene）：常见于四肢末端，尤其是下肢。因水分散失较多，故坏死区干燥皱缩呈黑色，与正常组织界限清楚。为凝固性坏死的一种特殊类型。

（2）湿性坏疽（moist gangrene）：多发生于与体表相通的内脏，如肺、肠、子宫、阑尾及胆囊等，也可发生于动脉阻塞及静脉回流受阻的肢体。坏死区水分较多，腐败菌易于繁殖，故肿胀呈暗红色或蓝绿色，与周围正常组织界限不清（图6-4-4）。由于坏死组织腐败分解产生大量的毒性物质被机体吸收，可造成毒血症。

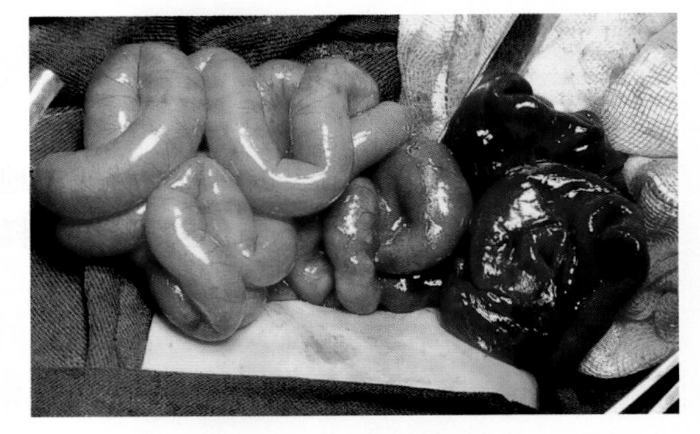

图6-4-4 小肠湿性坏疽
部分小肠坏死呈暗红色、湿润（右侧）

（3）气性坏疽（gas gangrene）：系深达肌肉的开放性创伤，合并产气荚膜梭菌等厌氧菌感染。除发生坏死外，还产生大量气体，使坏死区按之有捻发感，往往伴有恶臭。镜下兼具凝固性坏死和液化性坏死的特点。

湿性坏疽和气性坏疽常伴全身中毒症状。在坏死类型上，干性坏疽多为凝固性坏死，而湿性坏疽则为凝固性坏死和液化性坏死的混合。

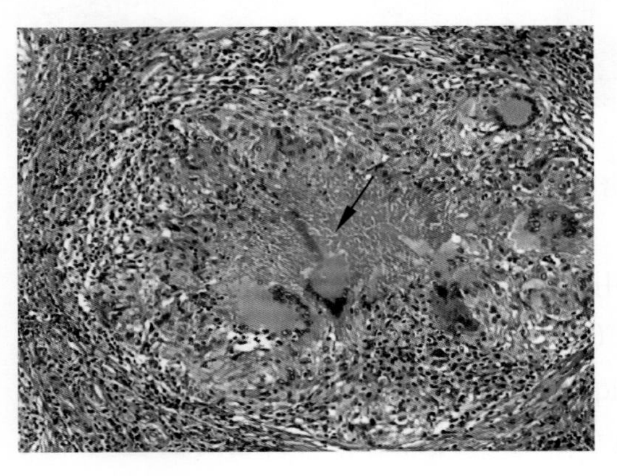

图6-4-5 干酪样坏死（↑）

4. 干酪样坏死

通常见于肉芽肿性炎，尤其是结核病，因病灶中含脂质较多，坏死区呈黄色，状似干酪，称为干酪样坏死（caseous necrosis）。镜下原有组织结构完全崩解破坏，表现为无结构颗粒状红染物，是坏死更为彻底的特殊类型凝固性坏死（图6-4-5）。

5. 纤维素样坏死

纤维素样坏死（fibrinoid necrosis）是结缔组织及小血管壁常见的坏死形式。显微镜下形成细丝状、颗粒状无结构物质，由于形似纤维素，故名纤维素样坏死。见于某些变态反应性疾病，如风湿病等。

6. 脂肪坏死

脂肪坏死（fat necrosis）是由脂肪酶对脂肪细胞的作用引起的，通常见于急性胰腺炎或者外伤。脂肪坏死后，释出的脂肪酸和Ca^{2+}结合，形成肉眼可见的灰白色钙皂。是一种特殊类型的液化性坏死。

（三）坏死的结局

1. 溶解吸收

坏死细胞及周围中性粒细胞释放各种蛋白水解酶，使坏死组织溶解液化，由淋巴管或血管吸收；不能吸收的碎片，则由巨噬细胞吞噬清除。坏死液化范围较大时，可形成囊腔。坏死细胞溶解后，可引发周围组织急性炎症反应。

2. 分离排出

坏死灶较大不易被完全溶解吸收时，表面黏膜的坏死物可被分离、脱落，形成组织缺损。皮肤、黏膜浅表的组织缺损称为糜烂（erosion），较深的组织缺损称为溃疡（ulcer）。肺、肾等内脏坏死物液化后，经支气管、输尿管等自然管道排出，形成的空腔称为空洞（cavity）。

3. 机化与包裹

机化（organization）是指坏死组织不能完全溶解吸收或分离排出，可由肉芽组织长入并替代。如坏死组织太大，则由周围增生的肉芽组织将其包围，称为包裹（encapsulation）。机化和包裹的肉芽组织最终都可形成纤维瘢痕。

4. 钙化

坏死细胞和细胞碎片若未被及时清除，可继发营养不良性钙化。

（四）坏死对机体的影响

坏死对机体的影响与下列因素有关：①坏死细胞的重要性，例如心、脑组织的坏死后果严重。②坏死细胞的数量，如广泛的肝细胞坏死，可致机体死亡；广泛肺梗死可引起猝死。③坏死细胞的再生能力，如肝、表皮等易于再生的细胞，坏死组织的结构功能容易恢复，而神经细胞、心肌细胞等坏死后则不可再生。④坏死器官的代偿能力，如肝、肺等器官，代偿能力较强，因此部分坏死往往可通过代偿恢复。

二、凋亡

凋亡（apoptosis）是活体内局部组织中单个细胞内源性酶激活后降解自身DNA和核内及胞质内蛋白质而引起的程序性细胞死亡（programmed cell death），是由体内外因素触发细胞内预存的死亡程序而导致的细胞主动性死亡方式，是一种特殊类型的细胞死亡（表6-4-1）。凋亡在生理过程，如生物胚胎发生发育、成熟细胞新旧交替、激素依赖性生理退化、萎缩、老化等过程中也发挥不可替代的重要作用。凋亡和坏死有区别，也有交叉。某些组织可同时发生凋亡和坏死（图6-4-6）。

表6-4-1 凋亡与坏死的比较

	凋亡	坏死
诱因	生理性或轻微病理性刺激因子诱导发生	仅见于病理性因素
范围	多为散在的单个细胞	常为集聚的多个细胞
细胞体积	固缩	体积增大，肿胀
细胞膜	完整，形成凋亡小体	不完整
细胞内容物	完整，被凋亡小体包裹	被酶溶解，漏出细胞外
细胞核	凝聚成块状	核固缩、核溶解
生化特征	耗能的主动过程，依赖ATP，有新蛋白合成 DNA有序降解为180～200 bp	不耗能的被动过程，不依赖ATP，无新蛋白合成，DNA降解不规律
周围反应	不引起周围组织炎症反应和修复再生，但凋亡小体可被邻近实质细胞和巨噬细胞吞噬	引起周围组织炎症反应和修复再生

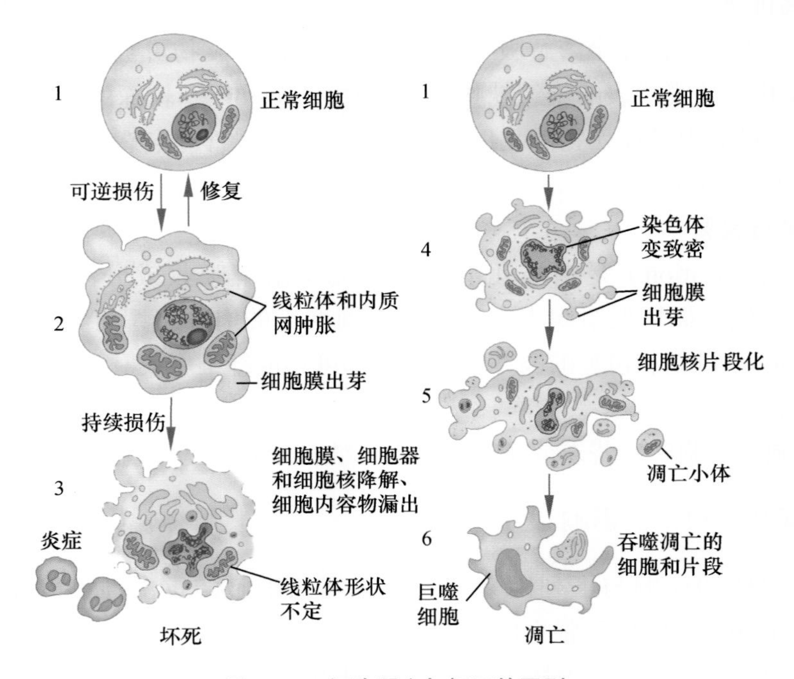

图6-4-6 细胞凋亡与坏死的区别

1. 正常细胞；2、3. 细胞坏死；2. 细胞肿胀，核染色质凝聚、边集，裂解成许多小团块，细胞器肿胀；3. 细胞膜、细胞器膜、核膜崩解；4～6. 细胞凋亡过程；4. 细胞皱缩，核染色质凝聚、边集、解离；5. 凋亡小体形成；6. 凋亡小体被巨噬细胞吞噬

（一）凋亡的原因

凋亡的原因可分为生理性和病理性。

生理性凋亡是人体存在的一种高度保守的现象，可清除机体死亡或衰老的细胞，又不会误伤周围正常细胞，对维持机体正常生理功能和自身稳定意义重大。生理状态下主要见于：①胚胎发育过程中去除某些细胞；②成人组织中激素依赖性退化，如月经周期中子宫内膜；③增殖细胞群中衰老细胞的去除，以维持相对稳定的细胞数目，如肠隐窝上皮、骨髓中淋巴细胞；④去除潜在的有害的自身反应性淋巴细胞，以防止自身免疫性疾病等。

各种病理因素也可促进细胞病理性凋亡，通常为较弱刺激，但也可以在较强刺激下，凋亡和死亡并存。可见于以下情况：①各种损伤性因素所致，如放射所致DNA损伤；②某些实质器官的导管阻塞后出现的病理性萎缩；③某些病毒性感染，如病毒性肝炎；④肿瘤；⑤细胞毒性T细胞导致的细胞死亡，如在细胞免疫性排斥反应时；⑥激素依赖的组织和器官的病理性萎缩，如乳腺癌术后应用雌激素受体拮抗剂引起子宫内膜萎缩等。

（二）凋亡的机制

凋亡的过程分为起始阶段和执行阶段。前者主要涉及两种通路：线粒体（内源性）通路和死亡受体（外源性）通路。线粒体通路指凋亡信号（生长因子、DNA损伤、蛋白质折叠错误等）引起线粒体膜通透性改变，线粒体中促凋亡因子如细胞色素C释放到细胞质中，随后可激活天冬氨酸蛋白酶家族（caspases，主要为caspase9），进而激活多个基因的表达，诱发凋亡。多种蛋白如BCL-2家族及其相关效应蛋白BAX、BAK等参与此过程的调节，其中BCL-2发挥抗凋亡作用，而BAX和BAK主要发挥促进凋亡作用。死亡受体通路指凋亡信号与细胞表面的受体相结合，主要包括肿瘤坏死因子受体家族（tuumor necrotic factror receptor，TNFR）和相关蛋白Fas，将凋亡信号导入细胞，激活caspase8，启动凋亡。诱发凋亡的信号包括生长因子或激素的缺乏、死亡受体通路的激活以及各种损伤因子的作用。执行阶段主要由caspase3、6完成，其具有裂解细胞骨架和核基质蛋白的作用，可激活核酸内切酶，促进细胞发生形态学改变（图6-4-7）。

由于凋亡过程中caspase激活，可进一步激活DNA酶，进而造成DNA降解，使DNA首先降解为20～30 kb的片段，然后在Ca^{2+}、Mg^{2+}依赖性内切酶的作用下，裂解成180～200 bp的片段，故在凝胶电泳中可见梯度降解现象。而坏死中DNA为无序降解，故呈模糊片状。

影响凋亡的因素包括抑制因素和诱导因素，前者包括生长抑制因子、细胞基质、激素和某些病毒蛋白等，后者包括生长因子缺乏、糖皮质激素、氧自由基及电离辐射等。

（三）凋亡的形态学特征

凋亡的形态学特征表现如下。①细胞皱缩：胞质致密，水分减少，细胞体积变小，与周围组织分离，胞质呈高度嗜酸性。②染色质凝聚：核染色质浓集成致密团块（固缩），或集结排列于核膜内面（边集），之后胞核裂解成碎片（碎裂）。③凋亡小体形成：细胞膜内陷或胞质生出芽突，包裹细胞器和细胞核碎片，并脱落，形成凋亡小体（apoptosis body）；凋亡小体是细胞凋亡的重要形态学标志，可被巨噬细胞和相邻其他实质细胞吞噬、降解。④间质反应：凋亡细胞通常不引起周围炎症反应（图6-4-8）。

需要指出的是，凋亡和坏死有区别也有交叉。部分细胞死亡由特定信号通路启动，但形态表现为坏死，因此学者们提出了坏死性凋亡（necroptosis）和焦亡（pyroptosis）的概念。前者由TNFR1的配体结合或由RNA或DNA病毒的蛋白所启动，但不激活caspase通路，而是通过RIP1和RIP3复合体的信号途径，使线粒体产生的ATP减少，进而促进氧自由基的产生，引起细胞质膜通透性改变，使细胞肿胀，细胞

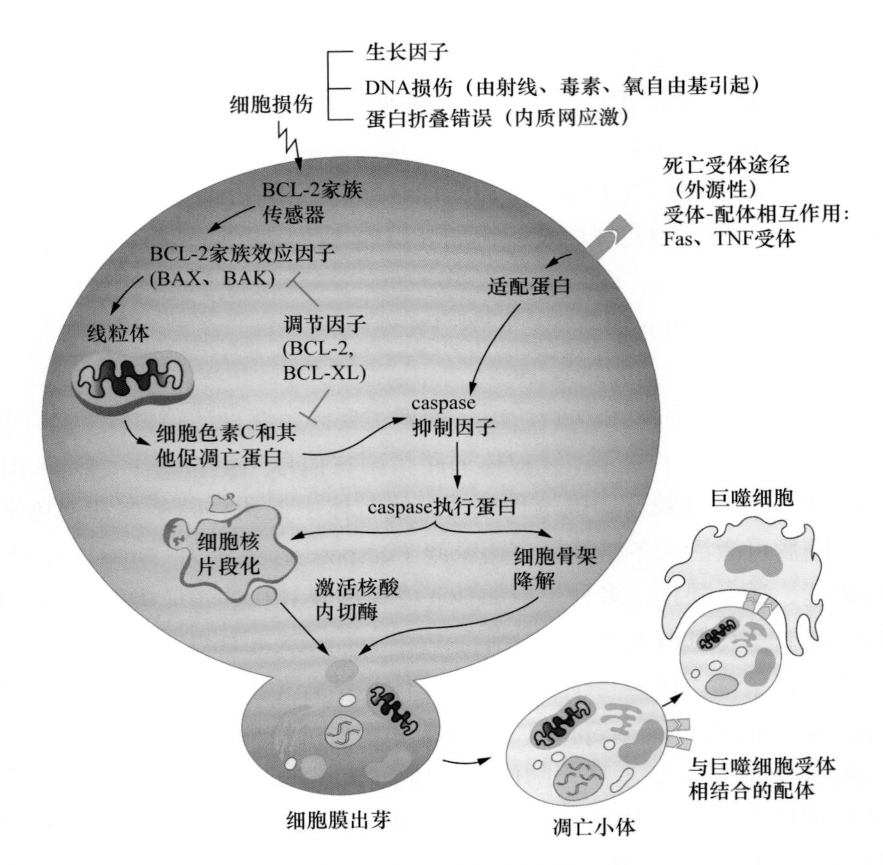

图6-4-7　凋亡的分子机制

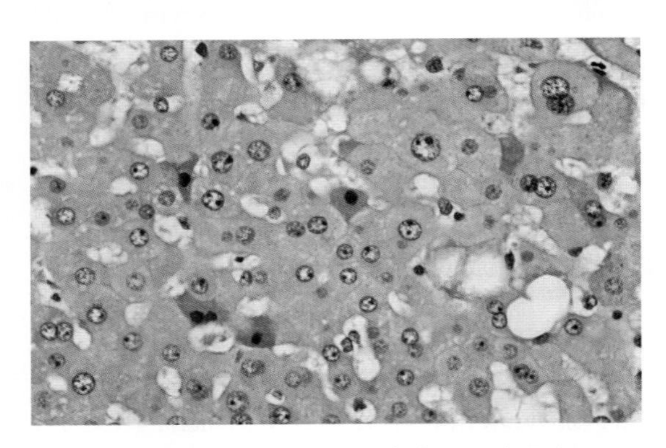

图6-4-8　急性普通型肝炎中肝细胞凋亡

高倍镜下视野中央见单个肝细胞凋亡，与邻近细胞分离，胞质嗜酸性明显增强，细胞固缩

膜破裂，因此可以引发炎症反应。后者通常发生于病原体感染，由caspase1活化，激活IL-1，从而引起感染细胞的死亡，也可表现为细胞膜破裂，引发炎症反应。

此外，细胞死亡也可由细胞自噬（autophagy）引起。自噬是指细胞粗面内质网无核糖体区域膜或溶酶体膜突出、自吞（engulfing），包裹细胞内物质形成自噬体（自噬小泡），再与溶酶体融合形成自噬溶酶体，以降解所包裹的内容物。生理状态下，细胞通过自噬清除受损、变性、衰老和失去功能的细胞、细胞器及各种生物大分子，实现细胞内物质的再循环利用，为细胞重建和再生提供原料。病理状态下，自噬既可以抵御病原体的入侵，又可保护细胞免受毒物的损伤。自噬过多或过少都可引起细胞死亡，在机体的免疫、感染、炎症、心血管疾病、神经变性疾病及肿瘤等的发生发展中发挥重要作用。自噬和凋亡拥有类似的刺激因素和调节蛋白，但诱发阈值和门槛不同，自噬也可通过诱导凋亡引起细胞死亡。

（张晓芳）

第五节 细胞老化

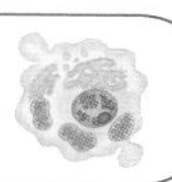

细胞老化（cellular aging）是细胞随着年龄增长而发生的退行性变，是个体老化的基础，表现为许多细胞功能代谢的降低和组织形态的改变。

一、老化的机制

人类从基因、代谢和器官水平来解释细胞的老化过程，但迄今没有公认的学说。目前认为，细胞老化是细胞增殖活性进行性下降和长期的外界影响导致细胞和分子损伤积累的结果。在此简单介绍两种主要学说，即遗传程序学说（老化时钟）和错误积累学说。

（一）遗传程序学说（老化时钟）

遗传程序学说认为，细胞的老化是由机体遗传因素决定的，即细胞的生长、发育、成熟和老化均受细胞基因库中相应程序调控，按照既定顺序表达，最终的老化是遗传信息耗竭的结果。如正常细胞在体外培养的条件下的分裂能力是有限的，以及同卵双胞胎“同生共死”的现象，提示细胞的增殖次数是由基因组中计时器即老化时钟（aging clock）控制的，而端粒和端粒酶的发现证实了老化时钟的存在。

端粒（telomere）是位于真核细胞线性染色体末端的一种特殊结构，由端粒染色体末端富含鸟嘌呤的DNA串联重复序列（TTAGGG）和DNA结合蛋白构成的复合物。其作用是保护基因组的完整性，防止染色体的融合、丢失和降解，并与细胞凋亡和永生化密切相关。通常细胞有丝分裂一次，端粒会缩短50～200个核苷酸，因此端粒的长短与细胞的“年龄”呈负相关，细胞越老，端粒越短。当端粒缩短至一定长度，细胞即死亡。

端粒酶（telomerase）可以将已经缩短的端粒再延长。端粒酶是一种特化的RNA蛋白复合体，以自身含有的RNA作为模板合成和补充端粒的长度，具有逆转录酶活性，是一种RNA依赖的DNA聚合酶。生理状态下，生殖细胞和干细胞中存在端粒酶的活性，而其他细胞中则未检测出端粒酶的活性。而在永生化的恶性肿瘤细胞中端粒酶则再度活化，细胞可无休止地分裂繁殖，这可能是恶性肿瘤发生的主要机制。

端粒和端粒酶学说可以解释大多数体细胞的老化机制。但是在心肌细胞、神经细胞等细胞分裂增殖能力低下的细胞中，可能存在其他老化机制。

（二）错误积累学说

细胞老化除受内在遗传因素调控，也受细胞损伤和修复之间平衡的影响。主要表现在：正常DNA复制过程中及自由基所致的DNA损伤的增加与细胞老化密切相关。

细胞分裂时，自由基的产生会引起DNA突变甚至断裂，此时具有DNA损伤纠错功能的基因如*p53*基因会激活，其蛋白产物会诱导细胞周期蛋白依赖性激酶抑制物（CKI）*p21*和*p16*等基因转录增强，产生的P21和P16蛋白会与细胞周期蛋白依赖性激酶和细胞周期蛋白复合物结合，从而抑制细胞进入M期。待其他错配修复基因将DNA损伤中错误纠正后，细胞方可进入M期，进行有丝分裂。如错误不能纠正，则会诱导细胞凋亡。而随着细胞年龄增长，细胞自我修复能力下降，DNA积累的错误增加，进而导致蛋白合成错误增加，原有蛋白功能丧失，引起细胞老化。此外，细胞老化时不仅有损伤DNA的积聚，也有损伤的细胞器的积聚。这些可能为蛋白酶功能下降的结果。

细胞寿命也与代谢产物如氧自由基有关，氧自由基可引起蛋白、脂质和核酸的共价修饰，氧自由基损伤随年龄的增加而逐渐增多。老化细胞中的脂褐素增多正是这些损伤的结果。

二、老化的代谢和功能改变

老化细胞在代谢和功能方面表现为线粒体氧化磷酸化功能减弱、核酸和蛋白质（结构蛋白质、酶、细胞受体和转录因子等）合成减少、摄取营养物质的能力降低和DNA 或线粒体损修复功能减弱等。

三、老化的形态学改变

老化细胞在形态学上表现为细胞体积缩小，细胞变形，细胞核不规则、异常分叶，线粒体空泡化，内质网减少，高尔基体扭曲和脂褐素沉积等。

（张晓芳）

第七章 损伤的修复

■ 再生
- ◎ 细胞周期和不同类型细胞的再生潜能
- ◎ 部分组织、器官的再生过程
- ◎ 细胞、组织再生的影响因素
- ◎ 干细胞在损伤修复中的作用

■ 纤维性修复
- ◎ 肉芽组织的形成及作用
- ◎ 瘢痕组织的形成及作用
- ◎ 肉芽组织和瘢痕组织形成的机制
- ◎ 肉芽组织和瘢痕组织形成的机制

■ 纤维性修复
- ◎ 皮肤的结构
- ◎ 皮肤创伤愈合

损伤发生后，机体对所形成缺损进行修补恢复的过程，称为修复（repair），修复后可完全或部分恢复原组织的结构和功能。修复过程主要包括再生（regeneration）和纤维性修复两种形式。再生是指由损伤周围的同种细胞来修复。如果完全恢复了原组织的结构及功能，则称为完全再生。完全再生依赖于基质沉积和基质降解的平衡，前提是基质组分和结构不变。纤维性修复：是指由纤维结缔组织增生来修补细胞、组织的损伤，以后形成瘢痕，又称为瘢痕性修复。一般情况下，由于损伤涉及多种组织，故上述两种修复过程常同时存在，并常有炎症反应（图 7-1-1）。

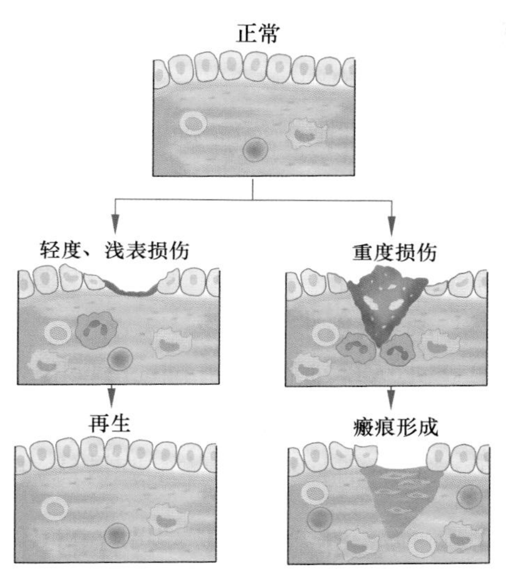

图 7-1-1　损伤的修复模式图

第一节　再　　生

再生可分为生理性再生和病理性再生。生理性再生是指在生理过程中，老化的细胞、组织由新生的同种细胞不断补充，以保持原有的结构和功能的过程。例如，表皮的表层角化细胞经常脱落，基底层细胞不断地增生、分化，予以补充；消化道黏膜上皮1～2天更新1次；子宫内膜周期性脱落，又由基底部细胞增生加以恢复。同时，现在理论认为再生需要一定数量自我更新的干细胞或具有分化和复制潜能的前体细胞。其中，成体干细胞在再生过程中发挥重要作用。这些成体干细胞存在于骨髓和特定组

织中，在相应组织发生损伤后，通过动员原位或骨髓中的成体干细胞完成组织修复。本节乃指病理状态下细胞、组织缺损后发生的再生，即病理性再生。

一、细胞周期和不同类型细胞的再生潜能

机体中的不同细胞，具有不同的再生能力。一般情况下，再生能力较强的组织，常常是平时易受损伤或生理状态下更新速度较快的组织。按再生能力的强弱，可将人体细胞分为三类。

1. 不稳定细胞

不稳定细胞（labile cells）又称持续分裂细胞（continuously dividing cell）。这类细胞总在不断地增殖，以代替衰老或破坏的细胞，其再生能力非常强。不稳定细胞组成的组织中，任何时间都有超过1.5%的细胞处于有丝分裂期。这些细胞存在于胃肠道上皮、皮肤、角膜、呼吸道、生殖器官和泌尿系统。骨髓和淋巴器官中参与免疫防御的造血干细胞亦属于不稳定细胞。干细胞的存在是这类组织不断更新的必要条件，如表皮的基底细胞和胃肠道黏膜的隐窝细胞即为典型的成体干细胞。

2. 稳定细胞

稳定细胞（stable cells）又称静止细胞（quiescent cell）。在生理情况下，这类细胞通常处于静止期（G_0），处于有丝分裂状态的细胞少于1.5%，但受到组织损伤的刺激时，则进入DNA合成前期（G_1），表现出较强的再生能力。如各种腺体或腺样器官的实质细胞，包括胰腺、唾液腺、内分泌腺、汗腺、肝脏等均属于稳定细胞构成的组织。

3. 永久性细胞

永久性细胞（permanent cells）又称非分裂细胞（nondividing cell）。这类细胞为终末分化阶段，丧失再生能力并且不进入细胞周期。传统意义上，中枢神经系统的神经元、心肌细胞和晶状体细胞被认为是永久性细胞，一旦受损则永久性缺失。

二、部分组织、器官的再生过程

（一）上皮组织的再生

1. 被覆上皮再生

鳞状上皮缺损时，由创缘或底部的基底层细胞分裂增生，向缺损中心迁移，先形成单层上皮，然后增生分化为鳞状上皮。黏膜，如胃肠黏膜的上皮缺损后，同样也由邻近的基底部细胞分裂增生来修补。新生的上皮细胞起初为立方形，以后增高变为柱状细胞。

2. 腺上皮再生

腺上皮虽有较强的再生能力，但再生的情况依损伤的状态而异：如果仅有腺上皮的缺损而腺体的基底膜未被破坏，可由残存细胞分裂补充，完全恢复原来腺体结构；如腺体构造（包括基底膜）完全被破坏，则难以再生。构造比较简单的腺体如子宫内膜腺、肠腺等可从残留部细胞再生。

3. 肝脏的再生

肝细胞有活跃的再生能力，肝脏的再生可分为三种情况：①肝脏组织在部分切除

后，通过肝细胞分裂增生，短期内就能使肝脏恢复原来的大小；②肝细胞坏死时，不论范围大小，只要肝小叶网状支架完整，从肝小叶周边区再生的肝细胞可沿支架延伸，恢复正常结构；③肝细胞坏死较广泛，肝小叶网状支架塌陷，网状纤维转化为胶原纤维，或者由于肝细胞反复坏死及炎症刺激，纤维组织大量增生，形成肝小叶内间隔，此时再生肝细胞难以恢复原来小叶结构，成为结构紊乱的肝细胞团，例如肝硬化时的再生结节。目前已确认在肝脏的赫令管，即肝实质细胞和胆管系统结合部位存在干细胞，具有分化成胆管上皮细胞和肝细胞的双向潜能。在肝衰竭、肝癌、慢性肝炎和肝硬化时，此种细胞显著增生，参与损伤肝脏的修复（图7-1-2）。

图7-1-2 肝炎后肝细胞结节性再生，形成肝硬化

（二）血管的再生

1. 毛细血管的再生

毛细血管的再生过程是以出芽（budding）方式来完成的。其具体过程如下：①蛋白分解酶降解基底膜；②内皮细胞分裂增生；③内皮细胞迁移并形成突起的幼芽；④形成管腔，最后形成新生的毛细血管，进而彼此吻合构成毛细血管网。同时，增生的内皮细胞分化成熟时还分泌Ⅳ型胶原、层粘连蛋白和纤维连接蛋白，形成基膜的基板。周边的成纤维细胞分泌Ⅲ型胶原及基质，组成基膜的网板，本身则成为血管外膜细胞。新生的毛细血管基底膜不完整，内皮细胞间空隙较大，故通透性较高。随后，这些毛细血管会不断改建，部分可发展为小动脉、小静脉，其平滑肌成分由血管外未分化间叶细胞分化而来。

2. 大血管的修复

大血管离断后需手术吻合，吻合处两侧内皮细胞分裂、增生，互相连接，恢复原来内膜结构。但离断的肌层不易完全再生，而由结缔组织增生连接，形成瘢痕修复。

（三）纤维组织的再生

在损伤因子的刺激下，受损处的成纤维细胞分裂、增生。成纤维细胞可由静止状态的纤维细胞转变而来，或由未分化的间充质细胞分化而来。幼稚的成纤维细胞胞体大，似纺锤形，两端常有星芒状突起，胞质丰富，略呈嗜碱性，细胞核体积大，圆形或卵圆形，染色淡，有1～2个核仁。电镜下，胞质内有丰富的粗面内质网及核糖体。当成纤维细胞停止分裂后，开始合成并分泌前胶原蛋白，在细胞周围形成胶原纤维，细胞逐渐成熟，变成长梭形，胞质越来越少，核越来越深染，并呈梭形，成为纤维细胞。

（四）肌肉组织的再生

肌肉组织的再生能力很弱。横纹肌的再生依肌膜是否存在及肌纤维是否完全

断裂而不同。横纹肌组织损伤较轻而肌膜未被破坏时，肌原纤维仅部分发生坏死，此时中性粒细胞及巨噬细胞进入受损部位吞噬清除坏死物质，残存部分肌细胞分裂，产生肌浆，分化出肌原纤维，恢复正常横纹肌的结构；若肌纤维完全断开，断端肌浆增多，也可由于肌原纤维的新生，使断端膨大如花蕾样，但断端不能直接连接，而需纤维瘢痕愈合。若整个肌纤维，包括肌膜均被破坏，则难以再生，由纤维结缔组织增生，形成瘢痕修复。

平滑肌也有一定的再生能力，前文提到小动脉的再生中就有平滑肌的再生。但是断开的肠管或是较大血管经手术吻合后，断端的平滑肌主要通过纤维修复，形成瘢痕。

心肌组织的再生能力极弱，破坏后一般都是瘢痕修复。瘢痕形成可以防止心脏张力增强所致的心脏破裂，但是也减少了收缩组织的数量。若瘢痕面积过大，则可导致充血性心力衰竭或室壁瘤形成。

（五）神经组织的再生

成熟神经元是永久性细胞，一般无再生能力，损伤后由神经胶质细胞及其纤维修补，形成胶质瘢痕。

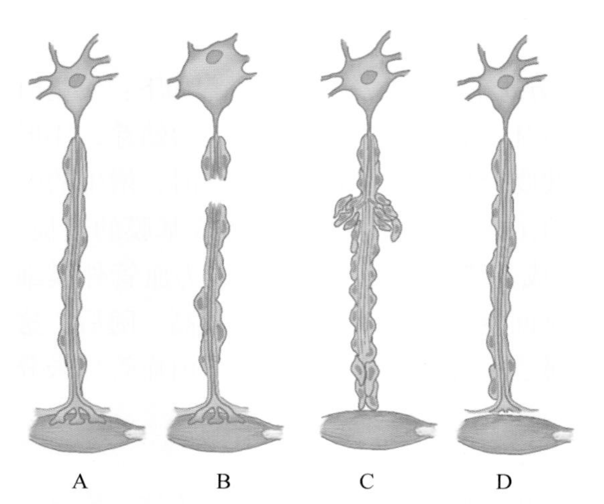

图 7-1-3　神经纤维再生模式图

A．正常神经纤维；B．神经纤维断裂，远端及近端的一部分髓鞘及轴突崩解；C．神经鞘膜细胞增生，轴突生长；D．神经轴突达末端，多余部分消失

周围神经系统受损后，若与其相连的神经元仍然存活，则可完全再生。首先，断端两侧的神经纤维髓鞘及轴突崩解，并被吸收；然后由两端的髓鞘形成细胞（施万细胞）增生形成带状的合体细胞，将断端连接。近端轴突大约以 1 mm/d的速度向远端生长延伸，最后达到末梢鞘细胞，施万细胞产生髓磷脂将轴索包绕形成髓鞘。若断离的两端相隔太远，或者两端之间有瘢痕或其他组织阻隔，或者因截肢失去远端，再生轴突不能到达远端，而与增生的结缔组织混杂在一起，卷曲成团，成为创伤性神经瘤，可发生顽固性疼痛（图7-1-3）。

三、细胞、组织再生的影响因素

细胞死亡和各种因素引起的细胞损伤，皆可刺激细胞增殖。细胞增殖通常受到各种生长因子和细胞外基质两方面的影响。

（一）生长因子

当细胞受到损伤因素的刺激后，周围组织（尤其是巨噬细胞）可释放多种生长因子（growth factor），有些生长因子可作用于多种细胞，有些生长因子仅特异性针对某种细胞。生长因子同样也在细胞移动、收缩和分化中发挥作用。这些生长因子通过激

活细胞内特定的信号转导通路而发挥作用。以下简述几种重要的生长因子。

1. 表皮生长因子

表皮生长因子（epidermal growth factor，EGF）主要来自巨噬细胞。对上皮细胞、成纤维细胞、胶质细胞及平滑肌细胞都有促进增殖的作用，同时可刺激表皮细胞迁移。

2. 成纤维细胞生长因子

成纤维细胞生长因子（fibroblast growth factor，FGF）家族含有20多个成员，生物活性十分广泛，几乎可刺激所有间叶细胞，在损伤修复、造血细胞生成等方面发挥作用。其中碱性成纤维细胞生长因子（bFGF）主要作用于内皮细胞，特别是在毛细血管的新生过程中，能使内皮细胞分裂并诱导其产生蛋白溶解酶，后者溶解基膜，便于内皮细胞穿越生芽。

3. 血小板源性生长因子

血小板源性生长因子（platelet derived growth factor，PDGF）来源于血小板的α颗粒，也可由巨噬细胞、血管内皮细胞、平滑肌细胞分泌，可引起成纤维细胞、平滑肌细胞和单核细胞的增生和游走，具有炎症趋化作用，并能促进细胞外基质的合成。

4. 转化生长因子-β

转化生长因子-β（transforming growth factor，TGF-β）主要来源于血小板、巨噬细胞、内皮细胞等，可与EGF受体结合。它可通过降低基质金属蛋白酶（matrix metalloproteinase，MMP）活性，增强组织金属蛋白酶抑制物（tissue inhibitor of metalloproteinase，TIMP）活性而促进细胞外基质的合成增多，进而促进纤维化发生。

5. 血管内皮生长因子

血管内皮生长因子（vascular endothelial growth factor，VEGF）最初从肿瘤中分离提纯，具有促进肿瘤血管生成的作用。在胎盘血管生成、创伤愈合、炎症等生理病理过程中发挥作用。可通过促进内皮细胞迁移和增殖（出芽）、促进血管管腔形成促进血管生成，同时明显增加血管的通透性，进而促进血浆蛋白在细胞基质中沉积，为成纤维细胞和血管内皮细胞长入提供临时基质。

6. 具有刺激生长作用的其他细胞因子

如白细胞介素1（IL-1）和肿瘤坏死因子（TNF）能刺激成纤维细胞的增殖及胶原合成，TNF还能刺激血管再生。此外还有许多细胞因子和生长因子，如造血细胞集落刺激因子、神经生长因子等，对相应细胞的再生都有促进作用。

（二）细胞外基质

细胞外基质（extracellular matrix，ECM）在任何组织都占有相当比例，近年来的研究证明，ECM在调节细胞的生物学行为方面发挥主动和复杂的作用，其不仅是把细胞连接在一起，借以支撑和维持组织的生理结构和功能，还可影响细胞的形态、分化、迁移、增殖，进而在胚胎发育的调控、组织重建与修复、创伤愈合、纤维化及肿瘤的侵袭等发挥重要作用。其主要成分及作用如下。

1. ECM的主要成分

ECM成员众多，详见第四章第二节。

2. ECM在修复中的作用

（1）机械性支撑作用：ECM构成组织间质的支架，为实质细胞锚定和细胞的迁移提供机械支撑，保持细胞极性。

（2）调控细胞增殖：组织损伤后，通过与相应生长因子受体结合，或激活整合素家族，进而引起下游生长因子的激活，从而调控细胞增殖。

（3）为组织再生提供支架：正常的组织结构需要基底膜或基质支架的完整，ECM受损会阻碍组织的再生和修复。如肝炎引起肝细胞损伤后，若肝小叶的网状纤维结构受损，则肝细胞不能完全再生，而由胶原纤维增生，进而形成肝硬化。

（4）组织微环境的建立：基底膜是上皮细胞和结缔组织之间的边界，不仅为上皮细胞提供支撑，也参与器官或组织部分功能，例如，基底膜在肾脏中构成肾过滤膜的一部分。

（三）抑素与接触抑制

抑素是指由特异性组织分泌的可以抑制本身增殖的因子。如已分化的表皮细胞受损时，抑素分泌终止，基底细胞分裂增生，直到增生分化的细胞达到足够数量或抑素达到足够浓度为止。某些生长因子可能对另一种细胞发挥抑素的功能。如TGF-β虽然对某些间叶细胞的增殖起促进作用，但对上皮细胞则是一种抑素。

接触抑制（contact inhibition）是指组织或细胞受损后，由周围同种细胞再生修复，当生长至原有数目或体积时，细胞停止生长的现象。如在对血管生成的研究中已发现多种具有抑制血管内皮细胞生长的因子，如血管抑素（angiostatin）、内皮抑素（endostatin）和血小板反应蛋白1（thrombospondin 1）等。

细胞生长和分化涉及多种信号转导通路之间的整合及相互作用。虽然某一信号转导系统可被其特异类型的受体所激活，但多种信号转导通路之间相互协调、相互作用，构成了一个庞大的细胞内和细胞间的信息网络，从而使信号整合以调节细胞增殖及其他生物学行为。

四、干细胞在损伤修复中的作用

干细胞是指个体发育过程中产生的具有无限或较长时间自我更新和多向分化能力的一类细胞。干细胞可分为胚胎干细胞和成体干细胞。胚胎干细胞是指起源于着床前胚胎内细胞群的多能干细胞，具有向三个胚层分化的能力，可以分化为成体所有类型的成熟细胞。成体干细胞是指存在于各组织器官中具有自我更新和一定分化潜能的不成熟细胞。除上述两种外，目前还通过实验研究开发出重编程干细胞。重编程干细胞又称诱导性多能干细胞（induced pluripotent stem cell，iPSCs），是将某种转录因子或基因导入人或动物的成熟体细胞内，使成熟体细胞重编程为多潜能干细胞。

干细胞具有以下特点：①无限增殖分裂的能力；②通常处于G_0期；③干细胞可通过非对称分裂，使得一个子细胞分化成熟，另一个保持亲代的特征，仍作为干细胞保留

下来。

当组织损伤后，骨髓内的干细胞和组织内的干细胞都可以进入损伤部位，进一步分化成熟来修复受损组织的结构和功能。在临床治疗中，造血干细胞应用较早，目前干细胞移植可以治疗白血病、重型再生障碍性贫血等血液系统疾病。骨髓来源的间充质干细胞可参与机体其他部分的组织修复，在神经系统修复及更多方面具有长远的发展前景。除此之外，其他成体干细胞，如肝脏干细胞、神经干细胞等的研究也取得了重大进展。

（张晓芳）

第二节 纤维性修复

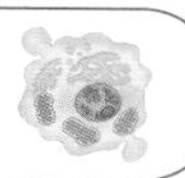

当机体受损严重或伴有重度炎症时，其修复通常不能单独由实质细胞的再生来完成，而需纤维性修复和细胞再生共同参与完成修复的过程，即纤维性修复。纤维性修复一般依照以下顺序来完成：出现炎症反应、肉芽组织增生、转换为瘢痕。

一、肉芽组织的形成及作用

（一）肉芽组织的概念及组成

肉芽组织（granulation tissue）由新生薄壁的毛细血管以及增生的成纤维细胞构成，并伴有炎细胞浸润，肉眼呈鲜红色，颗粒状，柔软湿润，形似嫩肉而得名。

光镜下：疏松的结缔组织基质中，大量内皮细胞增生形成实性细胞条索，新生的毛细血管垂直于创面生长，并以小动脉为轴心，在周围形成袢状弯曲的毛细血管网。新生毛细血管的内皮细胞核肥大，呈椭圆形，并向腔内突出。大量新生的成纤维细胞分布在毛细血管的周围，可产生大量基质及胶原。一些成纤维细胞的胞质中含有肌细丝，此种细胞除具有成纤维细胞的功能外，还有平滑肌细胞的收缩功能，因此称其为肌成纤维细胞（myofibroblast）。此外，肉芽组织中还含有大量渗出液及炎细胞。炎细胞主要为巨噬细胞，并含有多少不等的中性粒细胞、淋巴细胞及浆细胞等（图7-2-1，7-2-2）。

（二）肉芽组织的作用及结局

肉芽组织是组织损伤修复过程中形成的重要组织结构，其作用贯穿于损伤修复的整个过程。首先，是抗感染、保护创面。肉芽组织中含有大量的液体成分，其浸润的炎细胞可产生抗体和细胞因子以对抗细菌的感染，如巨噬细胞通过分泌生长因子和细胞因子（如PDGF、FGF、TGF-β及IL-1）等抗感染。其次，是通过肉芽组织的长入填

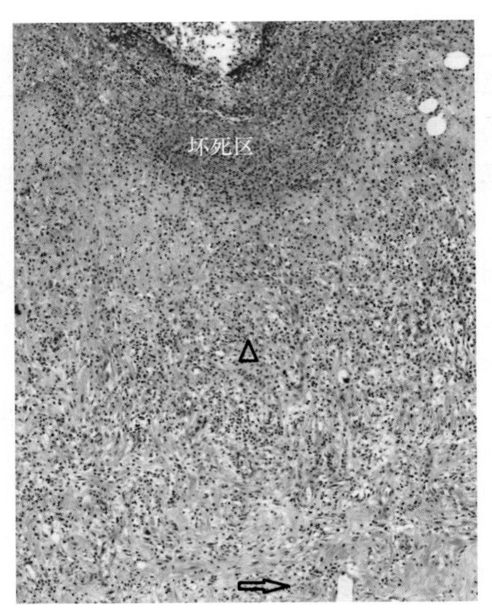

图 7-2-1 肉芽组织（低倍镜）
低倍镜下表面为坏死区，下方可见大量炎细胞及新生毛细血管垂直于创面生长（△），深部组织炎细胞逐渐减少，形成瘢痕（→）

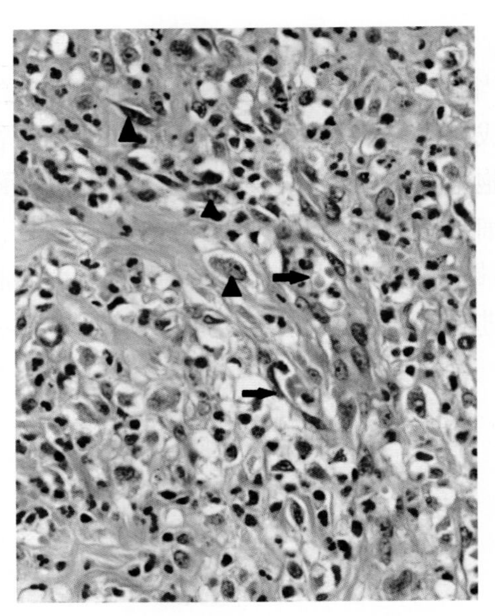

图 7-2-2 肉芽组织（高倍镜）
高倍镜下可见新生的毛细血管，炎细胞和纤维母细胞，黑色三角为成纤维细胞，箭头为新生血管

补局部创口及组织缺损，进而机化损伤局部的坏死组织、炎性渗出物及其他异物等。

机体局部组织损伤发生后2～3天肉芽组织即可出现，肉芽组织具有面向创面生长的特点，例如发生在体表的创口，肉芽组织自下而上向创面长入；组织内的坏死，肉芽组织则从周围向坏死中心生长推进，进而填补创口或机化坏死和异物。历经1～2周的时间，其中的成分发生渐进性变化，肉芽组织逐渐成熟。其主要形态学标志如下：间质中的液体成分逐渐被吸收；炎细胞逐渐减少进而消失；部分毛细血管数目减少、管腔闭塞，少数毛细血管结构重建，改建为小动脉和小静脉；成纤维细胞合成和分泌大量胶原纤维，同时成纤维细胞数目逐渐减少，并转变为静止的纤维细胞。随着时间的演进，局部沉积的胶原纤维可发生玻璃样变性。至此，肉芽组织转变为陈旧性瘢痕组织，也即完成了纤维性修复的过程。

二、瘢痕组织的形成及作用

瘢痕（scar）组织是肉芽组织经改建成熟形成的纤维结缔组织。瘢痕组织的形成过程中包括两个重要环节：一是成纤维细胞的迁移和增殖，二是细胞外基质的沉积和胶原的合成。通常情况下，在损伤的早期（第3～5天），成纤维细胞即开始合成胶原，并可持续数天至数周。成熟的瘢痕组织大体上呈收缩状态，颜色苍白或灰白色半透明，质地韧并缺乏弹性。组织学上瘢痕组织由大量平行或纵横交错排列的胶原纤维束组成。老化的胶原纤维发生玻璃样变性，呈均质红染的结构。

瘢痕组织对机体的影响主要包括以下几方面：

1. 瘢痕组织的形成对机体的有利作用

①填补创口，维持组织器官保持完整性；②有效提高修复部位的牵拉力，使修复

后的组织器官尽可能保持其功能。

2. 瘢痕组织的形成对机体的不利影响

①瘢痕收缩和粘连可造成局部功能受限。如发生在关节附近的瘢痕收缩可引起关节挛缩或活动受限；十二指肠溃疡的瘢痕修复可引起幽门梗阻。②器官硬化。器官内广泛的损伤导致弥漫性纤维化和玻璃样变性，可发生器官硬化。③瘢痕组织增生过度，又称肥大性瘢痕。发生于皮肤的肥大性瘢痕由于突出于皮肤表面并向周围不规则扩延，称为瘢痕疙瘩（keloid），临床上又称为“蟹足肿”。其机制尚不清楚，可能与体质有关；也有人认为，由于瘢痕组织局部缺血缺氧，诱导肥大细胞分泌生长因子，致肉芽组织过度增生所致。

瘢痕组织内的胶原纤维在胶原酶的作用下，可以逐渐地分解、吸收，从而使瘢痕缩小、软化。胶原酶主要来自成纤维细胞、中性粒细胞和巨噬细胞等。

三、肉芽组织和瘢痕组织形成的机制

肉芽组织和瘢痕形成的过程主要包括血管生成、成纤维细胞的生成和迁移及细胞外基质的积聚和纤维组织的重建，涉及多方面机制，以下简单描述。

（一）血管生成的机制

血管生成是损伤修复、肉芽组织及瘢痕形成的关键步骤，其机制较复杂，涉及生长因子、细胞外基质、部分信号通路及一些蛋白水解酶等。

1. 生长因子和受体

尽管许多生长因子均具有促进血管生成活性，但目前研究结果表明，VECF在血管形成中发挥特殊作用。此外PDGF和TGF-β等其他细胞因子也发挥重要作用。PDGF可募集平滑肌细胞，TGF-β则抑制内皮细胞的增殖、迁移，并增加ECM的产生。

2. 细胞外基质

细胞外基质主要促进新生血管的出芽，其中整合素家族发挥了重要作用，尤其是αVβ3促进新生血管的形成和稳定。

3. Notch信号通路

目前研究显示Notch信号通路与VEGF可相互作用，促进新生血管的出芽和分支，从而确保形成的新血管具有适当的间距，以有效地向愈合组织提供血液。

4. 蛋白水解酶

部分蛋白酶在血管生成中也发挥重要作用。如纤溶酶原的激活剂和基质金属蛋白酶可降解细胞外基质，促进内皮细胞的迁移。

（二）纤维化

纤维化的过程主要包括损伤部位成纤维细胞的迁移和增殖及细胞外基质的积聚，多种生长因子参与其中。

1. 成纤维细胞的迁移和增殖

多种生长因子和细胞因子可促进成纤维细胞的迁移和增殖，如PDGF、FGF-2和

TGF-β。这些细胞因子和生长因子主要来源于炎细胞，尤其是活化的巨噬细胞、肥大细胞和淋巴细胞。其中TGF-β被认为是引起感染性纤维化的最重要的生长因子，可促进成纤维细胞迁移和增殖、胶原和纤维黏连蛋白合成增加，同时降低金属蛋白酶对细胞外基质的降解作用。此外，TGF -β对单核细胞具有趋化性并促进血管生成。

2. 细胞外基质的积聚

在修复过程中，增生的成纤维细胞和内皮细胞的数量逐渐减少。成纤维细胞开始合成更多的细胞外基质并在细胞外积聚。细胞外基质的积聚不仅是因为胶原纤维合成增加，同时伴随胶原纤维降解受抑制。纤维性胶原是修复部位结缔组织的主要成分，对创伤愈合过程中张力的形成尤为重要。许多生长因子（如PDGF、FGF和TGF-β）和细胞因子（IL-1、IL-4）参与此过程。

（三）纤维组织重构

肉芽组织转变为瘢痕的过程也包括细胞外基质的结构改变过程。此过程中基质金属蛋白酶家族发挥了重要作用。基质金属蛋白酶可由成纤维细胞、巨噬细胞、中性粒细胞、滑膜细胞和一些上皮细胞等多种细胞分泌，并由生长因子（PDGF、FGF）、细胞因子（IL-1、TNF-α）及吞噬作用和物理作用等刺激因素所诱导，进而降解细胞外基质成分。其最终结果不仅导致了结缔组织的重构，同时也是慢性炎症和创伤愈合的重要特征。

（张晓芳）

第三节　皮肤的结构与创伤愈合

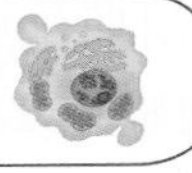

创伤愈合（wound healing）是指机体遭受外力作用，皮肤等组织出现离断或缺损后的愈合过程，包括各种组织的再生和肉芽组织增生、瘢痕形成的复杂组合，是各个过程的协同作用。

一、皮肤的结构

皮肤（skin）是人体面积最大的器官，由表皮和真皮两部分组成，借助皮下组织与深部组织相连（图7-3-1）。毛、皮脂腺、汗腺、指（趾）甲是表皮衍生的皮肤附属器。全身皮肤的结构基

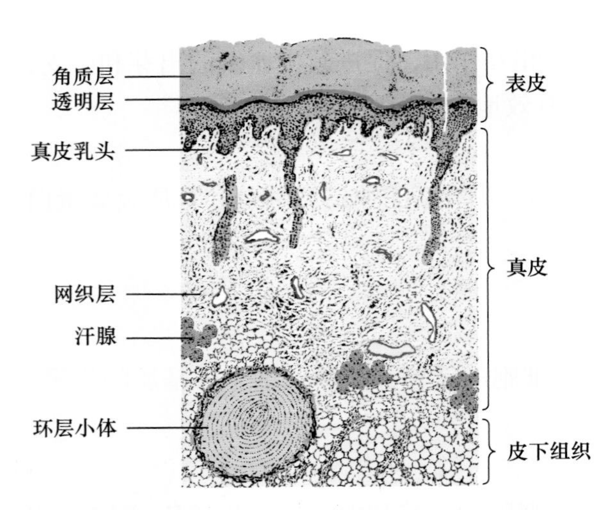

图7-3-1　手掌皮肤结构模式图

本相同，但不同部位的皮肤在厚度、角化程度、毛的有无等方面略有差异。

皮肤与外界直接接触，能阻挡异物和病原体侵入，防止体液丢失，具有重要的屏障保护作用。皮肤内有丰富的神经末梢，能感受外界多种刺激，并能调节体温、排泄代谢废物。皮肤中的一些细胞还与免疫应答相关，参与构成人体的免疫系统。

（一）表皮

表皮（epidermis）位于皮肤浅层，由角化的复层扁平上皮组成。人体各部的表皮厚薄不一，眼睑处最薄，手掌和足底处最厚。表皮由两类不同的细胞组成：一类是角质形成细胞（keratinocyte），占表皮细胞的绝大多数；另一类是非角质形成细胞（nonkeratinocyte），数量少，散在分布于角质形成细胞之间，包括黑素细胞（melanocyte）、朗格汉斯细胞（Langerhans cell）和梅克尔细胞（Merkel's cell）。

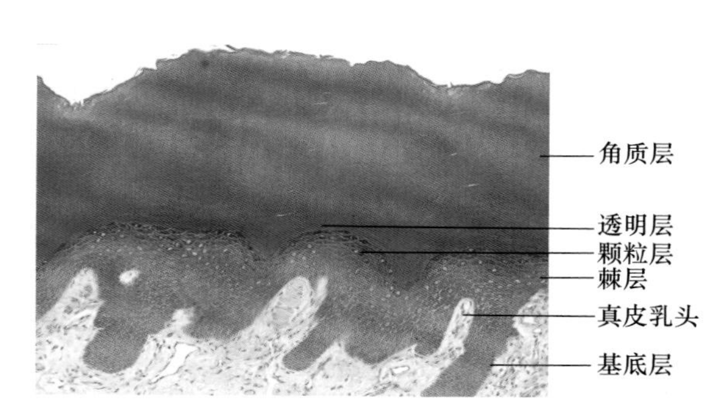

图7-3-2 指皮光镜图（高倍）

1. 表皮的分层

手掌和足底的厚表皮结构较典型，从基底到表面可分为基底层、棘层、颗粒层、透明层和角质层5层（图7-3-2）。颜面和腋窝等处的表皮较薄，颗粒层和透明层不明显，并且角质层较薄。

（1）基底层（stratum basale）：附着于基膜上，由一层矮柱状或立方形的基底细胞（basal cell）组成。基底细胞与深层结缔组织的连接面凹凸不平，扩大了两者的接触面，也加强了表皮与深部组织连接的牢固性。基底细胞核相对较大，呈圆形或椭圆形，染色较浅。细胞质较少，呈强嗜碱性。电镜下胞质内含丰富的游离核糖体和分散或成束的角蛋白丝（keratin filament），又称张力丝（tonofilament）。基底细胞间以桥粒相连，基底面借半桥粒与基膜连接。基底细胞是表皮的干细胞，能够不断分裂增殖，形成的部分新生细胞脱离基膜后进入棘层，分化为棘细胞并失去分裂能力。在皮肤的创伤愈合中，基底细胞具有重要的再生修复作用（图7-3-3）。

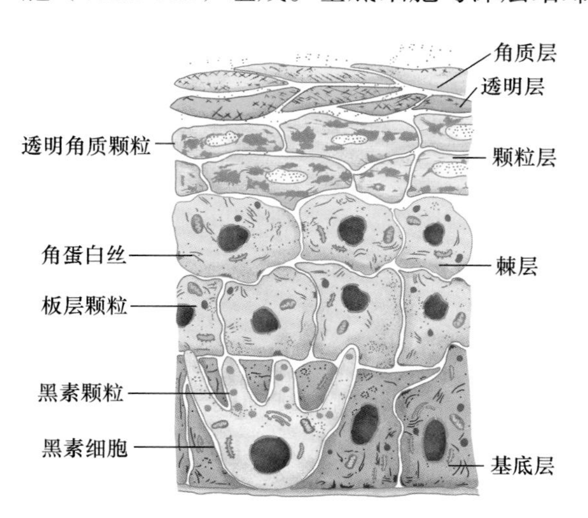

图7-3-3 角质形成细胞和黑素细胞超微结构模式图

（2）棘层（stratum spinosum）：位于基底层上方，由4～10层棘细胞（spinous cell）组成。棘细胞体积较大，呈多边形，细胞向周围伸出许多细短的棘状突起，相邻突起彼此相连。细胞核大，圆形，位于细胞中央，胞质丰富，呈弱嗜碱性。电镜显示相邻细胞突起以桥粒相连，并形成细胞间桥；胞质内游离核糖体丰富，合成的角蛋白形成成束的角蛋白丝，并附着于桥粒，形

成光镜下的张力原纤维。胞质内还含有多个卵圆形的膜被颗粒，内有明暗相间的平行板层结构，称板层颗粒（lamellar granule），内含糖脂和固醇类物质，以胞吐方式将糖脂排放到细胞间隙（图7-3-3）。

（3）颗粒层（stratum granulosum）：位于棘层上方，由3～5层扁梭形细胞组成。细胞核和细胞器渐趋退化。胞质内出现许多透明角质颗粒（keratohyalin granule），呈强嗜碱性。电镜显示透明角质颗粒无界膜包被，形态不规则，呈致密均质状，角蛋白丝常穿入其中。颗粒层细胞内板层颗粒增多，细胞以胞吐方式将内容物释放到细胞间隙内，在细胞间形成多层膜状结构，封闭细胞间隙，构成阻止物质通过表皮的主要屏障（图7-3-3）。

（4）透明层（stratum lucidum）：位于颗粒层上方，由数层更扁的细胞组成。细胞界限不清，嗜酸性，折光性强，呈均质透明状。电镜显示细胞核和细胞器均已消失，胞质内充满角蛋白丝。透明层只在无毛的厚表皮中明显易见。

（5）角质层（stratum corneum）：为表皮的表层，由几层至几十层扁平的角质细胞组成。角质细胞是完全角化的死亡细胞，无细胞核和细胞器，细胞轮廓不清，呈均质状，易被伊红着色。电镜下可见胞质中充满密集的角蛋白丝和均质状物质，后者的主要成分是富含组氨酸的蛋白质，该物质与角蛋白丝结合形成的复合体为角蛋白（keratin），角蛋白是角质细胞的主要成分。浅层角质细胞间的桥粒已解体，细胞连接松散，脱落后形成皮屑（图7-3-3）。

表皮由基底层至角质层的结构变化，反映了角质形成细胞增殖、分化、向表面逐层推移，最后脱落的动态变化过程。表皮角质层细胞不断脱落，深层细胞不断增殖、补充，保持动态平衡，维持了表皮正常的结构和厚度。此外，也反映角质形成细胞形成角蛋白，参与表皮角化的过程。表皮细胞更新周期为3～4周。

人体大部分表皮较薄，除基底层结构与厚表皮相似外，棘层、颗粒层及角质层均薄，无透明层。角质层构成皮肤重要的保护层，干硬坚固的角质细胞使表皮对各种物理和化学刺激有很强的耐受力，过度的摩擦能刺激角质形成细胞更迅速分裂，其结果是表皮变得更厚，促进细胞角质化，以保护下层的软组织。表皮细胞间隙中的脂质膜状物，可防止外界物质透过表皮，以及组织液外渗。

2. 非角质形成细胞

（1）黑素细胞：是生成黑色素的细胞。由胚胎时期的神经嵴细胞分化并迁移到皮肤，多散布于基底细胞之间。胞体较大，有许多突起伸入基底细胞和棘细胞之间（图7-3-3、图7-3-4），HE染色标本中不易分辨，特殊染色法可显示黑素细胞全貌。电镜下，黑素细胞胞质中富含粗面内质网、核糖体和高尔基体；胞质内还有特征性膜包被小泡状的黑素体（melanosome），内含酪氨酸酶，能将酪氨酸转化成黑色素（melanin）。当黑素体内充满黑色素后则成为黑素颗粒（melanin granule），并可迅速迁移到突起末端，然后输送到邻近的基底细胞和棘细胞内（图7-3-4）。黑色素能吸收和散射紫外线，保护深层组织免受辐射损伤。紫外线可提高酪氨酸酶活性，促进黑色素合成和黑素颗粒快速释放。

人种间黑素细胞的数量无明显差别，肤色的深浅主要取决于黑素细胞合成黑素的能力和黑素颗粒的数量、大小以及黑素颗粒在角质形成细胞内的分布和分解速度。黑

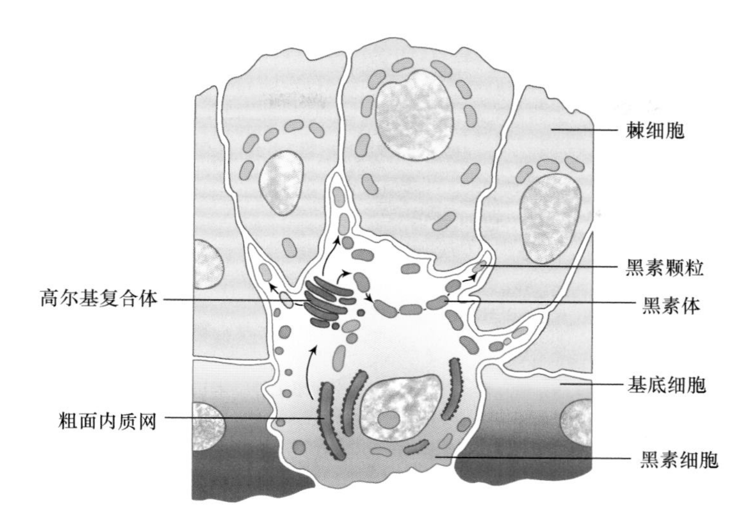

图 7-3-4　黑素细胞形成黑素体示意图

种人的黑素颗粒多而大，分布于表皮全层；白种人的黑素颗粒少而小，主要分布于基底层；黄种人介于两者之间。

（2）朗格汉斯细胞：由胚胎时期骨髓发生后迁移至皮肤内，分散于棘细胞之间。细胞有树突状突起，用ATP酶组化染色等特殊方法可显示，HE染色切片不易辨认。电镜下，细胞核呈弯曲形或分叶状，胞质富含特征性的伯贝克颗粒（Birbeck granule），颗粒有膜包被，呈杆状或网球拍状（图7-3-5）。伯贝克颗粒参与处理抗原。

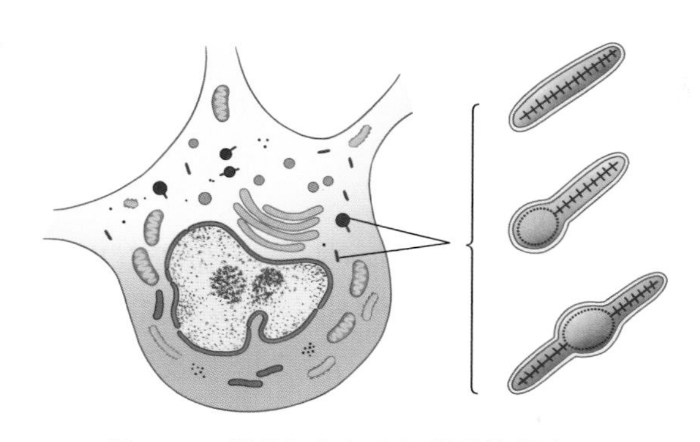

图 7-3-5　朗格汉斯细胞超微结构模式图
右侧示不同形状的伯贝克颗粒

朗格汉斯细胞是皮肤的抗原呈递细胞，能捕获、处理侵入皮肤的抗原，处理后形成抗原肽-MHC分子复合物分布于细胞表面，然后细胞游走出表皮，进入毛细淋巴管，随淋巴流至淋巴结，将抗原呈递给T细胞，引发免疫应答。因此，朗格汉斯细胞是参与皮肤免疫功能的重要细胞，在接触性过敏、抗病毒感染、排斥异体移植组织及对表皮癌变细胞的免疫监视中发挥重要作用。

（3）梅克尔细胞：分散于表皮基底层，具有短指状突起，细胞数量少，但在指尖、甲床，尤其是毛囊附近的表皮基底层内较多见。HE染色不易辨认，须用特殊染色法显示。电镜显示，梅克尔细胞呈圆形或扁圆形，细胞顶部有几个较短指状突起，伸到角质形成细胞之间。靠近基底面的胞质内含有许多膜被致密颗粒，部分细胞的基底部与盘状感觉神经末梢紧密接触并形成突触（图7-3-6）。由于梅克尔细胞表达突触素和多种神经多肽等物质，因此认为该细胞是一种神经内分泌细胞，可能与感受触觉和内分泌功能有关。

（二）真皮

真皮（dermis）位于表皮下，由致密结缔组织组成。身体各部位真皮的厚薄不同，

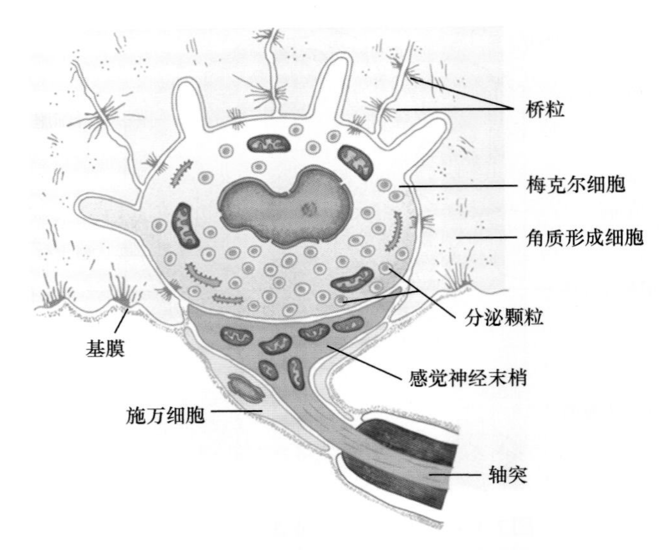

图7-3-6 梅克尔细胞超微结构模式

一般厚1～2 mm。其深部与皮下组织相连，但两者之间没有明显的界线。真皮可分为乳头层和网织层。

1. 乳头层

乳头层（papillary layer）位于真皮浅层，紧靠表皮基底层，纤维较细密，含细胞较多。该层结缔组织向表皮基底部突出，形成许多乳头状隆起，称真皮乳头（dermal papilla）（见图7-3-1，7-3-2），真皮乳头扩大了表皮与真皮的连接面，有利于两者牢固连接，并利于表皮从真皮的血管获得营养。具有丰富毛细血管的乳头，称血管乳头；含游离神经末梢和触觉小体的乳头，称神经乳头。皮内注射时，药液主要作用到乳头层内。

2. 网织层

网织层（reticular layer）位于乳头层下方，与乳头层无明显的界限。网织层较厚，是真皮的主要组成部分。网织层由致密结缔组织组成，粗大的胶原纤维束交织成网，还有许多弹性纤维，使皮肤具有较大的弹性和韧性。此层有丰富的血管、淋巴管和神经，还有毛囊、皮脂腺、汗腺，并有环层小体（见图7-3-1）。

皮肤表面并非平坦，而是有嵴、沟相间形成的皮纹。在一条嵴内，一般有两列真皮乳头，在沟底有汗腺的开口。在手掌和足底，由于表皮很厚，皮纹格外明显，这有助于增加手足与接触物的摩擦力。在指（趾）末端，皮纹受到指（趾）甲的阻断，形成回旋，便呈现箕、斗、弓等形状，在手称指纹（finger print）。每个人的指纹均不相同，即使单卵孪生的两人也是如此，这是因为在胚胎发育时期，受局部微环境的影响，相同基因的表现型出现差异所致。因此指纹成为辨别个体的一种标志，并在法医学和人类学研究中发挥重要作用。

（三）皮下组织

皮下组织（hypodermis）即解剖学所称的浅筋膜，由疏松结缔组织和脂肪组织组成，位于真皮下方，将皮肤与深部组织相连，使皮肤具有一定的可动性。皮下组织有缓冲、保温、能量储存等作用。皮下组织的厚度因个体、年龄、性别和部位而异。一般以腹部、臀部最厚，而眼睑、阴茎和阴囊等处较薄。此外，脂肪的厚薄程度也随年龄、性别及营养状况而有差异，并受内分泌调节。皮下组织内还含有较大的血管、淋巴管和神经，毛囊和汗腺也常延伸到此层。皮下注射时，此层内可容纳较多的药液。

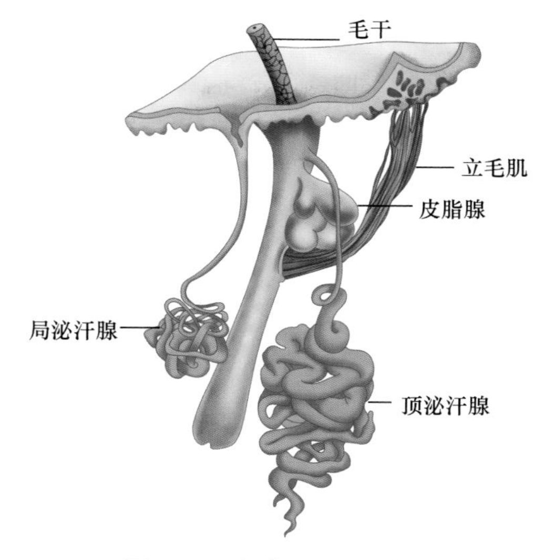

图7-3-7 皮肤附属器示意图

(四)皮肤的附属器

皮肤的附属器主要包括毛、皮脂腺、汗腺和指(趾)甲等，均由表皮衍生而来(图7-3-7)。

1. 毛

除手掌和足底等部位外，人体大部分皮肤都长有毛(hair)。毛的粗细和长短不一，头发、胡须和腋毛等较粗长，其余部位的毛较细短。

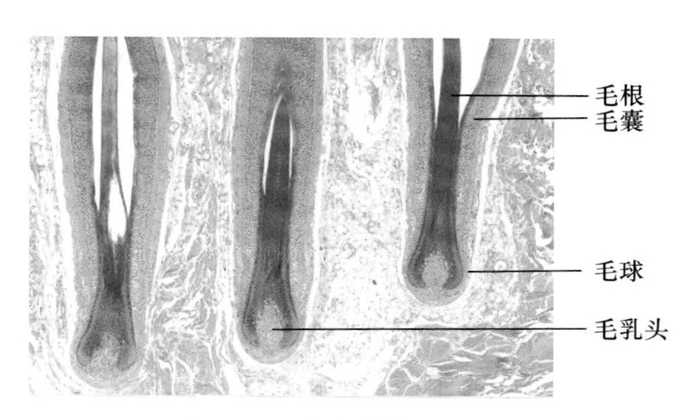

图7-3-8 头皮光镜图(高倍)

(1)毛的结构：毛由毛干、毛根和毛球三部分组成(图7-3-8)。露在皮肤外的部分为毛干(hair shaft)，埋在皮肤内的部分为毛根(hair root)；毛干和毛根由排列规则的角化上皮细胞组成，细胞内充满角蛋白并含有数量不等的黑素颗粒。包在毛根外的上皮与结缔组织构成的鞘为毛囊(hair follicle)。毛根和毛囊末端结合在一起，形成膨大的毛球(hair bulb)，其内的毛母质细胞(hair matrix cell)有活跃的分裂增殖能力，新细胞向毛根推移，以形成新的毛干。毛球处有黑素细胞，产生黑色素供应毛干角质细胞，决定毛发的颜色。毛球底部内凹，含有丰富毛细血管和神经的结缔组织伸入凹内，形成毛乳头(hair papilla)。毛球是毛和毛囊的生长点，毛乳头对其生长起诱导和维持作用。毛和毛囊斜长在皮肤内，在毛根与皮肤表面呈钝角的一侧有一束斜行平滑肌，一端附着在毛囊上，另一端与真皮乳头层的结缔组织相连，称立毛肌(arrector pilli muscle)。立毛肌受交感神经支配，遇冷或感情冲动时收缩，使毛发竖立，产生“鸡皮疙瘩”现象。

(2)毛的生长：毛有一定的生长周期，身体各部位毛的生长周期长短不同。头发的生长周期通常为3～10年，其他部位毛的生长周期只有数月。生长中的毛，因毛球膨大，毛乳头血流丰富，毛母质细胞增殖旺盛。转入静止期的毛，毛球和毛乳头变小萎缩，毛母质细胞停止增殖，毛根与毛球、毛囊连接松弛，故易脱落。在旧毛脱落之前，于毛囊基部形成新的毛球和毛乳头，形成新毛并将旧毛推出。

2. 皮脂腺

皮脂腺(sebaceous gland)位于毛囊与立毛肌之间，是泡状腺(见图7-3-7)。皮脂

腺导管较短，由复层扁平上皮构成，大多开口于毛囊上段，也有少量皮脂腺导管直接开口于皮肤表面。分泌部由一个或几个囊状腺泡构成，其周边是一层较小的干细胞，称基细胞，基细胞不断分裂增殖，形成新的腺细胞，并向腺泡中心移动。腺泡中心的细胞较大，呈多边形，核固缩，细胞器消失，胞质内充满脂滴，分泌时整个细胞解体，连同脂滴一起排出，即为皮脂（sebum），这种分泌方式称全浆分泌（图7-3-9）。皮脂经导管排出到皮肤表面或排入到毛囊，具有润滑皮肤、保护毛发的作用。性激素能调节皮脂腺的分泌活动，故在青春期时皮脂腺分泌功能旺盛。

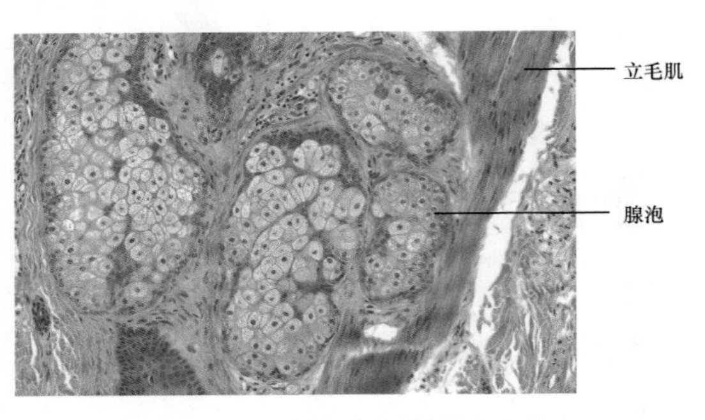

图7-3-9 皮脂腺光镜图（高倍）

3. 汗腺

汗腺为单管状腺，可分为小汗腺和大汗腺两种。

（1）小汗腺（small sweat gland）：又称局泌汗腺（merocrine sweat gland），遍布于全身大部分皮肤中，以手掌、足底和腋窝处最多，由分泌部和导管组成。分泌部位于真皮深部及皮下组织内，为单曲管状腺，其盘曲成团，腺腔较小。在腺细胞和基膜之间，分布有肌上皮细胞，其收缩能帮助分泌物的排出。汗腺导管较细，管壁由两层染色较深的立方形细胞组成，导管由真皮深层上行进入表皮，呈螺旋形上升，直接开口于皮肤表面的汗孔（见图7-3-7、7-3-10）。

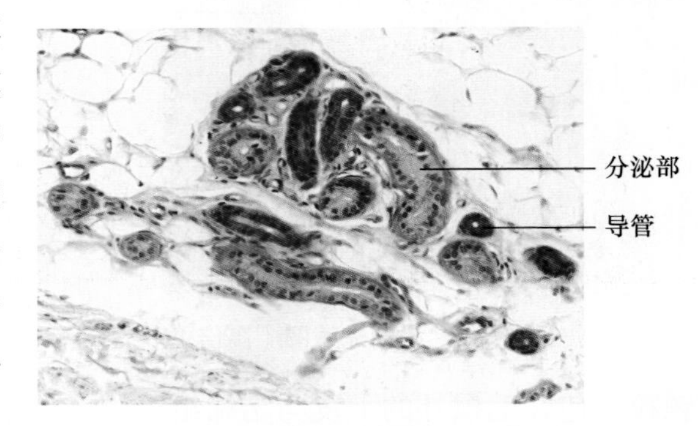

图7-3-10 小汗腺光镜图（高倍）

腺细胞分泌的汗液除含大量水分外，还有钠、钾、氯、乳酸盐和尿素等。导管能吸收一部分分泌物中的钠和氯。汗液分泌是机体散热的主要方式，具有调节体温和排泄废物等作用。

（2）大汗腺（large sweat gland）：又称顶泌汗腺（apocrine sweat gland），分布于腋窝、乳晕、会阴部等处，其分泌部管径粗，管腔大，盘曲成团，由一层立方形或矮柱状细胞围成，细胞质着色浅，呈嗜酸性，分泌时顶部胞质连同分泌颗粒一起脱落进入腺腔；导管细而直，由双层上皮细胞构成，开口于毛囊上端。大汗腺的分泌物为较浓稠的乳状液，含蛋白质、碳水化合物和脂类等，分泌物本身无特别气味，经细菌分解后可产生特殊的气味，若分泌过盛而致气味过浓时，则形成腋臭。大汗腺的分泌受性激素影响，于青春期分泌旺盛。

4. 指（趾）甲

指（趾）甲由甲体及其周围和下方的几部分组织构成（图7-3-11）。甲体是甲的外露部分，为坚硬透明的长方形角质板，由多层连接牢固的角质细胞构成。甲体的近端埋在皮肤内，称甲根。甲体下面的皮肤为甲床，由非角化的复层扁平上皮和真皮构成。甲体周围的皮肤为甲襞，甲体与甲襞之间的沟为甲沟。甲根附着处的甲床上皮为

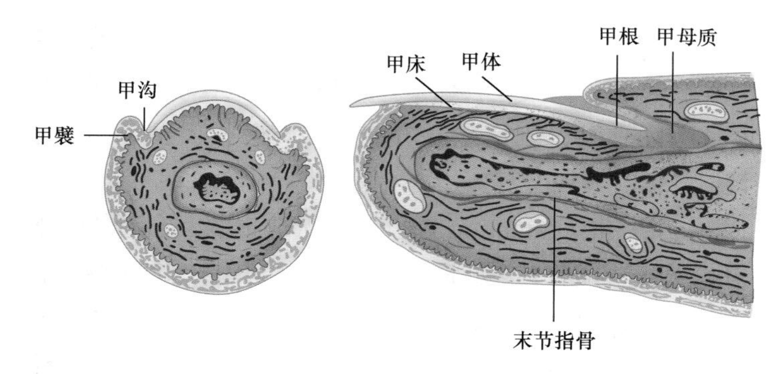

图7-3-11 指甲横切（左）及纵切（右）模式图

甲母质，该部位细胞增殖活跃，是甲体的生长区。

二、皮肤创伤愈合

（一）创伤愈合的基本过程

轻度的创伤仅限于皮肤表皮层，可通过上皮再生愈合。稍重者伴有皮肤和皮下组织断裂并出现创口；严重的创伤可有肌肉、肌腱、神经的断裂及骨折。本节仅以皮肤手术切口为例，叙述创伤愈合的基本过程。

1. 创口的早期变化

创口局部伴有不同程度的组织坏死和血管断裂出血，数小时内即可出现炎症反应，表现为局部红肿、皮温升高，因局部充血、浆液渗出及白细胞游出所致。创口中的血液和渗出液中的纤维蛋白原凝固形成凝块，部分凝块表面干燥形成痂皮，从而发挥保护创口的作用。

2. 表皮及其他组织的再生

浸润的中性粒细胞可释放蛋白水解酶，降解坏死组织。创伤发生24～48 h内，创口边缘的基底细胞即开始增生，并向创口中心迁移，形成单层连续的上皮，覆盖于肉芽组织表面。当上皮细胞相互接触后，则停止迁移，并增生、分化形成鳞状上皮。若创口过大，则再生表皮很难将创口完全覆盖，往往需要植皮。

皮肤附属器（毛囊、汗腺及皮脂腺）如遭完全破坏则需要瘢痕修复。肌腱断裂后，初期也是瘢痕修复，但随着功能锻炼而不断改建，胶原纤维可按原来肌腱纤维方向排列，达到完全再生。

3. 肉芽组织增生和瘢痕形成

3天后浸润的炎细胞以巨噬细胞为主，巨噬细胞可清除细胞外碎片、纤维素及其他异物，促进血管生成和细胞外基质的沉积，在创伤愈合中发挥重要作用。肉芽组织大约自第3天开始从创口底部及边缘长出。肉芽组织中无神经，故无痛感。健康的肉芽组织对表皮再生十分重要，若肉芽组织长时间不能填补创口，则修复延缓。若因异物及感染等刺激致使肉芽组织过度生长，高出于皮肤表面，也会延缓表皮再生，因此需将其切除。第5～6天成纤维细胞产生胶原纤维，逐渐形成瘢痕，在1个月左右瘢痕完全形成，随后瘢痕逐渐改建。

（二）创伤愈合的类型

根据损伤程度及有无感染，创伤愈合可分为以下两种类型。

1. 一期愈合

一期愈合（healing by first intention）见于组织缺损少、创缘整齐、无感染、经黏合或缝合后创面对合严密的创口，如无感染的手术切口。此类创口仅有少量的凝血块，炎症反应轻微，再生的表皮在24～48 h内即可完成。肉芽组织在第3天就可从创口边缘长出并很快将创口填满；第5～7天创口两侧出现胶原纤维连接，此时切口已达临床愈合标准，可拆线。2～3周完全愈合，但瘢痕组织持续改建，数月后形成一条白色线状瘢痕。

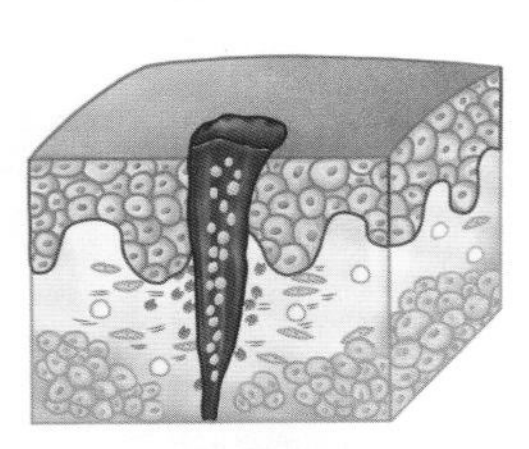
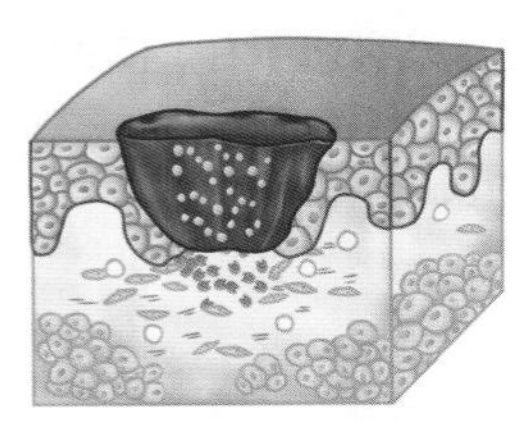
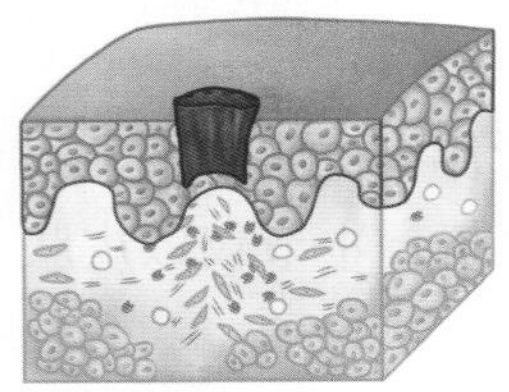
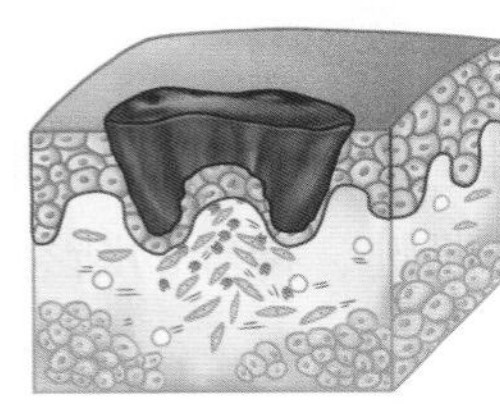
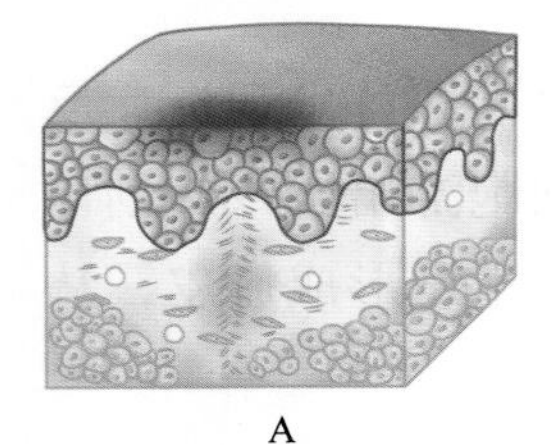
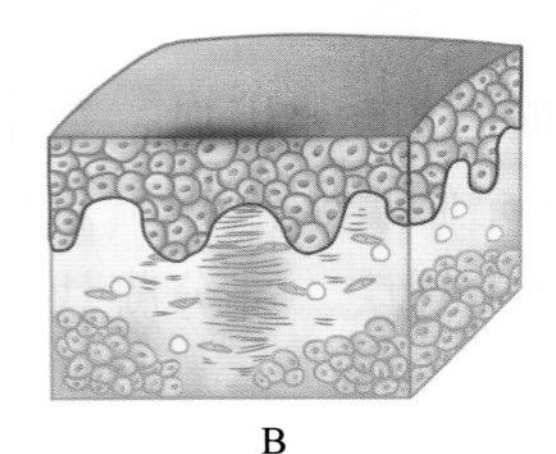

图7-3-12 创伤愈合模式图
A. 创伤一期愈合模式图；B. 创伤二期愈合模式图

2. 二期愈合

二期愈合（healing by second intention）见于组织缺损较大、创缘不整、哆开、无法对合，或伴有感染的创口。与一期愈合相比，这种创口的愈合有以下不同：①由于坏死组织多，或由于感染，局部组织继发变性、坏死，炎症反应明显，需待感染被控制、坏死组织被清除后，再生才能开始；②创口大，创口收缩明显，从创口底部及边缘长出多量的肉芽组织将创口填平；③愈合的时间较长，形成的瘢痕较大（图7-3-12）。

（王 媛 张晓芳）

第八章 炎　　症

第一节　概　　述

一、炎症的概念

炎症（inflammation）是具有血管系统的活体组织对各种损伤因子的刺激所发生的以防御反应为主的基本病理过程。单细胞生物和低等多细胞生物对损伤因子发生的反应，例如吞噬损伤因子、中和有害刺激物等，不能称为炎症。只有当生物进化到有血管时，才能发生以血管反应为主要特征，同时又保留了吞噬和清除等反应的复杂而完善的炎症现象。因此，血管反应是炎症的中心环节。

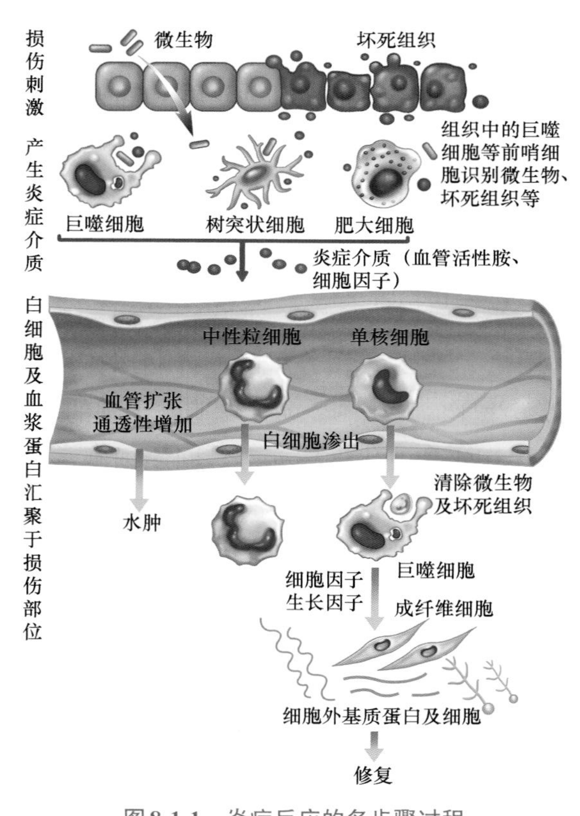

图 8-1-1　炎症反应的多步骤过程

炎症是损伤、抗损伤和修复的动态过程，由白细胞、血管、蛋白和其他能清除细胞损伤的介质共同参与。炎症通过稀释、破坏或者中和有害物质（例如微生物、毒素等）来完成对机体的保护。如果没有炎症反应，感染将无法控制，创口将无法愈合。炎症也被认为是固有免疫的组成部分。

炎症反应包括如下步骤（图 8-1-1）：①各种损伤因子对机体的组织和细胞造成损伤；②损伤周围组织中的前哨细胞

（如巨噬细胞）识别感染或损伤的组织，产生炎症介质；③炎症介质激活宿主的血管反应和白细胞的募集；④炎症反应的消退与终止；⑤实质细胞和间质细胞增生，修复受损伤的组织。

二、炎症的原因

凡是能引起组织和细胞损伤的因子都能引起炎症，致炎因子种类繁多，可归纳为以下几类。

（1）物理性因子：高温、低温、机械性创伤、紫外线和放射线等。

（2）化学性因子：包括外源性和内源性化学物质。外源性化学物质有强酸、强碱、强氧化剂和芥子气等。内源性化学物质有坏死组织的分解产物以及病理条件下堆积在体内的代谢产物（如尿素）等。

（3）生物性因子：是炎症最常见的原因，包括病毒、细菌、立克次体、螺旋体、真菌、原虫和寄生虫等。由生物因子引起的炎症又称感染（infection）。

（4）组织坏死：任何原因引起的组织坏死都可能引起炎症。在新鲜梗死灶的边缘所出现的出血充血带和炎症细胞浸润都是炎症的表现。

（5）变态反应：当机体免疫反应状态异常时，可引起不适当或过度的免疫反应，造成组织损伤，形成炎症，例如过敏性鼻炎和肾小球肾炎。

（6）异物：手术缝线、假体、虫卵、各种物质碎片等，在机体组织内可导致炎症。

三、炎症的基本病理变化

在炎症过程中，可见变质（alteration）、渗出（exudation）和增生（proliferation）等病理变化。一般病变的早期以变质和（或）渗出为主，病变的后期以增生为主。但变质、渗出和增生是相互联系的。一般来说，变质是损伤过程，渗出和增生是抗损伤和修复过程。

（一）变质

炎症局部组织发生的变性和坏死统称为变质。变质可以发生于实质细胞，也可以发生于间质细胞。实质细胞常出现的变质性变化包括细胞水肿、脂肪变性、细胞凝固性坏死和液化性坏死等。间质细胞常出现的变质性变化包括黏液变性和纤维素性坏死等。变质由致病因子直接作用，或由血液循环障碍和炎症反应产物的间接作用引起。变质反应的轻重一方面取决于致病因子的性质和强度，另一方面也取决于机体的反应。

（二）渗出

炎症局部组织血管内的液体成分、纤维素等蛋白质和各种炎症细胞通过血管壁进入组织、体腔、体表和黏膜表面的过程叫渗出。所渗出的液体和细胞成分总称为渗出物或渗出液（exudate）。渗出液的产生是由于血管通透性增高和白细胞主动游出血管

所致。炎症渗出所形成的渗出液与单纯血液循环障碍引起的漏出液（transudate）的区别在于前者蛋白质含量较高，含有较多的细胞和细胞碎片，比重>1.018，常外观浑浊。相比之下漏出液蛋白质含量低，所含的细胞和细胞碎片少，比重<1.018，外观清亮。漏出液的产生是血浆超滤的结果，并无血管壁通透性的明显增加。但两者均可引起水肿或浆膜腔积液。

（三）增生

在致炎因子的作用下，炎症局部的实质细胞和间质细胞可发生增生，增生是炎症的修复过程。实质细胞的增生，如鼻黏膜慢性炎症时上皮细胞和腺体的增生，慢性肝炎中的肝细胞增生。间质细胞的增生包括巨噬细胞、内皮细胞和成纤维细胞增生。炎症性增生具有限制炎症扩散和修复损伤组织的功能。

四、炎症的局部表现和全身反应

（一）炎症的局部表现

包括红、肿、热、痛和功能障碍。炎症局部发红和发热是由于局部血管扩张、充血所致；局部肿胀与局部炎症性充血、液体和细胞成分渗出有关；发热是由于动脉充血、血流加快、代谢旺盛所致；渗出物的压迫和炎症介质作用于感觉神经末梢可引起疼痛。在此基础上可进一步引起局部组织、器官的功能障碍，如关节炎可引起关节活动受限，肺泡性和间质性肺炎均可影响换气功能。

（二）炎症的全身反应

与急性炎症相关的全身反应统称为急性期反应，是机体对细胞因子（cytokines）的反应。炎症急性期反应包括发热、末梢血白细胞数目改变、心率加快、血压升高、寒战、厌食等。

发热是外源性和内源性致热原共同作用的结果。细菌产物等外源性致热原，可以刺激白细胞释放内源性致热原，例如白细胞介素1（IL-1）和肿瘤坏死因子（TNF）。内源性致热原作用于下丘脑的体温调节中枢，引起发热。

末梢血白细胞计数增加是炎症反应的常见表现，特别是细菌感染所引起的炎症。末梢血白细胞计数增加主要是由于IL-1和TNF促进了白细胞从骨髓库释放。多数细菌感染引起中性粒细胞增加，寄生虫感染和过敏反应引起嗜酸性粒细胞增加；一些病毒选择性地引起单核巨噬细胞或淋巴细胞比例增加，如单核细胞增多症、腮腺炎和风疹等。但多数病毒、立克次体、原虫和部分细菌（如伤寒杆菌）感染则引起末梢血白细胞计数减少。

（刘甜甜）

第二节　急 性 炎 症 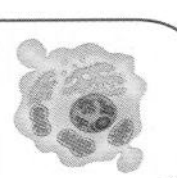

急性炎症是机体对损伤或感染的快速反应，属于固有免疫的一部分。机体在急性炎症过程中，主要发生血管反应和白细胞反应，目的是把白细胞和血浆蛋白（如抗体、补体、纤维素等）运送到炎症病灶，杀伤和清除致炎因子。急性炎症在正常机体内持续时间短，通常为几天至一个月，以渗出性病变为主，浸润的炎细胞主要为中性粒细胞。

一、急性炎症过程中的血管反应

在急性炎症过程中，血管发生如下反应：①血流动力学改变，引起血流量增加；②血管通透性增加，渗出到血管外或体腔的渗出液增多。

（一）血流动力学改变

组织发生损伤后，很快发生血流动力学的改变，即血流量和血管口径发生改变。

1. 细动脉短暂收缩

由神经调节和化学介质引起，损伤发生后立即出现，仅持续几秒钟。

2. 血管扩张和血流加速

首先细动脉扩张，然后毛细血管床开放，使局部血流加快、血流量增加（充血）和能量代谢增强，这是炎症局部组织发红和发热的原因。血管扩张的发生机制与神经和体液因素有关：神经因素即轴突反射；体液因素包括组胺、一氧化氮（NO）、缓激肽和前列腺素等化学介质作用于血管平滑肌而引起血管扩张。

3. 血流速度减慢

血管通透性升高导致血管内液体流失，小血管内红细胞浓集，进而导致血液黏稠度增加，血流阻力增大，血流速度减慢甚至血流瘀滞（stasis）。血流瘀滞有利于白细胞黏附于血管内皮并渗出到血管外。

（二）血管通透性增加

血管通透性增加是导致炎症局部液体渗出的重要原因。在炎症过程中下列机制可引起血管通透性增加。

1. 内皮细胞收缩

在组胺、缓激肽、白三烯（leukotriene，LT）和P物质等炎症介质的刺激下，内皮细胞迅速收缩，内皮细胞间出现0.5～1.0 μm的缝隙，导致血管通透性增加。该过程持续时间较短，通常发生于毛细血管后小静脉。

2. 内皮细胞损伤

烧伤和化脓菌感染等严重损伤刺激可直接损伤内皮细胞，使之坏死、脱落，血

管通透性增加，可持续数小时到数天，直至损伤血管形成血栓或内皮细胞再生修复为止。白细胞黏附于内皮细胞，也可造成内皮细胞损伤和脱落。

3. 内皮细胞穿胞作用增强

在内皮细胞连接处的胞质内，存在着由相互连接的囊泡所构成的囊泡体，这些囊泡体形成穿胞通道。富含蛋白质的液体通过穿胞通道穿越内皮细胞的现象称为穿胞作用（transcytosis），这是血管通透性增加的另一机制。血管内皮生长因子（VEGF）可引起内皮细胞穿胞通道数量增加及口径增大。

4. 新生毛细血管的高通透性

在炎症修复过程中，有许多新生的毛细血管以出芽方式形成，由于血管发育不完全，内皮细胞连接不紧密，基底膜尚未完全形成，加上VEGF等因子的作用，因此具有高通透性。

二、急性炎症过程中的白细胞反应

炎症过程中，白细胞参与了一系列复杂的连续过程，主要包括：①白细胞渗出血管并聚集到感染和损伤的部位；②白细胞激活，发挥吞噬作用和免疫作用；③白细胞介导的组织损伤作用。

（一）白细胞渗出

白细胞经血管壁游出到血管外的过程称为白细胞渗出，是炎症反应最重要的特征。白细胞渗出是复杂的连续过程，包括白细胞边集和滚动、黏附和游出、在组织中游走等阶段；最后，在趋化因子的作用下到达炎症灶，在局部发挥重要的防御作用（图8-2-1）。

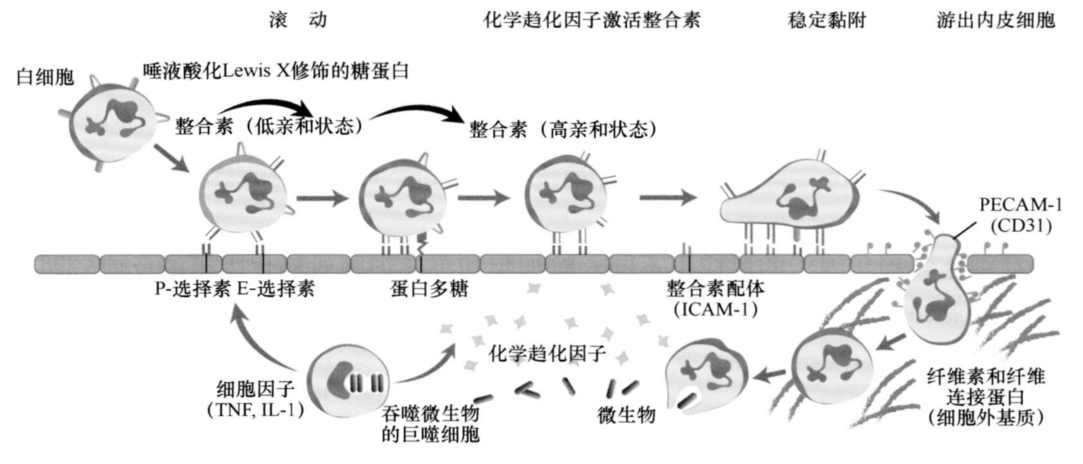

图8-2-1 中性粒细胞的渗出过程模式图

1. 白细胞边集和滚动

随着血流缓慢和液体渗出的发生，毛细血管后静脉中的白细胞离开血管的中心部（轴流），到达血管的周边部（边流），称为白细胞边集（leukocyte margination）。随后白细胞在内皮细胞表面翻滚，并不时黏附于内皮细胞，称为白细胞滚动（leukocyte

rolling）。介导白细胞滚动的黏附分子是选择素（selectin），是细胞表面的一种受体。已知的选择素有3种：①E选择素，表达于内皮细胞；②P选择素，表达于内皮细胞和血小板；③L选择素，表达于白细胞。P选择素和E选择素通过它们的凝集结构域与糖蛋白的唾液酸化Lewis X结合，介导中性粒细胞、单核细胞、T淋巴细胞在内皮细胞表面的滚动。内皮细胞正常情况下不表达或表达少量选择素，炎症损伤刺激可使内皮细胞选择素表达水平增高。

2. 白细胞黏附

白细胞黏附于内皮细胞是由内皮细胞黏附分子（免疫球蛋白超家族分子）和白细胞表面的黏附分子［整合素（integrin）］介导的。整合素分子是由α和β亚单位组成的异二聚体，不仅介导白细胞与内皮细胞的黏附，还介导白细胞与细胞外基质的黏附。在炎症损伤部位，内皮细胞、巨噬细胞和成纤维细胞等释放的化学趋化因子，激活附着于内皮细胞的白细胞，白细胞表面的整合素发生构象改变，由低亲和力的形式转变为高亲和力的形式。中性粒细胞、嗜酸性粒细胞、单核细胞和各种淋巴细胞通过某些共同和各自不同的黏附分子黏附于血管内皮细胞。

3. 白细胞游出

白细胞穿过血管壁进入周围组织的过程，称为白细胞游出（transmigration），主要发生在毛细血管后微静脉。化学因子作用于黏附的白细胞，刺激白细胞以阿米巴运动的方式从内皮细胞连接处逸出。除白细胞－血管内皮的细胞间黏附分子在白细胞游出中起重要作用外，血管的内皮细胞间黏附分子，如血小板内皮细胞黏附分子-1（platelet endothelial cell adhesion molecule-1，PECAM-1），通过介导白细胞和内皮细胞的结合而促使白细胞游出血管内皮。穿过内皮细胞的白细胞可分泌胶原酶降解血管基底膜，进入周围组织中。炎症的不同阶段游出的白细胞种类有所不同。在急性炎症的早期（24 h内），中性粒细胞迅速对细胞因子发生反应，并与黏附分子结合，所以最先游出。24～48 h则以单核细胞浸润为主。

4. 趋化作用

趋化作用是指白细胞沿化学浓度梯度向着化学刺激物作定向移动。这些具有吸引白细胞定向移动的化学刺激物称为趋化因子（chemotactic factors）。趋化因子具有特异性，有些只吸引中性粒细胞，另一些趋化因子则吸引单核细胞或嗜酸性粒细胞。不同的炎症细胞对趋化因子的反应也不同。粒细胞和单核细胞对趋化因子的反应较明显，而淋巴细胞对趋化因子的反应则较弱。趋化因子可以是外源性的，也可以是内源性的。最常见的外源性趋化因子是细菌产物，特别是含有N-甲酰基蛋氨酸末端氨基酸的多肽。内源性趋化因子包括补体成分（特别是C5a）、白三烯（主要是LTB4）和细胞因子（特别是IL-8等）。

（二）白细胞激活

白细胞聚集到组织损伤部位后，通过多种受体来识别感染的微生物和坏死组织，然后被激活，发挥杀伤和清除作用。白细胞识别感染微生物的受体如下。①Toll样受体（Toll-like receptors，TLRs）：可以识别细胞外和吞入细胞内的微生物产物。②G

蛋白耦联受体：主要识别含有N-甲酰甲硫氨酸的细菌短肽。③调理素受体：调理素（opsonins）是指一类通过包裹微生物而增强吞噬细胞吞噬功能的蛋白质，包括抗体IgG的Fc段、补体C3b和凝集素（lectins）。调理素包裹微生物而提高吞噬作用的过程，称为调理素化（opsonization）；调理素化的微生物可明显提高白细胞的吞噬作用。④细胞因子受体：感染微生物后，机体产生多种细胞因子，例如γ干扰素（IFN-γ）。这些细胞因子通过与白细胞表面的受体结合而激活白细胞。

白细胞被激活后，发挥杀伤微生物和清除致炎物质的作用。在该过程中，吞噬作用（phagocytosis）和免疫作用发挥了重要功能。

1. 吞噬作用

吞噬作用是指白细胞吞噬病原体、组织碎片和异物的过程。具有吞噬作用的细胞主要为中性粒细胞和巨噬细胞。中性粒细胞常出现于炎症早期、急性炎症和化脓性炎症。中性粒细胞吞噬能力较强，其胞质颗粒中的髓过氧化物酶（myeloperoxidase，MPO）、溶酶体酶等在杀伤、降解微生物的过程中起重要作用。巨噬细胞常见于炎症晚期、慢性炎症和非化脓性炎症。炎症中的巨噬细胞包括来自血液的单核细胞和局部的组织细胞，巨噬细胞受到外界刺激被激活后，细胞体积增大，细胞表面皱襞增多，线粒体和溶酶体增多，功能增强。

吞噬过程包括识别和附着、吞入、杀伤和降解三个阶段。

（1）识别和附着（recognition and attachment）：吞噬细胞表面的甘露糖受体、清道夫受体和各种调理素受体都有识别、结合和摄入微生物的功能。

（2）吞入（engulfment）：吞噬细胞在附着调理素化的细菌等颗粒状物体后，便伸出伪足，随着伪足的延伸和相互融合，由吞噬细胞的细胞膜包围吞噬物形成泡状小体，即吞噬体（phagosome）。

（3）杀伤和降解（killing and degradation）：进入吞噬溶酶体的细菌可被依赖氧的机制和不依赖氧的机制杀伤和降解。依赖氧的机制主要是通过活性氧和活性氮杀伤微生物。不依赖氧机制可以通过溶酶体内的杀菌性/通透性增加蛋白（bactericidal/permeability-increasing protein，BPI）、溶菌酶、嗜酸性粒细胞的主要碱性蛋白和防御素（defensins）来杀伤微生物。微生物被杀死后，在吞噬溶酶体内被酸性水解酶降解。

2. 免疫作用

发挥免疫作用的细胞主要是单核细胞、淋巴细胞和浆细胞。抗原进入机体后，巨噬细胞将其吞噬处理，再把抗原呈递给T淋巴细胞，免疫活化的淋巴细胞分别产生淋巴因子，发挥杀伤病原微生物的作用。

（三）白细胞介导的组织损伤作用

白细胞在化学趋化、激活和吞噬过程中，可以脱颗粒形式向细胞外间质释放溶酶体酶、活性氧自由基、前列腺素及花生四烯酸代谢产物等物质，损伤正常细胞和组织，加重原始致炎因子的损伤作用。白细胞介导的组织损伤见于多种疾病，例如肾小球肾炎、哮喘、移植排斥反应、肺纤维化等。

（四）白细胞功能缺陷

任何影响白细胞黏附、化学趋化、吞入、杀伤和降解的先天性或后天性缺陷均可导致白细胞功能障碍，引起患者严重、反复的感染。白细胞功能缺陷主要有以下几种。①黏附缺陷：可引起患者反复细菌感染；②吞噬溶酶体形成障碍：可引起严重的免疫缺陷和患者反复细菌感染；③杀菌活性障碍：可引起慢性肉芽肿性疾病；④骨髓白细胞生成障碍：可造成白细胞数目下降，主要由再生障碍性贫血、肿瘤化疗和肿瘤广泛骨转移所致。

三、炎症介质在炎症过程中的作用

炎症的血管反应和白细胞反应都是通过一系列化学因子的作用实现的。参与和介导炎症反应的化学因子称为化学介质或炎症介质（inflammation mediator）。炎症介质可来自血浆和细胞，多数炎症介质通过与靶细胞表面的受体结合发挥其生物活性作用，然而某些炎症介质直接有酶活性或者可介导氧化损伤。

（一）细胞释放的炎症介质

1. 血管活性胺

包括组胺（histamine）和5-羟色胺（5-hydroxy-tryptamine，5-HT），储存在细胞的分泌颗粒中，在急性炎症反应时最先释放，其重要功能是作用于血管，所以被命名为血管活性胺。组胺主要存在于肥大细胞和嗜碱性粒细胞的颗粒中，也存在于血小板。肥大细胞释放组胺称为脱颗粒，导致肥大细胞脱颗粒的刺激包括：引起损伤的冷、热等物理因子；免疫反应，即抗原结合于肥大细胞表面的IgE；补体片段，如过敏素（anaphylatoxin）；白细胞来源的组胺释放蛋白；某些神经肽，如P物质；细胞因子，如IL-1和IL-8。组胺主要通过血管内皮细胞的H_1受体起作用，可使细动脉扩张和细静脉通透性增加。

5-HT主要存在于血小板，当血小板与胶原纤维、凝血酶、免疫复合物等接触后，血小板聚集并释放5-HT，引起血管收缩。

2. 花生四烯酸代谢产物

包括前列腺素（prostaglandins，PG）、白三烯（leukotriene，LT）和脂质素（lipoxins，LX），参与炎症和凝血反应。花生四烯酸（arachidonic acid，AA）是二十碳不饱和脂肪酸，来源于饮食或由亚油酸转换产生。在炎症刺激因子和炎症介质的作用下，激活磷脂酶A2，使花生四烯酸通过环氧合酶途径产生前列腺素和凝血素，通过脂质氧合酶途径产生白三烯和脂质素，可引起炎症和启动凝血系统。

（1）前列腺素：是AA通过环氧化酶途径生成的代谢产物，由肥大细胞、巨噬细胞、内皮细等产生，包括PGE2、PGD2、PGF2、PGL2和凝血素A2（TXA2）等，参与炎症的全身反应和血管反应。TXA2主要由血小板产生，使血小板聚集和血管收缩。而PGL2主要由血管内皮细胞产生，可抑制血小板聚集和使血管扩张。PGD2主要由肥

大细胞产生，产生PGE2和PGF2的细胞种类则较多。PGE2、PGD2和PGF2协同作用，引起血管扩张和促进水肿发生。PG还可引起炎症发热和疼痛，PGE2使皮肤对疼痛刺激更为敏感，在感染过程中与细胞因子相互作用引起发热。

（2）白三烯：是AA通过脂质氧化酶途径产生的，AA首先转化为5-羟基花生四烯酸（5-HETE），然后再转化为白三烯LTB4、LTC4、LTD4、LTE4等。5-HETE是中性粒细胞的化学趋化因子。LTB4是中性粒细胞的化学趋化因子和白细胞功能反应（黏附于内皮细胞、产生氧自由基和释放溶酶体酶）的激活因子。LTC4、LTD4、LTE4主要由肥大细胞产生，可引起明显血管收缩、支气管痉挛和静脉血管通透性增加。

（3）脂质素：脂质素也是AA通过脂质氧合酶途径产生的，是炎症的抑制因子。主要功能是抑制中性粒细胞的趋化反应及黏附于内皮细胞，与炎症的消散有关。

3. 血小板激活因子

血小板激活因子（platelet activating factor，PAF）是磷脂类炎症介质，具有激活血小板、增加血管通透性以及引起支气管收缩等作用。PAF在极低浓度下可使血管扩张和小静脉通透性增加，比组胺作用强100～10 000倍。PAF还可促进白细胞与内皮细胞黏附、白细胞趋化和脱颗粒反应。PAF由嗜碱性粒细胞、血小板、中性粒细胞、单核巨噬细胞和血管内皮细胞产生。人工合成的PAF受体拮抗剂可以抑制炎症反应。

4. 细胞因子

细胞因子（cytokines）由多种细胞产生的多肽类物质，主要由激活的淋巴细胞和巨噬细胞产生，参与免疫反应和炎症反应。TNF是介导炎症反应的两个重要细胞因子，主要由激活的巨噬细胞、肥大细胞和内皮细胞等产生。内毒素、免疫复合物和物理性因子等可以刺激TNF和IL-1的分泌。TNF和IL-1均可促进内皮黏附分子的表达以及其他细胞因子的分泌，促进肝脏合成各种急性期蛋白，促进骨髓向末梢血液循环释放中性粒细胞，并可引起患者发热、嗜睡及心率加快等。

5. 活性氧

中性粒细胞和巨噬细胞受到微生物等炎症因子刺激后，合成和释放活性氧，杀死和降解吞噬的微生物及坏死细胞。活性氧的少量释放可增强和放大炎症反应，但活性氧的大量释放可引发组织损伤。

6. 白细胞溶酶体酶

存在于中性粒细胞和单核细胞溶酶体颗粒内的酶可以杀伤和降解吞噬的微生物，并引起组织损伤。溶酶体颗粒含有多种酶，如酸性水解酶、中性蛋白酶、溶菌酶等。酸性水解酶在吞噬溶酶体内降解细菌及其碎片。中性蛋白酶包括弹力蛋白酶、胶原酶和组织蛋白酶，可降解各种细胞外成分，包括胶原纤维、基膜、纤维素、弹力蛋白和软骨基质等，在化脓性炎症的组织破坏中起重要作用。中性蛋白酶还能直接剪切C3和C5，从而产生血管活性介质C3a和C5a，并促进激肽原产生缓激肽样多肽。

7. 神经肽

神经肽（例如P物质）是小分子蛋白，可传导疼痛，引起血管扩张和血管通透性增加。肺和胃肠道的神经纤维分泌较多的神经肽。

（二）血浆中的炎症介质

血浆中存在着三种相互关联的系统：激肽、补体和凝血系统，是重要的炎症介质。

1. 激肽系统

血浆中激肽原（kininogen）在激肽原酶（kallikrein）作用下最终裂解为具有生物活性的缓激肽（bradykinin），后者使细动脉扩张，血管通透性增加，血管以外的平滑肌细胞收缩，并可引起疼痛。

2. 补体系统

补体系统由20多种血浆蛋白组成，是存在于血浆和组织液中的一系列具有酶活性的蛋白质，具有使血管通透性增加、化学趋化作用和调理素化作用。

3. 凝血系统

Ⅻ因子激活后，启动凝血系统，激活凝血酶（thrombin）、纤维蛋白多肽和凝血因子X等。凝血酶可以激活血管内皮细胞，促进白细胞黏附。纤维蛋白多肽可以提高血管通透性，并且是白细胞的趋化因子。凝血因子Xa可以提高血管通透性并促进白细胞游出。

主要炎症介质的作用如下（表8-2-1）。

表8-2-1　各种炎症反应中的炎症介质

炎症反应	炎症介质
血管扩张	前列腺素、NO、组胺
血管通透性升高	组胺和5-羟色胺、C3a和C5a、缓激肽、LTC4、LTD4、LTE4、PAF、P物质
趋化作用、白细胞渗出和激活	TNF、IL-1、趋化因子、C3a、C5a、LTB4
发热	IL-1、TNF、前列腺素
疼痛	前列腺素、缓激肽、P物质
组织损伤	白细胞溶酶体酶、活性氧、NO

（三）急性炎症反应的终止

急性炎症是机体的积极防御反应，但由于其可引起组织损伤，所以，机体对急性炎症反应进行严密调控并适时终止。炎症反应的终止机制如下：①由致炎因子刺激而产生的炎症介质，半衰期短并很快降解，在致炎因子被清除后，随着炎症介质的衰减，炎症反应逐渐减弱；②中性粒细胞在组织中的半衰期短，在离开血液循环后，于数小时至两天内发生凋亡而死亡；③炎症反应本身会释放一系列终止信号，例如脂质素、TGF-β、IL-10等，主动终止炎症反应。

四、急性炎症的类型及其病理变化

急性炎症的形态学特点是小血管扩张、血流缓慢以及白细胞和液体渗出，在急性炎症过程中，通常渗出性病变表现明显。根据渗出物的主要成分和病变特点，急性炎症分为浆液性炎、纤维素性炎、化脓性炎和出血性炎。

（一）浆液性炎

浆液性炎（serous inflammation）以浆液渗出为主要特征，渗出的液体主要来自血浆，也可由浆膜的间皮细胞分泌，含有3%～5%的蛋白质（主要为白蛋白），同时混有少量中性粒细胞和纤维素。浆液性炎常发生于黏膜、浆膜、滑膜、皮肤和疏松结缔组织等。黏膜的浆液性炎又称浆液性卡他性炎，卡他（catarrh）是指渗出物沿黏膜表面顺势下流的意思，如感冒初期鼻黏膜排出大量浆液性分泌物。浆膜的浆液性炎可引起体腔积液，如胸腔积液、腹腔积液、心包腔积液。滑膜的浆液性炎如风湿性关节炎，可引起关节腔积液。皮肤的浆液性炎，如皮肤烧伤或病毒感染，浆液性渗出物在表皮内和表皮下可形成水疱。浆液性渗出物弥漫浸润疏松结缔组织，局部可出现炎性水肿，如脚扭伤引起的局部炎性水肿。

浆液性炎一般较轻，易于消退。浆液性渗出物过多也有不利影响，甚至导致严重后果。如喉头浆液性炎造成的喉头水肿可引起窒息。胸膜和心包腔大量浆液聚集有时可严重影响心、肺功能。

（二）纤维素性炎

纤维素性炎（fibrinous inflammation）以纤维蛋白原渗出为主，继而形成纤维蛋白，即纤维素。在HE切片中，纤维素呈相互交织的网状、条状或颗粒状的红染物质，常混有中性粒细胞和坏死细胞的碎片。纤维素性炎易发生于黏膜、浆膜和肺组织。纤维蛋白原大量渗出说明血管壁损伤严重，是血管通透性明显增加的结果。纤维素性炎易发生于黏膜、浆膜和肺组织。黏膜的纤维素性炎，渗出的纤维素、坏死组织和中性粒细胞以及病原菌等共同形成一层灰白色膜状物，称为“伪膜（也称为假膜）”，故又称伪膜性炎。白喉的伪膜性炎，若发生于咽部不易脱落，称为固膜性炎；而发生于气管则较易脱落称为浮膜性炎，可引起窒息。浆膜发生的纤维素性炎（如“绒毛心”）可机化引发纤维性粘连。肺组织发生的纤维素性炎，例如大叶性肺炎，除了大量纤维蛋白渗出外，还可见大量中性粒细胞渗出（图8-2-2）。

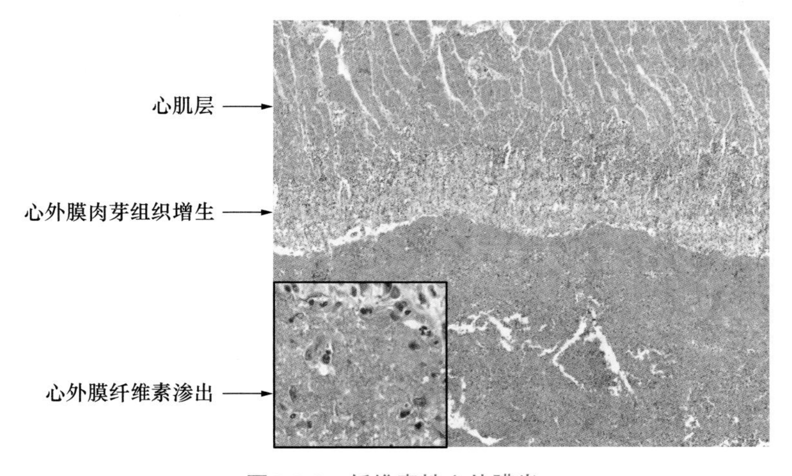

图8-2-2 纤维素性心外膜炎

心外膜表面有大量红染网状纤维素渗出物，其中混合了多量渗出的炎细胞

渗出的纤维素可被纤维蛋白溶酶水解，或被吞噬细胞搬运清除，或通过自然管道排出体外，病变组织得以愈复。若纤维素渗出过多，中性粒细胞（其含蛋白水解酶）渗出过少，或组织内抗胰蛋白酶（其抑制蛋白水解酶活性）含量过多时，均可导致渗出的纤维素不能被完全溶解吸收，随后发生机化，形成浆膜的纤维性粘连或大叶性肺炎的肺肉质变。

（三）化脓性炎

化脓性炎（suppurative or purulent inflammation）以中性粒细胞渗出为主，并伴有不同程度组织坏死和脓液形成为特征的炎症。化脓性炎多由化脓菌（如葡萄球菌、链球菌、脑膜炎双球菌、大肠埃希菌）感染所致，亦可由组织坏死继发感染产生。脓性渗出物称为脓液（pus），是一种浑浊的凝乳状液体，呈灰黄色或黄绿色。脓液中的中性粒细胞除极少数仍有吞噬能力外，大多数已发生变性和坏死，称为脓细胞。脓液中除含有脓细胞外，还含有细菌、坏死组织碎片和少量浆液。由葡萄球菌引起的脓液较为浓稠，由链球菌引起的脓液较为稀薄。根据病因和发生部位不同，人们把化脓性炎分为表面化脓和积脓、蜂窝织炎和脓肿等类型。

1. 表面化脓和积脓

表面化脓和积脓是黏膜和浆膜常见的化脓性炎。表面化脓是指发生在黏膜和浆膜表面的化脓性炎。黏膜的化脓性炎又称脓性卡他性炎，此时中性粒细胞向黏膜表面渗出，深部组织的中性粒细胞浸润不明显。如化脓性尿道炎和化脓性支气管炎，渗出的脓液可沿尿道、支气管排出体外。当化脓性炎发生于浆膜、胆囊和输卵管时，脓液则在浆膜、胆囊和输卵管腔内积存，称为积脓（empyema）。

2. 蜂窝织炎

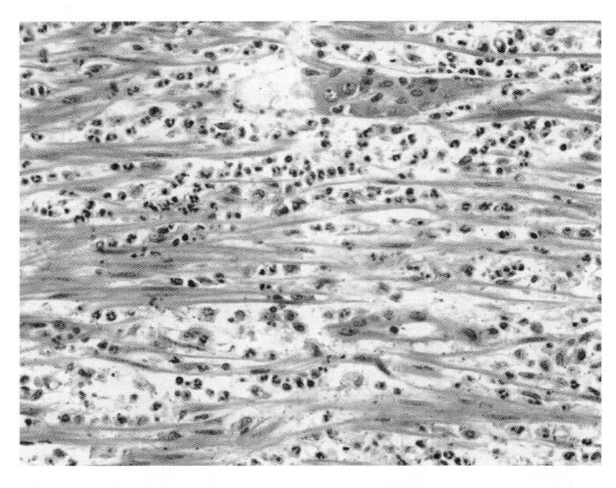

图8-2-3 蜂窝织炎性阑尾炎
大量中性粒细胞浸润于阑尾的肌层

蜂窝织炎（phlegmonous inflammation 或cellulitis）是疏松结缔组织的弥漫性化脓性炎，常发生于皮肤、肌肉和阑尾。蜂窝织炎主要由溶血性链球菌引起，链球菌分泌的透明质酸酶，能降解疏松结缔组织中的透明质酸。链球菌分泌的链激酶，可溶解纤维素，因此细菌易于通过组织间隙和淋巴管扩散，表现为疏松结缔组织内大量中性粒细胞弥漫性浸润。由于单纯蜂窝织炎一般不发生明显的组织坏死和溶解，痊愈后一般不留痕迹（图8-2-3）。

3. 脓肿

脓肿（abscess）是指形成大量脓液的局限性化脓性炎。脓肿为局限性化脓性炎症，其主要特征是组织发生溶解坏死，形成充满脓液的腔，即脓腔。脓肿可发生于皮下和内脏，主要由金黄色葡萄球菌引起，这些细菌可产生毒素使局部组织坏死，继而大量中性粒细胞浸润，之后中性粒细胞崩解形成脓细胞，并释放出蛋白溶解酶使坏死

组织液化形成含有脓液的空腔。金黄色葡萄球菌具有层粘连蛋白受体，使其容易通过血管壁而在远部产生迁徙性脓肿。小脓肿可以吸收消散，较大脓肿由于脓液过多，吸收困难，常需要切开排脓或穿刺抽脓。脓腔局部常由肉芽组织修复，最后形成瘢痕（图8-2-4）。

疖是毛囊、皮脂腺及其周围组织的脓肿。疖中心部分液化变软后，脓液便可破出。痈是多个疖的融合，在皮下脂肪和筋膜组织中形成许多相互沟通的脓肿，必须及时切开排脓。

图8-2-4 肺脓肿
肺组织内可见一个大的脓肿腔

（四）出血性炎

出血性炎（hemorrhagic inflammation）是指炎症病灶的血管损伤严重，渗出物中含有大量红细胞。常见于流行性出血热、钩端螺旋体病和鼠疫等。

上述各型炎症可以单独发生，亦可以合并存在，如浆液性纤维素性炎、纤维素性化脓性炎等。另外在炎症的发展过程中，一种炎症类型可以转变成另一种炎症类型，如浆液性炎可以转变成纤维素性炎或化脓性炎。

五、急性炎症的结局

大多数急性炎症能够痊愈，少数迁延为慢性炎症，极少数可蔓延扩散到全身。

（一）痊愈

在清除致炎因子后，如果炎性渗出物和坏死组织被溶解吸收，通过周围正常细胞的再生，可以完全恢复原来的组织结构和功能，称为完全愈复；如果组织坏死范围较大，则由肉芽组织增生修复，称为不完全愈复。

（二）迁延为慢性炎症

在机体抵抗力低下，或病原微生物毒力强、数量多的情况下，病原微生物可不断繁殖，并沿组织间隙或脉管系统向周围和全身组织器官扩散。

1. 局部蔓延

炎症局部的病原微生物可通过组织间隙或自然管道向周围组织和器官扩散蔓延，如急性膀胱炎可向上蔓延到输尿管和肾盂。炎症局部蔓延可形成糜烂、溃疡、瘘管（fistula）、窦道（sinus）和空洞。

2. 淋巴道蔓延

急性炎症渗出的富含蛋白的炎性水肿液或部分白细胞可通过淋巴液回流至淋巴结。其中所含的病原微生物也可沿淋巴液扩散，引起淋巴管炎和局部淋巴结炎。例如，足部感染时腹股沟淋巴结可肿大，在足部感染灶和肿大的腹股沟淋巴结之间出现

红线，即为淋巴管炎。病原微生物可进一步通过淋巴系统入血，引起血行蔓延。

3. 血行蔓延

炎症灶中的病原微生物可直接或通过淋巴道侵入血液循环，病原微生物的毒性产物也可进入血液循环，引起菌血症、毒血症、败血症和脓毒败血症。

（1）菌血症（bacteremia）：细菌由局部病灶入血，全身无中毒症状，但从血液中可查到细菌，称为菌血症，如大叶性肺炎和流行性脑脊髓膜炎。在菌血症阶段，肝、脾和骨髓的吞噬细胞可清除细菌。

（2）毒血症（toxemia）：细菌的毒性产物或毒素被吸收入血称为毒血症。临床上出现高热和寒战等中毒症状，同时伴有心、肝、肾等实质细胞的变性或坏死，严重时出现脓毒症休克，但血培养查不到病原菌。

（3）败血症（septicemia）：细菌由局部病灶入血后，大量繁殖并产生毒素，引起全身中毒症状和病理变化，称为败血症。败血症除有毒血症的临床表现外，还常出现皮肤和黏膜的多发性出血斑点，以及脾脏和淋巴结肿大等。此时血液中常可培养出病原菌。

（4）脓毒败血症（pyemia）：化脓菌所引起的败血症可进一步发展成为脓毒败血症。脓毒败血症指化脓菌除产生败血症的表现外，可在全身一些脏器中出现多发性栓塞性脓肿（embolic abscess），或称转移性脓肿（metastatic abscess）。

（刘甜甜）

第三节 慢性炎症

慢性炎症是指持续数周甚至数年的炎症，其中迁延不断的炎症反应、组织损伤和修复反应相伴发生。慢性炎症多由急性炎症迁延而来；也可隐匿发生而无急性炎症过程；或者在急性炎症反复发作的间期存在。根据慢性炎症的形态学特点，将其分为两大类：一般慢性炎症（又称非特异性慢性炎）和肉芽肿性炎（又称特异性慢性炎）。

慢性炎症发生于如下情况：①病原微生物很难清除，持续存在；例如结核菌、梅毒螺旋体、某些真菌等病原微生物难以彻底清除，常可激发免疫反应，特别是迟发性过敏反应，有时可表现为特异性肉芽肿性炎；②长期暴露于内源性或外源性毒性因子，例如长期暴露于二氧化硅引发硅沉着病；③对自身组织产生免疫反应，如类风湿关节炎和系统性红斑狼疮等。

一、一般慢性炎症

（一）一般慢性炎症的病理变化特点

一般慢性炎症的主要特点是：①炎症灶内浸润细胞主要为单核细胞、淋巴细胞和

浆细胞，反映了机体对损伤的持续反应；②组织破坏主要由炎症细胞的产物引起；③修复反应常伴有较明显的成纤维细胞和血管内皮细胞的增生，以及被覆上皮和腺上皮等实质细胞的增生，以替代和修复损伤的组织。

慢性炎症的纤维结缔组织增生常伴有瘢痕形成，可造成管道性脏器的狭窄；在黏膜可形成炎性息肉（图8-3-1），例如鼻息肉和子宫颈息肉；在肺或其他脏器可形成炎症假瘤。炎症假瘤本质上是炎症，由肉芽组织炎细胞、增生的实质细胞和纤维结缔组织构成，为境界清楚的瘤样病变。

图8-3-1 肠息肉（↑）

（二）一般慢性炎症的主要细胞

单核巨噬细胞系统的激活是慢性炎症的一个重要特征。单核巨噬细胞系统包括血液中的单核细胞和组织中的巨噬细胞，后者弥散分布于结缔组织或器官中，例如肝脏的库普弗细胞（Kupffer cell）、脾脏和淋巴结的窦组织细胞、肺泡的巨噬细胞、中枢神经系统的小胶质细胞等。单核细胞在血液中的生命期仅为1天，组织中的巨噬细胞的生命期则为几个月到几年。急性炎症24～48小时后，单核细胞在黏附分子和化学趋化因子的作用下，从血管中渗出并聚集到炎症灶，转化为巨噬细胞。巨噬细胞与单核细胞相比，其体积增大、生命期长、吞噬能力增强。

巨噬细胞在宿主防御和炎症反应中有如下功能：①吞噬、清除微生物和坏死组织；②启动组织修复，参与瘢痕形成和组织纤维化；③分泌TNF、IL-1、化学趋化因子、二十烷类等炎症介质，巨噬细胞是启动炎症反应、并使炎症蔓延的重要细胞；④为T细胞呈递抗原物质，并参与T细胞介导的细胞免疫反应，杀伤微生物。

淋巴细胞是慢性炎症中浸润的另一种炎症细胞。淋巴细胞在黏附分子和化学趋化因子介导下，从血液中渗出并迁移到炎症病灶处。在组织中，B淋巴细胞接触到抗原后可分化为浆细胞产生抗体，亦可产生针对自身抗原的自身抗体；$CD4^+$ T淋巴细胞接触到抗原后可被激活，产生一系列细胞因子，促进炎症反应。另外，巨噬细胞吞噬并处理抗原后，把抗原呈递给T淋巴细胞，并产生IL-12刺激T淋巴细胞；激活的T淋巴细胞产生细胞因子IFN-γ，反过来又可激活巨噬细胞。因此，淋巴细胞和巨噬细胞在慢性炎症过程中相互作用，使炎症反应周而复始、连绵不断。

肥大细胞在结缔组织中广泛分布，肥大细胞表面存在免疫球蛋白IgE的Fc受体，其在对昆虫叮咬、食物和药物变态反应以及对寄生虫的炎症反应中起重要作用。

嗜酸性粒细胞浸润主要见于寄生虫感染以及IgE介导的炎症反应（尤其是变态反应）。嗜酸性粒细胞在化学趋化因子eotaxin的作用下，迁移到炎症病灶处。其胞质内嗜酸性颗粒中含有的主要嗜碱性蛋白，是一种阳离子蛋白，对寄生虫有独特的毒性，

也能引起哺乳类上皮细胞的坏死。

二、慢性肉芽肿性炎

（一）肉芽肿性炎的概念

肉芽肿性炎（granulomatous inflammation）以炎症局部巨噬细胞及其衍生细胞增生形成境界清楚的结节状病灶（即肉芽肿）为特征，是一种特殊类型的慢性炎症。肉芽肿直径一般在0.5～2 mm。巨噬细胞衍生的细胞包括上皮样细胞和多核巨细胞。不同致病因子引起的肉芽肿往往形态不同，常可根据肉芽肿形态特点作出病因诊断，例如根据典型的结核结节可诊断结核病。如果肉芽肿形态不典型，确定病因还需要辅以特殊检查，如抗酸染色、细菌培养、血清学检查和聚合酶链反应（PCR）等。

（二）肉芽肿性炎的常见类型

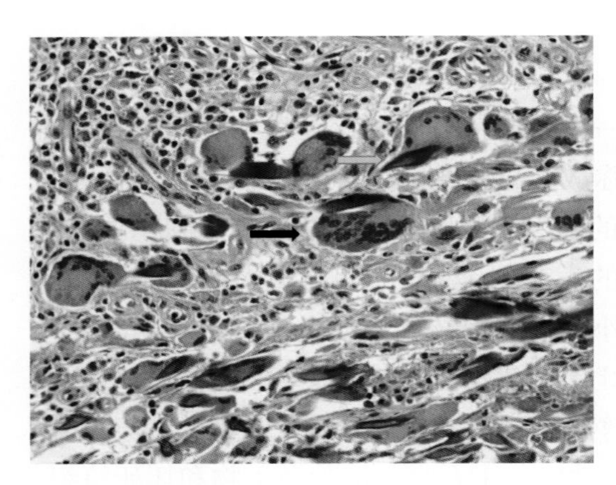

图8-3-2　异物肉芽肿（心肌）
异物巨细胞（黑色箭头）、异物（黄色箭头）

1. 感染性肉芽肿

感染性肉芽肿的常见病因如下。①细菌感染：结核分枝杆菌和麻风杆菌分别引起结核病和麻风，革兰氏阴性杆菌汉赛巴通体可引起猫抓病；②螺旋体感染：梅毒螺旋体引起梅毒；③真菌和寄生虫感染：组织胞浆菌、新型隐球菌和血吸虫感染等。

2. 异物性肉芽肿

手术缝线、石棉、滑石粉（可见于静脉吸毒者）、隆乳术的填充物、移植的人工血管等可以引起异物性肉芽肿（图8-3-2）。

3. 原因不明的肉芽肿

如结节病肉芽肿。

（三）肉芽肿的形成条件

异物性肉芽肿是由于异物刺激长期存在而形成的慢性炎症。感染性肉芽肿是由于某些病原微生物不易被消化，引起机体细胞免疫反应，巨噬细胞吞噬病原微生物后将抗原呈递给T淋巴细胞，并使其激活产生细胞因子IL-2和IFN-γ等。IL-2可进一步激活其他T淋巴细胞，IFN-γ可使巨噬细胞转变成上皮样细胞和多核巨细胞。

（四）肉芽肿的组成成分和形态特点

肉芽肿的主要细胞成分是上皮样细胞和多核巨细胞，具有诊断意义。上皮样细胞的胞质丰富，胞质呈淡粉色，略呈颗粒状，胞质界限不清；细胞核呈圆形或长圆形，有时核膜折叠，染色浅淡，核内可有1～2个小核仁。因这种细胞形态与上皮细胞相

似，故称上皮样细胞。

多核巨细胞的细胞核数目可达几十个，甚至几百个。结核结节中的多核巨细胞又称为朗汉斯巨细胞，由上皮样细胞融合而来，其细胞核排列于细胞周边呈马蹄形或环形，胞质丰富。多核巨细胞还常见于不易消化的较大异物、组织中的角化上皮和尿酸盐等周围，细胞核杂乱无章地分布于细胞，又称异物多核巨细胞。

（刘甜甜）

第九章 肿　瘤

■ 肿瘤的概念
◎ 肿瘤的概念
◎ 肿瘤性增生与非肿瘤性增生的区别
■ 肿瘤的形态
◎ 肿瘤的大体形态
◎ 肿瘤的组织形态
◎ 肿瘤的分化与异型性
■ 肿瘤的命名与分类
◎ 肿瘤的命名原则
◎ 肿瘤的分类
■ 肿瘤的生长与扩散
◎ 肿瘤的生长
◎ 肿瘤的扩散
◎ 肿瘤分级与分期
■ 肿瘤对机体的影响
◎ 良性肿瘤
◎ 恶性肿瘤
◎ 良性肿瘤与恶性肿瘤的区别
■ 常见肿瘤举例
◎ 上皮组织肿瘤
◎ 间叶组织肿瘤
◎ 神经外胚叶肿瘤
■ 癌前病变、异型增生和原位癌
◎ 癌前病变
◎ 异型增生与原位癌
■ 肿瘤的病因学和发病学
◎ 肿瘤发生的分子生物学机制
◎ 肿瘤多步癌变的分子基础
◎ 环境致癌因素与作用机制
◎ 影响肿瘤发生、发展的内在因素及其作用机制

第一节　肿瘤的概念

一、肿瘤的概念

肿瘤（tumor）是机体的细胞异常增殖形成的新生物，常表现为机体局部的异常组织团块（肿块）。肿瘤的形成是在各种致瘤因素作用下，细胞生长调控发生严重紊乱并导致克隆性异常增殖的结果。这种导致肿瘤形成的细胞增生称为肿瘤性增生（neoplastic proliferation）。

二、肿瘤性增生与非肿瘤性增生的区别

与肿瘤性增生相对应的概念是非肿瘤性增生（non-neoplastic proliferation）。如炎性肉芽组织中的血管内皮细胞、成纤维细胞等的增生都属于非肿瘤性增生。非肿瘤性增生可见于正常的细胞更新、损伤引起的防御反应、修复等情况，通常是符合机体需要的生物学过程，受到控制，有一定限度；引起细胞增生的原因消除后一般不再继续；增生的细胞或组织能够分化成熟。非肿瘤性增生一般为多克隆性的（polyclonal），

增生过程产生的细胞群，即使是同一类型的细胞，也并不都来自同一个亲代细胞，而是从不同的亲代细胞衍生而来的子代细胞。

肿瘤性增生与非肿瘤性增生有重要区别：①肿瘤性增生与机体不协调，对机体有害；②肿瘤性增生一般是克隆性的（clonal）。研究显示，一个肿瘤中的肿瘤细胞群，是由发生了肿瘤性转化的单个细胞反复分裂繁殖产生的子代细胞组成的。这一特点称为肿瘤的克隆性（clonality）；③肿瘤细胞的形态、代谢和功能均有异常，不同程度地失去了分化成熟的能力；④肿瘤生长旺盛，失去控制，具有相对自主性，即使引起肿瘤性增生的初始因素不复存在，子代细胞仍持续自主生长。这些现象提示，在引起肿瘤性增生的初始因素作用下，肿瘤细胞已发生基因水平的异常，并且可以稳定地传递给子代细胞（表9-1-1）。

表9-1-1 肿瘤性增生与非肿瘤性增生的区别

	肿瘤性增生	非肿瘤性增生
对机体的影响	与机体不协调、危害健康	符合机体需要的生物学过程
细胞生长的性质	克隆性	多克隆性
分化成熟能力	不同程度地失去分化成熟能力	能够分化成熟，与正常组织相似
细胞生长的可控性	非可控性，原因消除后仍继续生长	受到限制，原因消除后不再继续

导致肿瘤形成的各种因素称为致瘤因子（tumorigenic agent），相应的物质统称为致癌物（carcinogen）。目前研究认为，肿瘤是一种多基因遗传病，其发生发展是一个十分复杂的过程，是细胞生长与增殖调控发生严重紊乱的结果。细胞的生长与增殖受多种调节分子的控制，肿瘤的形成与这些调节分子的基因发生异常改变有关。这些基因或其产物的异常是肿瘤发生的分子基础。

（张翠娟）

第二节 肿瘤的形态

一、肿瘤的大体形态

肿瘤的肉眼形态多种多样，并可在一定程度上反映肿瘤的良恶性。大体观察时，应注意肿瘤的数目、大小、形状、颜色和质地等。这些信息有助于判断肿瘤的类型和性质。

（一）肿瘤的数目

肿瘤的数目不一，通常为单个，称为单发肿瘤。也可以同时或先后发生多个原发性肿瘤（多发肿瘤），如神经纤维瘤病，患者可有数十个甚至数百个神经纤维瘤。

（二）肿瘤的大小

肿瘤的大小可以差别很大。小者仅数毫米，很难发现，如甲状腺的隐匿癌，有的甚至在显微镜下才能发现。大者直径可达数十厘米，重达数千克乃至数十千克，如卵巢的浆液性囊腺瘤。肿瘤的体积与许多因素相关，如肿瘤的性质、生长时间和发生部位等。发生在体表或大的体腔（如腹腔）内的肿瘤，生长空间充裕，体积可以很大；发生在密闭的狭小腔道（如颅腔，椎管）内的肿瘤，生长受限，体积通常较小。一般而言，恶性肿瘤的体积越大，发生转移的机会也越大，因此，恶性肿瘤的体积是肿瘤分期的一项重要指标。对于某些肿瘤类型来说，如胃肠道间质瘤，体积也是预测肿瘤生物学行为的重要指标。

（三）肿瘤的形状

肿瘤的形状多种多样，可呈乳头状（papillary）、菜花状（cauliflower）、绒毛状（villiform）、蕈伞状（fungating）、息肉状（polypus）、结节状（nodular）、分叶状（lobulated）、浸润性包块状（infiltrating mass）、弥漫肥厚状（diffuse thicking）、溃疡状（ulcerated）和囊状（cystic）等（图9-2-1）。肿瘤形状上的差异一般与其发生部位、组织来源、生长方式和良恶性密切相关。

图9-2-1　肿瘤的常见大体形态和生长方式示意图

（四）肿瘤的颜色

肿瘤的颜色由组成肿瘤的组织和细胞及其产物的颜色决定。如纤维组织肿瘤，切面多灰白色，脂肪瘤呈黄色，血管瘤呈红色等。肿瘤发生继发改变，如变性、坏死、出血等，使肿瘤原来的颜色发生变化。有些肿瘤产生色素，如黑色素瘤细胞产生黑色素，使肿瘤呈黑褐色。

（五）质地

肿瘤质地与其类型、间质的比例、有无继发改变等有关。良性肿瘤的质地一般接近其来源的正常组织，如脂肪瘤质地较软。癌的切面一般较干燥，常伴有纤维反应，质地较硬。肉瘤的切面多湿润、质嫩，呈鱼肉状。

（六）肿瘤与周围组织的关系

良性肿瘤通常与周围组织分界清楚，可有完整包膜。恶性肿瘤一般无包膜，常侵入周围组织，边界不清。

二、肿瘤的组织形态

肿瘤组织分为实质和间质两部分。

（一）肿瘤实质

肿瘤实质（parenchyma）是克隆性增生的肿瘤细胞的总称，是肿瘤的主要成分。肿瘤的生物学特点及每种肿瘤的特殊性主要由肿瘤的实质决定。其形态、形成的结构或其产物是判断肿瘤的分化方向、进行肿瘤组织学分类的主要依据。

（二）肿瘤间质

肿瘤间质（mesenchyma，stroma）由结缔组织、血管、淋巴–单核细胞等组成，起着支持和营养肿瘤实质、参与肿瘤免疫反应等作用。肿瘤间质构成的微环境对肿瘤细胞生长、分化和迁移具有重要影响。

三、肿瘤的分化与异型性

肿瘤的分化（differentiation）是指肿瘤组织在形态和功能上与某种正常组织的相似之处；相似的程度称为肿瘤的分化程度。肿瘤的组织形态和功能与某种正常组织相似性越高，说明其分化程度越高或分化好（well differentiated）；与正常组织相似性越小，则分化程度越低或分化差（poorly differentiated）；分化极差以致无法判断其分化方向的肿瘤称为未分化（undifferentiated）肿瘤。

肿瘤的结构异型性：肿瘤细胞形成的组织结构，在空间排列方式上与正常组织的差异，称为肿瘤的结构异型性。如食管鳞状细胞原位癌中（图9-2-2），鳞状细胞排列显著紊乱；胃腺癌中肿瘤性腺上皮形成大小和形状不规则的腺体或腺样结构，排列紊乱，在固有层、肌层中浸润生长等。

肿瘤的细胞异型性（cell atypia）可有多种表现（图9-2-3），包括：①细胞体积异常，有些表现为细胞体积增大，有些表现为原始的小细胞；②肿瘤细胞的大小和形态很不一致（多形性），出现瘤巨细胞；③肿瘤细胞核的体积增大，核质比增高；④核的大小、形状和染色差别较大，出现巨核、双核、多核或奇异形核，核内DNA常增多、核深染，染色质呈粗颗粒状，分布不均匀，常堆积在核膜下；⑤核仁明显，体积大，数目多；⑥核分裂象增多，出现异常核分裂象，如不对称核分裂象、多极性核分裂象等。

异型性是肿瘤组织和细胞出现成熟障碍和分化障碍的表现，是区分良、恶性肿瘤的重要指标。良性肿瘤的异型性较小，恶性肿瘤的异型性较大。异型性越大，肿瘤组

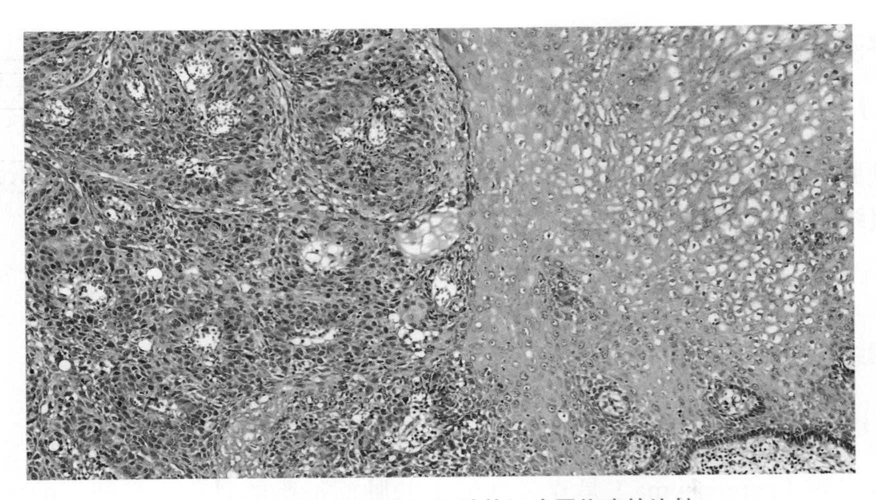

图 9-2-2 正常鳞状上皮和鳞状细胞原位癌的比较

食管的鳞状细胞原位癌（左）和正常鳞状上皮（右）的比较：注意前者的结构异型性和细胞异型性均很显著，与右侧正常的鳞状上皮形态截然不同，出现极性紊乱，核大、深染，核质比例增高，核分裂增多

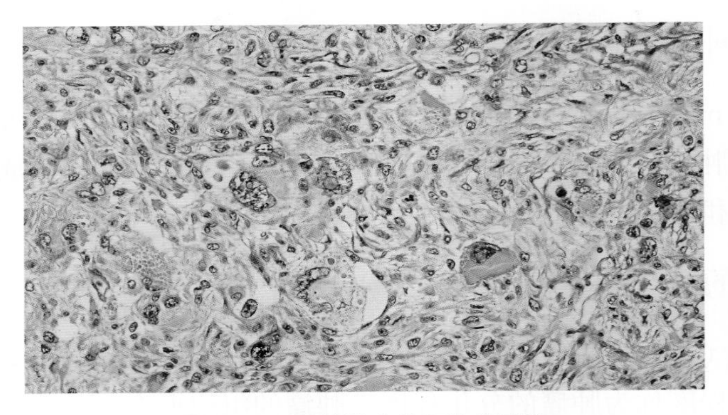

图 9-2-3 恶性肿瘤的细胞异型性

高度恶性的肉瘤中显著的细胞异型性。肿瘤细胞核大、深染，核质比例高，细胞大小及形态差异显著（多形性），核分裂象多，可见瘤巨细胞和异常核分裂象

织和细胞成熟程度和分化程度越低，与相应正常组织的差异越大。显著的异型性称为间变（anaplasia），具有间变特征的肿瘤，称为间变性肿瘤，多为高度恶性的肿瘤。

（张翠娟）

第三节 肿瘤的命名与分类 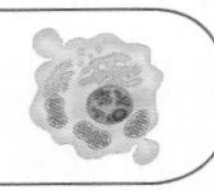

一、肿瘤的命名原则

人体肿瘤的种类繁多，命名十分复杂。一般根据其组织来源（分化方向）以及生物学行为来命名。

（一）肿瘤命名的一般原则

1. 良性肿瘤命名

一般是在来源组织的名称后加一个“瘤”字（英文后缀为-oma）。例如：纤维结缔组织来源的良性肿瘤称为纤维瘤（fibroma）；腺上皮和导管上皮来源的良性肿瘤称为腺瘤（adenoma）；平滑肌来源的良性肿瘤，称为平滑肌瘤（leiomyoma）；含有纤维和腺体两种成分的肿瘤则称为纤维腺瘤（fibroadenoma）。

需要注意的是，有些冠以“瘤”字的病变名称并非真性肿瘤。如动脉瘤（aneurysm）是动脉管壁局限性扩张形成的病理性包块。

2. 恶性肿瘤命名

（1）癌（carcinoma）：是指上皮组织来源的恶性肿瘤，命名时在上皮组织名称后加一个“癌”字。如鳞状上皮组织来源的恶性肿瘤称为鳞状细胞癌，简称为鳞癌（squamous cell carcinoma，SCC）；腺体和导管上皮来源的恶性肿瘤称为腺癌（adenocarcinoma）。有些癌具有不止一种上皮分化，例如发生在肺的腺鳞癌，同时具有鳞癌和腺癌的成分。对于那些形态或免疫表型可以确定为癌，但缺乏特定上皮分化特征者称为未分化癌（undifferentiated carcinoma）。

（2）肉瘤（sarcoma）：是指间叶组织（包括纤维结缔组织、肌肉、脂肪、血管、淋巴管、骨及软骨组织等）来源的恶性肿瘤。命名时在间叶组织名称之后加“肉瘤”二字，例如横纹肌肉瘤（rhabdomyosarcoma）、纤维肉瘤（fibrosarcoma）、脂肪肉瘤（liposarcoma）、骨肉瘤（osteosarcoma）等。对于那些形态或免疫表型可以确定为肉瘤，但缺乏特定间叶组织分化特征者统称为未分化肉瘤（undifferentiated sarcoma）。

同时具有癌和肉瘤成分的恶性肿瘤称为癌肉瘤（carcinosarcoma）。应当强调，在病理学上，癌是指上皮组织来源的恶性肿瘤。日常所谓“癌症（cancer）”则泛指包括癌、肉瘤和其他特殊命名的恶性肿瘤。

（二）肿瘤命名的特殊情况

除上述一般命名方法之外，有时还结合肿瘤的形态特点命名。例如，形成乳头状和囊状结构的腺瘤称为乳头状囊腺瘤；形成乳头状及囊状结构的腺癌称为乳头状囊腺癌等。

少数肿瘤的命名不完全依照上述原则，由于历史的原因已经约定俗成：①有些肿瘤的形态类似发育过程中的某种幼稚细胞或组织，称为“母细胞瘤”（-blastoma），例如良性的骨母细胞瘤（osteoblastoma）以及恶性的神经母细胞瘤（neuroblastoma）、髓母细胞瘤（medulloblastoma）和肾母细胞瘤（nephroblastoma）等；②淋巴瘤、白血病、精原细胞瘤等，虽冠以“病”或“瘤”字，但实际上均为恶性肿瘤；③有些恶性肿瘤，不称为“癌”或“肉瘤”，而直接称为“恶性……瘤”，例如恶性黑色素瘤、恶性脑膜瘤和恶性神经鞘瘤等；④有的肿瘤以起初描述或研究该肿瘤的学者名字命名，例如尤因（Ewing）肉瘤、霍奇金（Hodgkin）淋巴瘤；⑤有些肿瘤以肿瘤细胞形态命名，例如透明细胞软骨肉瘤；⑥有些肿瘤冠以“瘤病（-omatosis）”，主要指肿瘤

的多发状态，例如血管瘤病（angiomatosis）、脂肪瘤病（lipomatosis）、神经纤维瘤病（neurofibromatosis）等；⑦来源于性腺或胚胎剩件中的全能细胞发生的肿瘤，一般含有两个以上胚层的多种成分，结构混乱，多发生于性腺，称为畸胎瘤（teratoma）。

二、肿瘤的分类

肿瘤的分类主要依据肿瘤的组织类型、细胞类型和生物学行为，包括肿瘤的临床病理特征及预后情况。常见肿瘤的简单分类如下（表9-3-1）。

表9-3-1 常见肿瘤的分类

组织来源	良性肿瘤	恶性肿瘤
上皮组织		
鳞状上皮	鳞状细胞乳头状瘤	鳞状细胞癌
腺上皮细胞	腺瘤	腺癌
基底细胞		基底细胞癌
尿路上皮	尿路上皮乳头状瘤	尿路上皮癌
间叶组织		
纤维组织	纤维瘤	纤维肉瘤
平滑肌	平滑肌瘤	平滑肌肉瘤
横纹肌	横纹肌瘤	横纹肌肉瘤
脂肪组织	脂肪瘤	脂肪肉瘤
淋巴管	淋巴管瘤	
血管	血管瘤	血管肉瘤
骨和软骨	软骨瘤，骨软骨瘤	骨肉瘤，软骨肉瘤
淋巴造血组织		
淋巴细胞		淋巴瘤
造血细胞		白血病
神经组织和脑脊膜		
神经胶质细胞		弥漫性星形细胞瘤，胶质母细胞瘤
神经细胞	神经节细胞瘤	神经母细胞瘤，髓母细胞瘤
脑脊膜	脑膜瘤，脊膜瘤	恶性脑膜瘤，恶性脊膜瘤
神经鞘膜细胞	神经鞘瘤	恶性外周神经鞘膜瘤
其他肿瘤		
黑色素细胞		恶性黑色素瘤
滋养层细胞	水泡状胎块（葡萄胎）	绒毛膜上皮癌
生殖细胞		胚胎性癌，精原细胞瘤，卵黄囊瘤
性腺或胚胎剩件中的全能细胞		
	成熟畸胎瘤	未成熟畸胎瘤，畸胎瘤恶变

世界广泛应用的肿瘤分类是由世界卫生组织（World Health Organization，WHO）制定的，该分类以病理学改变作为基础，并结合了临床表现、免疫表型和分子遗传学改变等。

肿瘤的分类在医学实践及研究中均有重要作用。不同类型的肿瘤具有不同的临床病理特点，对治疗的反应以及预后也各不相同。肿瘤的正确分类是指导临床治疗、评估患者预后的重要依据，也是疾病统计、流行病学调查、病因和发病学研究的基本保障。

确定肿瘤的来源和类型，除了依靠其临床表现、影像学和病理学特点之外，还借助于肿瘤细胞表面或细胞内一些特定分子的检测结果。例如，通过免疫组织化学方法检测上皮细胞来源肿瘤的各种细胞角蛋白（cytokeratin，CK）、黑色素瘤细胞表达的HMB45（图9-3-1）、肌肉组织来源肿瘤表达的结蛋白（desmin）、淋巴细胞等表面的CD（cluster of differentiation）抗原等。Ki-67等分子标志物可以用来检测肿瘤细胞的增殖活性（图9-3-2）。这些分子标志物检测是现代病理诊断的重要辅助手段。

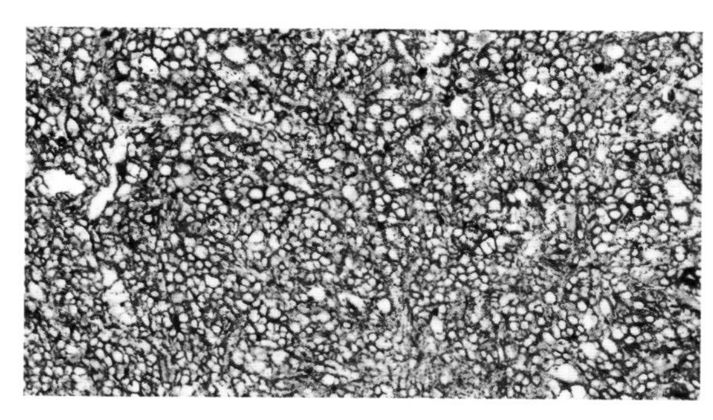

图9-3-1 恶性黑色素瘤的HMB45

免疫组织化学（IHC）染色显示肿瘤细胞呈HMB45阳性（肿瘤细胞内的棕黄色颗粒为免疫组织化学染色的阳性反应产物）

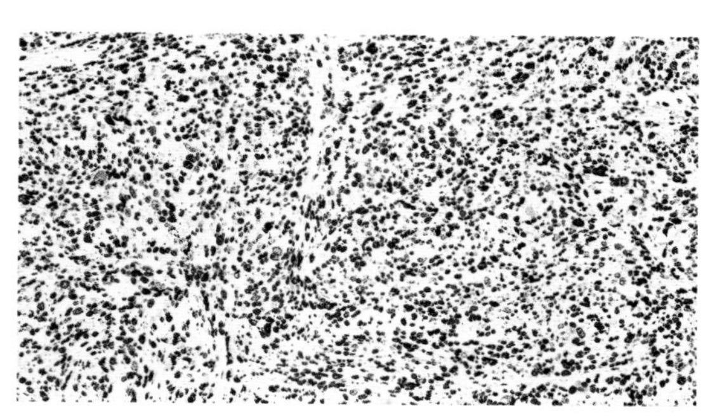

图9-3-2 恶性黑色素瘤免疫组织化学染色显示Ki-67抗原表达情况

肿瘤细胞Ki-67标记阳性（阳性反应的核呈棕黄色），说明肿瘤增殖活性高

肿瘤病理诊断中常用一些免疫标记分子（immunomarker）表达相应的细胞或肿瘤类型（表9-3-2）。但必须注意，免疫标记大多无绝对特异性，通常需要使用一组（panel）标记，同时需要有良好的阳性和阴性对照以及规范化的判定标准等才有助于组织病理学诊断及鉴别诊断。

表9-3-2 肿瘤免疫组织化学常用标志物

标志物	阳性表达常见细胞或肿瘤类型
上皮细胞	
Cytokeratin（CK）	上皮细胞，癌，间皮瘤
CK7	部分腺癌，部分鳞状细胞癌
CK20	胃肠道，卵巢癌，默克尔细胞癌
epithelial membrane antigen（EMA）	腺癌，间皮瘤，间变性大细胞淋巴瘤
Ber-Ep4	大多数腺癌
CK5/CK6	鳞状细胞，鳞状细胞癌，间皮瘤，尿路上皮癌
P63	鳞状细胞，鳞状细胞癌，基底细胞癌，尿路上皮癌
间皮	
CK5/CK6	间皮细胞，间皮瘤
HBME	间皮细胞，间皮瘤，甲状腺癌
Calretinin	间皮细胞，间皮瘤
黑色素细胞	
HMB45	恶性黑色素瘤
S-100 protein	神经组织，脂肪组织，组织细胞，恶性黑色素瘤，神经源性肿瘤，脂肪源性肿瘤
Melan A	恶性黑色素瘤

续表

标志物	阳性表达常见细胞或肿瘤类型
SOX10	神经组织，神经源性肿瘤，恶性黑色素瘤
神经内分泌和神经细胞	
chromogranin A	神经内分泌细胞，神经内分泌肿瘤，垂体腺瘤
synaptophysin	神经内分泌细胞，神经内分泌肿瘤，垂体腺瘤
CD56	神经内分泌细胞，甲状腺滤泡上皮细胞，神经内分泌肿瘤，垂体腺瘤
胶质细胞	
glial fibrillary acidic protein（GFAP）	胶质细胞，星形细胞瘤和其他神经胶质肿瘤
间充质细胞	
Vimentin	大多数肉瘤
Desmin	肌肉组织，肌源性肿瘤
SMA	平滑肌组织，肌纤维母细胞，平滑肌肿瘤，肌纤维母细胞肿瘤
CD99	尤因肉瘤，原始神经外胚叶瘤（PNET），急性淋巴和髓系白血病
器官	
prostate-specific antigen（PSA）	前列腺上皮细胞，前列腺癌
Thyroglobulin	甲状腺滤泡上皮细胞，甲状腺滤泡上皮源性肿瘤
Alpha fetoprotein（AFP）	胎肝组织，卵黄囊，肝细胞癌，卵黄囊瘤
HepPar 1	肝细胞癌
WT1	Wilms瘤，间皮瘤
placental alkaline phosphatase（PLAP）	生殖细胞肿瘤
human chorionic gonadotropin（hCG）	滋养细胞肿瘤
CA19-9	胰腺和胃肠道癌
CA125	卵巢癌，子宫内膜癌，其他非妇科肿瘤（胰腺癌，间皮瘤）
Calcitonin	甲状腺髓样癌
GATA-3	乳腺，膀胱
CD系列	
CD2	T细胞，T细胞肿瘤
CD3	T细胞，T细胞肿瘤
CD4	滤泡辅助T细胞，T细胞肿瘤
CD5	T细胞，部分B细胞肿瘤
CD7	T细胞，T细胞肿瘤
CD8	抑制T细胞，T细胞肿瘤
CD10（common ALL antigen，CALLA）	急性淋巴细胞白血病，B细胞淋巴瘤，肾细胞癌
CD15	里-施细胞，中性粒细胞，霍奇金淋巴瘤，部分髓系白血病
CD19	B细胞，B细胞肿瘤
CD20	B细胞，B细胞肿瘤
CD30	霍奇金淋巴瘤、间变性大细胞淋巴瘤
CD43	T细胞，淋巴造血组织肿瘤
CD45（LCA）	白细胞，淋巴造血组织肿瘤
CD56	NK细胞，NK细胞肿瘤

续表

标志物	阳性表达常见细胞或肿瘤类型
CD57	NK细胞，NK细胞肿瘤
CD68	巨噬细胞
CD79a	B淋巴细胞，B细胞淋巴瘤
CD99	原始神经外胚叶肿瘤（PNET），淋巴母细胞性淋巴瘤
CD117（c-Kit）	慢性粒细胞白血病，胃肠道间质瘤，精原细胞瘤，恶性黑色素瘤
内皮	
von Willebrand factor（vWF）	血管肿瘤
CD31	内皮细胞，血管肿瘤
CD34	内皮细胞，血管肿瘤，胃肠间质瘤，孤立性纤维性肿瘤

人们对肿瘤发生分子机制的研究日益深入，为肿瘤的分类、诊断和治疗提供了新的选择方向。WHO最新版的各器官系统肿瘤分类，除了考虑肿瘤的形态学特点及生物学行为外，还考虑了肿瘤的细胞遗传学和分子遗传学改变的特点。近年来，利用基因芯片（gene microarray）技术进行检测，发现了与生物学行为或治疗反应及预后有关的特异性基因表达谱。因此，分子诊断（molecular diagnosis）有望成为肿瘤病理诊断的重要手段之一。

（张翠娟）

第四节 肿瘤的生长与扩散

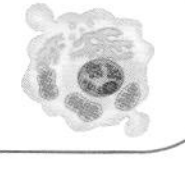

一、肿瘤的生长

（一）肿瘤的生长方式

肿瘤的生长方式主要有3种：膨胀性生长（expansive growth）、外生性生长（exophytic growth）和浸润性生长（invasive growth）。实质器官的良性肿瘤多呈膨胀性生长，生长速度较慢，随着体积增大，肿瘤推挤但不侵犯周围组织，与周围组织界限清楚，可在肿瘤周围形成完整的纤维性包膜。

体表肿瘤和体腔（如胸腔、腹腔）内的肿瘤，或管道器官（如消化道）腔面的肿瘤，常凸向表面，呈乳头状、息肉状、蕈样或菜花状。这种生长方式称为外生性生长。良性肿瘤和恶性肿瘤都可呈外生性生长，但恶性肿瘤在外生性生长的同时，其基底部往往也有浸润。外生性恶性肿瘤，由于生长迅速，肿瘤中央部血液供应相对不足，肿瘤细胞易发生坏死，坏死组织脱落后形成底部高低不平、边缘隆起的恶性溃疡。

恶性肿瘤多呈浸润性生长。肿瘤细胞长入并破坏周围组织（包括组织间隙、淋巴管或血管），这种现象叫作浸润（invasion）。浸润性肿瘤没有包膜，与邻近的正常组

织无明显界限。肿瘤固定，活动度小，手术时需要将较大范围的周围组织一并切除，因为其中也可能有肿瘤细胞浸润。

（二）肿瘤的生长特点

不同肿瘤的生长速度差别很大。良性肿瘤生长一般较缓慢，肿瘤生长的时间可达数年甚至数十年。恶性肿瘤生长较快，可在短期内形成明显的肿块。影响肿瘤生长速度的因素很多，如肿瘤细胞的倍增时间（doubling time）、生长分数（growth fraction）、肿瘤细胞的生成和死亡的比例等。

肿瘤细胞的倍增时间是指细胞分裂增殖为两个子代细胞所需的时间。多数恶性肿瘤细胞的倍增时间并不比正常细胞快，所以，恶性肿瘤生长迅速可能主要不是肿瘤细胞倍增时间缩短引起的。生长分数指肿瘤细胞群体中处于增殖状态的细胞的比例。处于增殖状态的细胞，不断分裂增殖。每一次这样的分裂繁殖过程称为一个细胞周期，由G_1、S、G_2和M四个期组成。DNA的复制在S期进行。细胞的分裂发生在M期。G_1期为S期做准备；G_2期为M期做准备。恶性肿瘤形成初期，细胞分裂增殖活跃，生长分数高。随着肿瘤的生长，部分肿瘤细胞进入静止期（G_0期），停止分裂增殖。许多抗肿瘤的化疗药物是通过干扰细胞增殖起作用的。因此，生长分数高的肿瘤对化疗药物敏感，生长分数低的肿瘤对化疗药物的敏感性可能就比较低。

肿瘤细胞的生成和死亡的比例是影响肿瘤生长速度的一个重要因素。肿瘤生长过程中，由于营养供应和机体抗肿瘤反应等因素的影响，部分肿瘤细胞会死亡，并且常常以凋亡的形式发生。肿瘤细胞的生成和死亡的比例，在很大程度上决定肿瘤是否能持续生长、以多快速度生长。促进肿瘤细胞死亡和抑制肿瘤细胞增殖，是肿瘤治疗的两个重要方面。

（三）肿瘤血管生成

肿瘤直径达到1～2 mm后，若无新生血管生成以提供营养，则不能继续增长。实验显示，肿瘤有诱导血管生成的能力。肿瘤细胞本身及炎细胞（主要是巨噬细胞）能产生血管生成因子，如血管内皮细胞生长因子，诱导新生血管的生成。血管内皮细胞和成纤维细胞表面有血管生成因子受体。血管生成因子与其受体结合后，可促进血管内皮细胞分裂和毛细血管出芽生长。近年研究还显示，肿瘤细胞本身可形成类似血管、具有基底膜的小管状结构，可与血管交通，作为不依赖于血管生成的肿瘤微循环或微环境成分，称为“血管生成拟态”（vasculogenic mimicry）。肿瘤血管生成由血管生成因子和抗血管生成因子共同调控。抑制血管生成或“血管生成拟态”，是肿瘤治疗的新途径。

（四）肿瘤的演进和异质性

恶性肿瘤是从一个发生恶性转化的细胞单克隆性增殖而来。理论上，一个恶性转化细胞通过这种克隆增殖过程，经过大约40个倍增周期之后，达到10^{12}个细胞，可引起广泛转移，导致宿主死亡。而临床能检测到的最小肿瘤（数毫米大），恶性转化的

细胞也已增殖了大约30个周期，达到10^9个细胞。

恶性肿瘤在其生长过程中出现侵袭性增加的现象称为肿瘤的演进（progression），可表现为生长速度加快、浸润周围组织和发生远处转移。肿瘤演进与它获得越来越大的异质性（heterogeneity）有关。肿瘤在生长过程中，经过许多代分裂增殖产生的子代细胞，可出现不同的基因改变或其他大分子的改变，其生长速度、侵袭能力、对生长信号的反应、对抗癌药物的敏感性等方面出现不同程度的差异，形成了具有各自特性的“亚克隆”。在获得这种异质性的肿瘤演进过程中，具有生长优势和较强侵袭力的细胞压倒了没有生长优势和侵袭力弱的细胞。

近年来对白血病、乳腺癌、前列腺癌、胶质瘤等多种肿瘤的研究显示，一个肿瘤虽然是由大量肿瘤细胞组成的，但其中具有启动和维持肿瘤生长、保持自我更新能力的细胞是少数，这些细胞称为癌症干细胞（cancer stem cell）、肿瘤干细胞（tumor stem cell）或肿瘤启动细胞（tumor initiating cell，TIC）。对肿瘤干细胞的进一步研究，将有助于深入认识肿瘤发生、肿瘤生长及其对治疗的反应，以及新的治疗手段的探索。

二、肿瘤的扩散

恶性肿瘤不仅可在原发部位浸润性生长，累及邻近器官或组织，还可通过多种途径扩散到身体其他部位。这是恶性肿瘤最重要的生物学行为。

（一）局部浸润和直接蔓延

随着恶性肿瘤不断生长，肿瘤细胞常常沿着组织间隙或神经束衣连续地向周围浸润生长，破坏邻近器官或组织，这种现象称为直接蔓延，如晚期宫颈癌可直接蔓延至直肠和膀胱。

（二）转移

恶性肿瘤细胞从原发部位侵入淋巴管、血管或体腔，迁徙到其他部位，继续生长，形成同种类型的肿瘤，这个过程称为转移（metastasis）。通过转移形成的肿瘤称为转移性肿瘤或继发性肿瘤，原发部位的肿瘤称为原发性肿瘤。

转移是恶性肿瘤的特点，但并非所有恶性肿瘤都会发生转移。如皮肤的基底细胞癌，多在局部造成破坏，很少发生转移。

恶性肿瘤可通过以下几种途径转移：

1. 淋巴转移

淋巴转移是上皮性恶性肿瘤（癌）最常见的转移方式，但肉瘤也可以淋巴转移。肿瘤细胞侵入淋巴管（图9-4-1），随淋巴转移到达局部淋巴结（区域淋巴结）。如乳腺外上象限发生的癌常首先转移至同侧的腋窝淋巴结，形成淋巴结的转移性乳腺癌。

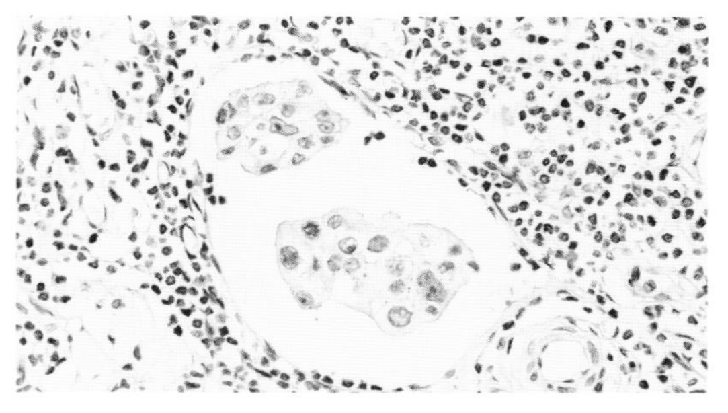

图9-4-1 肿瘤的淋巴转移
侵入扩张淋巴管的癌细胞团

肿瘤细胞先聚集于边缘窦，后累及整个淋巴结，使淋巴结肿大，质地变硬。随后肿瘤组织侵出包膜，使相邻的淋巴结融合成团。局部淋巴结发生转移后，可继续转移至淋巴循环下一站的其他淋巴结，最后可经胸导管进入血流，继发血道转移。值得注意的是，有时肿瘤细胞可以逆行转移（retrograde metastasis）或越过引流淋巴结发生跳跃式转移（skip metastasis）。前哨淋巴结是原发性肿瘤区域淋巴结群中承接淋巴引流的第一个淋巴结。在乳腺癌手术中，为了减少同侧腋窝淋巴结全部清扫后造成的术后并发症，如淋巴水肿等，临床上做前哨淋巴结术中冰冻活检，判断是否有转移来决定手术方式。该方法也逐渐应用于子宫内膜癌、结直肠癌、恶性黑色素瘤、结肠癌和其他肿瘤的手术中。

2. 血道转移

肿瘤细胞侵入血管后，可随血流到达远处的器官，继续生长，形成转移瘤。由于静脉壁较薄，同时静脉管腔内压力较低，故瘤细胞多经静脉入血。少数亦可经淋巴管间接入血。侵入体循环静脉的肿瘤细胞经右心到肺，在肺内形成转移瘤，如骨肉瘤肺转移。侵入门静脉系统的肿瘤细胞，首先发生肝转移，如胃肠道癌肝转移。原发性肺肿瘤或肺内转移瘤的瘤细胞可直接侵入肺静脉或通过肺毛细血管进入肺静脉，经左心随主动脉血流到达全身各器官，常转移至脑、骨、肾及肾上腺等处。因此，这些器官的转移瘤常发生于肺内已有转移之后。此外，侵入胸、腰、骨盆静脉的肿瘤细胞，也可以通过吻合支进入脊椎静脉丛，如前列腺癌可通过这一转移途径转移到脊椎，进而转移至脑，这时可不伴有肺的转移。

恶性肿瘤可以通过血道转移累及许多器官，但最常受累的脏器是肺和肝。形态学上，转移性肿瘤的特点是边界清楚，常为多个，散在分布，多接近于器官的表面。位于器官表面的转移性肿瘤，由于瘤结节中央出血、坏死部位下陷，形成所谓“癌脐”。

3. 种植转移

发于胸腹腔等体腔内器官的恶性肿瘤，侵及器官表面时，肿瘤细胞可以脱落，像播种一样种植在体腔其他器官的表面，形成多个转移性肿瘤。这种播散方式称为种植转移。

种植转移常见于腹腔恶性肿瘤。如胃肠道黏液癌浸透浆膜后，可种植到大网膜、腹膜、盆腔等器官。在卵巢可表现为双侧卵巢增大，镜下见富于黏液的印戒细胞癌弥漫浸润。这种特殊类型的卵巢转移性肿瘤称为Krukenberg瘤，多由胃肠道黏液癌（尤其是胃的印戒细胞癌）转移而来。应注意Krukenberg瘤不一定都是种植转移，也可通过淋巴或血道转移形成。

浆膜腔的种植转移常伴有浆膜腔积液，可为血性浆液性积液，是由于浆膜下淋巴管或毛细血管被瘤栓堵塞，毛细血管通透性增加，血液漏出，以及肿瘤细胞破坏血管引起的出血。体腔积液中可含有不等量的肿瘤细胞，抽取体腔积液做细胞学检查，以发现恶性肿瘤细胞，是诊断恶性肿瘤的重要方法之一。

（三）肿瘤浸润和转移的机制

恶性肿瘤细胞从原发灶游出，突破基底膜，穿过间质，再穿过血管或淋巴管的基

底膜，进入血管或淋巴管腔内，迁徙至远处器官并继续生长，是一个多阶段、多步骤的复杂过程。以癌为例，可以归纳为四个步骤。

1. 肿瘤细胞彼此分离

正常上皮细胞表面有多种细胞黏附分子（cell adhesion molecules，CAMs），它们之间相互作用可以使细胞紧密地黏附在一起，阻止细胞脱离；但癌细胞表面的黏附分子（如E-cadherin）明显减少，使细胞彼此分离（detachment）。

2. 癌细胞与基底膜间的黏附力明显增加

正常上皮细胞与基底膜间的黏附是通过上皮细胞基底面的一些分子介导的，如层粘连蛋白（laminin，LN）受体等，而癌细胞表达更多的LN受体，且分布于癌细胞的整个表面，使其与基底膜间的黏附力增加。

3. 细胞外基质降解

癌细胞产生蛋白酶（如Ⅳ型胶原酶），溶解细胞外基质（如Ⅳ型胶原），使基底膜局部形成缺损和缝隙，有助于癌细胞通过。

4. 细胞迁移力增强

癌细胞借阿米巴样运动通过基底膜缺损处移出，穿过基底膜后，进一步溶解间质结缔组织，在间质中移动并生长。到达淋巴管或血管壁时，也可以类似的方式穿过淋巴管或血管的基底膜进入血管。

进入血管内的恶性肿瘤细胞，并非都能够迁徙到其他器官形成转移灶。单个肿瘤细胞大多数被自然杀伤细胞消灭。但是和血小板凝集成团的肿瘤细胞，形成不易消灭的肿瘤细胞栓，可以黏附于血管内皮细胞，然后穿过血管内皮和基底膜，形成新的转移灶。肿瘤演进过程中，出现侵袭性不一的亚克隆。高侵袭性的瘤细胞亚克隆容易形成广泛的血行播散。黏附分子CD44可能与血行播散有关。正常T细胞表面的CD44分子，可以识别毛细血管后微静脉内皮上的透明质酸盐，回到特定的淋巴组织（淋巴细胞归巢现象）。恶性肿瘤细胞高表达CD44，可能通过类似机制出现更高的转移潜能。

肿瘤血道转移的部位和器官分布受原发性肿瘤部位和血液循环途径的影响。但某些肿瘤表现出对某些器官的亲和性。如肺癌易转移到肾上腺和脑；甲状腺癌、肾癌和前列腺癌易转移到骨；乳腺癌常转移到肺、肝、骨、卵巢和肾上腺等。这些现象可能与以下因素有关：①这些器官血管内皮细胞上的配体，能特异性地识别并结合某些癌细胞表面的黏附分子。②这些器官释放吸引某些癌细胞的趋化物质。如某些乳腺癌细胞表达化学趋化因子受体CXCR4和CCR7，容易转移到高表达这些趋化因子的组织；如果阻断CXCR4与其配体的结合，则可减少淋巴结和肺转移。③负选择的结果。某些组织或器官的环境不适合肿瘤的生长，如组织中的酶抑制物不利于转移灶形成，而另一些组织和器官没有这种抑制物，于是表现出肿瘤对后面这些器官的“亲和性”。如横纹肌少有肿瘤转移，可能跟肌肉经常收缩，乳酸含量过高，不利于肿瘤生长有关。

三、肿瘤分级与分期

恶性肿瘤的“分级”是描述其恶性程度的指标。病理学上，根据恶性肿瘤的分化程度、异型性、核分裂象的数目对恶性肿瘤进行分级。三级分级法使用较多，Ⅰ级

为高分化（well differentiated），分化良好，恶性程度低；Ⅱ级为中分化（moderately differentiated），中度恶性；Ⅲ级为低分化（poorly differentiated），恶性程度高。对某些肿瘤采用低级别（low grade）（分化较好）和高级别（high grade）（分化较差）的分级方法。

肿瘤分期方案众多，国际上广泛采用的是TNM分期系统（TNM classification）。T指肿瘤原发灶的情况，随着肿瘤体积的增加和邻近组织受累范围的增加，依次用T1～T4来表示。Tis代表原位癌。N指区域淋巴结（regional lymph node）受累情况。淋巴结未受累时，用N0表示。随着淋巴结受累程度和范围的增加，依次用N1～N3表示。M指远处转移（通常是血道转移），没有远处转移者用M0表示，有远处转移者用M1表示。在此基础上，用TNM三个指标的组合划出特定的分期（stage），如根据美国癌症联合会（America Joint Committee on Cancer，AJCC）编撰的《AJCC癌症分期手册》，乳腺癌T1N0M0为Stage I A。

肿瘤的分级和分期是制订治疗方案和评估预后的重要指标。在医学上，常常使用"5年生存率"（5-year survival rate）和"10年生存率"（10-year survival rate）等统计指标来衡量肿瘤的恶性行为及其对治疗的反应，而这些指标与肿瘤的分级和分期关系密切。一般来讲，分级和分期越高，生存率则越低。

（张翠娟）

第五节　肿瘤对机体的影响

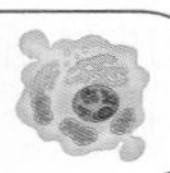

肿瘤对于机体的影响，主要取决于其生物学行为。大多数肿瘤可以划分为良性和恶性。

一、良性肿瘤

良性肿瘤分化较成熟，生长缓慢，局部生长，一般无浸润和转移，对机体的影响相对较小，主要表现为局部压迫和阻塞症状。这些症状的有无或严重程度，主要与其发生部位和继发改变有关。如体表良性肿瘤除少数可发生局部症状外，一般对机体无重要影响；但若发生在腔道或重要器官，也可引起较为严重的后果，如突入肠腔的平滑肌瘤可引起肠梗阻或肠套叠；颅内的良性肿瘤（如脑膜瘤）可压迫脑组织、阻塞脑室系统而引起颅内压升高，出现相应的神经系统症状。良性肿瘤有时可发生继发改变，亦可对机体带来不同程度的影响。如子宫黏膜下肌瘤常伴有浅表糜烂或溃疡，引起出血和感染。此外，内分泌腺的良性肿瘤则可分泌过量激素而产生全身性影响，如甲状旁腺腺瘤可分泌甲状旁腺素（parathyroid hormone，PTH），引起全身钙代谢异常，进而引起溶骨性改变。

二、恶性肿瘤

恶性肿瘤分化不成熟，生长迅速，浸润并破坏器官的结构和功能，还可发生转移，对机体的影响严重。恶性肿瘤除可引起局部压迫和阻塞症状外，还易并发溃疡、出血、穿孔等。肿瘤累及局部神经，可引起顽固性疼痛。肿瘤产物或合并感染可引起发热。内分泌系统的恶性肿瘤，如神经内分泌癌，可产生生物胺或多肽激素，引起内分泌紊乱。晚期恶性肿瘤患者，往往发生癌症性恶病质，表现为机体严重消瘦、贫血、厌食和全身衰弱。癌症性恶病质的发生可能主要是肿瘤组织本身或机体反应产生的细胞因子等作用的结果。

一些非内分泌腺肿瘤，也可以产生和分泌激素或激素类物质，如促肾上腺皮质激素（adrenocorticotropic hormone，ACTH）、降钙素（calcitonin）、生长激素（growth hormone，GH）、甲状旁腺激素等，引起内分泌症状，成为异位内分泌综合征（ectopic endocrine syndrome）。此类肿瘤多为恶性肿瘤，以癌居多，如肺癌、胃癌、肝癌等。异位激素的产生，可能与肿瘤细胞的基因表达异常有关。

异位内分泌综合征属于副肿瘤综合征（paraneoplastic syndrome）。广义的副肿瘤综合征，是指不能用肿瘤的直接蔓延或远处转移加以解释的一些病变和临床表现，是由肿瘤的产物（如异位激素）或异常免疫反应（如交叉免疫）等原因间接引起，可表现为内分泌、神经、消化、造血、骨关节、肾脏及皮肤等系统的异常。需要注意的是，内分泌腺的肿瘤（如垂体腺瘤）产生内分泌腺固有的激素（如生长激素）导致的病变或临床表现，不属于副肿瘤综合征。

一些肿瘤患者在发现肿瘤之前，先表现为副肿瘤综合征，如果医护人员能够考虑到副肿瘤综合征并进一步搜寻，可能及时发现肿瘤。另外，已确诊的肿瘤患者出现此类症状时，应考虑到副肿瘤综合征的可能，避免将之误认为是肿瘤转移所致。

三、良性肿瘤与恶性肿瘤的区别

良性肿瘤一般易于治疗，不易复发，治愈率高；而恶性肿瘤危害大，治疗措施复杂，容易复发或转移，疗效不理想，因此，良恶性肿瘤的鉴别具有重要意义。良性肿瘤与恶性肿瘤的主要区别归纳如下（表9-5-1）。

表9-5-1 良性肿瘤与恶性肿瘤的区别

	良性肿瘤	恶性肿瘤
分化程度	分化好，细胞异型性小	不同程度分化障碍或未分化，异型性大
核分裂象	无或少，不见病理性核分裂象	多，可见病理性核分裂象
生长速度	缓慢	较快
生长方式	膨胀性或外生性生长	浸润性或外生性生长
继发改变	少见	常见，如出血、坏死、溃疡形成等
转移	一般不转移	可转移
复发	不复发或很少复发	易复发
对机体的影响	较小，主要为局部压迫或阻塞	较大，破坏原发部位和转移部位的组织；坏死、出血，合并感染；恶病质

良、恶性肿瘤有时并无绝对界限，某些肿瘤，除了有典型的良性肿瘤（如卵巢浆液性乳头状囊腺瘤）和典型的恶性肿瘤（如卵巢浆液性乳头状囊腺癌），还存在一些组织形态和生物学行为介于两者之间的肿瘤，称为交界性肿瘤（borderline tumor），如卵巢交界性浆液性乳头状囊腺瘤。有些交界性肿瘤有发展为恶性的倾向，有些恶性潜能（malignant potential）目前尚难以确定，有待通过研究进一步了解其生物学行为。

需要强调的是，肿瘤的良、恶性，是指其生物学行为的良、恶性。在病理学上，主要通过形态学指标来判定肿瘤的良、恶性。以病理形态特点判断良恶性是为了对其生物学行为和预后进行估计，指导临床治疗方案的选择，这是肿瘤病理诊断的重要任务。目前为止，在各种肿瘤检查及诊断的方法中，病理学判断仍是最重要的方法。但必须认识到，影响肿瘤生物学行为的因素很多、非常复杂，病理学家观察到的只是肿瘤形态学、免疫标记等，许多因素（尤其是分子水平的改变）目前我们还知之甚少。而且，组织学诊断不可避免会遇到组织样本是否具有代表性等问题，所以这种预后估计并不十分精确。病理医生应立足于医疗经验（experience）与判断（judgment），强调临床与病理的联系（clinicopathological correlation），除了依据病理学界普遍接受的诊断标准外，还应充分考虑患者的临床情况、影像学资料和其他检查结果，综合分析后做出正确的病理诊断。

（张翠娟）

第六节 常见肿瘤举例 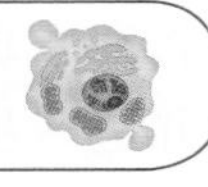

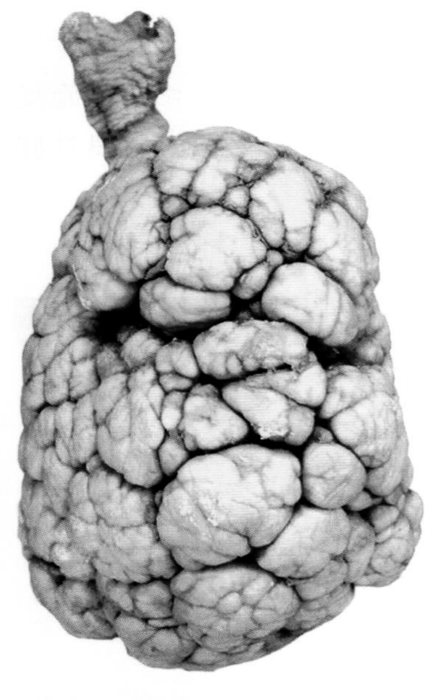

图9-6-1 鳞状上皮乳头状瘤

本节将简单介绍几种常见肿瘤的一般病理学特点，在各系统疾病的学习中，还会更为详细和深入地介绍各系统常见肿瘤的病理学特点。

一、上皮组织肿瘤

上皮组织包括被覆上皮和腺上皮。上皮组织肿瘤很常见，人体的恶性肿瘤大部分是上皮组织来源的（癌），对人类健康危害很大。

（一）上皮组织良性肿瘤

1. 乳头状瘤

乳头状瘤（papilloma）发生于复层鳞状上皮或者尿路上皮的肿瘤，也称为鳞状细胞乳头状瘤（图9-6-1）、尿路上皮乳头状瘤等。乳头状瘤根部可有蒂与正常组织

相连，呈外生性向体表或体腔表面生长，形成指状或乳头状突起，也可呈菜花状或绒毛状外观。镜下，乳头表面覆盖增生的鳞状上皮或者移行上皮，中央是由毛细血管和纤维结缔组织构成的具有分支的轴心，鳞状上皮或移形上皮增生，细胞层次增多，但细胞异型性较小。

2. 腺瘤

腺瘤（adenoma）是腺上皮（腺体、导管或分泌上皮）发生的良性肿瘤，多见于乳腺、肠腺、甲状腺等处。发生于黏膜的腺瘤多呈息肉状。发生于腺器官内的腺瘤则多为具有包膜的结节状占位，结节与周围正常组织分界清楚。组成腺瘤的腺体，镜下与其起源的腺体形态上相似，也可具有分泌功能，但组织结构紊乱。

根据腺瘤的组成成分或形态特点，又可将其分为管状腺瘤、绒毛状腺瘤、囊腺瘤、纤维腺瘤和多形性腺瘤等类型。

（1）管状腺瘤（tubular adenoma）与绒毛状腺瘤（villous adenoma）：常见于结直肠黏膜，呈息肉状，部分可伴有绒毛状突起，可有蒂与肠壁相连，部分腺瘤基底较宽。镜下，肿瘤性腺上皮细胞形成分化较好的小管或绒毛状结构，或者两种成分混合存在（称为管状绒毛状腺瘤）。绒毛状成分占比较大者，发展成癌的概率比较高。

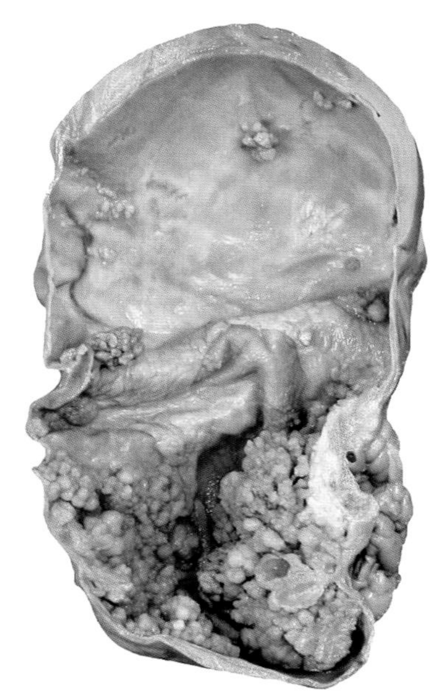

图9-6-2 浆液性乳头状囊腺瘤

（2）囊腺瘤（cystadenoma）：由于腺瘤中的腺体分泌物淤积，腺腔逐渐扩大并互相融合，肉眼上可见到大小不等的囊腔。囊腺瘤常发生于卵巢等部位。卵巢囊腺瘤主要有两种类型：一种被覆浆液性上皮，腺上皮向囊腔内呈乳头状生长，可分泌浆液，故称为浆液性乳头状囊腺瘤（serous papillary cystadenoma）（图9-6-2）；另一种被覆黏液上皮，分泌黏液，常为多房性，囊壁光滑，少有乳头状增生，称为黏液性囊腺瘤（mucinous cystadenoma）。其中浆液性乳头状囊腺瘤较易发生恶变，转化为浆液性囊腺癌（serous cystadenocarcinoma）。

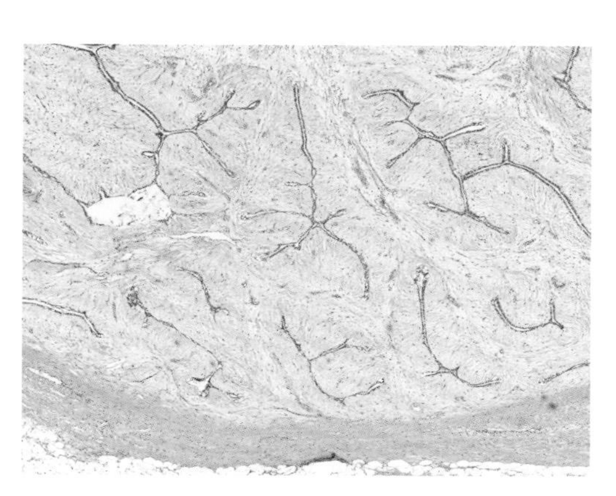

图9-6-3 乳腺纤维腺瘤

（3）纤维腺瘤（fibroadenoma）：常发生于年轻女性的乳腺，是乳腺常见的良性肿瘤。肿瘤可单发或多发，质硬，有完整包膜，切面灰白色、分叶状、有裂隙（图9-6-3）。镜下，纤维间质及导管上皮均增生，增生的间质可伴有黏液样变并常挤压导管，使导管呈裂隙状。目前认为纤维腺瘤的腺体和间质共同构成肿瘤的实质。

（二）上皮组织恶性肿瘤

癌是人类最常见的恶性肿瘤。在40岁以上的人群中，癌的发生率显著增加。发生在皮肤或者体腔表面的癌，可呈息肉状、蕈伞状或菜花状，肿瘤表面常有坏死及溃疡形成。发生在组织脏器内部的癌，常为形状不规则的结节状，并呈树根状或蟹足样向周围组织浸润，质地较硬，切面常为灰白色。镜下，癌细胞可呈巢状（癌巢）、腺泡状、腺管状或条索状排列，与间质分界一般较清楚。有时癌细胞亦可在间质内弥漫浸润，与间质分界不清。癌的转移，在早期一般多经淋巴道，到晚期常发生血道转移。

1. 鳞状细胞癌

鳞状细胞癌（squamous cell carcinoma）简称鳞癌，常发生在鳞状上皮被覆的部位，如皮肤、子宫颈、食管、喉、阴道及阴茎等处。有些部位如支气管、宫颈等，可在鳞状上皮化生的基础上皮发生恶变。镜下，高分化鳞癌的癌巢中央可出现层状角化物，称为角化珠（keratin pearl）或癌珠（图9-6-4）；细胞间可见细胞间桥。分化较差的鳞状细胞癌可无角化，细胞间桥少或无，细胞异型明显，可见较多病理性核分裂象。

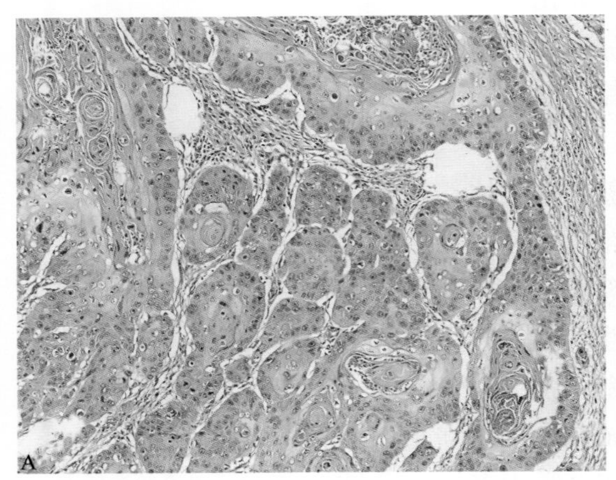

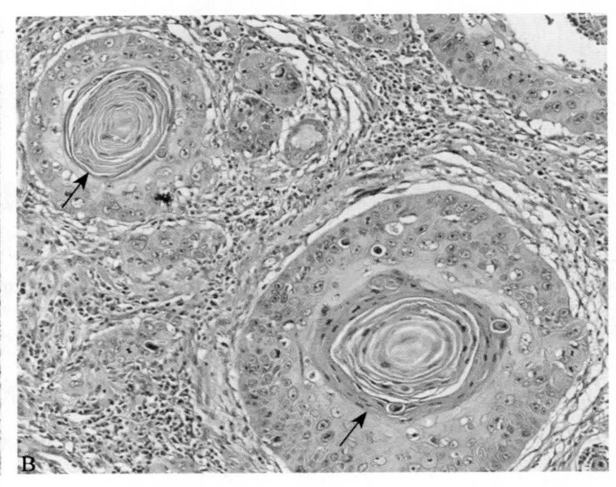

图9-6-4 角化珠（HE染色）
A. 低倍；B. 高倍

2. 腺癌

腺癌（adenocarcinoma）是腺上皮来源的恶性肿瘤。腺癌较多见于胃肠道、肺、乳腺、女性生殖系统等部位。癌细胞形成大小不等、形状不一、排列不规则的腺体或腺样结构，细胞排列拥挤，常呈多层，核大小不一，核分裂象多见。腺癌根据镜下和大体结构特点，可以分为乳头状腺癌（papillary adenocarcinoma）、囊腺癌（cystadenocarcinoma）等。部分腺癌细胞可以分泌大量黏液，称为黏液腺癌（mucinous adenocarcinoma），又称为胶样癌（colloid carcinoma）。

3. 基底细胞癌

基底细胞癌（basal cell carcinoma）多见于老年人头面部。镜下，癌细胞呈巢状排列，核深染，形态类似基底层细胞，癌巢周边细胞常呈栅栏状排列，并可见收缩间隙（图9-6-5）。基底细胞癌表面常形成溃疡，底部向深层组织浸润破坏，但少见转移。癌

细胞生长缓慢，对放射治疗敏感，属于低度恶性的肿瘤。

4. 尿路上皮癌

尿路上皮癌（urothelial carcinoma）发生于被覆尿路上皮的组织和器官，如膀胱、输尿管和肾盂。分为低级别和高级别尿路上皮癌。级别越高，越易复发和向深部浸润。

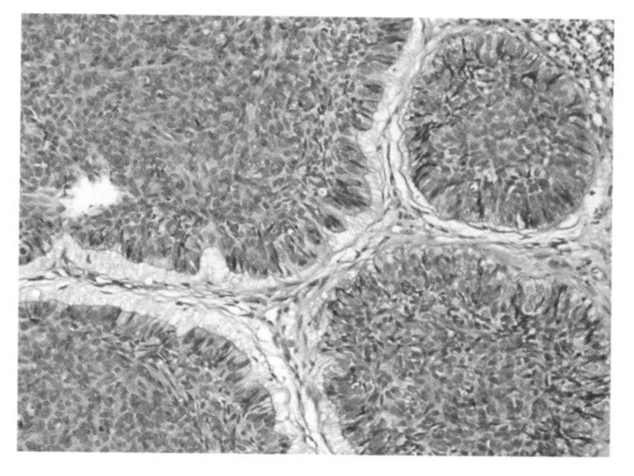

图9-6-5 基底细胞癌

二、间叶组织肿瘤

间叶组织肿瘤包括脂肪组织、血管和淋巴管、肌肉组织、骨组织和纤维组织等来源的肿瘤。外周神经组织的肿瘤也在习惯上归入间叶组织肿瘤。骨肿瘤以外的间叶组织肿瘤又常称为软组织肿瘤（soft tissue tumors）。

间叶组织肿瘤中，良性肿瘤比较常见，恶性肿瘤（肉瘤）不常见。此外，间叶组织有不少瘤样病变，形成临床可见的“肿块”，但并非真性肿瘤，诊断时需注意。

（一）间叶组织良性肿瘤

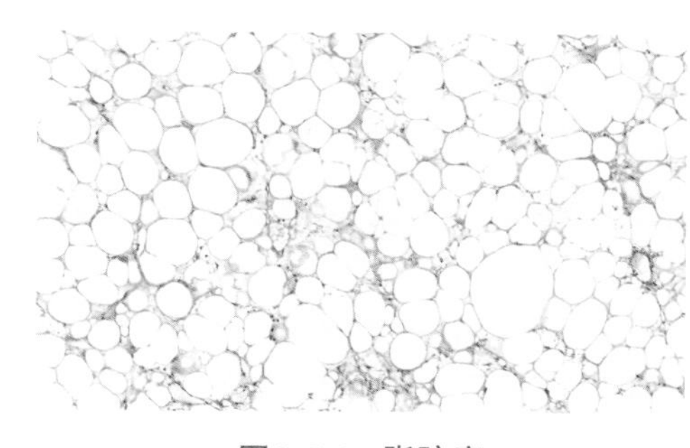

图9-6-6 脂肪瘤

1. 脂肪瘤

脂肪瘤（lipoma）是最常见的良性软组织肿瘤，主要发生于成人的背、肩、颈及四肢近端皮下组织。外观常为分叶状，有被膜，质地柔软，切面呈黄色，似脂肪组织。直径从数厘米至数十厘米不等，可单发和多发。镜下似正常脂肪组织（图9-6-6）。一般无明显症状，手术易切除。

2. 血管瘤

血管瘤（hemangioma）常见，有毛细血管瘤（capillary hemangioma）、海绵状血管瘤（cavernous hemangioma）、静脉血管瘤（venous hemangioma）等类型。血管瘤一般无包膜，与周围组织界限不清。在皮肤或黏膜可呈突起的鲜红肿块，或呈暗红或紫红色斑。内脏血管瘤多呈结节状。

3. 淋巴管瘤

淋巴管瘤（lymphangioma）由增生的淋巴管构成，内含淋巴液。淋巴管可呈囊性扩张并互相融合，内含大量淋巴液，称为囊状水瘤（cystic hygroma），多见于小儿。

4. 平滑肌瘤

平滑肌瘤（leiomyoma）多见于子宫等部位。瘤细胞呈梭形，形态一致，类似于平滑肌细胞，排列呈束状、编织状，核分裂象罕见。如果出现较多核分裂象要考虑平滑肌肉瘤的可能。

5. 软骨瘤

软骨瘤（chondroma）包括骨膜软骨瘤（periosteal chondroma）和内生性软骨瘤（enchondroma）。骨膜软骨瘤自骨膜发生。内生性软骨瘤发生于手足短骨和四肢长骨骨干髓腔内，可使骨膨胀，外覆薄骨壳。切面呈半透明的淡蓝色或银白色，可有钙化或囊性变。镜下见瘤组织由成熟的透明软骨组成，呈不规则分叶状，小叶由疏松的纤维血管间质包绕。

（二）间叶组织恶性肿瘤

肉瘤较癌少见，有些类型的肉瘤较多发生于儿童或青少年，如胚胎性横纹肌肉瘤和骨肉瘤。肉瘤体积常较大，切面多细腻呈鱼肉状；易发生出血、坏死、囊性变等继发性改变。镜下，肉瘤细胞大多弥漫生长，与间质分界不清。间质的结缔组织一般较少，血管较丰富，因此肉瘤多先由血道转移。

肉瘤的特点与癌有很大不同，对两者加以区分具有重要临床意义，癌和肉瘤的鉴别如下（表9-6-1）。

表9-6-1 癌和肉瘤的鉴别

	癌	肉瘤
组织来源	上皮组织，上皮标记CK、EMA等阳性	间叶组织，间叶标记Vimentin等阳性
发病率	较高，多见于40岁以上成年人	较低，有些类型倾向于发生于特定年龄段
大体特点	质地较硬，切面灰白色	质软，色灰红，鱼肉状
镜下特点	多呈巢状	瘤细胞弥漫分布，实质与间质分界不清，血管丰富，纤维组织少
网状纤维	见于癌巢周围	在瘤细胞间弥漫分布
转移	早期多经淋巴转移	多经血道转移

常见的肉瘤如下：

1. 脂肪肉瘤

脂肪肉瘤（liposarcoma）多见于中老年人，极少见于青少年。常发生于软组织深部、腹膜后等部位，较少从皮下脂肪层发生。大体观，多呈结节状或分叶状，可似脂肪瘤，亦可呈黏液样或鱼肉样。镜下，瘤细胞大小形态各异，通常可见脂肪母细胞，表现为胞质内含大小不等的脂肪空泡，可挤压细胞核，形成压迹。也可见分化差的星形、梭形、小圆形或呈明显异型性和多样性的肿瘤细胞。可分为黏液样脂肪肉瘤、多形性脂肪肉瘤、去分化脂肪肉瘤、黏液样多形性脂肪肉瘤等类型。

2. 横纹肌肉瘤

横纹肌肉瘤（rhabdomyosarcoma）是儿童最常见的软组织肉瘤。主要见于10岁以下的婴幼儿和儿童，少见于青少年和成年人。儿童好发于鼻腔、眼眶、泌尿生殖道等腔道器官，成年人见于头颈部及腹膜后，偶见于四肢。肿瘤由不同分化阶段的横纹肌母细胞组成（图9-6-7），分化较好的横纹肌母细胞胞质红染，有时可见纵纹和横纹。横纹肌肉瘤可分为胚胎性横纹肌肉瘤、腺泡状横纹肌肉瘤、梭形细胞横纹肌肉瘤、葡萄簇样横纹肌肉瘤、硬化性横纹肌肉瘤和多形性横纹肌肉瘤等组织类型。恶性程度高，生

长迅速，易早期发生血道转移，预后差。

3. 平滑肌肉瘤

平滑肌肉瘤（leiomyosarcoma）多见于子宫、软组织、腹膜后、肠系膜、大网膜及皮肤下组织等处。软组织平滑肌肉瘤多为中老年人。肿瘤细胞多呈梭形，异型性轻重不等。核分裂象的多少和是否出现坏死对于平滑肌肉瘤的诊断具有重要意义（图9-6-8）。

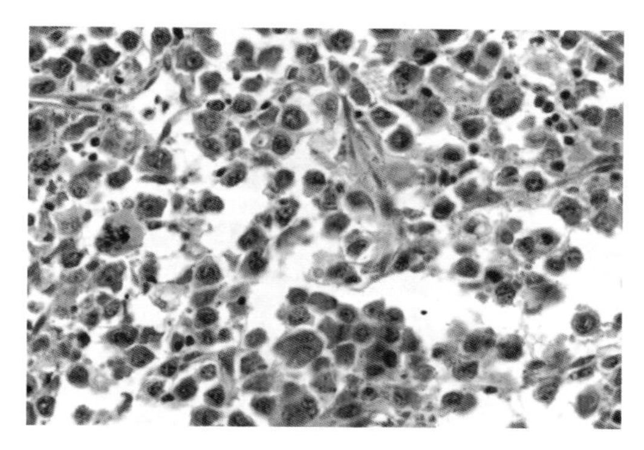

图9-6-7 横纹肌肉瘤

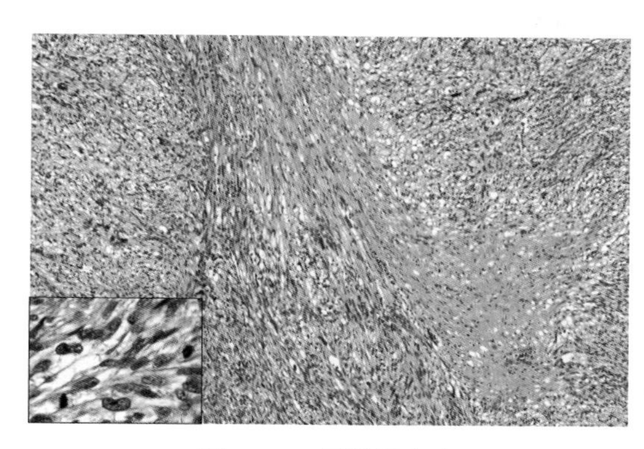

图9-6-8 平滑肌肉瘤

4. 血管肉瘤

血管肉瘤（angiosarcoma）起源于血管内皮细胞。可发于皮肤、乳腺、肝、脾、骨等器官和软组织。皮肤血管肉瘤较多见，尤其是头面部皮肤。肿瘤多隆起于皮肤表面，呈丘疹状或结节状，暗红或灰白色，易坏死出血。镜下，肿瘤细胞有不同程度异型性，形成大小不一、形状不规则的血管腔样结构，常互相吻合；分化差的血管肉瘤细胞片状增生，血管腔形成不明显或仅呈裂隙状，腔隙内可含红细胞。细胞异型性明显，核分裂象多见。

5. 纤维肉瘤

纤维肉瘤（fibrosarcoma）起源于纤维结缔组织的肉瘤。好发于四肢皮下组织，呈浸润性生长，切面灰白色、鱼肉状，常伴有出血、坏死；镜下典型的形态是异型的梭形细胞呈“鲱鱼骨”（heringbone）样排列（图9-6-9）。纤维肉瘤分化好者生长缓慢，预后好；分化差者生长快，易发生转移，切除后易复发。

图9-6-9 纤维肉瘤

6. 骨肉瘤

骨肉瘤（osteosarcoma）起源于成骨细胞，为最常见的骨恶性肿瘤。多见于青少年。好发于四肢长骨干骺端，尤其是股骨下端和胫骨上端。肉眼观，切面灰白色、鱼肉状，出血坏死常见；肿瘤破坏骨皮质，掀起其表面的骨外膜。肿瘤上下两端的骨皮质和掀起的骨外膜之间形成三角形隆起，构成X线检查所见的Codman三角；被掀起的骨膜下出现与骨表面垂直的放射状反应性新生骨小梁，在X线上表现为特征性的日光放射状阴影（图9-6-10）。镜下，肿瘤细胞异型性明显，梭形或多边形，可见肿瘤性成骨，即在由肿

瘤细胞产生的骨样基质的背景上出现钙盐沉积，这是诊断骨肉瘤最重要的组织学依据（图9-6-11）。骨肉瘤内也可见软骨肉瘤和纤维肉瘤样成分。骨肉瘤恶性度很高，生长迅速，发现时常已有血行转移。

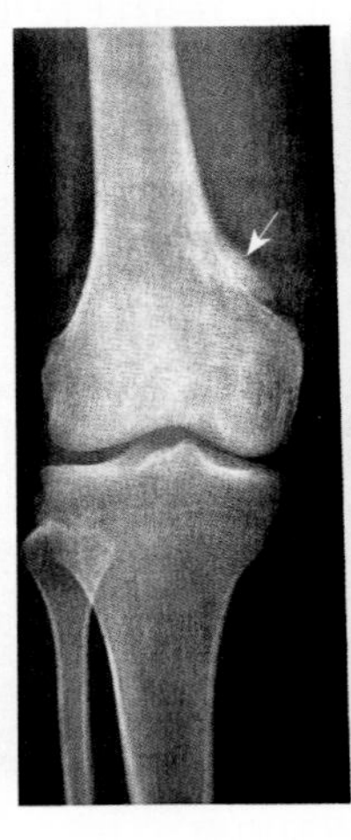
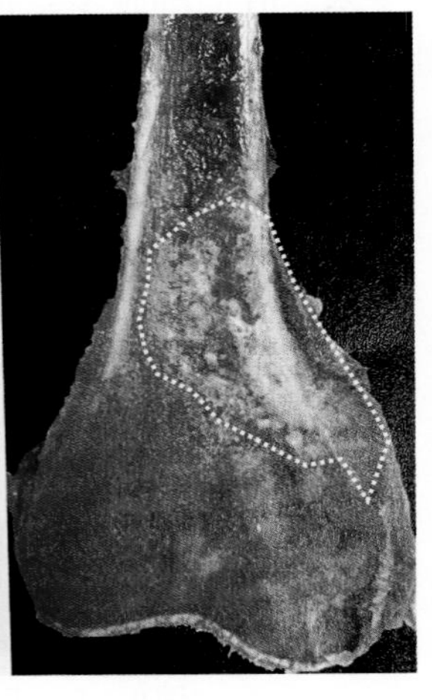
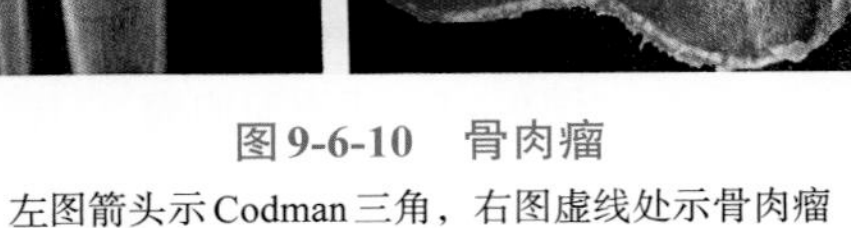

图9-6-10　骨肉瘤

左图箭头示Codman三角，右图虚线处示骨肉瘤

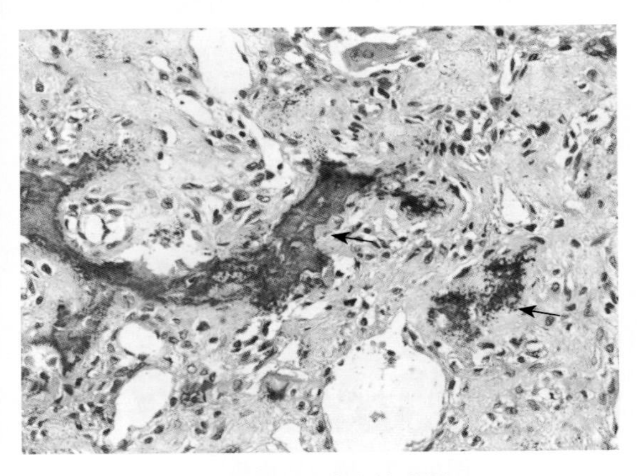

图9-6-11　肿瘤性成骨

三、神经外胚叶肿瘤

胚胎早期的外胚层（ectoderm）有一部分发育为神经系统，称为神经外胚层，包括神经管和神经嵴。神经管发育成脑、脊髓、视网膜上皮等；由神经嵴产生神经节、施万细胞、黑色素细胞、肾上腺髓质嗜铬细胞等。由神经外胚叶起源的肿瘤种类也很多，详细介绍见本系列教材《神经系统》分册的相关章节。

视网膜母细胞瘤（retinoblastoma）产生自视网膜胚基，绝大部分发生在3岁以内的婴幼儿，7%在出生时已经存在肿瘤细胞。40%的患者具有家族性，与抑癌基因*RB1*的缺失或突变失活有关，是一种常染色体显性遗传性疾病。另60%的患者为散发病例。肿瘤细胞为幼稚的小圆细胞，形态类似未分化的视网膜母细胞，可见特征性的Flexener-Wintersteiner菊形团，预后差。

恶性黑色素瘤（malignant melanoma）多见于皮肤和黏膜，偶见于内脏。皮肤的恶性黑色素瘤可以由交界痣恶变而来。镜下，瘤细胞可呈巢状、条索状或腺泡样排列，一般为梭形或多边形，细胞核大，常有醒目的嗜酸性核仁，胞质内可有黑色素颗粒。

（孙玉静　高　鹏）

第七节　癌前病变、异型增生和原位癌

某些疾病（或病变）本身不是恶性肿瘤，但具有发展为恶性肿瘤的潜能，患者发

生相应恶性肿瘤的风险增加，这些疾病或者病变称为癌前病变（precancerous lesion）或者癌前疾病（precancerous disease）。癌前病变并不一定会发展为恶性肿瘤，但是对于癌前病变进行筛查，对患者给予及时治疗，可以降低发展成恶性病变的风险，具有重要意义。

从癌前病变发展到癌，通常需要经历很长的时间，有的病变一直停留在癌前状态而无进展，有的病变则具有较高的癌变率。在上皮组织中有时会观察到由非典型增生或异型增生发展为局限于上皮内的原位癌，再进一步发展为浸润性癌。

一、癌前病变

癌前病变可以是获得性的（acquired）或者遗传性的（inherited）。遗传性肿瘤综合征（inherited cancer syndrome）患者因某些染色体和基因的异常，增加了患某些肿瘤的机会。获得性癌前病变则可能与某些生活习惯、感染或一些慢性炎性疾病有关。比如大肠腺瘤，特别是家族性腺瘤性息肉病（familial adenomatous polyposis，FAP）是由*APC*基因突变导致的一种遗传性疾病，癌变率极高。常见的癌前病变举例如下：

1. 慢性萎缩性胃炎与肠上皮化生

胃的幽门螺杆菌性胃炎与胃的黏膜相关淋巴组织（mucosa-associated lymphoid tissue，MALT）发生的B细胞淋巴瘤及胃腺癌有关。慢性萎缩性胃炎特别是伴有肠上皮化生者，与胃腺癌的发生密切相关。

2. Barrett食管

由于胃酸反流导致食管下段黏膜鳞状上皮被柱状上皮取代，并出现肠上皮化生，称为Barrett食管（Barrett esophagus）。Barrett食管与食管腺癌的发生密切相关。

3. 大肠腺瘤

大肠腺瘤（adenoma of large intestine）有多种类型，其中绒毛状腺瘤与大肠癌的发生关系密切。家族性腺瘤性息肉瘤（familial adenomatous polyposis，FAP）如果不及早干预，几乎均会发生腺癌。

4. 溃疡性结肠炎

溃疡性结肠炎（ulcerative colitis）是一种炎症性肠病，患者反复发生溃疡，导致黏膜增生，在此基础上可发生结肠腺癌。

5. 黏膜白斑

黏膜白斑（leukoplakia）常发生在外阴、口腔等处。患者局部皮肤鳞状上皮过度增生、过度角化，可出现异型性。长期病变可恶变为鳞状细胞癌。

6. 乳腺导管上皮非典型增生

乳腺导管上皮非典型增生（atypical ductal hyperplasia，ADH）常见于40岁左右的妇女，其发展为浸润性乳腺癌的相对危险度为普通女性的4～5倍。

二、异型增生与原位癌

异型增生（dysplasia）是指与肿瘤形成相关的非典型增生，是癌前病变的形态学改变；增生的上皮细胞形态和结构出现一定程度的异型性，但还不足以诊断为癌。异型

增生的上皮并非总是进展为癌，当致病因素去除时，某些异型增生可能会逆转消退。

对于上皮的病变，异型增生的细胞在形态和生物学特性上与癌细胞相同，常累及上皮全层，但未突破基底膜向下浸润，称为原位癌（carcinoma in situ），也称为上皮内癌（intraepithelial carcinoma）。原位癌常见于鳞状上皮或尿路上皮等覆盖的部位，如子宫颈、食管、喉、皮肤、膀胱等处；也可以发生于发生鳞状上皮化生的黏膜表面，如鳞化的支气管黏膜。乳腺导管上皮发生癌变而未突破基底膜者，称为导管原位癌或导管内癌。原位癌是一种早期癌，如果早期发现和积极治疗，可防止其发展为浸润性癌，从而提高癌的治愈率。

（孙玉静　高　鹏）

第八节　肿瘤的病因学和发病学

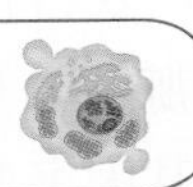

可以引起肿瘤的各种因素称为致瘤因子。致瘤因子一般需要较长时期刺激才引起肿瘤，但一旦肿瘤产生，即使致瘤因子不再存在，肿瘤生长仍然持续。致瘤因子既有环境致癌物等外因，又有遗传、免疫、激素异常等内因。肿瘤形成常常是多阶段、多步骤的，在此过程中会发生多种细胞遗传学、分子遗传学改变，这些改变涉及细胞生长、增殖、分化和凋亡等生物学事件的调控，是一个复杂的过程。

细胞生长与增殖涉及生长因子及其受体、信号转导蛋白、细胞核内效应分子等多种因素。肿瘤的形成与这些调节因子异常有关。

一、肿瘤发生的分子生物学机制

肿瘤发生具有复杂的分子生物学基础，涉及原癌基因激活、抑癌基因功能抑制或者表达缺失等，同时细胞生长与增殖的失控、凋亡调节基因和DNA修复基因功能紊乱、肿瘤表观遗传学改变，以及各种肿瘤相关非编码RNA的调控等都参与到肿瘤发生的复杂过程中。

（一）癌基因激活

癌基因（oncogene）是能够导致肿瘤的基因。在对病毒的研究中发现，一些反转录病毒基因组中的RNA序列所编码的蛋白能够引起动物肿瘤，或在体外实验中能使细胞发生恶性转化，称为病毒癌基因（viral oncogene）。在正常细胞基因组中存在与病毒癌基因十分相似的DNA序列称为原癌基因（proto-oncogene）。一般来说，原癌基因编码的产物是具有重要的生理功能的蛋白质，如前文提及的生长因子、生长因子受体、转录因子和信号转导蛋白等，其具有促进细胞生长、增殖的功能。正常情况下，原癌基因的表达受到严格调控，并不导致肿瘤。当原癌基因发生异常时（过度表达，自我激活等），能使细胞发生恶性转化，这些基因称为细胞癌基因（cellular oncogene）。由

原癌基因转变为细胞癌基因的过程即为原癌基因的激活。

原癌基因常通过以下方式被激活。

1. 点突变（**point mutation**）

编码蛋白的基因碱基发生突变，可能造成其编码的蛋白结构和功能发生改变。如*ERBB1*基因编码的表皮生长因子受体（EGFR）是具有酪氨酸激酶活性的受体，在与其配体表皮生长因子（EGF）结合后，发生构象改变被激活，从而磷酸化下游信号转导分子，传递促生长的信号（图9-8-1）。*ERBB1*发生点突变后可以不依赖于EGF而持续激活，刺激细胞增殖。原癌基因*KRAS*可以向下游转导ERBB1接收到的生长信号，是GTP酶超家族的成员。当其第12号密码子发生点突变由GGC变为GTC时，导致其编码蛋白的12号氨基酸由甘氨酸变为缬氨酸，发生$KRAS^{G12C}$突变。突变的Ras蛋白不能将GTP水解为GDP，因此一直处于活化状态，不再受上游信号控制，持续激活下游信号通路，促进细胞增殖。

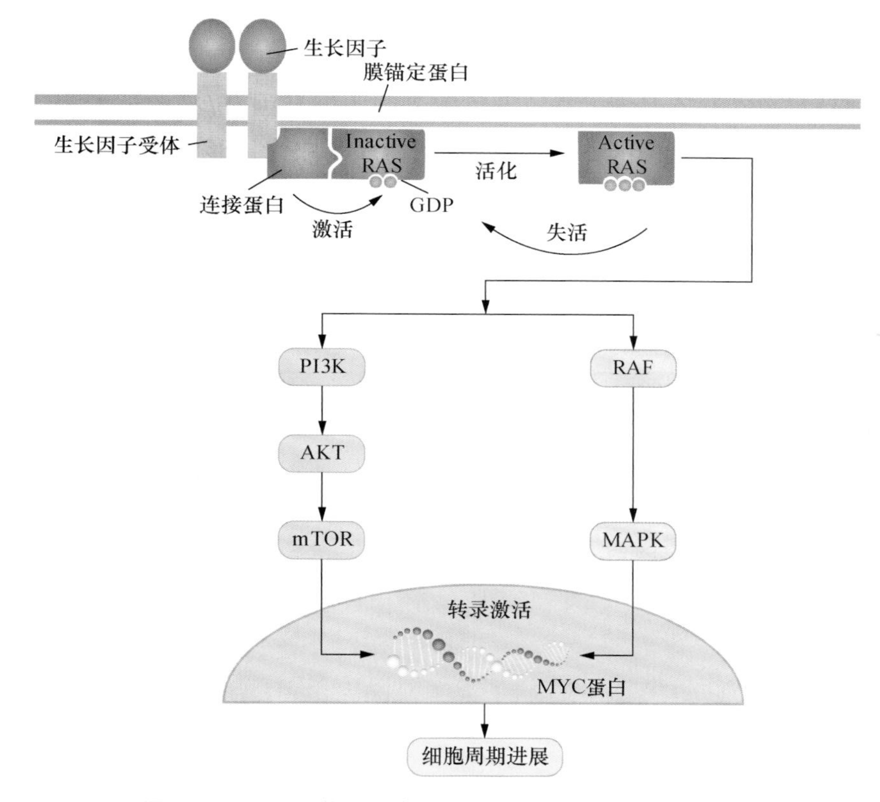

图9-8-1 EGFR激活下游信号通路促进细胞增殖的机制图

2. 基因扩增（**gene amplification**）

基因扩增是指某些特定基因过度复制，即与基因组中其他基因的复制不成比例，由于其拷贝数增加致使特定的基因产物过量表达。例如，乳腺癌中发生的*ERBB2*基因扩增，大肠癌中*c-myc*癌基因的扩增。基因扩增可以通过形成双微体（double minutes）和均染区（homogeneously staining region，HSR）两种形式实现。双微体是在染色体外存在的成对出现的环状DNA，近年的研究发现这些环状染色体外DNA（extrachromosomal DNA，ecDNA）常含有癌基因或者癌基因的增强子序列。均质染

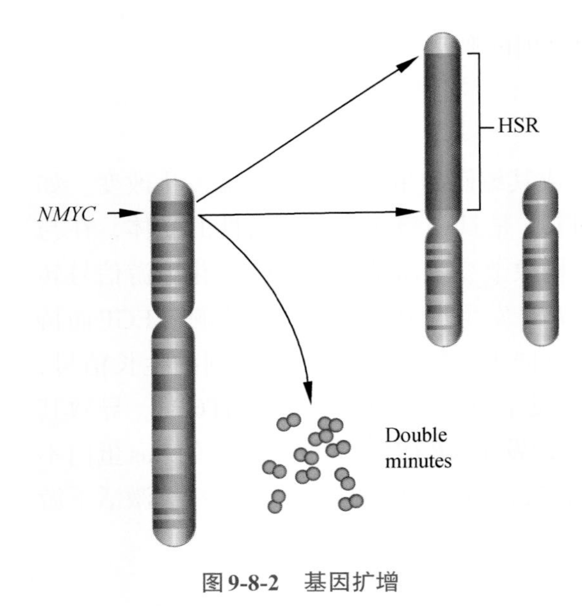

图9-8-2 基因扩增

色区表现为一段无染色体带的片段插入到染色体的某一臂中，该区域常含有多量拷贝的癌基因序列（图9-8-2）。

3. 染色体转位（chromosomal translocation）

原癌基因可能由于所在染色体发生转位而置于很强的启动子控制之下，导致该原癌基因的过度表达，或者由于染色体转位形成的融合基因所编码的融合蛋白具有致癌能力。前一种情况以*c-myc*在Burkitt淋巴瘤中的激活为例。位于8号染色体上的*c-myc*基因转位到14号染色体上编码免疫球蛋白重链位点，造成*c-myc*过度表达。后一种情况以慢性粒细胞白血病（CML）中经典的“费城染色体”为例：9号染色体上的原癌基因*abl*易位至22号染色体的断裂集中区bcr，致使Abl蛋白的氨基端被Bcr蛋白序列取代，形成功能异常的Bcr/Abl融合蛋白，从而促发CML（图9-8-3）。

导致癌基因表达和功能异常的其他机制还有肿瘤细胞的自分泌、染色体数目异常等。以下列举了一些常见癌基因及其产物、激活机制和相关的人类肿瘤（表9-8-1）。

表9-8-1 常见的人类肿瘤相关癌基因及其产物和激活机制

分类	原癌基因	活化机制	相关人类肿瘤
生长因子			
PDGF-β链	*sis*	过度表达	星型细胞瘤、骨肉瘤
生长因子受体			
EGF受体家族	*eRB*-B2	扩增	乳腺癌、卵巢癌、肺癌和胃癌
信号转导蛋白			
G蛋白	*ras*	点突变	肺癌、结肠癌、胰腺癌、白血病
非受体酪氨酸激酶	*abl*	转位	慢性粒细胞白血病、急性淋巴细胞白血病
转录因子			
	c-myc	转位	Burkitt淋巴瘤
	N-myc	扩增	神经母细胞瘤、小细胞肺癌
	L-myc	扩增	小细胞肺癌

（二）抑癌基因失活或功能抑制

某些基因其编码产物在生理条件下能够抑制细胞过度增殖，发生恶性转化，称为抑癌基因（tumor suppressor gene），如*Rb*和*p53*基因。某些抑癌基因在DNA复制发生错误时发挥修复作用，防止突变发生，如碱基错配修复基因（MMR）。当肿瘤抑制基因的两个等位基因都发生突变或丢失（纯合型丢失）时，其功能丧失，可导致细胞发

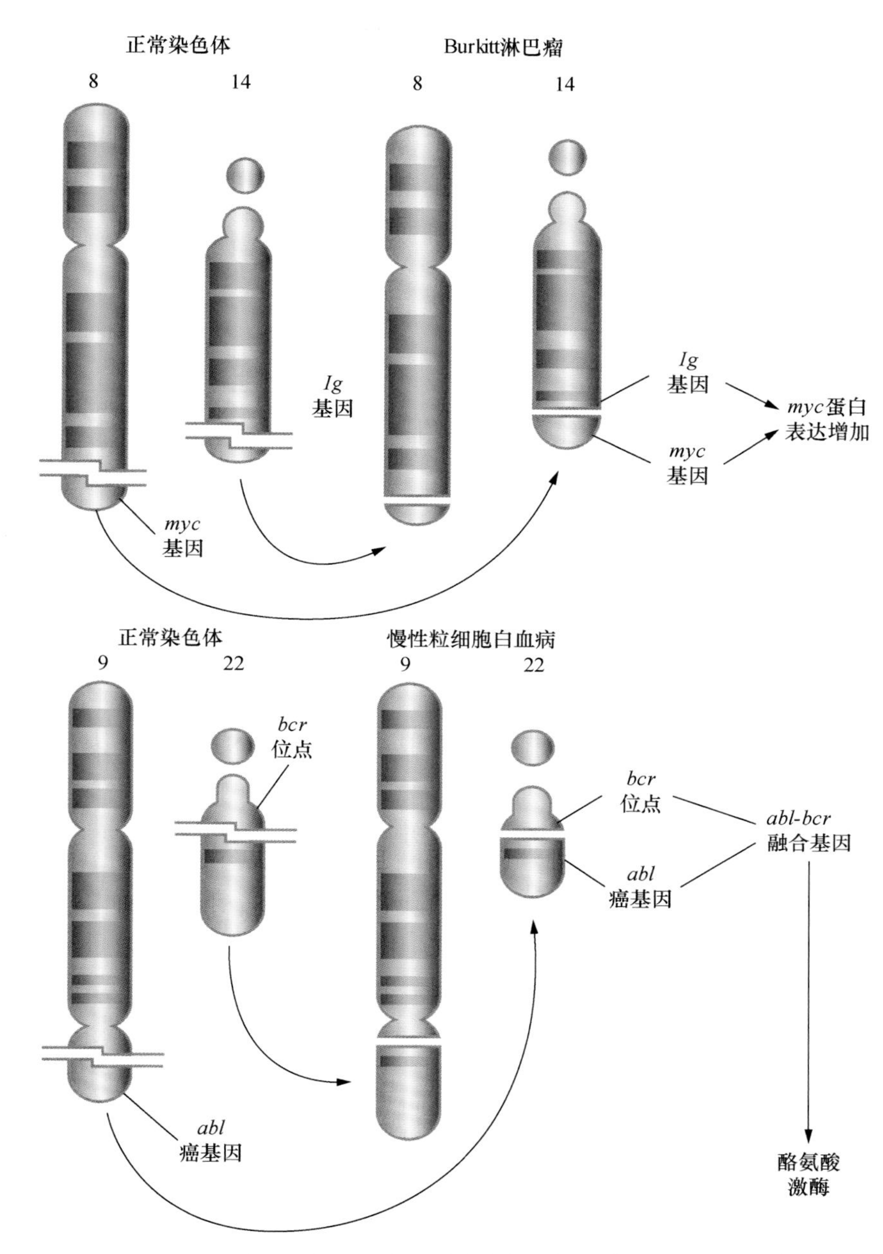

图 9-8-3　Burkitt 淋巴瘤和慢性粒细胞白血病中染色体转位及其相应的基因

生恶性转化。抑癌基因的启动子区域DNA过甲基化（hypermethylation）也可以导致该抑癌基因表达沉默。表9-8-2为人类肿瘤相关的典型抑癌基因及其作用机制。

表 9-8-2　常见的人类肿瘤相关抑癌基因及其作用机制

基因	功能	相关的体细胞肿瘤	与遗传型突变相关的肿瘤
Rb	调节细胞周期	视网膜母细胞瘤，骨肉瘤	视网膜母细胞瘤、骨肉瘤、乳腺癌、结肠癌、肺癌
p53	调节细胞周期和转录	大多数人类肿瘤；DNA 损伤所致的凋亡	Li-Fraumeni综合征，多发性癌和肉瘤
NF-1	间接抑制 ras	神经鞘瘤	Ⅰ型神经纤维瘤病、恶性外周神经鞘膜瘤
APC	抑制信号转导	胃癌，结肠癌，胰腺癌，黑色素瘤	家族性腺瘤性息肉病、结肠癌

续表

基因	功能	相关的体细胞肿瘤	与遗传型突变相关的肿瘤
VHL	调节HIF	肾细胞癌	遗传性肾细胞癌、小脑血管网状细胞瘤
PTEN	调节细胞周期	大多数人类肿瘤	多发性错构瘤综合征
WT-1	转录调控	肾母细胞瘤	肾母细胞瘤
P16	周期蛋白依赖性激酶抑制物（CKI）	胰腺癌，食管癌	恶性黑色素瘤
BRCA-1	DNA修复		女性家族性乳腺癌和卵巢癌
BRCA-2	DNA修复		男性和女性乳腺癌

下面简介几个经典的抑癌基因及其作用机制。

1. *p53*基因

*p53*基因是迄今研究最多、作用最强大的抑癌基因。P53蛋白由393个氨基酸序列组成，具有特异性的转录激活作用。正常情况下，P53蛋白合成后与MDM2蛋白结合，后者介导P53蛋白的泛素化降解，因此细胞内P53蛋白表达量比较低。在DNA损伤时（如细胞受到电离辐射后），P53蛋白与MDM2解离而稳定存在发挥功能。P53蛋白的一个经典作用是与*P21*基因的启动子区结合，促进后者的转录。*P21*主要作用是使细胞周期停滞在G_1期（G_1 arrest），抑制DNA合成，并诱导DNA修复基因*GADD45*的转录，从而使DNA的损伤得到修复。如果G_1停滞不能实现，则P53蛋白可促进凋亡相关基因*Bax*的表达，诱导细胞凋亡，阻止损伤的DNA传给子代细胞（图9-8-4）。*p53*基因缺失或突变的细胞发生DNA损伤后，则不能通过*p53*基因的介导停滞在G_1期进行DNA损伤的修复，继而导致细胞继续增殖，DNA的损伤传给子代细胞。这些损伤的增加，最终可使细胞发生肿瘤性转变。

人类50%以上的肿瘤存在*p53*基因的突变。在肿瘤的发生发展过程中，*p53*可通过四种方式被灭活：①突变：这是最常见的方式，一般是一个等位基因的错义突变，另一个等位基因最终缺失。*p53*基因的突变点在不同的肿瘤中表现不同，但有几个位点是十分常见的，称为突变“热点”（hot spot），如*Arg175*、*Arg248*、*Arg249*和*Arg273*等都是较为常见的突变热点，其中*Arg248*是突变率最高的残基；*Arg249*是致癌性黄曲霉毒素导致肝细胞癌发生过程中最常见的突变残基。第102～292号氨基酸是*P53*的核心部分，负责与特定DNA序列结合。这些突变热点，恰好是与DNA直接接触的残基（*Arg248*和*Arg273*），或是对维系整个结构至关重要的残基（*Arg249*和*Arg175*）。*p53*基因发生突变不仅会失去P53蛋白的抑癌功能，突变体P53蛋白在细胞内聚集，还发挥促进增殖、抑制凋亡、增强化疗耐药、促进肿瘤血管形成等作用，称为突变体P53的功能获得（gain-of-function of mutant P53）。②与DNA肿瘤病毒的某些蛋白如HPV的E6、SV40的大T抗原等结合。③与癌蛋白MDM2结合，MDM2的表达受P53的调控，二者可成为一个反馈环路。④P53蛋白被阻不能在核内发挥作用。

2. *RB*基因

*RB*基因是人们研究儿童视网膜母细胞瘤时发现的。*RB*基因定位于染色体13q14，其纯合型丢失见于所有视网膜母细胞瘤。如果将正常的*RB*基因载入视网膜母细胞瘤细

电离辐射
致癌剂
突变剂

正常细胞
（*p53*正常）

*p53*突变
或丢失的
细胞

缺氧

DNA损伤

*p53*活化、
与DNA结合

靶基因转录上调

p21
（CDK抑制物）

GADD45
（DNA修复）

G_1期阻滞

bax
（凋亡基因）

修复成功

修复失败

正常细胞

细胞凋亡

DNA损伤

*p53*依赖性基因
不能活化

不能发生
细胞周期
阻滞

DNA损伤
不能修复

突变细胞

细胞增殖，
附加突变

恶性肿瘤

图 9-8-4　抑癌基因*p53*的作用机制

胞中，其肿瘤表型会被逆转。由此，*RB*基因成为第一个被人们所认识到的肿瘤抑制基因。*RB*基因的丢失或失活不仅仅见于视网膜母细胞瘤，也见于膀胱癌、肺癌、乳腺癌等多种恶性肿瘤。

生理条件下，RB蛋白在调节细胞周期中起关键作用。RB通常与转录因子E2F家族成员相结合，抑制后者的转录活性。在细胞周期的G_1期，*RB*被cdk4/6磷酸化后与E2F解离，使得E2F刺激S期基因的转录，细胞周期向前进展。*RB*功能的丧失使E2F的转录活性处于无控状态，是细胞G_1/S期转换失控的一个重要机制（图9-8-5）。

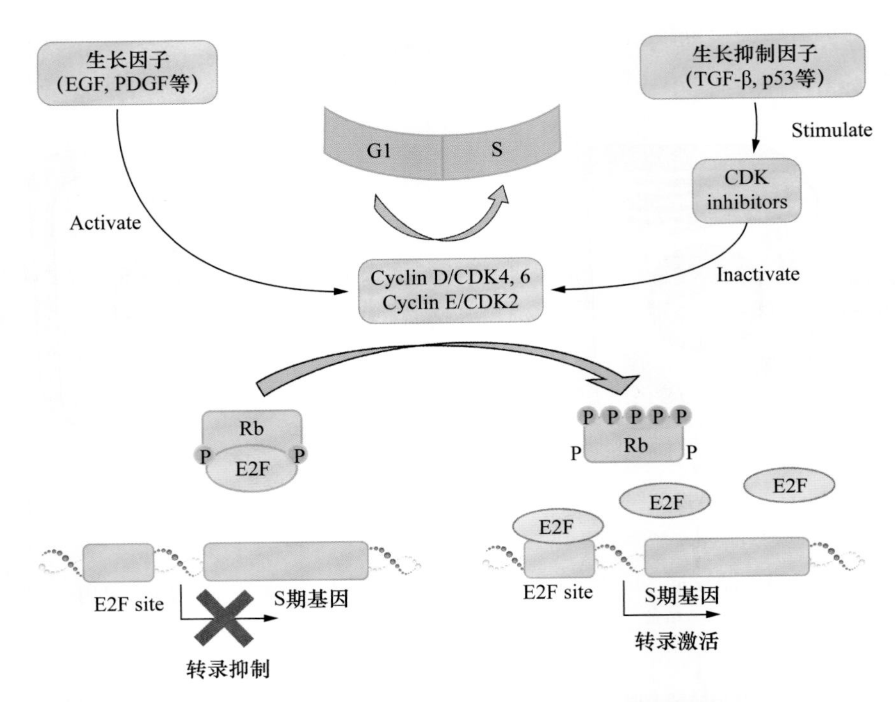

图9-8-5 抑癌基因Rb参与细胞周期调控的机制

此外，某些DNA肿瘤病毒产生的致癌蛋白如HPV E7，也通过与RB蛋白结合并抑制其活性而导致肿瘤发生。

3. ***PTEN***

*PTEN*属于蛋白酪氨酸磷酸酶（protein tyrosine phosphatases，PTP）基因家族成员，具有双特异磷酸酶（DUSP）活性，它主要介导磷酸肌醇的去磷酸化，降低细胞内3,4,5-三磷酸磷脂酰肌醇的含量，抑制AKT/PKB信号通路的活化，发挥抑癌作用。PTEN蛋白能够通过抑制细胞生长、分裂或者分裂不受控制的方式调控细胞分裂周期，在细胞生长、凋亡、黏附、迁移、浸润等多方面发挥重要作用。有研究表明，*PTEN*可作为多数肿瘤的预后评估指标。

4. ***APC***

*APC*是抑制Wnt信号通路的关键基因。正常APC能够通过复合体将β-catenin限制在胞质，促进后者降解。APC失活导致β-catenin入核，促进c-myc、细胞周期相关蛋白的转录，造成细胞增殖失控。APC失活是大肠癌发生过程中较早期事件。

5. ***VHL***

作为肿瘤抑制基因，*VHL*的突变是VHL综合征（von Hippel-Lindau syndrome）与透明细胞性肾细胞癌相关联的重要分子病理变化。*VHL*基因突变也发生在散发性肾透明细胞癌之中。VHL蛋白可降解低氧诱导因子-1α（hypoxia inducible factor-1α，HIF-1α）。HIF-1α作为转录因子，具有调节细胞增殖、肿瘤血管生成、代谢等功能。在透明细胞性肾细胞癌中，发生VHL突变或过甲基化后CDK4、cyclin D_1及HIF-1α表达增加，致使细胞周期蛋白依赖性激酶抑制物*p21*以及*p27*的表达降低。

6. ***BRCA1/2*基因**

*BRCA1/2*在DNA双链断裂修复中发挥重要作用，是目前发现的与家族性乳腺

癌发病关系最为密切的两个易感基因。国外研究表明，携带*BRCA1*和*BRCA2*基因突变的妇女发生乳腺癌的风险是正常人群的10倍，其一生累计乳腺癌发病风险高达60%～80%。

（三）细胞获得无限增殖的能力

正常细胞的生长与增殖依赖生长因子（growth factor）与细胞表面的受体结合或者细胞外基质成分激活细胞膜上的整合素（integrin），通过细胞内特定的信号转导分子（signal transducers）有序的相互作用，将促生长信号传递到细胞核内特定的转录因子（transcriptional factor），这些转录因子启动调节细胞周期的基因，最终启动DNA复制，细胞通过有丝分裂进行增殖。这些有序的相互作用分子与外源性信号组成特定的信号通路（signaling pathway）。例如，生长因子与受体结合并活化“小GTP结合蛋白”（small GTP-binding protein）中的一个重要分子——Ras蛋白，活化的Ras蛋白激活“丝裂原激活的蛋白激酶”（mitogen activated protein kinase，MAPK）通路，MAPK通路是调控细胞生长与分化的重要信号通路之一。在其通路中，蛋白丝氨酸/苏氨酸激酶Raf首先被活化的Ras激活，之后再激活MEK（MAP kinase/ERK kinase）。活化的MEK可以直接磷酸化ERK，促使后者入核，磷酸化并激活其下游效应分子，包括转录因子，如c-fos、c-myc、c-jun。这些转录因子均有促使细胞周期基因发生转录的功能。

正常情况下，细胞周期进展受到严密调控（图9-8-6）。细胞周期蛋白（cyclin）和细胞周期蛋白依赖性激酶（cyclin-dependent kinase，CDK）在细胞周期调节中具有十分重要的作用。细胞从G_0期到M期主要是由各种不同的CDKs在细胞周期的各个阶段发挥催化作用实现的，而CDKs需要与特定的cyclins结合才能获得催化能力。在细胞周期中，cyclinD、E、A、B依次出场，与不同的CDKs结合，推动细胞周期进展。如RB蛋白在cyclin D-CDK4复合物的作用下由低磷酸化状态转化为高磷酸化状态。当细胞处于G_1期时，RB蛋白为低磷酸化状态，结合转录因子E2F的家族成员并阻止其转录激活作用。当cyclin D-CDK4复合物的作用于RB时，其处于高磷酸化的状态，可促进S期基因的转录并使E2F与RB解离。这是细胞从G_1期进入S期的一个非常重要的

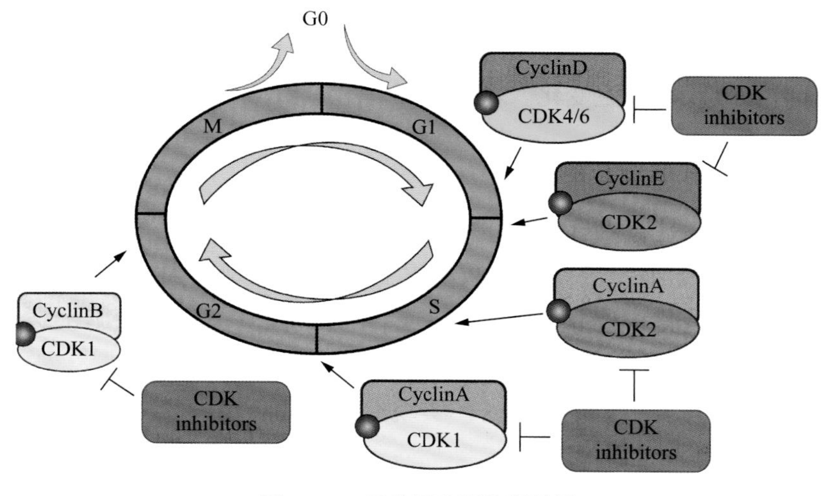

图9-8-6　正常细胞周期调控图

调控点。

CDK/cyclin复合物活性的负调控是由CDK抑制物实现的。CKI种类较多，包括*p16*、*p21*、*p27*等；并且其表达受上游分子的调控。如*p21*的转录受*p53*控制，*p53*在DNA修复、细胞周期调节及细胞凋亡等过程中都起关键作用。

细胞增殖和细胞周期的失控，细胞相对无止境地增生，然后通过附加突变，选择性地形成具有不同特点的亚克隆（异质性），从而获得浸润和转移能力，形成恶性肿瘤。

（四）凋亡调节基因功能紊乱

肿瘤的形成不仅是促增殖的癌基因的激活或者抑制增殖的抑癌基因的失活，还可以起源于调控凋亡的基因突变。

各种因素导致的抑制凋亡的分子过度活跃或者促凋亡分子的表达降低都有可能使细胞逃避凋亡。以滤泡亚型B细胞淋巴瘤为例，85%的患者出现t（14，18）染色体转位，造成BCL2表达升高。过量的BCL2在线粒体外膜聚集，抑制BAX/BAK，使B淋巴细胞免于凋亡而长期存活。

（五）DNA修复功能障碍

各种外源性因素（如辐射、烷化剂、紫外线、氧化剂等）和内源性因素（碱基错配等）可造成DNA损伤（DNA damage）。正常情况下，DNA的轻微损害可以通过DNA修复机制修复。DNA损伤修复方式主要有切除修复（excision repair）和错配修复（mismatch repair）。DNA修复机制存在异常时，这些DNA损伤则有可能保留下来，并且在肿瘤的发生与发展中起到重要作用。遗传性DNA修复基因异常者，如着色性干皮病（xeroderma pigmentosum，XP）患者，因为不能修复紫外线导致的DNA损伤，其皮肤癌的发病率较常人高，且发病年龄相对较轻。家族性非息肉病性结肠癌部分由错配修复基因*MSH2*和*MLH1*突变或者失活引起的，部分患者会表现出微卫星不稳定性（microsatellite instability，MSI）。微卫星是基因组中一类短串联重复DNA序列，一般由1～6个核苷酸组成，呈串联重复排列。由于其核心重复单元重复次数差异，微卫星位点长度具有群体多态性。与邻近正常组织相比，肿瘤组织微卫星位点中常出现重复单元的插入或删除而导致其长度发生变化。

（六）端粒酶和肿瘤

端粒（telomere）是存在于染色体末端的DNA重复序列，其长度会随着细胞的复制逐渐缩短。正常细胞经过一定次数的复制后，端粒缩短到一定程度，会通过P53和RB通路诱导细胞老化，停止复制。*p53*或者*RB*基因突变时，细胞会通过非同源染色体末端融合机制诱导染色体的融合，导致细胞死亡。端粒酶（telomerase）存在于干细胞中，可使缩短的端粒长度恢复，实现无限复制。大多数没有端粒酶活性的体细胞只能复制大约50次。几乎所有的肿瘤细胞都能够维持端粒的长度不缩短，其中85%～90%的恶性肿瘤是通过上调端粒酶的表达或者活性来实现的。

从结肠腺瘤向结肠癌进展的过程中，早期病变表现为基因组高度不稳定、低端粒酶活性，而恶性病变表现为复杂核型、高端粒酶活性，因而提出“端粒驱动肿瘤形成”假说，即细胞过度增殖导致端粒缩短，从而引起染色体不稳定和突变积累。如果在这一过程中通过某种途径激活了端粒酶，那么端粒的长度得以恢复，染色体趋向稳定，而之前的突变得以留存并积累。这些突变最终会引起细胞的恶性转化。

（七）表观遗传调控与肿瘤

表观遗传学（epigenetics）是指基于非基因序列改变所致基因表达水平的变化，主要有组蛋白修饰、DNA甲基化、非编码RNA等。

DNA甲基化是由DNA甲基转移酶介导的调控基因表达的重要机制之一。肿瘤的发生与发展过程中常发生一些关键基因启动子区CpG岛甲基化异常，包括癌基因的低甲基化（hypomethylation）和肿瘤抑制基因的过甲基化（hypermethylation）。前者上调癌基因表达，后者下调肿瘤抑制基因表达。很多肿瘤细胞表现为全基因组的甲基化状态异常。基因组中非编码区域有富含CpG的重复序列，正常时处于高甲基化状态，这种高甲基化状态能使染色体维持稳定性；肿瘤细胞中某些区域会出现低甲基化状态，促使DNA分子稳定性降低，易于发生重组，导致转位、缺失等改变，也与肿瘤发生发展密切相关。

组蛋白在维持染色质结构，调控基因表达方面发挥重要作用。组蛋白修饰如甲基化、乙酰化、磷酸化、泛素化、SUMO化、糖基化等，能够影响基因组的开放状态，从而决定基因是否表达。

非编码RNA（non-coding RNA，ncRNA）是指除mRNA、tRNA和rRNA以外不编码蛋白质的RNA分子，包括microRNA、piRNA、snoRNA、circRNA和lncRNA等，它是表观遗传的重要组成部分。MicroRNA和lncRNA是现在研究的热点。

MicroRNA是一类长度有21～30个碱基的单链RNA分子，通过碱基配对与靶基因mRNA结合，通过RNA诱导沉默复合体（RNA-induced silencing complex）抑制靶基因翻译或者直接剪切mRNA。microRNA在调控细胞生长、分化、凋亡和恶性转化方面都有重要作用。某些microRNA具有促癌作用，比如miR-200通过增强肿瘤细胞发生上皮间质转化（EMT）促进肿瘤的侵袭和转移。有些microRNA发挥抑癌作用，比如miR-145可以靶向多个癌基因，其表达缺失可导致癌基因表达上调。小干扰RNA（smallinterfering RNA，siRNA）是一类人工合成的小分子单链RNA，可以被转染入细胞内，通过与miRNA相同的机制沉默靶基因，是科研工作中常用到的工具RNA。

长链非编码RNA（long non-coding RNA，lncRNA）是由RNA聚合酶Ⅱ转录的长度超过200 nt的非编码RNA。同mRNA类似，lncRNA的表达也受到转录因子、表观遗传修饰等调控。表达异常的lncRNA能够通过多种途径调控肿瘤细胞的迁移、浸润、增殖和凋亡。LncRNA通过多种机制参与多种信号通路的调控，影响肿瘤的发生和进展。比如lncRNA DINO（Damage Induced Noncoding）能够直接结合并稳定P53蛋白，参与*p53*介导的细胞周期阻滞和凋亡。很多最新的研究发现，有些lncRNA可以编码短肽，其作用尚不明确。

二、肿瘤多步癌变的分子基础

分子遗传学、流行病学以及化学致癌的动物研究模型等许多方面的研究表明，肿瘤的发生并非单个分子事件，而是一个多步骤的过程。细胞完成恶性转化需要多种基因的改变，包括几个癌基因的激活，两个或两个以上的肿瘤抑制基因的失活，以及调节凋亡和DNA修复基因的表达或者功能改变等。

首先，致癌因素引起的基因损伤会诱导原癌基因的激活，以及抑癌基因的失活，可能还累及DNA修复基因和凋亡调节基因，导致细胞出现多克隆性增殖；经过进一步的基因损伤，发展为单克隆性增殖；通过演进，形成拥有不同生物学特性的亚克隆，获得浸润和转移的能力（图9-8-7）。正常细胞一般需要较长的时间积累这些基因的改变。这是年龄较高的人群中癌症发生率相对较高的一个重要原因。

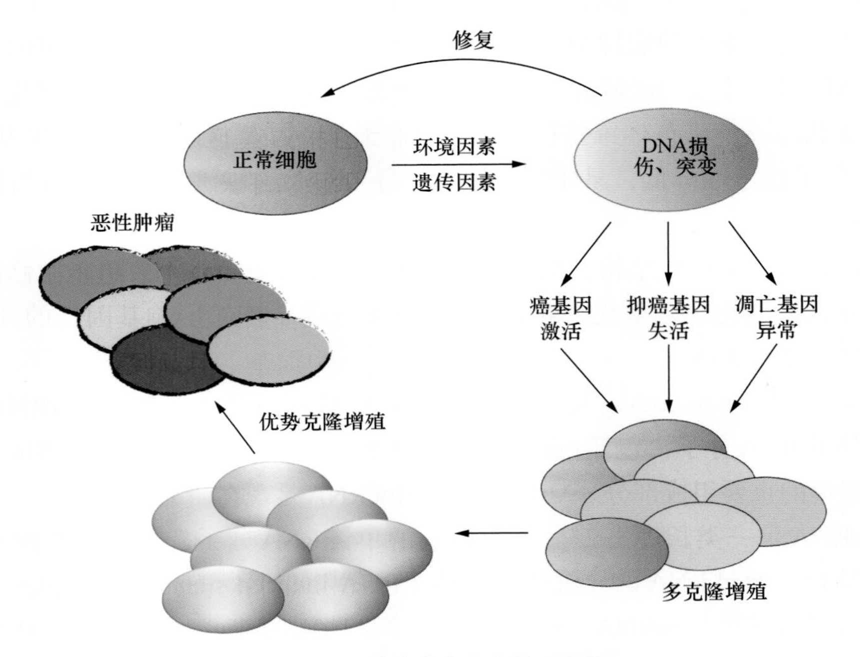

图9-8-7 肿瘤发生多步骤示意图

三、环境致癌因素与作用机制

各种环境因素可以通过影响前面所讲述的分子机制导致肿瘤的发生。确定某一因子是否能够导致肿瘤形成，需要结合流行病学资料、临床表现和实验验证等多方面研究，因此明确致瘤因素是一个需要长时间研究的复杂工作。

致癌物（carcinogen）是可以导致恶性肿瘤的一类物质。有些物质本身无致癌性，但是可以增加致癌物的致癌性，这些物质叫作促癌物（promoter）。环境所致肿瘤中，致癌物起启动作用，促癌物起促发作用。常见的致癌物有三类：化学物质、物理因素和生物因素。下面介绍一些常见的环境致瘤因素。

（一）化学物质

到目前为止，已经确定对动物有致癌作用的化学致癌物有1000多种，其中有些可能与人类肿瘤密切相关。多数化学致癌物需在体内（主要是在肝脏）代谢转化后才能致癌，称为间接致癌物。而少数化学致癌物则不需在体内进行代谢转化即可致癌，称为直接致癌物。常见的间接致癌物有多环芳烃类物质、亚硝胺类、一些可致癌的芳香胺类和一些真菌毒素等。多环芳烃存在于石油、煤焦油中，其中3,4-苯并芘和1,2,5,6-双苯并蒽致癌性特别强；亚硝胺类物质可由存在于食品添加剂中的亚硝酸盐和食物中的二级胺在胃中合成，与胃肠道肿瘤发病相关；芳香烃类物质如乙萘胺、联苯胺等，与印染厂工人和橡胶工人的膀胱癌发生率较高有关；真菌毒素如黄曲霉毒素广泛存在于霉变食品，如玉米、花生和谷类中。常见的直接致癌物较少，主要是烷化剂和酰化剂，如环磷酰胺等。化学致癌物大多数是致突变剂（mutagen），具有亲电子结构的基团，如环氧化物、硫酸酯基团等，它们能与大分子（如DNA）的亲核基团共价结合，形成加和物使其结构改变（如DNA突变）。化学致癌物起启动作用，引起癌症形成过程中的始发变化。某些化学致癌物可以由其他无致癌作用的促癌物协同作用而增加致癌效应，如巴豆油、激素、酚和某些药物。致癌物引发的初始变化称为激发作用（initiation），而促癌物的协同作用称为促进作用。

（二）物理致癌因素

物理致癌因素主要是各种辐射能，比如紫外线、X线、核裂变产物等。对第二次世界大战时广岛和长崎原子弹爆炸后当地居民的随访显示，髓细胞白血病发病率显著升高，并且死于甲状腺癌、乳腺癌、结肠癌和肺癌的病例数也增加了；对头颈部肿瘤进行放射治疗的患者在治疗几年后有较高概率患甲状腺乳头状癌。

阳光中的紫外线（ultraviolet ray，UV）能够引起皮肤癌（鳞状细胞癌、基底细胞癌以及黑色素瘤）。日光浴是引起白种人黑色素瘤的重要原因。UV可使DNA中相邻的两个嘧啶形成二聚体，从而导致DNA分子复制错误。在正常情况下，细胞内有正常的DNA修复系统可以清除这种嘧啶二聚体。当紫外线对细胞的伤害超出修复系统的修复能力或者DNA修复系统功能障碍时会导致突变积累，形成肿瘤。着色性干皮病（XP）是一种罕见的常染色体隐性遗传病，患者由于先天缺乏切除嘧啶二聚体所需的酶，从而无法修复紫外线导致的DNA损伤，因此他们对日照十分敏感，皮肤癌的发病率非常高，且在幼年即可发病。

电离辐射（ionizing radiation）（包括X线、γ射线和以粒子形式存在的辐射例如β粒子等）能够使染色体断裂、转位和点突变，从而导致癌基因激活或者肿瘤抑制基因失活。

（三）生物致癌因素

病毒是主要的生物致癌因素，能够导致肿瘤形成的病毒称为肿瘤病毒（tumor virus），有DNA肿瘤病毒和RNA肿瘤病毒两类。除病毒外，某些细菌也与肿瘤发病相

关，如幽门螺杆菌（Helicobacter pylori，HP）不仅在慢性胃炎和胃溃疡发病中起重要作用，并且与胃癌的发病有一定关系。

1. DNA肿瘤病毒

DNA肿瘤病毒感染细胞后，可以通过其自身的基因产物使细胞发生恶变。最常见的与人类肿瘤发生有密切关系的DNA肿瘤病毒有以下几种。

（1）人乳头瘤病毒（human papilloma virus，HPV）：HPV有多种亚型，其中低危型的HPV-6和HPV-11与生殖道和喉等部位的良性乳头状瘤的发生有关；高危型的HPV-16、18与宫颈癌的发生关系密切。HPV基因组编码的E6、E7蛋白能够分别与Rb、*P21*、*P27*和*P53*蛋白结合，抑制它们的功能，促进细胞周期进展，抑制细胞凋亡，最终导致肿瘤的发生。高危型HPV病毒编码的E6和E7蛋白与上述抑癌蛋白的亲和性要远远高于低危型HPV病毒。高危型HPV病毒能够随机整合到宿主细胞的基因组上，造成E6、E7蛋白表达增高，而低危型HPV病毒一般不整合到宿主细胞的基因组上。目前，能够预防多种HPV病毒感染的多价疫苗已经上市，有望降低宫颈癌的发病率。

（2）Epstein-Barr病毒（EBV）：EBV是最早发现的与人类肿瘤有关的病毒，其与伯基特（Burkitt）淋巴瘤的发生密切相关。经过40多年的研究发现，在多种肿瘤中如大部分鼻咽癌、部分淋巴瘤、胃癌，甚至一些肉瘤中都检测到EBV的基因组。EBV主要是感染人类鼻咽部的上皮细胞以及B淋巴细胞。B淋巴细胞能够在EBV的作用下发生多克隆性增殖。LMP1是EB病毒编码的蛋白，能够激活NF-κb的蛋白和JAK/STAT信号通路促进细胞增殖，激活*BCL2*基因，抑制细胞凋亡，是促使细胞发生恶性转变的主要驱动蛋白。在这个基础上再发生其他突变，如*N-ras*突变，可发展为单克隆增殖，从而形成淋巴瘤。

（3）乙型肝炎病毒（hepatitis virus B，HBV）：HBV本身并不含有可以转化蛋白的基因，且其与DNA的整合并无固定模式。但是，一些研究表明，HBV感染者发生肝细胞癌的概率是未感染者的200倍。其机制可能与慢性肝损伤导致肝细胞不断再生和HBV产生的HBx蛋白相关。

2. RNA肿瘤病毒

RNA肿瘤病毒是一种反转录病毒（retrovirus），可分为急性转化病毒和慢性转化病毒。急性转化病毒中含有病毒癌基因，例如*v-src*、*v-abl*、*v-myb*等。这些病毒感染细胞后，以病毒RNA为模板在反转录酶（reverse transcriptase）催化下合成DNA片段，然后整合到宿主DNA链中并表达，从而导致细胞转化。慢性转化病毒本身并不含癌基因，但是这类病毒本身有很强的促进基因转录的启动子或增强子。当这类病毒反转录后插入到宿主细胞DNA链的原癌基因附近，能够引起原癌基因激活和过度表达，从而导致宿主细胞转化。

人类嗜T淋巴细胞病毒-1（human T-cell lymphotropic virus type-1，HTLV-1）能够引起“成人T细胞白血病/淋巴瘤”（ATLL），该病主要发生于日本和加勒比海地区。HTLV-1既不含有已知的癌基因，而且不会在特定原癌基因附近整合。该病毒的转化活性与其本身的*tax*基因有联系。Tax的基因产物能够使几种宿主基因的转录激活，例

如*c-fos*、*c-sis*、*IL-2*及其受体的基因及GM-CSF（粒细胞-巨噬细胞集落刺激因子）基因。这些基因激活能够导致T细胞增殖。

3. 细菌

幽门螺杆菌为革兰氏阴性杆菌，与慢性胃炎和胃溃疡的发生密切相关。胃的黏膜相关淋巴组织（mucosa-associated lymphoid tissue，MALT）发生的MALT淋巴瘤（MALT lymphoma）与幽门螺杆菌的感染密切相关，而且一些胃腺癌的发生与幽门螺杆菌胃炎也有一定的关系，尤其是在胃窦和幽门附近的幽门螺杆菌胃炎。幽门螺杆菌编码CagA蛋白，将其“注射”入胃的上皮细胞内，可促进胃上皮的增殖和恶性转化。

四、影响肿瘤发生、发展的内在因素及其作用机制

（一）遗传因素

研究发现很多肿瘤的发生不仅受到环境影响，遗传也起到重要作用，如遗传性肿瘤综合征患者其基因和染色体异常，导致患者增加罹患某些肿瘤的机会。通过研究遗传物质的变化或遗传信息的表达异常同恶性肿瘤发生的关系，可以明确恶性肿瘤易患性的遗传背景，为肿瘤的诊断和预防提供线索。根据遗传模式的不同，遗传性肿瘤综合征分为以下三类。

1. 常染色体显性遗传

常染色体显性遗传（autosomal dominant inheritance）的遗传性肿瘤综合征，以家族性视网膜母细胞瘤为例，患者从亲代遗传异常的*RB*等位基因，当另一个*RB*等位基因出现丢失、突变等异常时，则发生视网膜母细胞瘤。携带有该异常基因的幼儿较正常人发生视网膜母细胞瘤的风险高10 000倍。与散发性视网膜细胞瘤不同，家族性视网膜母细胞瘤常累及双侧视网膜，并且很多患者继发骨肉瘤。

2. 常染色体隐性遗传

常染色体隐性遗传（autosomal recessive inheritance）的遗传性肿瘤综合征患者的肿瘤发生多与DNA修复基因功能异常导致的染色体或者基因组不稳定有关。如着色性干皮病（XP）患者经过紫外线照射后患皮肤癌的概率增加。先天性毛细血管扩张性红斑及生长发育障碍（Bloom综合征）患者易发生白血病等恶性肿瘤。毛细血管扩张性共济失调症患者容易发生淋巴瘤和急性白血病。

3. 遗传模式不明的具有家族聚集倾向的肿瘤（**familial cancers of uncertain inheritance**）

几乎所有常见类型的肿瘤都有家族聚集的倾向，比如发病年龄较早，近亲属有发病，双侧或多部位肿瘤等。这一类型的肿瘤可能与多因素遗传有关。

上述三类遗传性肿瘤占全部肿瘤的5%～10%。遗传因素在肿瘤发生中起的作用并不是直接的，而是受到环境影响。比如药物代谢相关酶类的多态性可以影响吸烟者肺癌的发生率。以下列举了部分常见遗传性肿瘤综合征及其相关的调控基因、染色体定位和肿瘤（表9-8-3）。

表 9-8-3 常见遗传性肿瘤综合征及其相关的调控基因、染色体定位

综合征	受累基因	染色体定位	相关肿瘤
家族性腺瘤性息肉病	*APC*	5q21	结直肠癌
家族性视网膜母细胞瘤	*RB*	13q14.3	视网膜母细胞瘤、骨肉瘤
神经纤维瘤病Ⅰ型	*NF1*	17q12	神经纤维瘤、恶性外周神经鞘膜瘤
Li-Fraumeni综合征	*P53*	17p12-13	肉瘤，乳腺癌，脑肿瘤，白血病
着色性干皮病	*XPA*、*XPB*等	9q34、1q21等	皮肤癌症
毛细血管扩张性共济失调症	*ATM*	11q12	淋巴瘤，白血病
Bloom综合征	*BLM*	15q26.1	白血病，实体肿瘤
Fanconi贫血	*FACC*、*FACA*	9q22.3、16q24.3	白血病
Wilms瘤	*WT1*	11p13	Wilms瘤
von Hippel-lindau综合征	*VHL*	3p25	肾细胞癌，小脑血管网状细胞瘤
遗传性非息肉病性结直肠癌	*MSH*等	2p16	结直肠癌
家族性乳腺癌	*BRCA1*	17q21	乳腺癌，卵巢癌
	BRCA2	13q12	乳腺癌

（二）免疫因素

发生恶性转化的细胞可以被免疫系统识别，引起机体的免疫反应，称为肿瘤免疫（tumor immunity）。机体免疫系统能够识别并且清除新形成的肿瘤细胞称为免疫监视（immune surveillance）。

1. 肿瘤抗原

以往将肿瘤抗原归纳为2类：肿瘤特异性抗原（tumor-specific antigen）和肿瘤相关性抗原（tumor-associated antigen）。前者指只在肿瘤细胞表达，而正常细胞不表达的抗原；后者指在肿瘤细胞和某些正常细胞内都存在的抗原。然而，随着检测技术的进步，越来越多的研究发现，很多以往被认为是肿瘤特异性的抗原也存在于某些正常细胞上。因此，现在一般根据抗原的结构和来源对其进行分类。下面对几类常见肿瘤抗原进行简要介绍。

（1）癌基因或者抑制基因突变产生的异常编码产物：前面讲到有些肿瘤的发生是由于原癌基因或者抑癌基因突变导致的。这些突变的基因编码的蛋白只存在于肿瘤细胞内，与正常蛋白有一定差异，可以被免疫系统识别。在一些肿瘤中，癌基因没有发生突变而是处于过表达状态，比如*HER2*/*NEU*基因在一些乳腺癌中过表达。

（2）其他基因突变产生的异常蛋白：肿瘤细胞一般具有基因组不稳定的特性，因此肿瘤细胞会产生多种多样的变异蛋白，这些变异蛋白都是潜在的肿瘤抗原。

（3）正常蛋白的异常表达：有些蛋白在正常细胞中低表达，而在肿瘤细胞中高表达。比如参与黑色素合成的酪氨酸酶，正常情况下只在黑色素细胞中表达。而在恶性黑色素瘤中，酪氨酸酶高表达，并且能够被T细胞识别，激发免疫反应。

（4）由致癌病毒编码的蛋白：有些病毒，如HPV和EBV，感染细胞后，由病毒基因组编码的蛋白可以被T细胞识别，触发免疫反应。基于此研发的HPV疫苗已经上市，能够有效预防HPV相关的宫颈癌。

（5）肿瘤胎儿抗原（oncofetal antigen）：有些肿瘤抗原在胚胎发育期表达，而在正常的成熟组织内不表达，如癌胚抗原（CEA）和甲胎蛋白。

（6）肿瘤细胞表面异常的糖脂和糖蛋白：包括神经节苷脂、血型抗原和黏液素等。

（7）细胞特异性分化抗原（cell type-specific differentiation antigens）：有些肿瘤抗原能够提示肿瘤的细胞来源，比如淋巴瘤，如果CD20呈阳性表达，提示该淋巴瘤是B细胞淋巴瘤。

2. 抗肿瘤免疫

细胞免疫是抗肿瘤免疫的主要力量。参与抗肿瘤免疫的细胞有细胞毒性T淋巴细胞（cytotoxic T lymphocytes，CTLs）、自然杀伤细胞（natural killer cell，NK细胞）和M1型巨噬细胞。肿瘤细胞将处理成短肽的抗原与主要组织相容性复合体（class Ⅰ major histocompatibility complex，MHC Ⅰ）组装后传递到细胞膜上，CTLs可通过识别与MHC Ⅰ结合的肿瘤抗原发挥杀伤作用。T细胞和NK细胞对肿瘤的免疫是具有协同作用的，有些肿瘤细胞为了躲避T细胞的杀伤，会下调MHC Ⅰ分子的表达，这反而促进了NK细胞的激活。激活的T细胞和NK细胞释放γ干扰素，从而激活巨噬细胞向M1型分化，发挥抗肿瘤作用。

3. 免疫监视和肿瘤的免疫逃逸

在正常免疫状态下，机体能够及时发现、清除发生了恶变的细胞，从而预防肿瘤的形成，即机体的免疫监视（immunosurveillance）。但是肿瘤细胞可以通过免疫逃逸机制躲避免疫系统的识别和杀伤。在肿瘤的起始阶段，肿瘤细胞通过下调抗原分子和MHC Ⅰ的表达，躲避免疫系统识别。在肿瘤的进展、转移阶段，肿瘤微环境中的多种免疫抑制因子和免疫抑制细胞发挥着抑制抗肿瘤免疫反应的作用。比如肿瘤细胞分泌大量TGF-β，不仅能促进肿瘤浸润和转移，而且能够抑制免疫细胞的活性。部分肿瘤细胞高表达PD-L1，通过与T细胞表面的受体PD-1结合，抑制T细胞活化。有的肿瘤细胞甚至能够通过表面的FasL，激活T细胞表面的Fas，诱导T细胞凋亡。现阶段，肿瘤免疫是肿瘤研究的前沿和热点，肿瘤免疫疗法也越来越多被应用于临床，取得了瞩目的成绩。

（孙玉静 高 鹏）

第十章　药物与机体的相互作用

■ 药物效应动力学
◎ 药物的基本作用
◎ 药物剂量与效应关系
◎ 药物作用的靶点
◎ 药物与受体
■ 药物代谢动力学
◎ 体内过程
◎ 速率过程
■ 影响药物效应的因素
◎ 机体因素
◎ 药物因素
◎ 其他因素

药物（drug）是用于预防、诊断、治疗疾病和调节机体生理功能的化学物质。研究药物与机体（包括病原体）相互作用及作用规律的科学称为药理学（pharmacology），研究内容包括：①药物效应动力学（pharmacodynamics），简称药效学，研究药物对机体的作用，包括药物的作用、临床应用和不良反应等；②药物代谢动力学（pharmacokinetics），简称药动学或药代学，研究机体对药物的作用，即药物在机体的作用下所发生的变化及规律，包括药物在体内的吸收、分布、代谢和排泄等过程。

第一节　药物效应动力学

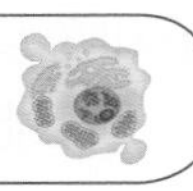

药物效应动力学简称药效学，是研究药物对机体的作用及作用机制，以阐明药物防治疾病规律的学科。

一、药物的基本作用

（一）药物作用与药理效应

药物作用（drug action）是药物对机体的初始作用，是动因。药理效应（pharmacological effect）是药物作用的结果，是机体反应的表现。二者意义接近，通常不严加区别。但当二者并用时，应体现先后顺序。药理效应体现为机体器官原有功能水平发生改变，功能提高称为兴奋（excitation），功能降低称为抑制（inhibition）。例如，肾上腺素加快心率属兴奋；阿司匹林退热属抑制。

多数药物通过化学反应产生药理效应。化学反应的专一性使药物的作用具有特异性（specificity）。如阿托品特异性阻断毒蕈碱型胆碱受体（muscarinic receptor，M受体），但对烟碱型胆碱受体（nicotinic receptor，N受体）影响不大。药物作用特异性由药物的化学结构决定。

药物的药理效应具有选择性（selectivity），即在一定的剂量下，药物对不同的组织器官作用的差异性。有些药物可作用于不同组织器官，影响机体多种功能，而有些药物只影响机体的一种功能，前者药理效应选择性低，后者选择性高。

药物作用特异性与药理效应选择性并不一定平行。例如，阿托品对M胆碱受体作用的特异性高，但其药理效应选择性不高，对心脏、血管、平滑肌、腺体及中枢神经系统都有影响。

（二）治疗效果

治疗效果，也称疗效（therapeutic effect），是指药理效应有利于改变患者的生理、生化功能或病理过程，使患病的机体恢复正常。可分为对因治疗和对症治疗。

1. 对因治疗

对因治疗（etiological treatment）是指用药目的在于消除原发致病因子，彻底治愈疾病。如用抗生素抑制或杀灭体内致病菌。

2. 对症治疗

对症治疗（symptomatic treatment）是指用药目的在于改善疾病症状。对症治疗虽不能根除病因，但对病因未明或暂时无法根治的疾病却必不可少。对某些危重急症如休克、惊厥、心力衰竭等，对症治疗比对因治疗更为迫切。有时严重的症状可作为二级病因，使疾病进一步恶化，如高热引起惊厥、剧痛引起休克等。此时的对症治疗（如解热或镇痛）对惊厥或休克而言，则为对因治疗。

祖国医学提倡“急则治其标，缓则治其本”“标本兼治”。这些是临床实践应遵循的原则。

（三）不良反应

凡与用药目的无关，并给患者带来不适或痛苦的反应统称为不良反应（adverse drug reaction，ADR）。多数不良反应是药物固有的效应，在一般情况下可以预知，但不一定能够避免。少数严重的不良反应较难恢复，称为药源性疾病（drug-induced disease），例如庆大霉素引起的神经性耳聋，氯霉素引起的再生障碍性贫血等。

药物的不良反应主要有以下几类。

1. 副反应

副反应（side reaction）是指由于药理效应选择性低，涉及多个器官，当某一效应用作治疗目的时，其他效应就成为副反应。例如，阿托品用于治疗胃肠痉挛时，可引起口干、心悸、便秘等副反应。副反应是在药物治疗剂量下发生的，是药物本身固有的效应，多数较轻微并可以预知。

2. 毒性反应

毒性反应（toxic reaction）是指药物剂量过大或在体内蓄积过多时发生的危害性反应，多数比较严重。短期引起的毒性称急性毒性，多损害呼吸、循环及神经系统功能。长期用药导致药物在体内蓄积而逐渐发生的毒性称为慢性毒性，多损害肝、肾、骨髓及内分泌等功能。致癌（carcinogenesis）、致畸胎（teratogenesis）和致突变

（mutagenesis）也属于慢性毒性范畴。毒性反应一般可以预知，应避免发生。

3. 后遗效应

后遗效应（residual effect）指停药后血药浓度已降至阈浓度以下时残存的药理效应。例如服用巴比妥类催眠药后，次晨出现的困倦、乏力等现象。

4. 停药反应

停药反应（withdrawal reaction）指患者在长期应用某种药物，机体对其已产生适应性改变，导致突然停药后原有疾病加剧的现象，又称反跳反应（rebound reaction）。例如，长期服用可乐定降压治疗，突然停药，次日血压明显升高。

5. 继发反应

继发反应（secondary reaction）是继发于药物治疗作用之后的不良反应，是治疗作用本身带来的间接结果。例如，长期应用广谱抗菌药治疗细菌感染，敏感细菌被抑制，不敏感菌乘机大量繁殖，造成二重感染（superinfection）。

6. 变态反应

变态反应（allergic reaction）是指药物引起的免疫反应，非肽类药物作为半抗原与机体蛋白结合为抗原后，经过10天左右的敏感化过程而发生的反应，也称过敏反应（hypersensitive reaction），常见于过敏体质患者。反应性质与药物原有效应无关，用药理性拮抗药解救无效。症状差异较大，从轻微的皮疹、发热至造血系统抑制、肝和肾功能损害、休克等。致敏物质可能是药物本身或其代谢物，亦可能是制剂中的杂质。临床用药前虽常做皮肤过敏试验，但仍有少数假阳性或假阴性反应，故对过敏体质患者或易引起变态反应的药物（如青霉素）应谨慎使用。

7. 特异质反应

特异质反应（idiosyncratic reaction）是指少数人由于遗传异常，对某些药物的反应特别敏感，或出现与常人不同性质的反应。特异质反应与药物固有的药理作用基本一致，反应严重程度与剂量成比例，药理性拮抗药救治可能有效。这种反应不是免疫反应，故不需预先敏化过程。例如，先天性胆碱酯酶活性低下者应用琥珀胆碱后，可致呼吸肌麻痹引起严重窒息。先天性葡萄糖-6-磷酸脱氢酶（glucose-6-phosphate dehydrogenase，G-6-PD）缺乏的患者服用伯氨喹后，容易发生急性溶血性贫血和高铁血红蛋白血症。

二、药物剂量与效应关系

药物的药理效应与剂量在一定范围内成比例，剂量增加或减少时，药理效应随之增强或减弱，这种剂量与效应之间的关系称为量效关系（dose-effect relationship）。以效应强度为纵坐标、剂量（或浓度）为横坐标作图，即得量效曲线（dose-effect curve）或浓度-效应曲线（concentration-effect curve），以此反映量效关系。

药理效应按性质可分为量反应和质反应两种。

（一）量反应

量反应（graded response）是指药理效应的强弱呈连续增减的变化，可用具体数

量或最大反应的百分率表示。例如，血压的升降、平滑肌的舒缩等。研究对象为单一的生物单位。以药物剂量（整体动物实验）或浓度（体外实验）为横坐标，效应强度为纵坐标作图，可获得直方双曲线；若将药物剂量（或浓度）改用对数值（多采用lg）作图，则可获得对称S形曲线，即通常所称的量反应的量-效曲线（图10-1-1）。

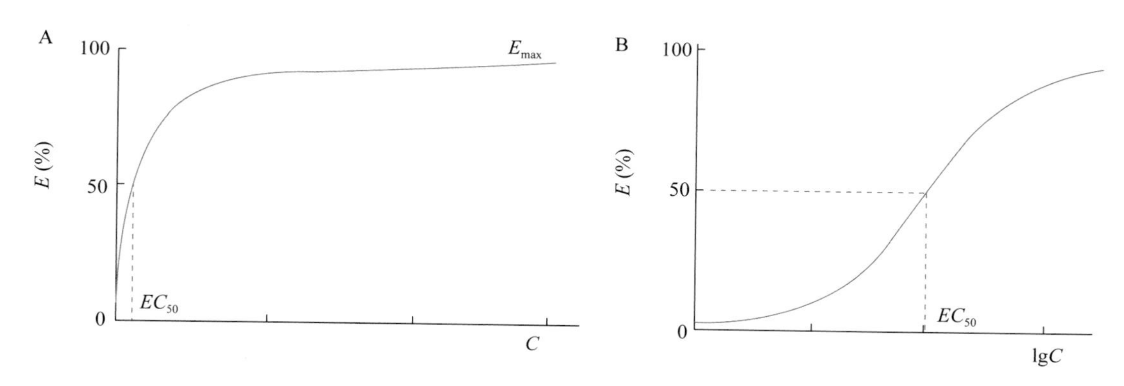

图10-1-1　药物作用的量-效关系曲线

A. 药量用真数剂量表示；B. 药量用对数剂量表示；E：效应；C：浓度

从量反应的量效曲线可以看出下列几个特定位点。

1. 最小有效剂量或浓度

最小有效剂量（minimal effective dose）或最小有效浓度（minimal effective concentration）：是指刚能引起效应的最小药物剂量或浓度，亦称阈剂量（threshold dose）或阈浓度（threshold concentration）。

2. 最大效应

药理效应随剂量（或浓度）的增加而增加，当效应达到一定程度后，继续增加剂量（或浓度）效应将不再继续增强，这一药理效应的极限即为最大效应（maximal effect，E_{max}），也称效能（efficacy）。

3. 半最大效应浓度

半最大效应浓度（concentration for 50% of maximal effect，EC_{50}）指能引起50%最大效应的药物浓度。

4. 效价强度

能引起等效反应（一般采用50%效应量）的相对剂量或浓度称为效价强度（potency），其值越小则强度越大。药物的效价强度与最大效应含义不同，二者并不平行。例如，以每日排钠量为指标比较利尿药的药效，氢氯噻嗪的效价强度大于呋塞米，而后者的最大效应却大于前者（图10-1-2）。

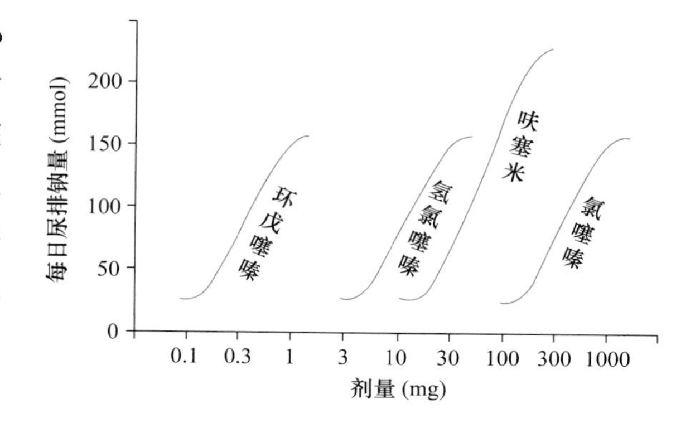

图10-1-2　各种利尿药的效价强度及最大效应比较

横坐标为对数尺度

5. 斜率

量效曲线中段斜率（slope）较大

提示药效较剧烈，反之则提示药效较温和。

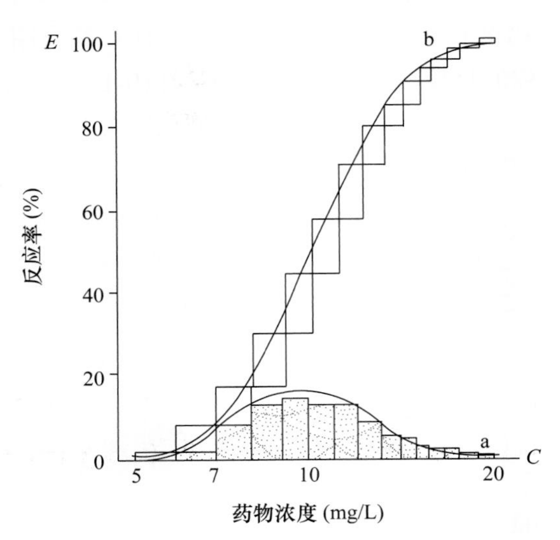

图 10-1-3 质反应的量效曲线
曲线a为区段反应率；曲线b为累计反应率；
E：阳性反应率；C：浓度或剂量
横坐标为对数尺度

（二）质反应

药理效应不随药物剂量或浓度的增减呈连续性量的变化，而表现为反应性质的变化，即以阳性或阴性、全或无的方式表现，此类反应称为质反应（quantal response）、全或无反应（all-or-none response）。例如，死亡与生存、惊厥与不惊厥等。研究对象为一个群体。在实际工作中，常将实验动物按用药剂量分组，以阳性反应百分率为纵坐标，药物剂量或浓度为横坐标作图。如果按照剂量或浓度的区段出现的阳性反应频率作图，可得到常态分布曲线。如果按照剂量增加的累计阳性反应百分率作图，则可得到典型的S形曲线（图10-1-3）。

从质反应的量效曲线可以看出以下的特定位点。

1. 半数有效量

能引起50%的实验动物出现阳性反应的药物剂量称为半数有效量（median effective dose，ED_{50}）。如效应为死亡，则称为半数致死量（median lethal dose，LD_{50}）。

2. 治疗指数

治疗指数（therapeutic index，TI）为药物LD_{50}与ED_{50}的比值，用以表示药物的安全性。一般情况下治疗指数大的药物相对较安全，但以此来评价药物安全性并不完全可靠。如药物的ED和LD两条曲线的首尾有重叠时（图10-1-4），还应参考1%致死量（LD_1）与99%有效量（ED_{99}）的比值或5%致死量（LD_5）与95%有效量（ED_{95}）之间的距离来衡量药物的安全性。

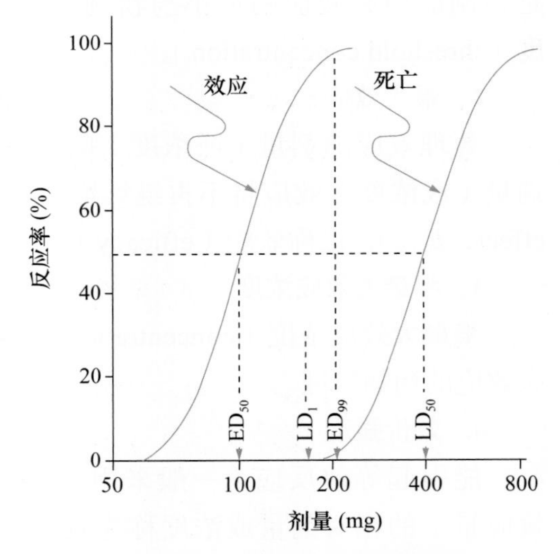

图 10-1-4 药物效应和毒性的量效曲线
横坐标为对数尺度

三、药物作用的靶点

药物的作用机制（mechanism of action）即研究药物如何对机体发挥作用。大多数药物的作用是由于药物与机体生物大分子之间的相互作用，从而引起机体生理、生化功能的改变。机体的每个细胞都有其复杂的生命活动过程，而药物的作用几乎涉及与

生命代谢活动过程有关的所有环节，因此药物的作用机制十分复杂。药物与机体生物大分子的结合部位则为药物作用的靶点。已知的药物作用靶点涉及受体、酶、离子通道、转运体、免疫系统、基因等。此外，有些药物通过理化反应或补充机体所缺乏的物质而发挥作用。

（一）受体

受体是最主要和最重要的药物作用靶点。现有药物中，50%以上的药物通过受体发挥作用（详见本章受体部分内容）。

（二）酶

20%以上的药物以酶为作用靶点，药物可抑制、诱导、激活或复活酶的活性。例如，奥美拉唑抑制胃黏膜的H^+-K^+-ATP酶而抑制胃酸分泌；苯巴比妥诱导肝药酶；解磷定使被有机磷酸酯类抑制的胆碱酯酶复活。另外，有些药物本身就是酶，例如胃蛋白酶。也有些药物是酶的底物，需转化后发挥作用，例如左旋多巴。

（三）离子通道

离子通道由肽链经多次往返跨膜形成的亚基组成，体内主要的离子通道包括Ca^{2+}、K^+、Na^+及Cl^-通道，6%左右的药物以离子通道为作用靶点，通过调节细胞膜内外无机离子的分布发挥作用。不同药物对通道的作用方式不同。有些药物可激动受体继而调控离子通道，如乙酰胆碱激动N胆碱受体引起Na^+通道开放，地西泮激动GABA受体引起Cl^-通道开放。而有些药物可直接作用于离子通道，通过改变通道的构象使其开放或关闭，例如，硝苯地平为Ca^{2+}通道阻滞药，吡那地尔为K^+通道开放药。

（四）转运体

转运体（transporter）是存在于细胞膜上的蛋白质成分，能促进内源性递质或代谢产物的转运过程。有些药物可通过影响转运体的作用产生效应。例如，呋塞米抑制肾小管对Na^+、K^+及Cl^-的再吸收，发挥利尿作用。三环类抗抑郁药抑制交感神经末梢对去甲肾上腺素再摄取，治疗抑郁症。

（五）免疫系统

有些药物通过影响免疫反应的一个或多个环节而发挥免疫抑制或免疫增强作用。例如，免疫抑制药环孢素可用于治疗器官移植后的排斥反应。免疫增强药干扰素可作为辅助药物治疗慢性感染及癌症等。此外，有些药物本身就是免疫系统中的抗原（如疫苗）或抗体（如丙种球蛋白）。

（六）基因

基因治疗（gene therapy）是通过基因转移的方式将正常基因或有功能的基因导入体内，使之表达以获得疗效。

基因工程药物（gene engineering drug）是指应用基因工程技术生产的药物，通过将目的基因与载体分子组成重组DNA分子后转移到新的宿主细胞系统，并使目的基因在其中进行表达，然后对表达产物进行分离、纯化和鉴定，从而大规模生产目的基因的表达产物。如人胰岛素、人生长激素、干扰素类、组织型纤溶酶原激活剂、重组链激酶、促红细胞生成素等。

核酸药物是指在核酸水平（DNA和RNA）发挥作用的药物。通过干扰细菌、病毒、肿瘤细胞的核酸合成或破坏核酸的结构功能，起到抑制或杀灭病原体的作用。核酸药物还包括反义核酸药物（反义DNA，反义RNA及核酶）以及DNA疫苗等。

（七）其他

有些药物通过简单的物理化学作用，如酸碱反应、改变渗透压、氧化还原等改变机体内环境。还有些药物补充机体所缺乏的物质，如维生素、微量元素等。

四、药物与受体

（一）受体的概念和特性

受体（receptor）是一类介导细胞信号转导的功能蛋白质，能识别周围环境中某种微量化学物质并与之结合，通过中介的信息放大系统，触发后续的生理反应或药理效应。体内能与受体特异性结合的物质称为配体（ligand），也称第一信使。配体与受体大分子中的一小部分结合，该部位称为结合位点（binding site）或受点。受体具有以下特性：①灵敏性（sensitivity）：受体只需与很低浓度的配体结合就能产生显著的效应。②特异性（specificity）：引起某一类型受体兴奋反应的配体的化学结构非常相似，但不同光学异构体的反应可以完全不同。同一类型的激动药与同一类型的受体结合时产生的效应类似。③饱和性（saturability）：受体数目是一定的，因此配体与受体结合的剂量反应曲线具有饱和性，作用于同一受体的配体之间存在竞争现象。④可逆性（reversibility）：配体与受体的结合是可逆的，配体与受体复合物可以解离，解离后可得到原来的配体而非代谢物。⑤多样性（multiple-variation）：同一受体可广泛分布到不同的细胞而产生不同效应，受体多样性是其亚型分类的基础。受体虽是遗传获得的固有蛋白，但并不是固定不变的，其数量、亲和力及效应力因经常受到各种生理、病理及药理因素的影响而处于动态变化中。

（二）药物与受体相互作用的学说

目前，药物与受体的相互作用存在几种假说，如占领学说（occupation theory）、速率学说（rate theory）、二态模型学说（two model theory）等。其中以受体占领学说最为公认。

1. 经典的受体学说——占领学说

1926年Clark、1937年Gaddum分别提出占领学说，该学说认为：受体只有与药物结合才能被激活并产生效应，效应的强度与被占领的受体数目成正比，当受体全部被

占领时出现最大效应。1954年Ariëns修正了占领学说，认为药物与受体结合不仅需要亲和力（affinity），还需要内在活性（intrinsic activity，以α表示）才能激动受体而产生效应。内在活性是指药物与受体结合后产生效应的能力。只有亲和力而没有内在活性的药物，虽可与受体结合，但不能产生效应。

2. 受体药物反应动力学

根据质量作用定律，药物与受体的相互作用，可用以下公式表示：

$$\mathrm{D}+\mathrm{R} \underset{k_2}{\overset{k_1}{\longleftrightarrow}} \mathrm{DR} \rightarrow E \qquad (1)$$

（D：药物，R：受体，DR：药物-受体复合物，E：效应）

$$K_{\mathrm{D}}=\frac{k_2}{k_1}=\frac{[\mathrm{D}][\mathrm{R}]}{[\mathrm{DR}]} \qquad (2)$$

（K_D是解离常数）

设受体总数为R_T，R_T应为游离受体（R）与结合型受体DR之和，即$R_T=[R]+[DR]$，代入（2）式则

$$K_{\mathrm{D}}=\frac{[\mathrm{D}]([\mathrm{R_T}]-[\mathrm{DR}])}{[\mathrm{DR}]} \qquad (3)$$

经推导得

$$\frac{[\mathrm{DR}]}{[\mathrm{R_T}]}=\frac{[\mathrm{D}]}{K_{\mathrm{D}}+[\mathrm{D}]} \qquad (4)$$

根据占领学说的观点，受体只有与药物结合才能被激活并产生效应，而效应的强度与被占领的受体数目成正比，全部受体被占领时出现最大效应。由上式可得：

$$\frac{E}{E_{\max}}=\frac{[\mathrm{DR}]}{[\mathrm{R_T}]}=\frac{[\mathrm{D}]}{K_{\mathrm{D}}+[\mathrm{D}]} \qquad (5)$$

当$[D]\gg K_D$时，$\frac{[DR]}{[R_T]}=100\%$，达最大效应（能），即$[DR]_{max}=[R_T]$

当$\frac{[DR]}{[R_T]}=50\%$时，即50%的受体与药物结合时，$K_D=[D]$

K_D表示药物与受体的亲和力，单位为摩尔，其意义是引起最大效应的一半时（即50%受体被占领）所需的药物剂量。K_D越大，药物与受体的亲和力越小，即二者成反比。将药物-受体复合物的解离常数K_D的负对数（$-\lg K_D$）称为亲和力指数（pD_2），其值与亲和力成正比。

药物与受体结合产生效应不仅要有亲和力，而且还要有内在活性，后者是决定药物与受体结合时产生效应大小的指标，可用α表示，通常$0\leqslant\alpha\leqslant1$。因此公式（5）应加入这一参数：

$$\frac{E}{E_{\max}}=\alpha\frac{[\mathrm{DR}]}{[\mathrm{R_T}]}$$

当两药亲和力相等时，其效应强度取决于内在活性的强弱，当内在活性相等时，则取决于亲和力大小。

（三）作用于受体的药物分类

根据药物与受体结合后所产生效应的不同，将作用于受体的药物分为激动药和拮抗药。

1. 激动药

受体的激动药（agonist）是指与受体既有亲和力又有内在活性的药物，能与受体结合并激动受体产生效应。根据其内在活性大小又可分为完全激动药（full agonist）和部分激动药（partial agonist）。前者具有较强亲和力和较强内在活性（$\alpha=1$），后者有较强亲和力，但内在活性不强（$\alpha<1$），与完全激动药并用时还可拮抗激动药的部分效应，如吗啡为阿片受体的完全激动药，而喷他佐辛则为部分激动药。

2. 拮抗药

拮抗药（antagonist）又称阻断药，指的是与受体有较强亲和力而无内在活性（$\alpha=0$）的药物。本类药物本身不产生作用，但因占据受体而拮抗激动药的效应，如阿片受体拮抗药纳洛酮和β受体拮抗药普萘洛尔等。少数拮抗药以拮抗作用为主，同时尚有较弱的内在活性（$\alpha<1$），故有较弱的激动受体作用，如具内在拟交感活性的β受体拮抗药氧烯洛尔。

根据与受体的结合是否具有可逆性，可将拮抗药分为竞争性拮抗药（competitive antagonist）和非竞争性拮抗药（noncompetitive antagonist）。竞争性拮抗药能与激动药竞争相同受体，结合可逆，通过增加激动药的剂量与拮抗药竞争结合位点，可使激动药的量效曲线平行右移，但最大效应不变（图10-1-5A）。可用拮抗参数（parameter of antagonism，pA_2）表示竞争性拮抗药的作用强度，其含义为：当激动药与拮抗药合用时，若2倍浓度激动药所产生的效应恰好等于未加入拮抗药时激动药所引起的效应，则所加入拮抗药的摩尔浓度的负对数值为pA_2。pA_2越大，拮抗作用越强。pA_2还可用以判断激动药的性质，如两种激动药被同一拮抗药拮抗，且二者pA_2相近，则说明这两种激动药作用于同一受体。

非竞争性拮抗药与激动药并用时，可使激动药的亲和力与活性均降低，即不仅使激动药的量效曲线右移，最大效应也降低（图10-1-5B）。

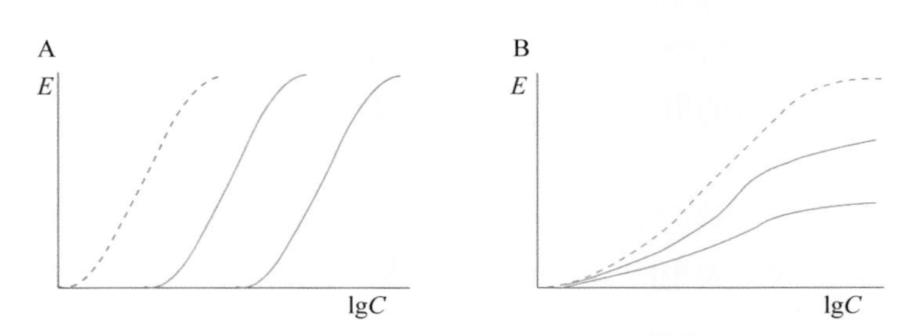

图10-1-5 竞争性拮抗药（A）与非竞争性拮抗药（B）

占领学说强调受体必须与药物结合才能被激活并产生效应，而效应的强度与药物所占领的受体数量成正比，全部受体被占领时方可产生最大效应。但一些活性高的药物只需与部分受体结合就能发挥最大效应，在产生效能时，常有95%～99%受体未被

占领，剩余的未结合受体称为储备受体（spare receptor），拮抗药必须完全占领储备受体后，才能发挥拮抗效应。

（四）受体的调节

受体的调节是维持机体内环境稳定的重要因素，有脱敏和增敏两种调节方式。

受体脱敏（receptor desensitization）是指在长期使用激动药后，组织或细胞对激动药的敏感性和反应性下降的现象，可引起耐受性（tolerance）。如果仅对一种类型的受体激动药脱敏，而对其他类型受体激动药的反应性不变，则称之为激动药特异性脱敏（agonist-specific desensitization），其发生机制可能与受体磷酸化或受体内化（receptor internalization）有关。如组织细胞不仅对一种类型受体激动药脱敏，对其他类型受体激动药也不敏感，则称之为激动药非特异性脱敏（agonist-nonspecific desensitization），可能是由于所有受影响的受体存在共同的反馈调节机制，也可能受到调节的是其信号转导通路上的某个共同环节。

与受体脱敏相反，激动药水平降低或长期应用受体拮抗药可造成受体增敏（receptor hypersensitization）。如长期应用β-受体拮抗药普萘洛尔时，突然停药可致“反跳”现象，这是由于β受体的敏感性增高所致。

若受体脱敏和增敏只涉及受体密度的变化，则分别称为受体下调（down-regulation）和上调（up-regulation）。

（五）受体分类与亚型

根据受体蛋白结构、信号转导过程、效应性质、受体位置等特点，受体可分为以下类型。

1. G蛋白耦联受体

G蛋白耦联受体（G protein-coupled receptors，GPCR）是一类通过G蛋白传递信号的受体超家族，G蛋白为鸟苷酸结合蛋白（guanine nucleotide-binding protein）的简称，GPCR是目前发现种类最多的受体，生物胺、激素、多肽激素及神经递质等受体多属于GPCR。GPCR结构相似，均为单一肽链形成7个α-螺旋往返穿透细胞膜，形成三个胞外环和三个胞内环，胞内部分有G蛋白结合区（图10-1-6）。各种GPCR的N-端和C-端肽链氨基酸组成差异很大，与其识别配体及转导信息各不相同有关。G蛋白的调节效应器包括酶类，如腺苷酸环化酶（adenylate cyclase，AC）、磷脂酶C（phospholipase C，PLC）等及Ca^{2+}、K^{+}通道等离子通道。

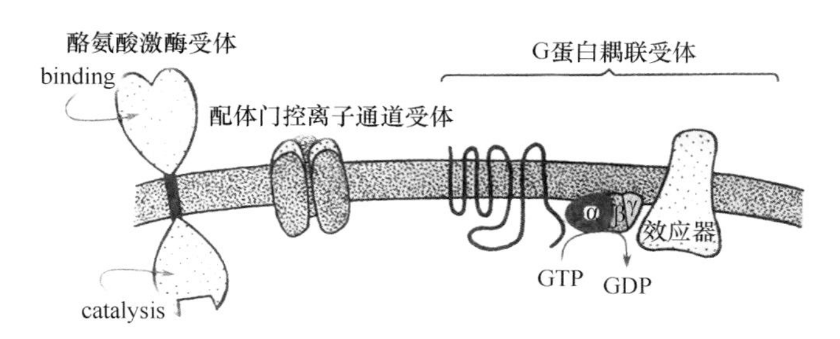

图10-1-6　细胞膜受体示意图

2. 配体门控离子通道受体

配体门控离子通道受体（ligand-gated ion channel receptors）由配体结合部位及离子通道两部分构成，当配体与受体结合后，受体变构使通道开放或关闭，改变细胞膜离子流动状态，从而传递信息（图10-1-6）。如N型乙酰胆碱受体、γ-氨基丁酸（γ-aminobutyric acid，GABA）受体等。

3. 酪氨酸蛋白激酶受体

胰岛素及一些生长因子的受体本身具有酪氨酸蛋白激酶的活性，称为酪氨酸蛋白激酶受体（tyrosine-protein kinase receptors）。该类受体由三部分组成（图10-1-6）：细胞外侧与多配体结合部位，由此接受外部的信息；与之相连的是一段跨膜结构；细胞内侧为酪氨酸激酶活性区域，能促进自身酪氨酸残基的磷酸化而增强此酶活性，又可使细胞内底物的酪氨酸残基磷酸化，激活胞内蛋白激酶，增加DNA及RNA合成，加速蛋白合成，从而产生细胞生长分化等效应。

4. 细胞内受体

甾体激素、甲状腺激素等受体为可溶性DNA结合蛋白，可调节某些特殊基因的转录。甾体激素受体存在于细胞质内，与激素结合形成复合物后，以二聚体的形式进入细胞核内发挥作用。甲状腺素受体存在于细胞核内，作用与甾体激素相似。细胞内受体多属于转录因子，而激素则是这种转录因子的调节物。

5. 其他酶类受体

鸟苷酸环化酶（guanylate cyclase，GC）也是一类具有酶活性的受体，体内存在两类GC，一类为膜结合酶，另一类存在于胞质中。心钠肽可兴奋鸟苷酸环化酶，使GTP转化为cGMP，产生生物效应。

（六）细胞内信号转导途径

1. 第一信使

第一信使（first messenger）是指多肽类激素、神经递质及细胞因子等细胞外信使物质。多数第一信使不能进入细胞，而与靶细胞膜表面的特异受体结合，激活受体可引起细胞某些生物学特性的改变，如膜对某些离子的通透性及膜上某些酶活性的改变，从而调节细胞功能。

2. 第二信使

第二信使（second messenger）为第一信使作用于靶细胞后在胞质内产生的信息分子。第二信使将获得信息增强、分化、整合并传递给效应器才能发挥其特定的生理功能或药理效应。

（1）环磷腺苷：环磷腺苷（cyclic adenosine monophosphate，cAMP）是ATP经腺苷酸环化酶（adenylate cyclase，AC）作用的产物，cAMP经磷酸二酯酶（phosphodiesterase，PDE）水解为5-AMP后灭活。cAMP能激活蛋白激酶A（protein kinase A，PKA），后者能在ATP存在的情况下使许多蛋白质特定的丝氨酸和（或）苏氨酸残基磷酸化，从而产生生物效应。

（2）环磷鸟苷：环磷鸟苷（cyclic guanosine monophosphate，cGMP）是GTP经鸟

苷酸环化酶（guanylate cyclase，GC）作用的产物，也受PDE灭活。cGMP作用多与cAMP相反，使心脏抑制、血管舒张、肠腺分泌等。

（3）肌醇磷脂：细胞膜肌醇磷脂（phosphatidylinositol）的水解是另一类重要的受体信号转导系统。肾上腺素α_1受体、组胺H_1受体、5-羟色胺（5-hydroxytryptamine，5-HT）受体、乙酰胆碱M_1、M_3受体等与激动药结合后，通过G蛋白介导激活磷脂酶C（phospholipase C，PLC），PLC使4,5-二磷酸肌醇（phosphatidylinosital biphosphate，PIP_2）水解为二酰甘油（diacylglycerol ，DAG）及1,4,5-三磷酸肌醇（Inositol triphosphate，IP_3）。DAG在细胞膜上激活PKC，使许多靶蛋白磷酸化而产生效应，如腺体分泌、血小板聚集、中性粒细胞活化及细胞生长、代谢、分化等效应。IP_3能促进细胞内钙池释放Ca^{2+}，也有重要的生理意义。

（4）钙离子：尽管细胞内的Ca^{2+}浓度很低（<1 μmol/L），其对肌肉收缩、腺体分泌、白细胞及血小板活化等细胞功能却发挥着重要的调节作用。细胞内Ca^{2+}可由胞外经细胞膜上的Ca^{2+}通道流入，也可从细胞内肌浆网等钙池释放，前者受膜电位、受体、G蛋白、PKA等调控，后者受IP_3调控。细胞内Ca^{2+}激活PKC，与DAG有协同作用，共同促进其他信息传递蛋白及效应蛋白活化。

第三信使是指负责细胞核内外信息传递的物质，包括生长因子、转化因子等。它们传导蛋白以及某些癌基因产物，参与基因调控、细胞增殖和分化以及肿瘤的形成等过程。

从分子生物学角度看，细胞信息物质在传递信号时绝大部分通过酶促级联反应方式进行，最终通过改变细胞内酶的活性、细胞膜离子通道及细胞核内基因的转录，达到调节细胞代谢和控制细胞生长、繁殖和分化的作用。

（王姿颖　易　凡）

第二节　药物代谢动力学 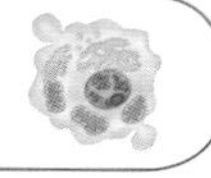

药物代谢动力学（pharmacokinetics，PK），简称药动学，是研究药物在体内变化规律的一门学科。研究内容包括药物的体内过程（吸收、分布、代谢和排泄），以及药物在体内随时间变化的速率过程。

一、体内过程

药物进入机体产生效应然后再由机体排出，其间经历吸收（absorption）、分布（distribution）、代谢（metabolism）和排泄（excretion），这个过程称为药物的体内过程（process of drug in the body），它对药物的起效时间、效应强度和持续时间均有很大影响。药物吸收、分布、排泄是药物发生空间位置的迁移，统称转运（transportation），

而药物代谢是化学结构发生了变化，称为生物转化（biotransformation）。代谢和排泄都是药物在体内逐渐消失的过程，统称消除（elimination）。

药物体内过程的共同规律是都涉及跨生物膜转运。细胞膜是药物转运的基本屏障。药物跨膜转运有多种方式，如非载体转运、载体转运、膜泡转运等。

（一）药物分子的跨膜转运

1. 药物通过细胞膜的方式

（1）非载体转运（non-carrier transport）：指药物由高浓度侧向低浓度侧转运，不需要载体，包括滤过和简单扩散两种形式。简单扩散又称脂溶性扩散（lipid diffusion），是最常见的一种药物转运形式，多数药物以此方式通过细胞膜。转运的动力来自膜两侧的浓度差，不消耗能量，无饱和现象，不同药物同时转运时无竞争性抑制，而且当膜两侧浓度达到稳定时转运即保持动态平衡。

（2）载体转运（carrier transport）：指药物在细胞膜的一侧与载体结合，载体构型发生改变，然后在膜的另一侧将结合的药物释出，包括主动转运和易化扩散两种形式。载体对转运物质有选择性，有饱和现象和竞争性抑制。

（3）膜泡转运（vesicular transport）：指通过膜的运动转运大分子物质，包括胞饮和胞吐。

2. 影响药物通过细胞膜的因素

（1）药物的解离度（pK_a）和体液的酸碱度（pH）：大多数药物属于弱酸性或弱碱性有机化合物，在体液中仅部分解离。分子型（非解离型，unionized form）药物疏水而亲脂，易通过细胞膜；离子型（解离型，ionized form）药物极性高，不易通过细胞膜脂质层，此现象称为离子障（ion trapping）。药物解离程度取决于所在体液的pH和药物的解离常数（K_a），K_a的负对数值pK_a表示药物的解离度，是指药物解离50%时所在体液的pH。各药都有其固定的pK_a，依据Handerson-Hasselbalch公式计算可得：

弱酸性药物	弱碱性药物
$HA \Leftrightarrow H^+ + A^-$	$BH^+ \Leftrightarrow H^+ + B$
$K_a = \dfrac{[H^+][A^-]}{[HA]}$	$K_a = \dfrac{[H^+][B]}{[BH^+]}$
$pK_a = pH - \lg\dfrac{[A^-]}{[HA]}$	$pK_a = pH - \lg\dfrac{[B]}{[BH^+]}$
$pH - pK_a = \lg\dfrac{[A^-]}{[HA]}$	$pK_a - pH = \lg\dfrac{[BH^+]}{[B]}$
$10^{pH-pK_a} = \dfrac{[A^-]}{[HA]} = \dfrac{[离子型]}{[分子型]}$	$10^{pK_a-pH} = \dfrac{[BH^+]}{[B]} = \dfrac{[离子型]}{[分子型]}$
当$pH = pK_a$时，$[HA] = [A^-]$	当$pH = pK_a$时，$[B] = [BH^+]$

改变体液的pH可以明显影响弱酸性或弱碱性药物的解离程度，进而影响其跨膜转运。如弱酸性药物在pH低的体液中解离少，易转运，在胃液中易被吸收，在酸性

尿液中也容易被肾小管重吸收；相反，在pH高的体液中解离多，不易转运。而弱碱性药物的情况则与之相反，在pH高的体液中解离少，在pH低的体液中解离多。

（2）药物浓度差及细胞膜的通透性、面积和厚度：药物以简单扩散方式通过细胞膜时，除受药物pK_a和体液pH影响外，其转运速率（单位时间通过的药物分子数）还与膜两侧的药物浓度差、膜面积、膜厚度及膜通透系数（由药物脂溶度决定）等因素有关。如膜面积大的肺、小肠，药物通过其细胞膜的速度远比膜面积小的胃要快。

（3）血流量：血流丰富、流速快时，不含药物的血液能迅速取代含有较高药物浓度的血液，从而维持较大浓度差，提高药物的跨膜速率。

（4）细胞膜转运蛋白的量和功能：营养状况和蛋白质的摄入可影响转运蛋白的数量，转运蛋白的功能受基因型控制，从而影响药物的跨膜转运。

（二）药物的吸收及其影响因素

1. 吸收

吸收（absorption）指药物自给药部位进入血液循环的过程。血管外途径给药都存在吸收过程，不同的给药途径药物吸收程度存在差异。

（1）消化道吸收：①口腔吸收：舌下含片、滴丸等经口腔黏膜吸收。口腔吸收迅速，无首过消除现象，作用快。如防治心绞痛急性发作的硝酸甘油首过消除≥90%，口服疗效差，而其舌下含片吸收后可直接进入全身血液循环，发挥较好疗效。②胃吸收：胃液pH对药物吸收有较大影响。通常胃液pH＜3，弱酸性药物在此环境中多不解离，容易吸收；相反，弱碱性药物大部分解离而难以吸收。③小肠吸收：小肠是药物在消化道吸收的主要部位。肠腔内pH由十二指肠到回盲部越来越高，变化范围较大，对弱酸性和弱碱性药物均宜吸收。④直肠吸收：直肠黏膜血流丰富，药物吸收较快，经直肠给药（per rectum）时有约1/2的药量不经过门静脉而直达全身血液循环，可以减轻药物的首过消除现象。

（2）注射部位吸收：药物经肌内注射（intramuscular injection，im）和皮下注射（subcutaneous injection，sc）给药后，先沿结缔组织向周边扩散，然后通过毛细血管壁以简单扩散或滤过方式吸收。吸收速率受注射部位血流量和药物剂型的影响。肌肉组织血流量较皮下组织丰富，肌内注射后药物吸收较快。水溶液吸收迅速，油剂、混悬剂可在局部滞留形成药物储库，吸收慢，作用持久。

（3）呼吸道吸收：某些药物可通过气雾给药方式由呼吸道黏膜或肺泡上皮细胞吸收。直径较大的颗粒大多滞留在支气管黏膜发挥局部抗菌、消炎、祛痰、平喘作用；直径较小的颗粒可通过肺泡吸收发挥全身作用。由于肺泡表面积很大，肺血流量丰富，因此具有一定溶解度的气态药物均能经肺泡迅速吸收。

（4）皮肤黏膜吸收：完整皮肤的吸收能力很差。将药物和促皮吸收剂制成贴剂用药，称为经皮给药（transdermal administration）。黏膜的吸收能力强于皮肤，如口腔黏膜、直肠黏膜等都可通过局部给药的方式，使药物吸收发挥作用。

2. 影响药物吸收的因素

（1）药物的理化性质和剂型：有些药物极难吸收，如甘露醇口服给药时可发挥导

泻作用。同为注射剂，水溶液吸收迅速，而混悬剂、油剂吸收缓慢。

（2）首过消除（first-pass elimination）：这是影响药物口服吸收的重要因素，指药物在到达全身血液循环前，首次通过肠黏膜和肝脏时部分被代谢灭活，从而使进入全身血液循环的药量减少的现象，又称首过效应（first-pass effect）。为避免首过消除，可采用舌下、直肠下段等给药方式。

（3）吸收环境：胃肠道蠕动度、是否空腹、胃肠液pH、消化酶、胃肠内容物、血流量等都会对吸收过程产生影响。

（三）药物的分布及其影响因素

1. 分布

分布（distribution）指药物吸收后从血液循环到达组织器官的过程。药物的分布有明显的规律。一是药物先向血流量大的组织器官分布，然后向血流量小的组织器官转移，这种现象称为再分布（redistribution）。二是具有选择性，多数药物在体内分布不均匀。三是经过一段时间的平衡，血液循环中和组织器官中的浓度达到相对稳定，这时血浆药物浓度可以间接反映靶器官的药物浓度，后者决定药效强弱，因此，测定血药浓度可以预测药效强弱。

2. 影响药物分布的因素

药物分布的速度和程度主要取决于组织器官血流量，药物与血浆蛋白、组织细胞的结合力，体液的pH和药物的pK_a，以及体内生理屏障的作用。此外，药物的分子量、脂溶性，转运载体的数量和功能，毛细血管通透性等也影响药物分布。

（1）组织器官血流量：血流丰富的组织器官，药物分布快且多。静脉麻醉药硫喷妥钠给药后首先分布到血流量大的脑组织，迅速产生麻醉效应，然后，由于脂溶性高又转移到血流量少的脂肪组织，效应迅速消失，存在再分布现象。

（2）血浆蛋白结合率：大多数药物在血液中有两种存在形式：结合型药物（bound drug）与游离型药物（free drug），二者处于动态平衡。结合型药物是指与血浆蛋白结合的药物，是药物在血液中的一种暂时储存形式，不能跨膜转运。药物与血浆蛋白结合的特异性低，与相同蛋白结合的药物之间可发生竞争性置换作用。

（3）组织细胞结合力：药物与某些组织细胞具有特殊亲和力，使这些组织中的药物浓度高于血浆药物浓度，是药物作用部位具有选择性的重要原因，如碘易分布在甲状腺中，氯喹在肝和红细胞内分布浓度高。多数情况下，药物和组织的结合是药物在体内的一种储存方式，但是有的药物与组织可发生不可逆结合而引起毒性反应，如四环素与骨骼及牙齿中的钙络合导致小儿生长抑制、牙齿黄染。

（4）体液的pH和药物的pK_a：生理情况下，细胞内液pH为7.0，细胞外液pH为7.4。弱酸性药物在偏碱性的细胞外液中解离多，因而细胞外液中的药物浓度高于细胞内液，升高血液pH可使弱酸性药物由细胞内向细胞外转运，降低血液pH则使弱酸性药物向细胞内转移。弱碱性药物与之相反。临床上抢救巴比妥类（弱酸性药物）中毒的措施之一，是应用碳酸氢钠碱化血液促进药物由脑细胞向血液转运，同时碱化尿液可减少药物在肾小管的重吸收，从而促进药物从体内排出。

（5）体内屏障：如血脑屏障（blood-brain barrier）、胎盘屏障（placental barrier）和血眼屏障（blood-eye barrier）等。血脑屏障是血管壁与神经胶质细胞形成的血浆与脑细胞外液间的屏障和由脉络丛形成的血浆与脑脊液间的屏障，正常生理状态下，大多数药物较难通过，只有脂溶性强、分子量小的药物能通过血脑屏障。但是，新生儿及某些病理状态（如脑膜炎）时血脑屏障的通透性增大，药物透入脑脊液的量明显增多。胎盘屏障是胎盘绒毛与子宫血窦间的屏障，在母体与胎儿之间进行选择性的物质交换，保障胎儿的生长发育，但胎盘对药物转运并无屏障作用，几乎所有药物都能通过胎盘进入胎儿体内。因此，孕妇用药应谨慎。血眼屏障是血液与视网膜、血液与房水、血液与玻璃体屏障的总称，脂溶性强或分子量＜100 Da的水溶性药物易于通过，全身给药时，药物在眼内难以达到有效浓度，可采取局部滴眼或眼周边给药的方式。

（四）药物的代谢及其影响因素

1. 代谢

代谢（metabolism）指药物在体内经酶的作用发生一系列的化学反应，导致药物化学结构发生改变的过程，又称生物转化（biotransformation）。

（1）药物代谢的意义：大多数药物被灭活，药理作用减弱或消失。少数药物被活化而产生药理作用，如可的松在肝脏转化为氢化可的松而生效，活化后才能产生作用的药物称为前药（pro-drug）。还有些药物经代谢后生成有毒性的代谢产物，如长期或大剂量使用对乙酰氨基酚时，其毒性代谢产物N-乙酰对位苯醌亚胺蓄积，可引起肝细胞坏死。

（2）药物代谢的时相：代谢过程分为2个时相。Ⅰ相（phase Ⅰ）反应通过氧化、还原、水解，在药物分子结构中引入或暴露出极性基团（如羟基、羧基、巯基、氨基等）。Ⅱ相（phase Ⅱ）反应为结合反应，是药物分子的极性基团与内源性物质（如葡糖醛酸、硫酸、甘氨酸等）经共价键结合，生成极性大、水溶性高的结合物而排出体外。大多数药物的代谢是Ⅰ相、Ⅱ相反应先后进行，少数药物相反，如异烟肼代谢时是先经Ⅱ相反应（乙酰化）生成氮位乙酰基结合物（N-乙酰异烟肼），然后再进行Ⅰ相反应（水解），生成乙酰肼和乙酸。

（3）药物代谢酶：药物代谢酶（drug metabolizing enzymes）简称药酶，大部分存在于细胞内，少数存在于细胞膜或血浆中。肝脏是药物代谢的主要器官，胃肠道、肾、肺、皮肤、脑等组织中的酶也能不同程度地代谢药物。按照细胞内的存在部位，药酶可分为微粒体酶系（microsomal enzymes）和非微粒体酶系（non-microsomal enzymes）。肝药酶主要包括细胞色素P_{450}单加氧酶系（cytochrome P_{450} monooxygenases，即CYP_{450}，简称CYP）、含黄素单加氧酶系、环氧化物水解酶系、结合酶系及脱氢酶系。目前，在人类中已发现CYP共18个家族，42个亚家族，64个酶。CYP1、CYP2 和CYP3家族中各有8～10个同工酶，介导人体大多数药物的代谢，其中CYP3A可代谢50%以上的药物。药物代谢酶具有以下特性。①选择性低：酶对底物的选择性低，一种酶能催化多种药物；②变异性大：酶的活性受遗传、年龄、生理及病理状态的影响而具有明显的个体差异；③活性可变：酶的活性易受外界因素影响而增强或减弱。如

长期应用某些药物可使酶活性增强，这类药物称为酶诱导剂（enzyme inducer），而能够减弱酶活性的药物称为酶抑制剂（enzyme inhibitor）。药物合用时酶诱导剂可使药物效应较单用时减弱，酶抑制剂可使药物效应较单用时增强。一种药物对不同类型肝药酶的影响可能不同，如苯妥英钠对CYP3A4是酶诱导剂，而对CYP2C9则是酶抑制剂。有些药物本身就是其所诱导的酶的底物，因此在反复应用后，酶的活性增高，药物自身代谢也加快，这一作用称为自身诱导。可发生自身诱导的药物包括苯巴比妥、格鲁米特、苯妥英钠、保泰松等。自身诱导是药物产生耐受性的重要原因。

2. 影响药物代谢的因素

影响药物代谢的因素包括遗传因素，药物代谢酶的诱导或抑制，肝血流变化，环境，昼夜节律，生理因素，病理因素等。其中，遗传是药物代谢差异的决定因素。

（五）药物的排泄及其影响因素

1. 排泄

排泄（excretion）指药物以原形或代谢产物的形式排出体外的过程。机体的主要排泄器官是肾脏，药物随尿液排泄。其次经胆汁随粪便排泄。也可经唾液、汗液、乳汁、泪液、肺等途径排泄。

（1）肾脏排泄：药物经肾脏排泄有两种方式：肾小球滤过和肾小管分泌，而肾小管重吸收是对已经排入小管液内的药物回收再利用的过程。①肾小球滤过：肾小球毛细血管网的基底膜通透性较大，除血细胞、大分子物质及结合型药物外，游离型药物均可滤过，滤过速度受药物分子量、血药浓度及肾小球滤过率的影响。②肾小管分泌：有些药物能以主动转运方式自近曲小管上皮细胞分泌入肾小管管腔内，分泌机制相同的两类药合用时，可竞争同一转运体而发生竞争性抑制。如丙磺舒可抑制青霉素分泌，两药合用后青霉素血药浓度增高，疗效增强；噻嗪类利尿药、水杨酸类、保泰松等可与尿酸竞争肾小管分泌机制而引起高尿酸血症，诱发痛风。③肾小管重吸收：非解离型的药物可经远曲小管上皮细胞以简单扩散的方式重吸收入血，改变尿液pH可以明显改变弱酸性或弱碱性药物的解离程度，从而改变药物重吸收程度。如碱化尿液可使弱酸性药物解离增加，重吸收减少，排泄增加。

（2）胆汁排泄：有些药物在肝细胞内与葡糖醛酸结合后分泌到胆汁中，经胆总管排入肠腔被水解，部分游离药物可再经小肠上皮细胞吸收，经肝脏重新进入体循环，这种在肝脏、胆汁、小肠之间的循环称为肝肠循环（enterohepatic circulation）。洋地黄毒苷等药物因肝肠循环使血药浓度维持时间延长，若中断其肝肠循环，作用时间可缩短。

（3）胃肠道排泄：血浆中的药物可以简单扩散的方式通过胃肠道壁的脂质膜排入胃肠腔内，位于肠上皮细胞膜上的P-糖蛋白也可直接将药物分泌入肠道。

（4）其他排泄途径：许多药物可通过唾液、乳汁、汗液、泪液排出。唾液中的药物浓度与血浆药物浓度有良好的相关性，临床可以此代替血液标本进行血药浓度监测。挥发性药物主要经肺随呼出气体排泄。

2. 影响药物排泄的因素

当肾血流量增加时，经其排泄的药物排泄量将增加。当胆汁流量增加时，经胆汁排泄的药物排泄量将增加。当肾小管液、胆汁、唾液等细胞外液pH升高时，会使弱酸性药物解离增加，排泄增多，而使弱碱性药物解离减少，排泄减少。

二、速率过程

药物经吸收、分布、代谢、排泄，产生了药物在不同组织器官、体液中的浓度随时间变化的动态过程，称之为速率过程（rate process）或动力学过程（kinetic process）。将这种动态变化进行描记，建立数学方程，计算药动学参数，可定量反映药物在体内的变化规律，为临床制订给药方案提供理论依据。

（一）药物浓度-时间曲线

给药后血药浓度随时间发生变化，以血药浓度为纵坐标，时间为横坐标绘制的曲线图，称为药物浓度-时间曲线（concentration-time curve，C-T），简称浓度-时间曲线或时量曲线。静脉注射药物形成的曲线由急速下降的以分布为主的分布相和缓慢下降的以消除为主的消除相组成，而口服给药形成的曲线由迅速上升的以吸收为主的吸收相和缓慢下降的以消除为主的消除相组成（图10-2-1）。

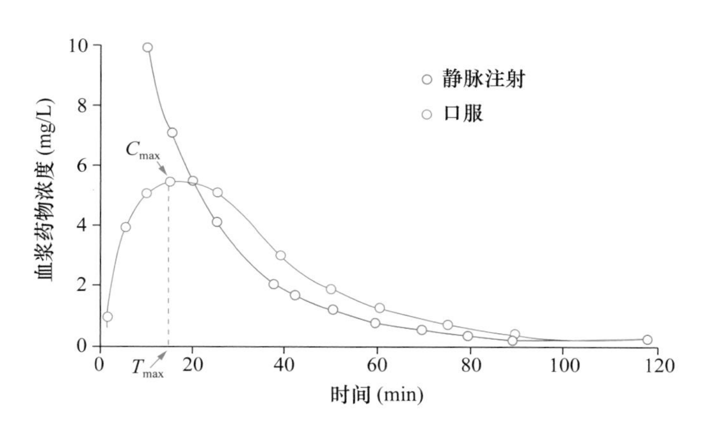

图10-2-1 单次口服和静脉注射某药的时量曲线

（二）消除速率类型

药物的消除存在两种类型，即一级消除动力学和零级消除动力学。体内药物浓度随时间变化的微分方程为：

$$\frac{dC}{dt}=-K_eC^n$$

式中，dC/dt为消除速率，C为微分时间段的初始药物浓度，t为时间，K_e为消除速率常数，负号表示药物浓度随时间而降低。$n=1$时为一级消除动力学，$n=0$时为零级消除动力学。

1. 一级消除动力学

一级消除动力学（first-order elimination kinetics）是指单位时间内体内药物按恒定

比例消除，即单位时间内消除的药量与血药浓度成正比，又称恒比消除。其时量曲线在半对数坐标图上呈直线，故又称为线性动力学过程（linear kinetics）。大多数药物在体内按一级动力学消除，其血药浓度随时间变化的微分方程为：

$$\frac{dC}{dt}=-K_eC$$

经积分、移向，可得：

$$C_t=C_0e^{-K_et}$$

C_t为t时的药物浓度，C_0为初始药物浓度。上式以常用对数表示，则为：

$$1gC_t=1gC_0+\frac{-K_e}{2.303}t$$

2. 零级消除动力学

零级消除动力学（zero-order elimination kinetics）是指单位时间内体内药物按恒定的速率消除，即不论血药浓度高低，单位时间内消除的药量不变，又称恒量消除。其时量曲线在半对数坐标图上呈曲线，故又称为非线性动力学过程（nonlinear kinetics）。少数药物在体内按零级动力学消除，其血药浓度随时间变化的微分方程为：

$$\frac{dC}{dt}=-K_0$$

K_0为零级消除速率常数。经积分、移向，可得：

$$C_t=C_0-K_0t$$

两种消除速率类型的时量曲线如下（图10-2-2）。

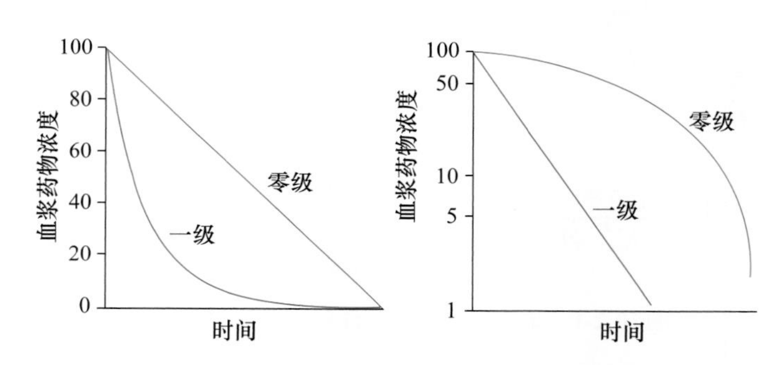

图10-2-2 零级消除动力学和一级消除动力学的时量曲线

左图为常规坐标图，右图为半对数坐标图

（三）药动学模型

房室模型（compartment model）是药动学研究中广为采用的模型之一，是把机体看成一个系统，系统内部按药物的动力学特性分为若干房室。房室数目以药物在体内的转运速率是否一致进行划分，如一房室模型、二房室模型和三房室模型。同一房室中各组织部位的药物浓度不一定相同，但药物在其间的转运速率是相同或相似的。

1. 一房室模型

药物进入体内后立即向各组织器官分布，并很快在血液和组织之间达到平衡，即

药物在各部位的转运速率相同或相似。

2. 二房室模型

药物进入体内后，在某些部位的分布可迅即达到平衡，为中央室，但在另一些部位药物分布较延后，随后才能达到平衡，为周边室。对多数药物而言，血管丰富、血液流速快、血流量大的组织器官可以称为中央室，如血液、心、肝、脾、肺、肾等；而血管分布相对较少、血液流速慢、血流量小的组织器官可以称为周边室，如骨骼、脂肪、肌肉等。

3. 三房室模型

在二房室模型的基础上，若仍有部分组织药物的分布更慢，则可从周边室中划分出第三房室，称为三房室模型。理论上有三房室以上的模型，但实际很少见。

房室模型的提出使复杂的生物系统简化，从而能定量地分析药物在体内的动态过程。但是，由于很多因素（如采血时间的设定、药物浓度分析方法等）可影响房室的判定，故实际工作中还常采用非房室模型法（noncompartmental method）来进行药动学分析，如生理药动学模型、药动－药效组合模型、统计矩等。

（四）药动学参数

1. 峰浓度和达峰时间

峰浓度（peak concentration，C_{max}）指血管外给药后药物在血浆中的最高浓度值（时量曲线的最高点），C_{max}出现的时间称为达峰时间（peak time，T_{max}），分别代表药物吸收的程度和速度。

2. 曲线下面积

曲线下面积（area under curve，AUC）指时量曲线和横坐标围成的区域，反映一段时间内药物吸收进入血液循环的相对量，是计算生物利用度的重要参数。$AUC_{0\rightarrow t}$是药物从零时至t时这一段时间的时量曲线下面积。$AUG_{0\rightarrow\infty}$则是药物从零时至所有原形药物全部消除为止时的时量曲线下总面积。

3. 生物利用度

生物利用度（bioavailability，F）指药物经血管外给药后能被吸收进入体循环的相对量及速度（达峰时间）。通常以绝对生物利用度表示，公式为：

$$\text{绝对生物利用度} F=\frac{A_{(\text{吸收入血的量})}}{D_{(\text{给药量})}}\times 100\%=\frac{AUC_{(\text{血管外给药})}}{AUC_{(\text{血管内给药})}}\times 100\%$$

若比较同一种药物的相同或者不同剂型，在相同试验条件下，其活性成分的吸收程度是否接近或等同，可以相对生物利用度表示，公式为：

$$\text{相对生物利用度}\quad F=\frac{AUC_{(\text{受试制剂})}}{AUC_{(\text{标准制剂})}}\times 100\%$$

相对生物利用度是判定几种药物是否具有生物等效性（bioequivalence）的依据。不同药厂生产的同种剂型的药物，甚至同一药厂生产的同种药品的不同批次，生物利用度可能有很大差别，其原因在于药物晶型、颗粒大小等物理特性以及生产质量控制情况等，均可影响制剂的崩解和溶解，从而改变药物的吸收程度和速度。临床上应重

视不同药品的生物不等效性，特别是治疗指数低或量效曲线陡的药物，如苯妥英钠、地高辛等。

4. 表观分布容积

表观分布容积（apparent volume of distribution，V_d）指当血浆和组织内药物分布达到平衡时，体内药物按血浆药物浓度理论上应占有的体液容积。

$$V_d=\frac{A}{C_0}$$

式中A为体内药物总量，C_0为血浆和组织内药物达到平衡时的血浆药物浓度。单位是L或L/kg。由于药物在体内的分布不是均匀的，因此V_d并不是生理的容积空间，不是药物在体内占有的真实体液容积，只是假定药物在体内按血浆药物浓度均匀分布时所需的容积。根据V_d可以推测药物在体内的分布情况。如体重70 kg的男子（总体液量约为42 L）给予0.5 mg 地高辛时，血浆浓度为0.78 ng/mL，V_d为641 L，提示其主要分布于组织器官中。实际上，因为地高辛疏水性强，主要分布于肌肉和脂肪组织，因此血浆内仅有少量药物。

5. 消除速率常数

消除速率常数（elimination rate constant，K_e）指单位时间内消除药物的分数。如K_e为0.18/h，表示每小时消除前一小时末体内剩余药量的18%。K_e是体内各种途径消除药物的总和，能反映药物在体内消除的速率。

6. 半衰期

半衰期（half-life，$t_{1/2}$）指血浆药物浓度下降一半所需要的时间。其长短能够反映药物的消除速度。根据$t_{1/2}$可确定给药间隔时间，通常给药间隔时间约为1个$t_{1/2}$，对于$t_{1/2}$过短的药物，若毒性小时，可加大剂量并使给药间隔时间长于$t_{1/2}$，这样既可避免给药过频，又可在两次给药间隔内仍保持较高血药浓度，如青霉素的$t_{1/2}$仅为1小时，但通常采取每6～12 h给予大剂量的治疗方案。肝、肾功能不良者的药物$t_{1/2}$延长，可通过测定患者肝、肾功能调整用药剂量或给药间隔。

按一级消除动力学消除的药物，其$t_{1/2}$为恒定值，与血浆药物浓度无关。一次用药后经过4～5个$t_{1/2}$体内药量消除94%～97%，即药物可从体内基本消除。同理，若每隔1个$t_{1/2}$用药1次，则经过4～5个$t_{1/2}$体内药量可达稳态水平的94%～97%，即基本达到稳态血药浓度。其计算公式为：

$$t_{1/2}=\frac{0.693}{K_e}$$

按零级消除动力学消除的药物，其$t_{1/2}$可变，与血浆药物初始浓度成正比。其计算公式为：

$$t_{1/2}=0.5\times\frac{C_0}{K_0}$$

7. 清除率

清除率（clearance，CL_s）指机体消除器官在单位时间内清除药物的血浆容积，即单位时间内有多少体积血浆中所含的药物被机体清除，是肝、肾和其他消除途径清除

药物的总和。

（五）多次用药

临床实践中，大多数药物治疗是采用多次给药（尤以口服多次给药最为常用），达到有效治疗浓度，并维持于一定水平，此时给药速率与消除速率达到平衡。

1. 稳态血浆浓度

按一级动力学规律消除的药物，体内药物总量随多次给药而逐渐增多，直至从体内消除的药量和进入体内的药量相等而达到平衡，此时的血浆药物浓度称为稳态血浆浓度（steady state plasma concentration，C_{ss}）（图10-2-3）。C_{ss}的最高值称峰浓度（$C_{ss.\,max}$），最低值称谷浓度（$C_{ss.\,min}$）。药物达到C_{ss}的时间仅取决于药物的$t_{1/2}$，一般来说，在给药剂量和给药间隔时间不变时，经4～5个$t_{1/2}$可达到C_{ss}。加快给药频率或增加给药剂量均不能提前达到C_{ss}。

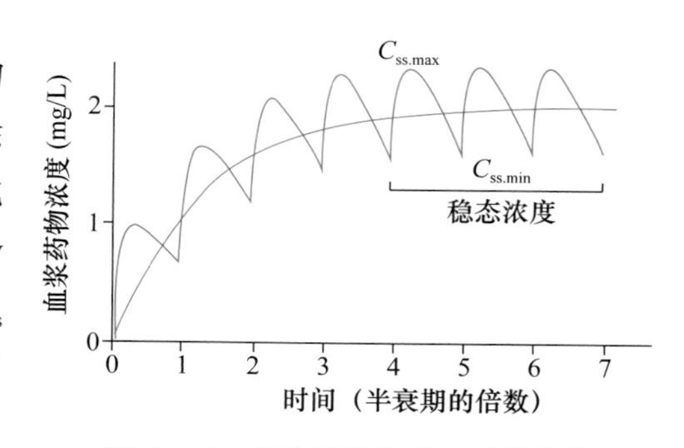

图10-2-3　多次间歇给药的时量曲线

2. 靶浓度

靶浓度（target concentration）是指采用合理的给药方案使C_{ss}达到一个有效而不产生毒性反应的治疗浓度范围。在临床实践中，应根据治疗目标确立要达到的靶浓度（即理想的C_{ss}范围），再根据靶浓度计算给药剂量，制订给药方案。给药后还应及时监测血药浓度，以进一步调整剂量，使药物浓度始终维持于靶浓度水平。

3. 维持剂量

临床常采用多次间歇给药或是持续静脉滴注，以使C_{ss}维持于靶浓度。因此，需要确定药物维持剂量（maintenance dose），调整给药速度，以使药物进入体内的速度等于机体消除药物的速度。其计算公式为：

$$给药速度=\frac{CL\times C_{ss}}{F}$$

4. 负荷剂量

按维持剂量给药时，通常需要4～5个$t_{1/2}$才能达到C_{ss}，加快给药频率或增加给药剂量均不能提前达到C_{ss}，只能提高C_{ss}，因此如果患者急需达到C_{ss}以迅速控制病情时，可用负荷剂量（loading dose）给药法。负荷剂量是指首次剂量加大，然后再给予维持剂量，使C_{ss}（即为患者设定的靶浓度）提前产生。如心肌梗死后的心律失常需用利多卡因立即控制，但利多卡因的$t_{1/2}$>1小时，如以静脉滴注，患者需等待4～6小时才能达到靶浓度，因此必须使用负荷剂量。负荷剂量的计算公式为：

$$负荷剂量=\frac{C_{ss}\times V_{ss}}{F}$$

式中V_{ss}为稳态时的分布容积。如果口服给药采用每隔一个$t_{1/2}$给药1次，负荷剂量可首次加倍。持续静脉滴注时，负荷剂量可采用1.44倍第1个$t_{1/2}$的静滴量静推。

5. 个体化治疗

临床用药时，为使患者获得最佳疗效，应针对每个患者的病情和体质，确定给药剂量、给药途径、给药速度和给药间隔，选择最佳给药方案，即个体化药物治疗（individualization of drug therapy）。以药物代谢动力学为依据，设计一个合理的给药方案的步骤是：①确定靶浓度；②根据人群药动学参数和患者自身的病理、生理特点，估计患者的清除率和分布容积；③计算负荷剂量和维持剂量；④根据计算结果给药，测定稳态血药浓度；⑤根据测得的血药浓度值，计算患者的清除率和分布容积；⑥如果需要，根据患者临床反应修正靶浓度；⑦修正靶浓度后，再从第三步做起。

（张　斌　易　凡）

第三节　影响药物效应的因素

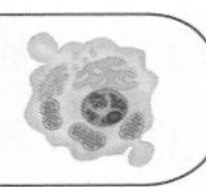

药物的药理效应受药物、机体等多种因素的影响。这些因素往往会引起不同个体对药物的吸收、分布、代谢和排泄产生差异，导致药物在作用部位的浓度不同，表现为药物代谢动力学差异（pharmacokinetic variation）；或是药物代谢动力学参数相同，但个体对药物的反应性不同，表现为药物效应动力学差异（pharmacodynamic variation）。这两方面的不同，均能引起药物作用的个体差异（interindividual variation）。临床用药时，应熟悉各种因素对药物作用的影响，做到用药个体化，既能体现药物的疗效又能避免不良反应的发生。

一、机体因素

（一）年龄

儿童和老人的生理功能与成人相比有较大差异。儿童的组织器官正处于生长发育时期，药物使用不当会造成发育障碍，甚至产生严重不良反应：如血脑屏障和脑组织发育不完善，对中枢神经系统药物非常敏感；体液占体重比例较大而对水盐的调节能力差，使用解热药时易造成脱水；四环素类药物容易沉积于骨骼和牙齿，造成骨骼发育障碍和牙齿黄染。而老年人由于器官功能逐渐衰退，也会对药效学和药动学产生影响：如心血管反射减弱，使用降压药易致直立性低血压；肝肾功能衰退，药物代谢和排泄速率减慢。此外，多数老年人还有不同程度的老年病，服药多，发生药物相互作用的概率也相应增加。因此，儿童和老人的剂量应以成人剂量为参考酌情减量。

（二）性别

Note

女性在用药时应考虑月经期、妊娠期、分娩期和哺乳期对药物的反应。女性体重一般轻于男性，在使用治疗指数低的药物时，为产生相同效应，女性可能需要较小剂量。女性脂肪比例较高，会影响药物的分布。

（三）体重

当服药者的体型差别不大而体重相差较大时，给予同等剂量药物则轻体重者血药浓度明显高于重体重者；反之，当体重相近而体型差别明显时，水溶性和脂溶性药物在体内的分布就有差别。因此，科学的给药剂量应以体表面积为计算依据，既要考虑体重因素又要考虑体型因素。

（四）精神因素

精神因素包括精神状态和心理活动两个方面，均对药物的效应产生较大影响。如情绪激动时可影响降压药、镇静催眠药的效果，医护的态度可影响疗效。为排除精神因素对药物效应的影响，可采用安慰剂（placebo）作为对照。安慰剂系指本身无特殊药理活性的中性物质如乳糖、淀粉等制成的外形和口味似药的制剂。安慰剂产生的效应为安慰剂效应（placebo effect）。

（五）疾病因素

疾病能导致药动学和药效学发生改变。如心衰时药物在胃肠道的吸收减少；肝、肾功能不良时造成药物在体内蓄积；营养不良时血浆蛋白含量下降使游离药物浓度增加；酸碱平衡失调时可影响药物在体内的分布。

（六）遗传因素

基因的多态性使药物作用靶点如受体、转运体和药物代谢酶呈现多态性，从而影响药物效应。基因的差异是构成药物反应差异的决定因素。在人群中这种差异主要表现为种族差异和个体差异。

1. 种族差异

种族因素（race variation）包含遗传和环境两方面。不同种族具有不同的遗传背景、地理环境、食物来源和习惯，这些对代谢酶的活性和作用靶点的敏感性都有影响。如在乙醇代谢方面，服用等量的乙醇后中国人体内生成的乙醛比白种人高，更容易出现面红心悸。服用普萘洛尔后的心血管反应中国人比白种人敏感，而黑种人的敏感性最低。同一种药物，白种人的治疗量在黄种人中可能引起更多的不良反应，如抗癌药在剂量的选择上需要考虑种族差异。药物代谢和药物作用种族差异的临床意义取决于药物治疗窗（therapeutic window）。因此，药物反应的种族差异已成为临床用药、药品管理、新药临床试验和新药开发中需要重视的一个重要因素。

2. 个体差异

人群中即使各方面条件都相同，还有少数人对药物的反应性不同，称为个体差异。与种族差异相比，同一种族内的个体差异更为显著和重要。如口服同一剂量的普萘洛尔后，白种人和黄种人产生的血药浓度平均值差异不到1倍，但个体间差异可达

10倍。个体差异既有量的差异，也有质的差异。关于量的差异，有些个体对药物非常敏感，所需药量低于常用量；反之，有些个体需使用高于常用量的药量才能出现药物效应。关于质的差异，如某些过敏体质的人用药后可发生变态反应。

3. 特异质反应

某些个体用药后出现与常人不同的异常反应，此类个体称为特异体质，与遗传变异有关。例如葡萄糖-6-磷酸脱氢酶（G-6-PD）缺陷患者服用伯氨喹、磺胺、呋喃类、蚕豆等有氧化作用的药物或食物时可使还原型谷胱甘肽（GSH）缺乏，造成血红蛋白被氧化，导致溶血；缺乏血浆假性胆碱酯酶者不能使用琥珀胆碱，否则易引起呼吸停止；横纹肌肌浆网肉桂碱受体变异者若使用琥珀胆碱、吸入性麻醉药时会突然出现骨骼肌强直性收缩，引发恶性高热。

（七）长期用药引起的机体反应性变化

1. 耐受性

耐受性（tolerance）指连续多次用药后机体对药物的反应性下降。若是很短时间内产生的耐受性，称为快速耐受性或急性耐受性。若是长期用药后产生的耐受性则称为慢速耐受性或慢性耐受性。交叉耐受性（cross tolerance）指对一种药物产生耐受性后，在应用同一类其他药物（即使是第一次使用）时也会产生耐受性。应注意将耐受性与耐药性的概念进行区分。耐药性（drug resistance）是指病原体和肿瘤细胞对长期应用的化学治疗药物敏感性降低，也称抗药性。

2. 依赖性

依赖性（dependence）指长期应用某种药物后，患者对该药产生精神或生理的依赖，需要连续用药的现象。若仅产生精神上的依赖，停药后患者只表现为主观不适，无客观的症状和体征，称为精神依赖性（psychological dependence）。若停药后患者出现生理功能紊乱，有身体上的戒断症状（abstinent syndrome），则称为生理依赖性（physiological dependence）或躯体依赖性（physical dependence）。

3. 停药反应

停药反应（withdrawal reaction）指患者在长期反复用药后突然停药可致原有疾病加剧的现象，如高血压患者长期应用β肾上腺素受体阻断药后，如果突然停药，血压及心率可反跳性升高，症状加重。因此，长期用药的患者停药时必须逐渐减量至停药。

二、药物因素

（一）药物理化性质

药物的溶解性使药物在水和油溶液中的分配比例不同，有机酸、有机碱在水溶液中不溶，制成盐制剂后可溶于水。药物都有保存期限，超过期限的药物性质发生改变而失效。多数药物需常温下干燥、密闭、避光保存，而少数药物需要低温保存，否则易挥发、潮解、氧化和光解。

（二）药物剂型

药物可制成多种剂型，如供口服的片剂、胶囊、口服液，供注射的水剂、乳剂、油剂，还有缓释剂、透皮贴剂、靶向制剂等。同一药物的不同剂型会影响药效的发挥，如口服制剂崩解、溶解速率的不同，注射制剂在注射部位释放速率的不同，都会影响药物的吸收速度。此外，不同厂家生产的同种药物制剂由于工艺不同，药物的吸收和药效也有差别。

（三）给药方式

1. 给药剂量

随剂量的增加，药理效应逐渐增强，甚至改变效应性质，如巴比妥类药物在小剂量时可起到镇静作用，随剂量增加，可依次引起催眠、麻醉，甚至会致死。

2. 给药途径

不同给药途径会影响药效的强弱，甚至出现效应性质的改变。例如，首过消除显著的硝酸甘油口服给药的生物利用度很低，而舌下给药可迅速缓解心绞痛急性发作；硫酸镁口服有导泻、利胆的作用，而注射给药可止痉、降压。

3. 给药时间

不同的药物规定有不同的给药时间。对胃刺激性强的药物应餐后服用，催眠药应临睡前服用，胰岛素应在餐前注射，有明显生物节律变化的药物应按其节律用药。

4. 给药间隔

给药间隔时间短易致药物累积中毒，给药间隔时间长则血药浓度波动大。一般情况下，给药间隔以药物的 $t_{1/2}$ 为参考依据。

5. 疗程

指给药持续时间。对于一般疾病，症状消失后即可停止用药，但是对于一些慢性病及感染性疾病应按规定的时间持续用药，以免疾病复发或加重。

6. 停药

停药可分为中止用药和终止用药。前者是治疗期间中途停药，后者是治疗结束停药。对如何停药有具体要求，临时用药和短期用药可以立即停药。对于长期用药，应采取逐渐减量停药的方法，因为有些药物长期使用后若立即停药会引起停药反应，使疾病复发或加重。

（四）药物相互作用

药物相互作用（drug interaction）是指两种或两种以上的药物同时或先后应用时出现的药物效应增强或减弱的现象，包括体内药物相互作用和体外药物相互作用。通常所说的相互作用是指药物在体内的相互影响，主要表现在两方面：一是不改变药物在体液中的浓度但影响药效，表现为药物效应动力学的改变，如单胺氧化酶抑制药通过抑制去甲肾上腺素失活，提高肾上腺素能神经末梢去甲肾上腺素的储存量，从而增强麻黄碱的效应；二是通过影响药物的吸收、分布、代谢和排泄，改变药物在作用部位的浓度从而

影响药效，表现为药物代谢动力学的改变，如抑制胃排空的药物阿托品可延缓合并应用的其他药物的吸收。

三、其他因素

（一）时间因素

时间因素指机体生物节律的变化对药物作用的影响。生物体内存在多种节律，如昼夜节律、周节律、月节律、季节律、年节律等，其中昼夜节律对药物的影响最重要。例如，胃液pH在上午8：00左右最高，夜间最低，因此弱酸性或弱碱性药物的吸收即可受此影响；肾上腺皮质激素分泌高峰出现在清晨，血浆浓度在8：00左右最高，而后逐渐下降，直至夜间0：00左右达最低，根据这种节律变化，临床上将此药每日8：00一次给药，与体内生物节律同步，可提高疗效，减轻不良反应。

（二）生活习惯与环境

一般来说，药物应空腹时服用，有些药物因对消化道有刺激，在不影响药效的情况下可以饭后服用，否则须饭前服用或改变给药途径。食物成分对药物也有影响，如食物中的Ca^{2+}可减少四环素的吸收，低蛋白饮食可使肝药酶含量降低，药物代谢减慢。吸烟可使肝药酶活性增强，药物代谢加快，经常吸烟者对药物的耐受性明显增强。乙醇可增强中枢神经系统药物等多种药物的药效。长期小量饮酒可使肝药酶活性增强，药物代谢加快；急性大量饮酒可使肝药酶活性降低，药物代谢减慢。茶叶中的鞣酸可与药物结合，减少药物吸收；茶碱具有中枢兴奋、利尿、兴奋心脏等作用，可加强相应药物的作用。

此外，人类生活与工作环境中的各种物质，如食物中的添加剂，农作物中的杀虫剂，水中的重金属离子、有机物，空气中的粉尘、尾气排放物、燃烧物等，都会改变肝药酶的活性而影响药物的作用。

（张　斌　易　凡）

第十一章 抗恶性肿瘤药

- ■ 抗恶性肿瘤药的药理学基础
  - ◎ 抗肿瘤药的分类
  - ◎ 抗肿瘤药的药理作用和耐药机制
- ■ 细胞毒类抗肿瘤药
  - ◎ 影响核酸生物合成的药物
  - ◎ 影响 DNA 结构与功能的药物
  - ◎ 干扰转录过程和阻止 RNA 合成的药物
  - ◎ 干扰蛋白质合成与功能的药物
- ■ 非细胞毒类抗肿瘤药
  - ◎ 调节体内激素水平的药物
  - ◎ 分子靶向药物
  - ◎ 肿瘤免疫治疗药物
  - ◎ 其他
- ■ 抗肿瘤药的应用原则和毒性反应
  - ◎ 应用原则
  - ◎ 毒性反应

恶性肿瘤常称癌症（cancer），是严重威胁人类健康的常见病、多发病。目前恶性肿瘤的治疗方法主要包括生物治疗、免疫治疗、化学治疗、外科手术和放射治疗。抗肿瘤药（antineoplastic drugs）或抗癌药（anticancer drugs）在肿瘤综合治疗中占有极为重要的地位。由于传统细胞毒类抗肿瘤药对肿瘤细胞缺乏足够的选择性，在杀伤肿瘤细胞的同时，对正常组织细胞也产生不同程度的损伤，因此毒性反应成为肿瘤化疗时药物用量受限的关键因素；此外化疗过程中肿瘤细胞易产生耐药性亦是肿瘤化疗失败的重要原因。最近二十余年，随着肿瘤分子生物学和精准医学的不断发展，抗肿瘤药正从传统的细胞毒作用向针对肿瘤细胞内异常信号系统发挥作用的方向发展。分子靶向治疗是以肿瘤分子病理过程的关键调控分子为靶点，特异性干预调节肿瘤细胞的生物学行为。分子靶向药物具有高选择性和高治疗指数的优势，可望弥补细胞毒类抗肿瘤药的缺点。传统细胞毒抗肿瘤药在目前的肿瘤化疗中仍占主导地位，而以分子靶向药物为代表的新型抗肿瘤药的临床地位和重要性正不断上升。

第一节　抗恶性肿瘤药的药理学基础

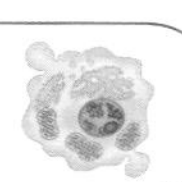

一、抗肿瘤药的分类

目前临床应用的抗肿瘤药种类较多且发展迅速，分类迄今尚不完全统一，其中较为合理的是分为细胞毒类和非细胞毒类抗肿瘤药两大类。细胞毒类抗肿瘤药即传统化疗药物，主要通过影响肿瘤细胞的核酸和蛋白质结构与功能，直接抑制肿瘤细胞增殖和（或）诱导肿瘤细胞凋亡，如抗代谢药和抗微管蛋白药等。非细胞毒类抗肿瘤药发展迅速，是一类具有新型作用机制的药物，如调节体内激素平衡的药物、分子靶

向药物和肿瘤免疫治疗药物等。

二、抗肿瘤药的药理作用和耐药机制

（一）细胞毒类抗肿瘤药的作用机制

几乎所有的肿瘤细胞都具有一个共同特点，即与细胞增殖有关的基因被开启或激活，而与细胞分化有关的基因被关闭或抑制，从而使肿瘤细胞表现为不受机体约束的无限增殖状态。从细胞生物学角度，抑制肿瘤细胞增殖和（或）促进肿瘤细胞凋亡的药物均可发挥抗肿瘤作用。从肿瘤干细胞学说角度，肿瘤是干细胞在长期的自我更新过程中，由于多基因突变导致其生长失去调控而停止在分化的某一阶段，并无限增殖所形成的异常组织。肿瘤干细胞是肿瘤生长、侵袭、转移和复发的根源，有效杀死肿瘤干细胞成为肿瘤治疗的新策略。

肿瘤细胞群包括增殖细胞群、静止细胞群（G_0期）和无增殖能力细胞群。肿瘤增殖细胞群与全部肿瘤细胞群之比称生长分数（growth fraction，GF）。肿瘤细胞从一次分裂结束到下一次分裂结束的时间称为细胞周期，此间历经4个时相：DNA合成前期（G_1期）、DNA合成期（S期）、DNA合成后期（G_2期）和有丝分裂期（M期）。抗肿瘤药通过影响细胞周期的生化事件或细胞周期调控对不同周期（或时相）的肿瘤细胞产生细胞毒作用并延缓细胞周期的时相过渡。依据药物对各周期（或时相）肿瘤细胞的敏感性不同，大致可将其分为两大类：

1. 细胞周期非特异性药物

细胞周期非特异性药物（cell cycle nonspecific agents，CCNSA）能杀灭处于增殖周期各时相的细胞甚至包括G_0期细胞，如直接破坏DNA结构以及影响其复制或转录功能的药物（烷化剂、抗肿瘤抗生素及铂类配合物等）。此类药物对恶性肿瘤细胞的作用往往较强，能迅速杀死肿瘤细胞，作用呈剂量依赖性，在机体能耐受的药物毒性限度内，作用与剂量成正比。

2. 细胞周期（时相）特异性药物

细胞周期（时相）特异性药物（cell cycle specific agents，CCSA）仅对增殖周期的某些时相敏感而对G_0期细胞不敏感的药物，如作用于S期的抗代谢药物和作用于M期的长春碱类药物。此类药物对肿瘤细胞的作用往往较弱，其杀伤作用呈时间依赖性，需要一定时间才能发挥作用，达到一定剂量后即使剂量再增加其作用也不再增强（图11-1-1）。

（二）非细胞毒类抗肿瘤药的作用机制

随着在分子水平对肿瘤发病机制、细胞分化增殖和凋亡调控机制认识的不断深入，人们已经开始寻找针对肿瘤病理过程的关键基因和调控分子等为靶点的靶向治疗药物，这些药物实际上超越了传统的细胞毒类抗肿瘤药，如改变激素平衡失调状态的某些激素或其拮抗药，以细胞信号转导分子为靶点的蛋白酪氨酸激酶抑制剂、法尼基转移酶抑制剂、MAPK信号转导通路抑制剂和细胞周期调控剂，针对某些与增殖相关细胞信号转导

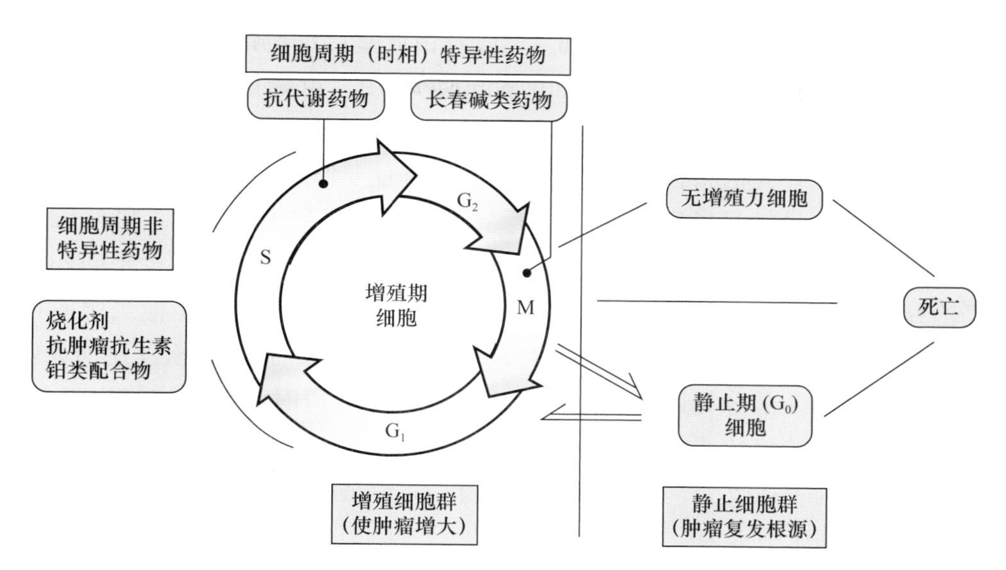

图 11-1-1　细胞增殖周期和药物作用示意图

受体的单克隆抗体，破坏或抑制新生血管生成、有效阻止肿瘤生长和转移的新生血管生成抑制剂，减少癌细胞脱落、黏附和基底膜降解的抗转移药，以端粒酶为靶点的抑制剂，促进恶性肿瘤细胞向成熟分化的分化诱导剂，通过增强抗肿瘤免疫应答和（或）打破肿瘤免疫抑制而产生抗肿瘤作用的肿瘤免疫治疗药物等。

（三）耐药性产生的机制

肿瘤细胞对抗肿瘤药物产生耐药性是治疗失败的重要原因。有些肿瘤细胞对某些抗肿瘤药具有天然耐药性（natural resistance），即对药物开始就不敏感，如G_0期肿瘤细胞对多数抗肿瘤药不敏感。亦有的肿瘤细胞对原来敏感的药物，治疗一段时间后才产生不敏感现象，称之为获得耐药性（acquired resistance）。其中表现最突出、最常见的耐药性是多药耐药性（multidrug resistance，MDR）或称多向耐药性（pleiotropic drug resistance），即肿瘤细胞在接触一种抗肿瘤药后，产生了对多种结构不同、作用机制各异的其他抗肿瘤药的耐药性。多药耐药性的共同特点是：一般针对于亲脂性的药物，分子量在300～900 kDa之间；药物进入细胞是通过被动扩散；药物在耐药细胞中的积聚比敏感细胞少，细胞内的药物浓度不足以产生细胞毒作用；耐药细胞膜上多出现一种称为P-糖蛋白（P-glycoprotein，P-gp）的跨膜蛋白。

耐药性产生的机制十分复杂，不同药物其耐药机制不同，同一种药物也可能存在多种耐药机制。耐药性的遗传学基础研究已证明，肿瘤细胞在增殖过程中有较固定的突变率，每次突变均可导致耐药性瘤株的出现。因此，分裂次数愈多（肿瘤愈大），耐药瘤株出现的机会愈大。肿瘤发生的干细胞学说认为肿瘤干细胞的存在是导致肿瘤化疗失败的主要原因，耐药性是肿瘤干细胞的特性之一。MDR的形成机制比较复杂，概括起来有以下几点：①药物的转运或摄取障碍；②药物的活化障碍；③靶酶质和量的改变；④药物入胞后产生新的代谢途径；⑤分解酶的增加；⑥修复机制增加；⑦由于特殊的膜糖蛋白的增加，使细胞排出的药物增多；⑧DNA链间或链内的交联减少。

目前研究最多的是多药耐药基因（mdr-1）以及由此基因编码的P-糖蛋白，P-糖蛋白具有ATP依赖的药物外排泵（drug efflux pump）作用，可降低细胞内药物浓度。此外，多药抗性相关蛋白（multidrug resistance associated protein，MRAP）、谷胱甘肽解毒酶系统、DNA拓扑异构酶含量或性质的改变亦起重要作用。

由于细胞各信号转导通路普遍存在复杂的交互作用和代偿机制，肿瘤细胞对分子靶向药物所产生的耐药性也是目前肿瘤治疗面临的重要难题。不少靶向药物被批准用于治疗临床晚期恶性肿瘤，或在临床前试验阶段被证明有效，但当患者存在某些基因突变、缺失或扩增时，会对某些靶向药物失去反应，此种首次使用即无效的现象称为原发性耐药。部分无原发性耐药的患者在治疗一段时间后对该药物不再敏感，此时对肿瘤组织、转移灶或患者血液中的肿瘤细胞DNA进行检测，可发现肿瘤在治疗过程中发生基因表达改变，导致继发性耐药。无论是原发性还是继发性耐药，都限制了靶向药物在临床中更为广泛的应用。

（娄海燕）

第二节　细胞毒类抗肿瘤药

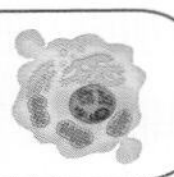

根据抗肿瘤作用的生化机制（图11-2-1），细胞毒类抗肿瘤药包括干扰核酸生物合成的药物，影响DNA结构与功能的药物，干扰转录过程、阻止RNA合成的药物和干扰蛋白质合成与功能的药物。

一、影响核酸生物合成的药物

影响核酸生物合成的药物又称抗代谢药，其化学结构和核酸代谢的必需物质如叶酸、嘌呤、嘧啶等相似，可以特异性干扰核酸的代谢，抑制细胞的分裂和增殖。此类药物主要作用于S期细胞，属细胞周期特异性药物。根据药物主要干扰的生化步骤或所抑制的靶酶的不同，可进一步分为：①二氢叶酸还原酶抑制剂，如甲氨蝶呤等；②脱氧胸苷酸合成酶抑制剂，如氟尿嘧啶等；③嘌呤核苷酸互变抑制剂，如巯嘌呤等；④核苷酸还原酶抑制剂，如羟基脲等；⑤DNA多聚酶抑制剂，如阿糖胞苷等。

（一）二氢叶酸还原酶抑制剂

代表药物为甲氨蝶呤（methotrexate，MTX）。甲氨蝶呤的化学结构与叶酸相似，对二氢叶酸还原酶具有强大而持久的抑制作用，它与该酶的结合力比叶酸大106倍，呈竞争性抑制作用。药物与酶结合后，使二氢叶酸（FH_2）不能变成四氢叶酸（FH_4），从而使5，10-甲酰四氢叶酸产生不足，使脱氧胸苷酸（dTMP）合成受阻，DNA合成障碍。MTX也可阻止嘌呤核苷酸的合成，故亦能干扰蛋白质的合成。

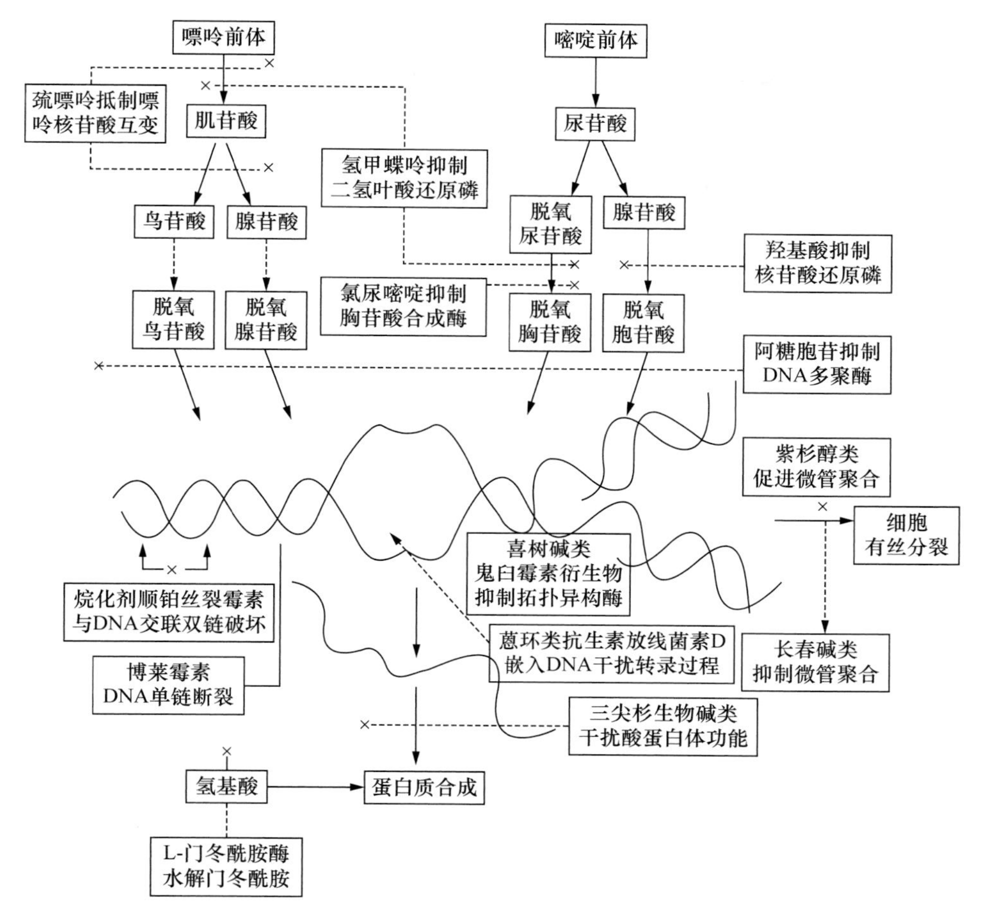

图 11-2-1 抗肿瘤药物的作用靶位

临床上MTX常用于治疗儿童急性白血病和绒毛膜上皮癌，鞘内注射可用于中枢神经系统白血病的预防和缓解症状。不良反应包括消化道反应，如口腔炎、胃炎、腹泻、便血；骨髓抑制最为突出，可致白细胞、血小板减少，严重者可有全血细胞下降；长期大量用药可致肝、肾功能损害；妊娠早期应用可致畸胎、死胎。为了减轻MTX的骨髓毒性，可在应用大剂量MTX一定时间后肌内注射甲酰四氢叶酸钙，以保护骨髓正常细胞。

（二）脱氧胸苷酸合成酶抑制剂

代表药物为氟尿嘧啶（fluorouracil，5-FU）。5-FU是尿嘧啶5位上的氢被氟取代的衍生物，其在细胞内转变为5-氟尿嘧啶脱氧核苷酸（5F-dUMP），抑制脱氧胸苷酸合成酶，阻止脱氧尿苷酸（dUMP）甲基化转变为脱氧胸苷酸（dTMP），从而影响DNA的合成。此外，5-FU在体内可转化为5-氟尿嘧啶核苷，以伪代谢产物形式掺入RNA中干扰蛋白质的合成，故对其他各期细胞也有作用。

5-FU对消化系统肿瘤（食管癌、胃癌、肠癌、胰腺癌、肝癌）和乳腺癌疗效较好，对宫颈癌、卵巢癌、绒毛膜上皮癌、膀胱癌、头颈部肿瘤也有效。对骨髓和消化道毒性较大，出现血性腹泻时应立即停药，可引起脱发、皮肤色素沉着，偶见肝、肾

功能损害。

（三）嘌呤核苷酸互变抑制剂

代表药物为巯嘌呤（mercaptopurine，6-MP）。6-MP是腺嘌呤6位上的氨基（$-NH_2$）被巯基（-SH）取代的衍生物。在体内先经过酶的催化变成硫代肌苷酸（TIMP），进而阻止肌苷酸转变为腺苷酸及鸟苷酸，干扰嘌呤代谢，阻碍核酸合成，对S期细胞作用最为显著，对G_1期有延缓作用。肿瘤细胞对6-MP可产生耐药性，因耐药细胞中6-MP不易转变成硫代肌苷酸或产生后被迅速降解。6-MP起效慢，主要用于急性淋巴细胞白血病的维持治疗，大剂量对绒毛膜上皮癌亦有较好疗效。常见不良反应为骨髓抑制和消化道黏膜损害，少数患者可出现黄疸和肝功能损害。

（四）核苷酸还原酶抑制剂

代表药物为羟基脲（hydroxycarbamide，HU）。HU能抑制核苷酸还原酶，阻止胞苷酸转变为脱氧胞苷酸，从而抑制DNA的合成。HU对S期细胞有选择性杀伤作用，对慢性粒细胞白血病有显著疗效，对黑色素瘤有暂时缓解作用，还可使肿瘤细胞集中于G_1期，故可用作同步化药物，增加化疗或放疗的敏感性。HU主要毒性为骨髓抑制，并有轻度消化道反应。肾功能不良者慎用。可致畸胎，故孕妇禁用。

（五）DNA多聚酶抑制剂

代表药物为阿糖胞苷（cytarabine，Ara-C）。Ara-C在体内经脱氧胞苷激酶催化成二或三磷酸胞苷（Ara-CDP或Ara-CTP），进而抑制DNA多聚酶的活性而影响DNA合成，也可掺入DNA中干扰其复制，使细胞死亡。Ara-C与常用抗肿瘤药无交叉耐药性，临床上用于治疗成人急性粒细胞白血病或单核细胞白血病；有严重的骨髓抑制和胃肠道反应，静脉注射可致静脉炎，对肝功能有一定影响。

二、影响DNA结构与功能的药物

该类药物通过破坏DNA结构或抑制拓扑异构酶活性，影响DNA结构和功能发挥抗肿瘤作用。包括：①DNA交联剂，如氮芥、环磷酰胺和塞替派等烷化剂；②破坏DNA的铂类配合物，如顺铂、卡铂等；③破坏DNA的抗生素，如丝裂霉素和博来霉素；④拓扑异构酶（topoisomerase）抑制剂，如喜树碱类和鬼臼毒素衍生物。

（一）烷化剂

烷化剂（alkylating agents）是一类化学性质高度活泼的化合物。它们具有一个或两个烷基，分别称为单功能或双功能烷化剂，其所含烷基能与细胞的DNA、RNA或蛋白质中的亲核基团起烷化作用，常可形成交叉联结或引起脱嘌呤，使DNA链断裂，在下一次复制时，又可使碱基配对错码，造成DNA结构和功能的损害，严重时可致细胞死亡。属于细胞周期非特异性药物。目前常用的烷化剂有以下几种：氮芥类，如氮芥、环磷酰胺等；乙烯亚胺类，如塞替派；亚硝基脲类，如卡莫司汀；甲烷磺酸酯

类，如白消安。

1. 氮芥

氮芥（mechlorethamine hydrochoride）是最早用于恶性肿瘤治疗的药物。可与鸟嘌呤第7位氮以共价键结合，产生DNA的双链间交叉联结或同链内不同碱基的交叉联结，阻止DNA复制，造成细胞损伤或死亡。目前主要用于恶性淋巴瘤如霍奇金病的治疗。由于氮芥具有高效、速效的特点，尤其适用于纵隔压迫症状明显的恶性淋巴瘤患者。常见的不良反应为恶心、呕吐、骨髓抑制、脱发、耳鸣、听力丧失、眩晕、黄疸、月经失调及男性不育等。

2. 环磷酰胺

环磷酰胺（cyclophosphamide，CTX），为氮芥与磷酸胺基结合而成的化合物。CTX体外无活性，进入体内后经肝微粒体细胞色素P_{450}氧化，裂环生成中间产物醛磷酰胺，在肿瘤细胞内分解出磷酰胺氮芥而发挥作用。CTX抗瘤谱广，为目前广泛应用的烷化剂。对恶性淋巴瘤疗效显著，对多发性骨髓瘤、急性淋巴细胞白血病、肺癌、乳腺癌、卵巢癌、神经母细胞瘤和睾丸肿瘤等均有一定疗效。常见的不良反应有骨髓抑制、恶心、呕吐、脱发等。大剂量环磷酰胺可引起出血性膀胱炎，可能与大量代谢物丙烯醛经泌尿道排泄有关，同时应用巯乙磺酸钠可预防发生。

3. 塞替派

塞替派（thiotepa）是乙酰亚胺类烷化剂的代表，抗恶性肿瘤机制类似氮芥，抗瘤谱较广，主要用于治疗乳腺癌、卵巢癌、肝癌、恶性黑色素瘤和膀胱癌等。主要不良反应为骨髓抑制，可引起白细胞和血小板减少。局部刺激性小，可做静脉注射、肌内注射、动脉内注射和腔内给药。

4. 白消安

白消安（busulfan）属甲烷磺酸酯类，在体内解离后起烷化作用。小剂量即可明显抑制粒细胞生成，可能与药物对粒细胞膜通透性较强有关。对慢性粒细胞白血病疗效显著，对慢性粒细胞白血病急性病变无效。主要不良反应为消化道反应，骨髓抑制。久用可致闭经或睾丸萎缩。

5. 卡莫司汀

卡莫司汀（carmustine）为亚硝基脲类烷化剂。除了烷化DNA外，对蛋白质和RNA也有烷化作用。卡莫司汀具有高度脂溶性，并能透过血脑屏障。主要用于原发或转移脑瘤，对恶性淋巴瘤、骨髓瘤等有一定疗效。主要不良反应为骨髓抑制、胃肠道反应及肺部毒性等。

（二）破坏DNA的铂类配合物

1. 顺铂

顺铂（cisplatin，CDDP）为二价铂同一个氯原子和两个氨基结合成的金属配合物。进入体内后，先将所含氯解离，然后与DNA链上的碱基形成交叉联结，从而破坏DNA的结构和功能。属细胞周期非特异性药物。具有抗瘤谱广、对乏氧肿瘤细胞有效的特点。对非精原细胞性睾丸瘤最有效，对头颈部鳞状细胞癌、卵巢癌、膀胱癌、前

列腺癌、淋巴肉瘤及肺癌有较好疗效。主要不良反应有消化道反应、骨髓抑制、周围神经炎、耳毒性，大剂量或连续用药可致严重而持久的肾毒性。

2. 卡铂

卡铂（carboplatin，CBP）为第二代铂类配合物，作用机制类似顺铂，但抗恶性肿瘤活性较强，毒性较低。主要用于治疗小细胞肺癌、头颈部鳞癌、卵巢癌及睾丸肿瘤等。主要不良反应为骨髓抑制。

3. 其他常用的铂类药物

其他常用的铂类药物包括奈达铂、奥沙利铂等。

（三）破坏DNA的抗生素类

1. 丝裂霉素

丝裂霉素（mitomycin，MMC）化学结构中有乙撑亚胺及氨甲酰酯基团，具有烷化作用。能与DNA的双链交叉联结，可抑制DNA复制，也能使部分DNA链断裂。属细胞周期非特异性药物。抗瘤谱广，用于胃癌、肺癌、乳腺癌、慢性粒细胞性白血病、恶性淋巴瘤等。不良反应主要为明显而持久的骨髓抑制，其次为消化道反应，偶有心、肝、肾毒性及间质性肺炎发生。注射局部刺激性大。

2. 博来霉素

博来霉素（bleomycin，BLM）为含多种糖肽的复合抗生素，主要成分为A2。平阳霉素（pingyangmycin，PYM）则为单一组分A5。BLM能与铜或铁离子络合，使氧分子转成氧自由基，从而使DNA单链断裂，阻止DNA的复制，干扰细胞分裂增殖。属细胞周期非特异性药物，但对G_2期细胞作用较强。主要用于鳞状上皮癌，也可用于淋巴瘤的联合治疗。不良反应有发热、脱发等。肺毒性最为严重，可引起间质性肺炎或肺纤维化，可能与肺内皮细胞缺少使博来霉素灭活的酶有关。

（四）拓扑异构酶抑制剂

1. 喜树碱类

喜树碱（camptothecin，CPT）是从我国特有的植物喜树中提取的一种生物碱。羟喜树碱（hydroxycamptothecin，HCPT）为喜树碱羟基衍生物。拓扑特肯（topotecan，TPT）和伊林特肯（irinotecan，CPT-11）为新型的喜树碱人工合成衍生物。

喜树碱类主要作用靶点为DNA拓扑异构酶Ⅰ（DNA-topoisomerase Ⅰ）。真核细胞DNA的拓扑结构由两类关键酶DNA拓扑异构酶Ⅰ和DNA拓扑异构酶Ⅱ调节，这两类酶在DNA复制、转录及修复中，以及在形成正确的染色体结构、染色体分离浓缩中发挥重要作用。喜树碱类能特异性抑制DNA拓扑异构酶Ⅰ活性，从而干扰DNA结构和功能。属细胞周期非特异性药物，对S期作用强于G_1和G_2期。喜树碱类对胃癌、绒毛膜上皮癌、恶性葡萄胎、急性及慢性粒细胞性白血病等有一定疗效，对膀胱癌、大肠癌及肝癌等亦有一定疗效。CPT不良反应较大，主要有泌尿道刺激症状、消化道反应、骨髓抑制及脱发等。HCPT毒性反应则较小。CPT-11与现有多种抗肿瘤药物无交叉耐药性，主要用于治疗晚期大肠癌，主要不良反应为乙酰胆碱综合征和延迟性腹

泻。TPT有较高的抗肿瘤活性，并可通过血脑屏障进入脑脊液中。主要用于小细胞肺癌和卵巢癌。主要毒性反应为骨髓抑制。

2. 鬼臼毒素衍生物

依托泊苷（vepesid，VP-16）和替尼泊苷（teniposide，VM-26）为植物西藏鬼臼（Podophyllus emodii Wall）的有效成分鬼臼毒素（podophyllotoxin）的半合成衍生物。鬼臼毒素能与微管蛋白相结合，抑制微管聚合，从而破坏纺锤体的形成。但VP-16和VM-26则不同，主要抑制DNA拓扑异构酶Ⅱ活性，从而干扰DNA结构和功能。属细胞周期非特异性药物，主要作用于S期和G_2期细胞。临床用于治疗肺癌及睾丸肿瘤，有良好效果。也用于恶性淋巴瘤治疗。VM-26对脑瘤亦有效。不良反应有骨髓抑制及消化道反应等。

三、干扰转录过程和阻止RNA合成的药物

药物可嵌入DNA碱基对之间，干扰转录过程，阻止mRNA的合成，属于DNA嵌入剂，如放线菌素D和多柔比星等蒽环类抗生素。

（一）放线菌素D

放线菌素D（dactinomycin D）为多肽类抗恶性肿瘤抗生素。能嵌入DNA双螺旋中相邻的鸟嘌呤和胞嘧啶（G-C）之间，与DNA结合成复合体，阻碍RNA多聚酶的功能，阻止RNA特别是mRNA的合成。属细胞周期非特异性药物，但对G_1期作用较强，且可阻止G_1期向S期的转变。抗瘤谱较窄，对恶性葡萄胎、绒毛膜上皮癌、霍奇金病和恶性淋巴瘤、肾母细胞瘤、骨骼肌肉瘤及神经母细胞瘤疗效较好。与放疗联合应用，可提高肿瘤对放射线的敏感性。常见不良反应有消化道反应如恶心、呕吐、口腔炎等，骨髓抑制先呈血小板减少、后出现全血细胞减少，少数患者可出现脱发、皮炎和畸胎等。

（二）多柔比星

多柔比星（doxorubicin，ADM，阿霉素）为蒽环类抗生素，能嵌入DNA碱基对之间，并紧密结合到DNA上，阻止RNA转录过程，抑制RNA合成，也能阻止DNA复制。属细胞周期非特异性药物，S期细胞对它更为敏感。ADM抗瘤谱广，疗效高，主要用于对常用抗肿瘤药耐药的急性淋巴细胞白血病或粒细胞白血病、恶性淋巴肉瘤、乳腺癌、卵巢癌、小细胞肺癌、胃癌、肝癌及膀胱癌等。最严重的毒性反应为心肌退行性变和心肌间质水肿，心脏毒性的发生可能与多柔比星生成自由基有关，右雷佐生（dexrazoxane）作为化学保护剂可预防心脏毒性的发生。此外，还有骨髓抑制、消化道反应、皮肤色素沉着及脱发等不良反应。

四、干扰蛋白质合成与功能的药物

药物可干扰微管蛋白聚合功能、干扰核糖体的功能或影响氨基酸供应，从而抑制蛋白质合成与功能。包括：①微管蛋白活性抑制剂，如长春碱类和紫杉醇类等；②干

扰核糖体功能的药物，如三尖杉生物碱类；③影响氨基酸供应的药物，如L-门冬酰胺酶。

（一）微管蛋白活性抑制剂

1. 长春碱类

长春碱（vinblastine，VLB）及长春新碱（vincristine，VCR）为夹竹桃科长春花（vinca rosea L.）植物所含的生物碱。长春地辛（vindesine，VDS）和长春瑞滨（vinorelbine，NVB）均为长春碱的半合成衍生物。

长春碱类能与微管蛋白结合，抑制微管聚合，从而使纺锤体不能形成，细胞有丝分裂停止于中期。VLB对有丝分裂的抑制作用较VCR强。属细胞周期特异性药物，主要作用于M期细胞。此外，此类药还可干扰蛋白质合成和RNA多聚酶，对G_1期细胞也有作用。VLB主要用于治疗急性白血病、恶性淋巴瘤及绒毛膜上皮癌。VCR对儿童急性淋巴细胞白血病疗效好、起效快，常与泼尼松合用作诱导缓解药。VDS主要用于治疗肺癌、恶性淋巴瘤、乳腺癌、食管癌、黑色素瘤和白血病等。NVB主要用于治疗肺癌、乳腺癌、卵巢癌和淋巴瘤等。长春碱类毒性反应主要包括骨髓抑制、神经毒性、消化道反应、脱发以及注射局部刺激等。VCR对外周神经系统毒性较大。

2. 紫杉醇类

紫杉醇（taxol）是由短叶紫杉或我国红豆杉的树皮中提取的有效成分。紫杉特尔（docetaxel）是由植物Taxus baccata针叶中提取的巴卡丁（baccatin）经半合成改造而成，其基本结构与紫杉醇相似，但来源较易，水溶性较高。

紫杉醇类能促进微管聚合，同时抑制微管的解聚，从而使纺锤体失去正常功能，细胞有丝分裂停止。对卵巢癌和乳腺癌有独特的疗效，对肺癌、食管癌、大肠癌、黑色素瘤、头颈部癌、淋巴瘤、脑瘤也都有一定疗效。紫杉醇的不良反应主要包括骨髓抑制、神经毒性、心脏毒性和过敏反应，其过敏反应可能与赋形剂聚氧乙基蓖麻油有关。紫杉特尔不良反应相对较少。

（二）干扰核糖体功能的药物

三尖杉酯碱（harringtonine）和高三尖杉酯碱（homoharringtonine）是从三尖杉属植物的枝、叶和树皮中提取的生物碱。可抑制蛋白合成的起始阶段，并使核糖体分解，释出新生肽链，但对mRNA或tRNA与核糖体的结合无抑制作用。属细胞周期非特异性药物，对S期细胞作用明显。对急性粒细胞白血病疗效较好，也可用于急性单核细胞白血病及慢性粒细胞白血病、恶性淋巴瘤等的治疗。不良反应包括骨髓抑制、消化道反应、脱发等，偶有心脏毒性。

（三）影响氨基酸供应的药物

L-门冬酰胺是重要的氨基酸，某些肿瘤细胞不能自己合成，需从细胞外摄取。L-门冬酰胺酶（L-asparaginase）可将血清门冬酰胺水解而使肿瘤细胞缺乏门冬酰胺供应，生长受到抑制。而正常细胞能合成门冬酰胺，受影响较少。主要用于急性淋巴细

胞白血病。常见的不良反应有消化道反应等，偶见变态反应，用药前应做皮试。

（娄海燕）

第三节 非细胞毒类抗肿瘤药

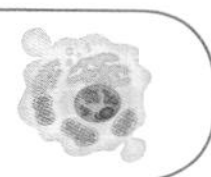

一、调节体内激素水平的药物

某些肿瘤如乳腺癌、前列腺癌、甲状腺癌、宫颈癌、卵巢癌和睾丸肿瘤与相应的激素失调有关。因此，应用某些激素或其拮抗药可改变激素平衡失调状态，以抑制激素依赖肿瘤的生长。严格来讲，该类药物不属于化疗药物，应为内分泌治疗药物，虽然没有细胞毒类抗肿瘤药的骨髓抑制等毒性反应，但因激素作用广泛，使用不当亦可造成其他不良反应。

（一）雌激素类

雌激素类（estrogens）常用于恶性肿瘤治疗的药物是己烯雌酚（diethylstilbestrol），其可通过抑制下丘脑及脑垂体，减少脑垂体间质细胞激素（interstitial cell stimulating hormone，ICSH）的分泌，从而使来源于睾丸间质细胞与肾上腺皮质的雄激素分泌减少；也可直接对抗雄激素的作用，故对前列腺癌有效；还用于治疗绝经期乳腺癌及男性晚期乳腺癌，机制未明。

（二）雄激素类

雄激素类（testicoid）常用于恶性肿瘤治疗的药物有二甲基睾酮（methyltestosterone）、丙酸睾酮（testosterone propionate）和氟羟甲酮（fluoxymesterone），可抑制脑垂体前叶分泌促卵泡激素，使卵巢分泌雌激素减少，并可直接对抗雌激素作用，对晚期乳腺癌，尤其是骨转移者疗效较佳。

（三）醋酸甲羟孕酮

醋酸甲羟孕酮（medroxyprogesterone acetate，MPA，孕甲酮）为合成的黄体酮衍生物，作用类似天然黄体酮，主要用于肾癌、乳腺癌、子宫内膜癌，并可增强食欲、改善患者的一般状况。

（四）糖皮质激素类

糖皮质激素类（glucocorticoids）常用于恶性肿瘤治疗的药物有泼尼松（prednison）和泼尼松龙（prednisolone）等。糖皮质激素能作用于淋巴组织，诱导淋巴细胞溶解。对急性淋巴细胞白血病及恶性淋巴瘤的疗效较好，作用快，但不持久，易产生耐药

性；对慢性淋巴细胞白血病，除减低淋巴细胞数目外，还可降低血液系统并发症（自身免疫性溶血性贫血和血小板减少症）的发生率或使其缓解。常与其他抗肿瘤药合用，治疗霍奇金及非霍奇金淋巴瘤。对其他恶性肿瘤无效，而且可能因抑制机体免疫功能而助长恶性肿瘤的扩展。仅在恶性肿瘤引起发热不退、毒血症状明显时，可少量短期应用以改善症状。

（五）他莫昔芬

他莫昔芬（tamoxifen，TAM）为合成的抗雌激素药物，是雌激素受体的部分激动剂，具有雌激素样作用，但强度仅为雌二醇的1/2，也有一定抗雌激素的作用，从而抑制雌激素依赖性肿瘤细胞生长。主要用于治疗乳腺癌，雌激素受体阳性患者疗效较好。

（六）托瑞米芬

托瑞米芬（toremifene）是选择性的雌激素受体调节剂（selective estrogen receptor modulator，SERM），竞争性结合雌激素受体，抑制雌激素受体阳性的乳腺癌生长，托瑞米芬与雌激素竞争性地与乳腺癌细胞内雌激素受体相结合，阻止雌激素诱导肿瘤细胞DNA合成及细胞增殖。主要用于治疗绝经妇女雌激素受体阳性转移性乳腺癌。

（七）来曲唑

来曲唑（letrozole）为选择性非甾体类芳香化酶抑制剂。通过竞争性与细胞色素P450的血红素结合，从而抑制芳香化酶，减少雌激素的生物合成。主要用于治疗绝经后雌激素或孕激素受体阳性或受体状况不明的晚期乳腺癌。

（八）阿那曲唑

阿那曲唑（anastrozole）为高效、高选择性非甾体类芳香化酶抑制剂。主要用于治疗绝经后雌激素受体阳性的晚期乳腺癌。雌激素受体阴性、但他莫昔芬治疗有效的患者也可考虑使用。此外，还可用于绝经后乳腺癌的辅助治疗。

（九）氨鲁米特

氨鲁米特（aminoglutethimide，AG）为镇静催眠药格鲁米特的衍生物，能特异性地抑制雄激素转化为雌激素的芳香化酶活性。绝经期妇女的雌激素主要来源是雄激素，AG可以完全抑制雌激素的生成。本品还能诱导肝脏混合功能氧化酶系的活性，促进雌激素的体内代谢。本品也可用于绝经后晚期乳腺癌。

二、分子靶向药物

分子靶向药物主要针对恶性肿瘤病理生理发生、发展的关键靶点进行干预治疗。目前临床应用较广泛的分子靶向药物主要为小分子药物和单抗类药物两大类。其抗肿瘤机制主要表现在两方面：①抑制激酶的催化过程；②阻止信号分子和受体的结合。

小分子类靶向药主要针对前者，称为激酶抑制剂，而单抗类靶向药主要针对后者。有的小分子药物和抗体类药物针对的是同一靶点，但作用机制不同。

（一）小分子靶向药物

1. 表皮生长因子受体小分子抑制剂

表皮生长因子受体（epidermal growth factor receptor，EGFR）在人体正常细胞生长过程中发挥重要作用，突变后可引起细胞过度增殖导致肿瘤的发生发展。*EGFR*突变是非小细胞肺癌（non-small cell lung cancer，NSCLC）最常见的驱动基因，10%～15%的NSCLC患者携带*EGFR*突变基因。EGFR酪氨酸激酶抑制剂（EGFR-TKIs）代表性药物有吉非替尼（Gefitinib）和厄洛替尼（Erlotinib）等。其作用机制是与底物竞争三磷酸腺苷（ATP），抑制EGFR酪氨酸激酶的自身磷酸化，从而阻断其细胞增殖，主要用于伴有*EGFR*突变的NSCLC的治疗。吉非替尼是首个进入临床试验并用于治疗肿瘤的EGFR分子靶向药物，于2003年由美国食品药品监督管理局（Food and Drug Administration，FDA）批准用于常规化疗药物失败后的晚期或转移性NSCLC的治疗，其对*EGFR*突变的NSCLC有效率可高达80%，而对野生型肿瘤细胞无效。厄洛替尼是美国FDA于2004年批准用于晚期 NSCLC，2005年批准用于胰腺癌治疗的另一种EGFR抑制剂。与吉非替尼相比，厄洛替尼具有更高的血脑屏障透过率，对于治疗脑转移的患者更有优势。吉非替尼和厄洛替尼都属于第1代可逆EGFR-TKIs药物，部分患者用药数月后疗效下降，病情恶化，表现出获得性耐药现象。针对这一耐药现象，相继开发了第2代、第3代不可逆EGFR-TKIs。相对于可逆EGFR-TKIs，不可逆EGFR-TKIs活性官能团中的亲电基团与激酶的亲和力更高，使得激酶更易接受亲电试剂的进攻，因此药效更持久、选择性更高。

2. 血管内皮细胞生长因子受体2小分子抑制剂

血管内皮细胞生长因子受体2（vascular endothelial growth factor receptor，VEGFR2）抑制剂代表药物有阿帕替尼（Apatinib）和安罗替尼（Anlotinib）等。阿帕替尼是一种通过靶向抑制VEGFR磷酸化抗血管新生，进而抑制肿瘤生长的小分子酪氨酸激酶抑制剂，于2014年由国家食品药品监督管理总局（China Food and Drug Administration，CFDA）批准上市，用于晚期胃或胃-食管结合部腺癌三线或三线以上治疗。安罗替尼是我国自主研发的酪氨酸激酶抑制剂，目前该药主要用于肺癌的一至三线及维持治疗。

3. 人表皮生长因子受体2小分子抑制剂

人表皮生长因子受体2（human epidermal growth factor receptor-2，HER-2）小分子抑制剂代表药物有拉帕替尼（lapatinib）和吡咯替尼（Pyrotinib）等。拉帕替尼是一种既可以阻断HER-1又可以阻断HER-2的双靶向药物，通过与HER-1/2胞内ATP结构域结合，抑制这两种受体的自身磷酸化，阻断肿瘤细胞的下游PI3K/AKT和MAPK信号通路，诱导肿瘤细胞凋亡。拉帕替尼分子量小，可以进入血脑屏障，因此对治疗乳腺癌（HER-2阳性患者）脑转移有较好的疗效。

4. BCR-ABL、c-kit小分子抑制剂

代表药物有伊马替尼（imatinib，glivec，格列卫）、尼洛替尼（nilotinib）和达沙

替尼（dasatinib），为酪氨酸激酶BCR-ABL抑制剂。大于95%的慢性粒细胞白血病（CML）患者存在*BCR-ABL*融合基因。该类药物与ABL酪氨酸激酶ATP位点结合，抑制其激酶活性，从而阻止了*BCR-ABL*阳性细胞的增殖并诱导其凋亡。此外，伊马替尼和尼洛替尼还可与c-kit受体等的ATP结合，使之不能催化底物酪氨酸残基的磷酸化而激活下游效应分子的信号转导，阻止细胞的持续增殖，并恢复细胞的正常凋亡程序，因而在临床上还可用于胃肠间质瘤和恶性黑色素瘤的治疗。

5. 间变性淋巴瘤激酶小分子抑制剂

间变性淋巴瘤激酶（anaplastic lymphoma kinase，ALK）通过融合蛋白EML4-ALK，使得*ALK*过表达，或*ALK*点突变激活ALK，属于NSCLC另一驱动基因。代表药物为克唑替尼（crizotinib）和艾乐替尼（alectinib）。克唑替尼可抑制ALK激酶与ATP结合，并抑制二者结合后的自身磷酸化，减弱ALK激酶活性，从而发挥生物学作用，主要用于ALK阳性NSCLC的治疗。然而，大多数患者会在用药1～2年后出现获得性耐药。而艾乐替尼是一种强效、高度选择性的ALK活性抑制剂，对克唑替尼产生获得性耐药的患者仍然有效。

6. 多靶点小分子抑制剂

多靶点小分子抑制剂的代表药物有索拉菲尼（sorafenib）、舒尼替尼（sunitinib）、范得他尼（vandetanib）和拉帕替尼（lapatinib）。索拉菲尼是2005年美国FDA批准用于临床的一种新型激酶信号转导抑制剂，具有双重抗肿瘤作用，其既可通过抑制某些信号转导通路，直接抑制肿瘤生长；又可以通过抑制某些受体，阻断肿瘤新生血管的形成，间接抑制肿瘤的生长。临床上主要用于晚期肾细胞癌、肝细胞癌等的治疗。舒尼替尼是一种针对PDGFR、VEGFR、KIT、RET等的多靶向酪氨酸激酶抑制剂，对VEGFR等多种受体酪氨酸激酶具有抑制作用，在肺癌、肾癌、乳腺癌等多种肿瘤的临床试验中显示出抗肿瘤活性。范得他尼为口服的小分子多靶点TKI，可同时作用于EGFR、VEGFR和RET酪氨酸激酶，临床用于治疗不能切除、局部晚期或转移的有症状或进展的髓样甲状腺癌。拉帕替尼可抑制ErbB1和ErbB2，用于治疗ErbB2过表达的晚期或转移性乳腺癌。

（二）抗体靶向药物

本类药物以单克隆抗体靶向药物为主，利用单抗对肿瘤表面特定的受体或相关抗原进行特异性识别，直接把药物导入到肿瘤细胞处。单克隆抗体靶向药物不仅可以提高药物的疗效，还可以减少药物对正常组织及细胞的毒副作用。

1. 抗CD20单抗

代表药物为利妥昔单抗（rituximab），是一种靶向CD20的人鼠嵌合型单克隆抗体，主要用于非霍奇金B细胞淋巴瘤的治疗（95%的非霍奇金B细胞淋巴瘤表达CD20）。1997年，经美国FDA批准上市，是首个肿瘤靶向药物。本药不仅能够直接抑制B细胞增殖、诱导CD20阳性的B细胞凋亡，同时可通过抗体依赖性细胞毒性（antibody dependent cell-mediated cytotoxicity，ADCC）和补体依赖性细胞毒性（complement dependent cytotoxicity，CDC）杀死肿瘤细胞。2013年，首个Ⅱ型糖基化的二代全人源抗

CD20单抗奥妥珠单抗（obinutuzumab）上市。奥妥珠单抗含有一个糖基化改造的Fc段，因此能使得此抗体与FcγRIII的亲和力提高。这种修饰作用创造了一种独特的抗体，可利用患者自身的免疫系统来帮助攻击癌细胞。

2. 抗HER-2单抗

代表药物为曲妥珠单抗（trastuzumab）和帕妥珠单抗（pertuzumab）。曲妥珠单抗为重组的人源化抗HER-2的单克隆抗体，结合于HER-2胞外区亚结构域Ⅳ的C端，通过拮抗肿瘤细胞生长信号转导而达到抑制肿瘤生长的目的，同时下调肿瘤细胞表面HER-2蛋白表达等途径发挥其作用，临床上主要用于乳腺癌患者的治疗。帕妥珠单抗为完全重组人源性单克隆抗体，与曲妥珠单抗的结合位点不同，它结合于HER-2胞外受体结构域Ⅱ区，可以从空间上阻止HER-2发生二聚化。这两种靶向药物联合使用可增加患者获益率。

3. 抗EGFR单抗

代表药物为西妥昔单抗（cetuximab）、尼妥珠单抗（nimotuzumab）和帕尼单抗（panitumumab）。西妥昔单抗是以EGFR为靶点的人鼠嵌合型抗体，特异性针对EGFR受体，与EGFR内源性因子竞争性和 EGFR胞外配体结合，阻止EGFR发生自身磷酸化，从而抑制肿瘤细胞的增殖。临床上用于结直肠癌等的治疗。尼妥珠单抗是全球第一个以EGFR为靶点的人源化单抗药物，也是我国正式上市的第一个人源化单克隆抗体药物（人的成分高达95%），可竞争性结合EGFR胞外配体结合域，阻断细胞内支配增殖的下游信号通路，同时还具有抑制肿瘤血管增生的作用。帕尼单抗是第一个高亲和力的全人IgG2单克隆抗体，与EGFR具有高亲和性，能够竞争性抑制EGF、TGF-α与EGFR的结合，并可使EGFR进一步降解，抑制下游信号通路。

4. 抗VEGF单抗

代表性药物为贝伐珠单抗（bevacizumab）。贝伐珠单抗是一种重组人源化的单克隆IgG1抗体，可与内源性VEGF-A竞争性结合受体，阻断其活性，从而抑制血管生成。该类药物适应证广泛，可与其他化疗药联合治疗转移性结直肠癌、NSCLC、转移性肾癌和胶质母细胞瘤等。

三、肿瘤免疫治疗药物

肿瘤免疫治疗是利用人体的免疫机制，通过主动或被动的方法增强患者的免疫功能，达到杀伤肿瘤细胞的目的。其治疗原理是通过增强抗肿瘤免疫应答和（或）打破肿瘤的免疫抑制产生抗肿瘤作用。肿瘤免疫治疗主要有两个方向，一是靶向肿瘤细胞，二是活化免疫细胞。靶向肿瘤免疫检查点抑制肿瘤生长已被认为是极具前景的新型肿瘤治疗方式。其中，针对特异免疫检查点，如程序性死亡受体1（programmed death 1，PD-1）和细胞毒性T淋巴细胞相关抗原4（cytotoxic T-lymphocyte-associated antigen 4，CTLA-4）的单克隆抗体在肿瘤的临床治疗中取得了明显疗效。肿瘤的免疫药物治疗成为继传统化疗、分子靶向治疗之后的肿瘤治疗的又一大进展。

肿瘤免疫治疗根据作用机制可分为主动免疫治疗、被动免疫治疗和非特异性免疫调节剂治疗三大类。

（一）主动免疫治疗

主动免疫治疗也称为肿瘤疫苗。主要是指利用来源于自体或异体带有肿瘤特异性抗原或肿瘤相关抗原的肿瘤细胞或其粗提取物，通过激发宿主机体免疫系统产生针对肿瘤抗原的特异性抗肿瘤免疫应答来攻击肿瘤细胞，克服肿瘤产物所引起的免疫抑制状态，促进树突状细胞的抗原呈递功能，从而阻止肿瘤生长、转移和复发。肿瘤疫苗主要包括肿瘤细胞疫苗、多肽疫苗、病毒疫苗、基因疫苗、树突状细胞疫苗和抗独特性抗体疫苗等。此类药物目前多处于临床试验阶段。已在临床应用的主要是病毒疫苗及树突状细胞肿瘤疫苗。病毒疫苗不仅可以预防病毒感染性疾病，更重要的是还可以预防或治疗许多与病毒感染密切相关的肿瘤，例如乙肝疫苗及人类乳头瘤病毒（HPV）疫苗等。加德西是6、11、16和18型HPV疫苗，2006年上市，已先后被批准用于预防女性HPV 6、11、16和18型病毒引起的宫颈癌、外阴癌及相关癌前病变。主要不良反应为疼痛、肿胀、红肿、发热和瘙痒。Sipuleucel-T是首个被美国FDA批准的树突状细胞肿瘤疫苗，用于治疗激素抵抗的转移性前列腺癌。其确切作用机制尚不清楚。

（二）被动免疫治疗

目前包括单克隆抗体治疗和过继细胞治疗两大类。

1. 单克隆抗体治疗

（1）针对PD-1/PD-L1通路的单抗：阻断PD-1/PD-L1 通路的药物主要分为两大类：一类是针对程序性死亡受体1（PD-1）的单克隆抗体，包括纳武单抗（nivolumab）和派姆单抗（pembrolizumab）；另一类是针对程序性死亡受体1配体（programmed death 1 ligand，PD-L1）的单克隆抗体，包括阿替利珠单抗（atezolizumab）、阿维鲁单抗（avelumab）和度伐鲁单抗（durvalumab）。目前，PD-1/PD-L1单抗已经在多种实体瘤（黑色素瘤、非小细胞肺癌、肾细胞癌、胰腺癌、胃癌、肠癌、食管癌、卵巢癌、子宫颈癌、膀胱癌、神经胶质瘤）中显示出卓越的抗肿瘤疗效。该类药物可引起一系列的免疫相关不良反应，如皮肤瘙痒、皮疹、白癜风、肠炎、肝炎、肺炎、肾炎、心肌炎及内分泌紊乱等。

（2）针对CTLA-4的单抗：依普利单抗（ipilimumab，MDX-010）为一种针对CTLA-4的人源单克隆抗体，可阻断CTLA-4与其配体CD80及CD86间的相互作用，从而促进T细胞活化，现已获准用于黑色素瘤治疗。

2. 过继性细胞免疫治疗

过继性细胞免疫治疗是将自体或同种异体的效应细胞在体外活化、扩增后回输患者体内，通过直接杀伤肿瘤细胞或激发机体的抗肿瘤免疫功能来达到治疗肿瘤的目的。该方法所用细胞主要有淋巴因子激活杀伤细胞（lymphokine-activated killer cell，LAK）、肿瘤浸润淋巴细胞（tumor infiltrating lymphocyte，TIL）、自然杀伤细胞（NK细胞）等。过继性细胞免疫治疗不良反应少，已成为肿瘤综合治疗的重要部分。但由于效应细胞扩增倍数低、细胞来源困难及细胞毒力不高等诸多问题，限制了其在临床上的广泛应用。

（三）非特异性免疫调节剂治疗

非特异性免疫调节剂的抗肿瘤机制主要有两种：一是通过刺激效应细胞发挥作用；二是通过抑制免疫调控细胞或分子起作用。

（1）效应细胞刺激剂：如α干扰素、白细胞介素2和肿瘤坏死因子等。

（2）免疫负调控抑制剂：如地尼白细胞介素及依普利单抗。

四、其他

（一）亚砷酸

三氧化二砷（arsenious oxide）是中药砒霜的主要有效成分。20世纪70年代哈尔滨医科大学张亭栋教授等首次将砒霜用于治疗复发和难治性急性早幼粒细胞性白血病。研究发现该药主要通过降解PML/RARa融合蛋白中的PML结构域、下调*BCL2*基因表达等机制选择性诱导白血病细胞凋亡。它主要用于治疗急性早幼粒细胞性白血病（M3型），完全缓解率可达92%，目前已被国际公认为治疗M3型白血病的一线用药；常见不良反应包括消化道不适、皮肤干燥、色素沉着、神经系统损害等，停药后多可逐渐恢复正常。

（二）视黄酸

视黄酸（retinoic acid，维甲酸）包括全反式维甲酸（all-trans retinoic acid，ATRA）、13-顺式维甲酸（13-cis retinoic acid，13-CRA）和9-顺式维甲酸（9-CRA）。其中ATRA能够调变和降解在急性早幼粒细胞白血病发病中起关键作用的PML-RARa融合蛋白，主要作用于维甲酸受体α（retinoic acid receptor α，RARα）结构域。我国学者首次使用ATRA对急性早幼粒细胞性白血病进行诱导分化治疗并取得成功，部分患者可完全缓解，但短期内易复发。

（娄海燕）

第四节 抗肿瘤药的应用原则和毒性反应

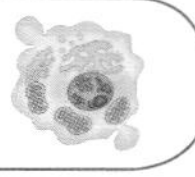

一、应用原则

近半个世纪以来，肿瘤内科学的不断进步促进了肿瘤的综合治疗或称为多手段治疗的发展，即根据患者的机体状况、肿瘤的病理类型、侵犯范围（分期）和发展趋势，合理地、有计划地联合应用化疗药物与其他治疗手段（如免疫治疗），以期使原来不能手术的患者得以接受手术治疗；减低复发或远处转移的可能性以提高治愈率；

或通过增强患者的免疫功能来提高治愈率和提高生活质量。

抗肿瘤药物治疗恶性肿瘤能否发挥疗效，受到肿瘤，宿主及药物三方面因素的影响，这几个方面彼此间相互作用又相互制约。合理应用抗肿瘤药物不但增加疗效，而且减少毒性反应和耐药性产生。主要原则如下。

（一）从细胞增殖动力学考虑

1. 招募作用

即设计细胞周期非特异性药物和细胞周期特异性药物序贯应用的方法，招募更多G_0期细胞进入增殖周期，以增加肿瘤细胞杀灭数量。其策略是：①对增长缓慢（GF不高）的实体瘤，可先用细胞周期非特异性药物杀灭增殖期及部分G_0期细胞，使瘤体缩小而招募G_0期细胞进入增殖周期，继而用细胞周期特异性的药物杀灭之；②对增长快（GF较高）的肿瘤如急性白血病等，宜先用细胞周期特异性药物（作用于S期或M期的药物），使大量处于增殖周期的恶性肿瘤细胞被杀灭，此后再用细胞周期非特异性药物杀伤其他各时相的细胞，待G_0期细胞进入细胞周期时，再重复上述疗法。

2. 同步化（synchronization）作用

即先用细胞周期特异性药物，将肿瘤细胞阻滞于某时相（如G_1期），待药物作用消失后，肿瘤细胞即同步进入下一时相，再用作用于后一时相的药物。

（二）从药物作用机制考虑

针对肿瘤的发病机制，联合应用作用于不同生化环节的抗肿瘤药物，可提高疗效。用两种药物同时作用于一个线性代谢过程，前后两个不同靶点受到序贯抑制，如联合应用MTX和6-MP等。

（三）从降低药物毒性考虑

1. 减少毒性的重叠

如大多数抗肿瘤药物有抑制骨髓作用，而泼尼松和博来霉素等无明显抑制骨髓作用，与其他药物合用，可提高疗效并减少骨髓毒性的发生。

2. 降低药物的毒性

如用巯乙磺酸钠可预防CTX引起的出血性膀胱炎；用甲酰四氢叶酸钙减轻MTX的骨髓毒性。

（四）从药物的抗瘤谱考虑

胃肠道癌选用氟尿嘧啶、环磷酰胺、丝裂霉素、羟基脲等；鳞癌宜用博来霉素、甲氨蝶呤等；肉瘤选用环磷酰胺、顺铂、多柔比星等；骨肉瘤以多柔比星及大剂量甲氨蝶呤加救援剂甲酰四氢叶酸钙等；脑的原发或转移瘤首选亚硝基脲类，亦可用羟基脲等。

（五）从减少用药剂量考虑

抗肿瘤药物不论是CCNSA或CCSA，对肿瘤细胞的杀灭作用均遵循一级动力学原则，一定量的药物只能杀灭一定数量的肿瘤细胞。考虑到机体耐受性等方面的原因，不可能无限制地加大剂量或反复给药。患者的免疫状态受多种因素的影响。当瘤体长大，病情加重时，往往出现免疫功能下降，而且大多数抗肿瘤药物具有免疫抑制作用，选用合适剂量并采用间歇给药，有可能保护宿主的免疫功能。

二、毒性反应

目前临床使用的细胞毒抗肿瘤药物对肿瘤细胞和正常细胞尚缺乏理想的选择性，即药物在杀伤恶性肿瘤细胞的同时，对某些正常的组织也有一定程度的损害，毒性反应成为化疗时使用剂量受到限制的关键因素，同时影响了患者的生命质量。分子靶向药物可以特异性地作用于肿瘤细胞的某些特定分子位点，而这些位点在正常细胞通常不表达或者很少表达。因此，分子靶向药物通常安全性高、耐受性好、毒性反应较轻。

（一）近期毒性

1. 共有的毒性反应

（1）骨髓抑制：骨髓抑制是肿瘤化疗的最大障碍之一，除激素类、博来霉素和L-门冬酰胺酶外，大多数抗肿瘤药物均有不同程度的骨髓抑制。骨髓造血细胞经化疗后外周血细胞数减少的机会决定于细胞的寿命，寿命越短的外周血细胞越容易减少，通常先出现白细胞减少，然后出现血小板降低，一般不会引起严重贫血。临床常用各种集落刺激因子如粒细胞巨噬细胞集落刺激因子（granulocyte-macrophage colony stimulating factor，GM-CSF）、粒细胞集落刺激因子（granulocyte colony stimulating factor，G-CSF）、巨噬细胞集落刺激因子（macrophage colony stimulating factor，M-CSF）及红细胞生成素（erythropoietin，EPO）等处理血细胞下降，护理中必须采取措施预防各种感染和防治出血等。

（2）消化道反应：恶心和呕吐是抗肿瘤药物最常见的毒性反应。根据发生时间分为急性和迟发性两种类型，前者常发生在化疗后24小时内；后者发生在化疗24小时后。高度或中度致吐者可应用地塞米松和5-HT_3受体拮抗剂（如昂丹司琼），轻度致吐者可应用甲氧氯普胺或氯丙嗪。另外，化疗也可损害增殖活跃的消化道黏膜组织，容易引起口腔炎、口腔溃疡、舌炎、食管炎等，应注意口腔清洁卫生，防治感染。

（3）脱发：正常人头皮约有10万根头发，除其中10%～15%的生发细胞处于静止期外，其他大部分活跃生长，因此多数抗肿瘤药物都能引起不同程度的脱发。在化疗时给患者戴上冰帽，使头皮冷却，局部血管痉挛，或止血带结扎于发际，减少药物到达毛囊而减轻脱发，停止化疗后头发仍可再生。

2. 特有的毒性反应

（1）心脏毒性：以多柔比星最为常见，可引起心肌退行性变和心肌间质水肿。心

脏毒性的发生可能与多柔比星生成自由基有关。

（2）呼吸系统毒性：主要表现为间质性肺炎和肺间质纤维化，主要药物有博来霉素、卡莫斯汀、丝裂霉素、甲氨蝶呤、吉非替尼等。

（3）肝脏毒性：部分抗肿瘤药物如L-门冬酰胺酶、放线菌素D、环磷酰胺等可引起肝脏损害。

（4）肾和膀胱毒性：大剂量环磷酰胺可引起出血性膀胱炎，可能与大量代谢物丙烯醛经泌尿道排泄有关，同时应用巯乙磺酸钠可预防其发生。顺铂由肾小管分泌，可损害近曲小管和远曲小管。保持充足的尿量有助减轻肾和膀胱毒性。

（5）神经毒性：长春新碱最容易引起外周神经病变。顺铂、甲氨蝶呤和氟尿嘧啶偶尔也可引起一些神经毒性，应用时应注意。

（6）变态反应：凡属于多肽类化合物或蛋白质类的抗肿瘤药物如L-门冬酰胺酶、博来霉素，静脉注射后容易引起变态反应。紫杉醇的过敏反应可能与赋形剂聚氧乙基蓖麻油有关。

（7）组织坏死和血栓性静脉炎：刺激性强的药物如丝裂霉素、多柔比星等可引起注射部位的血栓性静脉炎，漏于血管外可致局部组织坏死，应避免注射不当。

（二）远期毒性

随着肿瘤化疗的疗效提高，长期生存患者增多，远期毒性将更加受到关注。

1. 第二原发恶性肿瘤

很多抗肿瘤药物特别是烷化剂具有致突变和致癌性，以及免疫抑制作用，在化疗并获得长期生存的患者中，部分会发生可能与化疗相关的第二原发恶性肿瘤。

2. 不育和致畸

许多抗肿瘤药物特别是烷化剂可影响生殖细胞的产生和内分泌功能，产生不育和致畸作用。男性患者睾丸生殖细胞的数量明显减少，导致男性不育，女性患者可产生永久性卵巢功能障碍和闭经，孕妇则可引起流产或畸胎。

（娄海燕）

第十二章 疾病基本临床资料

■ 问诊
◎ 问诊的重要性及医德要求
◎ 问诊的内容、方法与技巧

■ 全身一般体格检查
◎ 体格检查的基本素养及注意事项
◎ 基本检查方法
◎ 一般检查

病史采集（history taking）与体格检查（physical examination）是获取疾病发生、发展临床资料的重要途径，是进行诊断思维的重要根基，也是临床诊断思维的起步。病史采集通过医生与患者的提问与回答，收集患者相关资料，了解疾病发生与发展过程，为诊断提供依据。问诊是病史采集的主要手段，也是医生最基本的一项临床技能。体格检查是医生用自己的感官或传统的辅助器具（如听诊器、叩诊锤、血压计、体温计）对患者进行系统的观察和检查，揭示机体正常和异常征象的临床诊断方法，主要是通过视诊、触诊、叩诊和听诊，查找患者的体征，了解患者的临床表现。

第一节 问　诊

一、问诊的重要性及医德要求

（一）问诊的重要性

问诊是医生通过对患者或相关人员的系统询问获取病史资料，经过综合分析而作出临床判断的一种诊法，是病史采集的主要手段。

通过问诊所获取的资料对了解疾病的发生、发展，诊治经过，既往健康状况和曾患疾病的情况，对诊断具有极其重要的意义，也为随后对患者进行的体格检查和各种诊断性检查的安排提供了最重要的基本资料。一位具有深厚医学知识和丰富临床经验的医生，常常通过问诊就可能对某些患者提出准确的诊断。特别在某些疾病，或是在疾病的早期，机体只是处于功能或病理生理改变的阶段，还缺乏器质性或组织、器官形态学方面的改变，而患者却可以更早地陈述某些特殊的感受，如头晕、乏力、食欲改变、疼痛、失眠、焦虑等症状。在此阶段，体格检查、实验室检查甚至特殊检查均无阳性发现，问诊所得的资料却能更早地作为诊断的依据。实际上，在临床工作中有些疾病的诊断仅通过问诊即可基本确定，如感冒、支气管炎、心绞痛、癫痫、疟疾、胆道蛔虫病等。对病情复杂而又缺乏典型症状和体征的病例，深入、细致地问诊就更为重要。

问诊是医患接触的第一步，通过问诊可以帮助患者消除对疾病的误解或恐惧，树立患者对疾病诊治的信心，增加患者诊疗的依从性，也是建立和谐医患关系的重要步骤。1977年由美国精神病学家和内科学教授Engel提出的生物-心理-社会医学模式对医生提出更高的要求，要求医生不仅具有医学的自然科学方面的知识，还要有较高的人文科学、社会科学方面的修养，能够从生物、心理和社会等多种角度去了解和处理患者。这也要求医生必须具有良好的交流与沟通技能，以及教育患者的技能。

根据问诊时的临床情景和目的的不同，大致可分为全面系统的问诊和重点问诊。前者即对住院患者的全面系统的问诊，后者则主要应用于急诊和门诊。

（二）问诊的医德要求

医德是一种职业道德，涵盖的内容很多，就临床诊疗中的道德而言，既有检查安全无害、痛苦最小、费用最低、诊疗最优化等医德要求，又有药物治疗、手术操作、临床试验的医德要求等。在此仅涉及问诊中的医德要求。

1. 严肃认真、一丝不苟

听患者述说病情时，必须集中注意、耐心倾听，显示出认真的态度和行为，这是医德的一个基本和主要的内容。认真才能给患者以信心，才能保证患者的合作，才能以科学的方式收集到完整、准确的病史资料。

2. 尊重隐私、保守秘密

问诊是一个非常严肃的医疗行为，对患者提供的任何情况都只能作为解决患者疾病的科学依据，而绝不做他用。对患者本人或其家人的任何隐私，不能传播给无关的任何人，绝不能嘲弄和讥笑。

3. 对老年人和儿童应特别关心

由于生理原因，老人和儿童有时不能像普通成人一样流畅地提供病史，也不能很好地理解医生的提问，医生应给予特别的关心。

4. 对任何患者应一视同仁

不能因为患者的经济状况、社会地位、文化程度、家庭背景、性别、年龄、种族等不同而采用不同的态度和言行。对经济困难的患者，还应给予更多的关怀，对其处境给予更多的理解。对残疾患者，绝不能有歧视的言行。

5. 对同道不随意评价，不在患者面前诋毁其他医生

在病史采集过程中，患者会诉说其过去的诊疗经过，有时会对过去医生的诊断和（或）治疗质疑，甚至表达其不满和愤怒。医生不能随意评价，不能指责其他医生。

6. 对患者进行健康教育指导

医生重诊疗，更重预防。利用与患者交流的机会对患者及其家属进行有关疾病的教育和健康指导，包括有关疾病的知识，以及如何多方共同承担起维护健康、促进康复的责任。对患者进行健康教育是医生对社会对大众的义务和责任，也是问诊的医德要求之一。

二、问诊的内容、方法与技巧

（一）问诊的内容

1. 一般资料

一般资料（general data）包括：姓名、性别、年龄、民族、籍贯、住址、职业、婚姻、就诊或入院日期、记录日期、病史陈述者（本人/其他人，若为其他人则应注明与患者的关系）及可靠程度。其中年龄要写具体年龄，不要写“儿童”或“成年”，职业要写具体工种，住址要写现在的详细住址。

2. 主诉

主诉（chief complaint）为患者感受到的最主要的痛苦或最明显的症状和（或）体征，也是本次就诊最主要的原因及其持续时间。确切的主诉可初步反映病情轻重与缓急，并提供对某系统疾病的诊断线索。主诉应用一两句话加以概括，并同时注明主诉自发生到就诊的时间，如“咽痛、高热2天”，“畏寒、发热、咳嗽3天，加重伴右胸痛2天”。记录主诉应尽可能用患者自己描述的症状，如“多饮、多食、多尿、消瘦1年”，而不是医生对患者的诊断用语，如“患糖尿病1年”。然而，病程较长、病情比较复杂的病例，不容易简单地将患者所述的主要不适作为主诉，而应该结合整个病史，综合分析以归纳出更能反映其患病特征的主诉。如“20年前发现心脏杂音，1个月来心悸、气短”。对当前无症状，诊断资料和入院目的又十分明确的患者，也可以用以下方式记录主诉，如“患白血病3年，经检验复发10天”，“2周前超声检查发现胆囊结石”。

主诉不一定是患者回答医生“您（主要是）哪里不舒服”的第一句话，常常需要医生归纳总结和提炼。例如，一位23岁的男性患者来呼吸科就诊，开始时诉说“发热、咳嗽1周”，同时提供的化验单显示血肌钙蛋白水平增高，医生补充询问病史，患者诉还有“心跳间歇感2天”，因自认为与发热和咳嗽无关，故医生问诊时并未主动提供，所以现在主诉应写为“发热、咳嗽1周，心悸2天”，提示“心肌炎”。另一名80岁的男性患者同样诉“发热、咳嗽1周”来诊，医生询问病因与诱因时，患者回忆起2周前曾有“呛食”史，医生结合其他病史资料，考虑为“吸入性肺炎”，主诉应该为“呛食2周，发热、咳嗽1周”。因此，患者同样诉说“发热、咳嗽1周”，但在医生全面系统地搜集病史资料后，经过归纳和提炼，形成的主诉可能与患者最初所说不完全一致。

3. 现病史

现病史（history of present illness）是病史中的主体部分，记述患者患病后的全过程，即发生、发展、演变和诊治经过。可按以下的内容和程序询问。

（1）起病情况与患病的时间：每种疾病的起病或发作都有各自的特点，详细询问起病的情况对诊断疾病具有重要的鉴别作用。有的疾病起病急骤，如脑栓塞、动脉瘤破裂和急性胃肠穿孔等；有的疾病则起病缓慢，如肺结核、肿瘤、风湿性心瓣膜病等。疾病的起病常与某些因素有关，如脑血栓形成常发生于睡眠时；脑出血、高血压

危象常发生于激动或紧张状态时。患病时间是指从起病到就诊或入院的时间。如先后出现几个症状则需追溯到首发症状的时间，并按时间顺序询问整个病史后分别记录，如“心悸3个月，反复夜间呼吸困难2周，双下肢水肿4天”。从以上症状及其发生的时间顺序可以看出是心脏病患者逐渐出现心力衰竭的发展过程。时间长短可按数年、数月、数日计算，发病急骤者可按小时、分钟为计时单位。

（2）主要症状的特点：包括主要症状出现的部位、性质、持续时间和程度，缓解或加剧的因素等，了解这些特点对判断疾病所在的系统或器官以及病变的部位、范围和性质很有帮助。如右下腹急性腹痛则多为阑尾炎症，若为妇女还应考虑到卵巢或输卵管疾病。对症状的性质也应做有鉴别意义的询问，如灼痛、绞痛、胀痛、隐痛以及症状为持续性或阵发性，发作及缓解的时间等。以消化性溃疡为例，其主要症状的特点为上腹部疼痛，可持续数日或数周，在几年之中可以表现为时而发作时而缓解，呈周期性发作或有一定季节性发病等特点。

（3）病因与诱因：尽可能了解与本次发病有关的病因（如外伤、中毒、感染等）和诱因（如气候变化、环境改变、情绪、起居饮食失调等），有助于明确诊断与拟定治疗措施。患者对直接或近期的病因容易提出，当病因比较复杂或病程较长时，患者往往记不清、说不明，也可能提出一些似是而非或自以为是的因素，这时医生应进行科学的归纳和分析，不可不假思索地记入病历。

（4）病情的发展与演变：包括患病过程中主要症状的变化或新症状的出现。如肺结核合并肺气肿的患者，在衰弱、乏力、轻度呼吸困难的基础上，突然感到剧烈的胸痛和严重的呼吸困难，应考虑自发性气胸的可能。

（5）伴随病状：在主要症状的基础上又同时出现一系列的其他症状。这些伴随症状常常是鉴别诊断的依据，或提示出现了并发症。如腹泻可能为多种病因的共同症状，若问明伴随的症状则诊断的方向会比较明朗。如腹泻伴呕吐，则可能为饮食不洁或误食毒物引起的急性胃肠炎；腹泻伴里急后重，结合季节和进餐情况更容易考虑到痢疾。反之，按一般规律在某一疾病应该出现的伴随症状而实际上没有出现时，也应将其记述于现病史中以备进一步观察，或作为诊断和鉴别诊断的重要参考资料，这种阴性表现有时称为阴性症状。一份好的病史不应放过任何一个主要症状之外的细小伴随迹象，因为它们在明确诊断方面有时会起到很重要的作用。

（6）诊治经过：患者于本次就诊前已经接受过其他医疗单位诊治时，则应询问已经接受过什么诊断和治疗措施及其结果；若已进行治疗则应问明使用过的药物名称、剂量、时间和疗效，为本次诊治疾病提供参考。但不可以用既往的诊断代替自己的诊断。

（7）病程中的一般情况：在现病史的最后应记述患者患病后的精神、体力状态，食欲及食量的改变，睡眠与大小便的情况等。这部分内容对全面评估患者病情的轻重和预后以及采取什么辅助治疗措施十分有用，有时对鉴别诊断也能够提供重要的参考资料。

4. 既往史

既往史（history of past illness）包括患者既往的健康状况和过去曾患过的疾病、

外伤手术、预防注射、过敏等，特别是与目前所患疾病有密切关系的情况。例如风湿性心瓣膜病患者应询问过去是否反复发生过咽痛、游走性关节痛等；对慢性冠状动脉粥样硬化性心脏病和脑血管意外的患者应询问过去是否有过高血压。此外，对患者居住或生活地区的主要传染病和地方病史，外伤、手术史，预防接种史，以及对药物、食物和其他接触物的过敏史等，也应记录于既往史中。记录顺序一般按年月的先后排列。

5. 系统回顾

系统回顾（review of systems）由很长的一系列直接提问组成，用以作为最后一遍搜集病史资料，避免问诊过程中患者或医生所忽略或遗漏的内容。它可以帮助医生在短时间内扼要地了解患者除现在所患疾病以外的其他各系统是否发生目前尚存在或已痊愈的疾病，以及这些疾病与本次疾病之间是否存在着因果关系。主要情况应分别记录在现病史或既往史中。系统回顾涉及的临床疾病很多，实际应用时，可在每个系统询问2～4个症状，如有阳性结果，再全面深入地询问该系统的症状；如为阴性，一般说来可以过渡到下一个系统。在针对具体患者时，可以根据情况变通调整一些内容。

（1）头颅五官：有无视力障碍、耳聋、耳鸣、眩晕、鼻出血、牙痛、牙龈出血及声嘶等。

（2）呼吸系统：有无咳嗽、咳痰、咯血、呼吸困难、胸痛、发冷、发热、盗汗和食欲缺乏等。

（3）循环系统：有无心悸、胸痛、头痛、头晕、晕厥、呼吸困难、咳嗽、咳痰、咯血、多尿、少尿、水肿、腹胀、右上腹痛等。有无风湿热、心脏疾病、高血压病、动脉硬化等病史。女性患者应询问妊娠、分娩时有无高血压和心功能不全等情况。

（4）消化系统：有无腹痛、腹泻、恶心、呕吐、呕血、食欲改变、嗳气、反酸、腹胀、口腔疾病等。询问排便次数，粪便颜色、性状、量和气味，排便时有无腹痛和里急后重。有无发热与皮肤巩膜黄染。体力、体重的改变。

（5）泌尿生殖系统：有无尿痛、尿急、尿频和排尿困难；询问尿量和夜尿量，尿的颜色、清浊度，有无尿潴留及尿失禁等。有无腹痛，疼痛的部位，有无放射痛。有无咽炎、高血压、水肿、出血等。尿道口或阴道口有无异常分泌物，外生殖器有无溃疡等。

（6）造血系统：皮肤黏膜有无苍白、黄染、出血点、瘀斑、血肿，有无淋巴结、肝、脾大和骨骼痛等。有无乏力、头晕、眼花、耳鸣、烦躁、记忆力减退、心悸、舌痛、吞咽困难、恶心。营养、消化和吸收情况。

（7）内分泌系统及代谢：有无怕热、多汗、乏力、畏寒、头痛、视力障碍、心悸、食欲异常、烦渴、多尿、水肿等；有无肌肉震颤及痉挛。性格、智力、体格、性器官的发育，骨骼、甲状腺、体重、皮肤、毛发的改变。有无产后大出血。

（8）肌肉与骨骼系统：有无肢体肌肉麻木、疼痛、痉挛、萎缩、瘫痪等。有无关节肿痛、运动障碍、外伤、骨折、关节脱位、先天畸形等。

（9）神经系统：有无头痛、失眠、嗜睡、记忆力减退、意识障碍、晕厥、痉挛、瘫痪、视力障碍、感觉及运动异常。

（10）精神状态：有无情绪改变、焦虑、抑郁、幻觉、妄想、定向力障碍等，有时还应了解其思维过程、智力、自知力等。

6. 个人史

个人史（personal history）指与疾病有关的个人历史。

（1）社会经历：包括出生地、居住地区和居留时间（尤其是疫源地和地方病流行区）、受教育程度、经济生活和业余爱好等。不同传染病有不同潜伏期，应根据考虑的疾病，询问过去某段时间是否去过疫源地。

（2）职业及工作条件：包括工种、劳动环境、对工业毒物的接触情况及时间。

（3）习惯与嗜好：起居与卫生习惯、饮食的规律与质量。烟酒嗜好时间与摄入量，以及其他异嗜物和麻醉药品、毒品等。

（4）有无冶游史，是否患过淋病性尿道炎、尖锐湿疣、下疳等。

7. 婚姻史

婚姻史（marital history）包括未婚或已婚，结婚年龄，配偶健康状况、性生活情况、夫妻关系等。

8. 月经史与生育史

（1）月经史：包括月经初潮的年龄、月经周期和经期天数，经血的量和颜色，经期症状，有无痛经与白带，末次月经日期（last menstrual period），闭经日期和绝经年龄。记录格式如下：

$$\text{初潮年龄}\ \frac{\text{行经期（天）}}{\text{月经周期（天）}}\ \text{末次月经时间或绝经年龄}$$

例如：14岁 $\frac{3\sim5\text{天}}{28\sim30\text{天}}$ 2022年10月8日（或50岁）

（2）生育史：包括妊娠与生育次数，人工或自然流产的次数，有无死产、手术产、围生期感染、计划生育、避孕措施等。对男性患者应询问是否患过影响生育的疾病。

9. 家族史

家族史（family history）包括询问双亲与兄弟、姐妹及子女的健康与疾病情况，特别应询问是否有与患者同样的疾病，有无与遗传有关的疾病，如血友病、白化病、糖尿病、精神病等。对已死亡的直系亲属要问明死因与年龄。某些遗传性疾病还涉及父母双方亲属，必要时可绘出家系图显示详细情况。

（二）问诊的方法与技巧

问诊的方法和技巧与获取病史资料的数量和质量有密切的关系，涉及一般交流技能、资料收集、医患关系、医学知识、仪表礼节，以及提供咨询和教育患者等多个方面。在不同的临床情景，也要根据情况采用相应的方法和某些技巧。

1. 问诊前的准备

（1）医生自身的准备：医生在接诊患者前应注意衣着整洁得体，充满自信，态度和蔼，应主动创造一种宽松和谐的环境以解除患者的不安心情。

（2）尊重患者：在病房问诊时，进入病房前应先敲门。对成年患者应根据其社会

角色使用不同的敬称。注意保护患者隐私，使其能够真实地表述病史，切不可在患者情况不便时强行问诊。

（3）问诊环境的选择：应尽量选择安静、舒适、患者可以坐位或卧位的环境。问诊时医生应面对患者，与患者进行眼神交流。

2. 问诊过程

问诊前应先和患者打招呼，并做自我介绍（佩戴胸牌是很好的自我介绍的一种方式），讲明自己的职责，如“我是张医生，是您的主治医生，想来问问您的病情”。但在门诊随诊，特别是专家门诊复诊时医生往往对患者已熟识，这种环境下自我介绍可略去。

问诊时应首先提出开放性问题，如“您今天为什么来看病？”，请患者自己叙述病情。随后仔细倾听，倾听过程中可点头表示赞同或理解，与患者眼神适当交流可鼓励和安抚患者。尽量不打断患者的叙述，对离题太远的叙述，要礼貌地引导。

在患者叙述过程中医生应随时对所获取的信息去粗取精并整合分析，对未提及的有助于诊断和鉴别诊断的细节进一步提问。对于一些较为含糊的词语，如“经常”“有时”，医生应进一步确认“您所说的经常是指一天/周/月/年发作几次？”如患者用了诊断术语，医生应通过询问当时的症状和检查等以核实资料是否可靠。经常需要核实的资料还有呕血量、体重变化情况、大便和小便量，重要药物如糖皮质激素、抗结核药物和精神药物的使用，饮酒史、吸烟史，以及过敏史等。

如有几个症状同时出现，必须确定其先后顺序。虽然收集资料时，不必严格地按症状出现先后提问，但所获得的资料应足以按时间顺序口述或写出主诉和现病史。例如：2年前，患者首次活动后发生胸痛，于几分钟后消失。1年前，胸痛发作频繁，诊断为心绞痛，口服尼群地平10 mg/次，3次/d，治疗后疼痛消失。患者继续服药至今。2小时前患者胸骨后疼痛再发，1 h前伴出汗、头晕和心悸，胸痛放射至左肩部。如此收集的资料能准确反映疾病的时间发展过程。

问诊结束时医生应对问诊的内容进行小结，如问诊过程有遗漏，此时还可补充提问，也可向患者提问“您的病情我了解了，您还有什么需要补充的吗？”问诊结束后要对患者说“谢谢、再见”。

问诊过程中不正确的提问可能得到错误的信息或遗漏重要的相关资料，因此还应注意以下问题：

避免“开门见山”。如问诊胸闷怀疑冠心病的患者，切忌指着患者的胸前区直接问“您是一干活这里就闷吗？”，而是应该使用开放性提问“您哪里不舒服？”。当问诊基本结束，需采集某些特定信息时，可使用封闭性问题。

切忌“暗示诱导”。如对一位因短暂意识丧失就诊的患者，当患者病史叙述中未提及就诊前的症状时，切忌直接问晕倒前是否心悸，而要问“晕倒前有什么不舒服？”如仍未答是否存在心悸时，可再问“您晕倒前胸部、腹部有什么不舒服吗？”。

切忌“专业术语”。不要直接向患者询问“您以前有冠心病吗”，“冠心病”为专业术语，患者可能认为自己的胸部不适就是“冠心病”，进而回答“是”，但实际上很可能“不是”。此时医生需用患者可准确理解和回答的提问方式询问，如“您干家务

或上3层楼时有什么不舒服吗？”方可获得准确的病史信息。

切忌“重阳性表现，轻阴性表现”。阴性表现与阳性表现同样重要，也应询问并记录，以作为鉴别诊断的重要参考资料。如胸痛患者不伴随反酸、胃灼热等症状，可作为鉴别消化系统疾病所致胸痛的重要依据。

切忌“态度冷漠、傲慢”。问诊时医生要和蔼、耐心，要有“同理心”。在充分了解患者的工作、种族、经济及文化背景的基础上，可以通过一些言语让患者知道你能理解其处境和痛苦，或以言语或肢体语言表示鼓励，使患者放松叙述。患者可能不知如何表达，出现问诊的停顿，医生不要急躁，给患者留有思考问题的时间。

切忌“只听不想”。如对心悸、出汗、消瘦来诊的患者，就诊于心内科，患者反复叙述心悸发作过程，医生不能因患者描述心悸并就诊于心内科就主观判断患者心悸是由心源性疾病所致。医生应全面分析患者所提供的信息，考虑该患者还可能为甲状腺功能亢进所致心悸，并引导患者就甲状腺功能亢进相关的疾病特点继续进行问诊，如“我明白您说的了。另外，我想问问您体重有变化吗？您的饮食有变化吗？”“边听边想”才可能发现导致患者就诊的真正疾病。

3. 重点问诊的方法

重点病史采集（focused history taking）是指针对就诊的最主要或“单个”问题（现病史）来问诊，并收集除现病史以外的其他病史部分中与该问题密切相关的资料。要采集重点病史，要求医生已经深入学习和掌握全面问诊的内容和方法，并具有丰富的病理生理学和疾病的知识，具有病史资料分类和提出诊断假设的能力。需要做这种重点病史采集的临床情况主要是急诊和门诊。

重点病史采集不同于全面的病史采集过程，是以一种较为简洁的形式和调整过的顺序进行的。基于患者表现的问题及其紧急程度，医生应选择对解决该问题所必需的内容进行问诊，但问诊仍须获得主要症状的以下资料：全面的时间演变和发生发展情况，即发生、发展、性质、强度、频度、加重和缓解因素及相关症状等。通常患者的主要症状或主诉提示了需要做重点问诊的内容。随着问诊的进行，医生逐渐形成诊断假设，判断该患者可能是哪些器官系统患病，从而考虑下一步在过去史、个人史、家族史和系统回顾中选择相关内容进行问诊，而医生可以有选择性地省掉对解决本次就诊问题无关的病史内容。

一旦明确现病史的主要问题指向了某（或某些）器官系统，就应重点对该系统的内容进行全面问诊，通过直接提问来收集有关本系统中疑有异常的更进一步的资料，其中阳性症状和阴性症状都应记录下来。例如一个主要症状是呼吸困难的病史，心血管和呼吸系统疾病是其主要的原因，因此，与这些系统和器官相关的其他症状就应包括在问诊之中，如询问有无劳力性呼吸困难、端坐呼吸、夜间阵发性呼吸困难、胸痛、心悸、踝部水肿或有无咳嗽、喘息、咯血、咳痰和发热。还应询问有无哮喘或其他肺部疾病的历史，阳性回答应分类并按恰当的发生时间顺序记录，阴性的回答也应加以分类并记录。这对明确该诊断或做进一步的鉴别诊断很有意义。

采集过去史资料是为了能进一步解释目前的问题或进一步证实诊断假设，如针对目前考虑的受累器官系统询问是否患过疾病或是否做过手术，患者过去是否有过该病

的症状或类似的症状。一般说来，药物（包括处方和非处方药）和过敏史对每位患者都应询问。对育龄期妇女，应询问有无妊娠的可能性。

是否询问家族史、个人史或询问哪些内容，取决于医生的诊断假设。如对于一位气短的患者，应询问有无吸烟史或接触毒物的历史，不管阴性、阳性回答都能提供有用的资料。当然，对每位患者都应询问个人史资料，包括年龄、职业、生活状况、近来的精神状态和体力情况。系统回顾所收集的资料会对先前提出的诊断假设进行支持或修改。

问诊本身就是收集客观资料与医生的主观分析不断相互作用的过程，建立假设、检验假设和修正假设都需要询问者高度的脑力活动。这一过程是对医生的挑战，也会带给医生成就感。较好地完成重点的病史采集以后，医生就有条件选择重点的体格检查内容和项目，体格检查结果将支持、修正或否定病史中建立的诊断假设。

4. 特殊情况的问诊技巧

（1）缄默与忧伤：有时患者缄默不语，可能是由于疾病使患者对治疗丧失信心或感到绝望所致。对此，一方面，医生应注意观察患者的表情、目光和躯体姿势，为可能的诊断提供线索；另一方面，也要以尊重的态度，耐心地向患者表明自己理解其痛苦的心情，并通过言语和恰当的躯体语言给患者以信任感，鼓励其客观地叙述其病史。

（2）焦虑与抑郁：应鼓励焦虑患者讲出其感受，注意其语言的和非语言的各种异常的线索，确定问题性质。给予宽慰和保证应注意分寸，确定表述的方式，以免适得其反，使患者产生抵触情绪。抑郁是最常见的临床问题之一，应予特别重视。如疑及抑郁症，应按精神科要求采集病史和作精神检查。

（3）多话与唠叨：患者不停地讲，医生不易插话及提问，常使采集病史不顺利。对此，应注意采用以下技巧：一是提问应限定在主要问题上；二是根据初步判断，在患者提供不相关的内容时，巧妙地打断；三是让患者稍休息，同时仔细观察患者有无思维奔逸或混乱的情况，如有，应按精神科要求采集病史和作精神检查；四是分次进行问诊、告诉患者问诊的内容及时间限制等，但均应有礼貌、诚恳表述，切勿表现得不耐心而失去患者的信任。

（4）愤怒与敌意：患病和缺乏安全感的人可能表现出愤怒和不满，如果患者认为医务人员举止粗鲁、态度生硬或语言冲撞，更可能使患者愤怒或怀有敌意。无论对以上哪种情况，医生一定不能发怒，应采取坦然、理解、不卑不亢的态度，尽量发现患者发怒的原因并予以说明，注意切勿使其迁怒他人或医院其他部门。

（5）多种症状并存：有的患者多种症状并存，似乎医生问及的所有症状都有，尤其是慢性过程又无侧重时，应注意在其描述的大量症状中抓住关键、把握实质；另外，在注意排除器质性疾病的同时，亦考虑其可能由精神因素引起，必要时可建议其作精神检查。但初学者在判断功能性问题时应特别谨慎。

（6）说谎和对医生不信任：患者有意说谎是少见的，但患者对所患疾病的看法和他的医学知识会影响他对病史的叙述。有的患者求医心切可能夸大某些症状，或害怕面对可能的疾病而淡化甚至隐瞒某些病史。医生应判断和理解这些情况，给予恰当的

解释，避免记录下不可靠不准确的病史资料。

患者常恐惧各种有创性检查、恐惧疾病的后果或将来许多难以预料的情况，会对过去信任的环境也变得不信任。此时，医生不必强行纠正，但若根据观察、询问了解有说谎可能时，应待患者情绪稳定后再询问病史资料。若发现没病装病或怀有其他非医学上的目的有意说谎时，医生应根据医学知识综合判断，予以鉴别。

（7）文化程度低下和语言障碍：文化程度低下一般不妨碍其提供适当的病史，但患者理解力及医学知识贫乏可能影响其回答问题及遵从医嘱。医生问诊时，语言应通俗易懂，减慢提问的速度，注意必要的重复及核实。语言不通者，最好是找到翻译，并请如实翻译。反复地核实很重要。

（8）重危和晚期患者：重危患者需要高度浓缩的病史及体格检查，并可将其同时进行。经初步处理，病情稳定后，可赢得时间，详细询问病史。重症晚期患者可能因治疗无望有拒绝、孤独、违拗、懊丧、抑郁等情绪，应特别关心，引导其作出反应。对诊断、预后等回答应恰当和力求中肯，避免造成伤害，更不要与其他医生的回答发生矛盾。亲切的语言、真诚的关心，对患者都是极大的安慰和鼓励，并有利于获取准确而全面的信息。

（9）残疾患者：残疾患者在接触和提供病史上较其他人更为困难；除了需要更多的同情、关心和耐心之外，需要花更多时间收集病史。

（10）老年人：年龄一般不妨碍提供足够的病史，但因体力、视力、听力的减退，部分患者还有反应缓慢或思维障碍，可能对问诊有一定的影响。应注意采用以下技巧：先用简单清楚、通俗易懂的一般性问题提问；减慢问诊进度，使之有足够时间思索、回忆，必要时做适当的重复；注意患者的反应，判断其是否听懂，有无思维障碍、精神失常，必要时向家属和朋友收集补充病史；耐心仔细进行系统回顾，以便发现重要线索；仔细询问过去史及用药史，个人史中重点询问个人嗜好、生活习惯改变；注意精神状态、外貌言行、与家庭及子女的关系等。

（11）儿童：小儿多不能自述病史，须由家长或保育人员代述。所提供的病史材料是否可靠，与他们观察小儿的能力、接触小儿的密切程度有关，对此应予注意并在病历记录中说明。问病史时应注意态度和蔼，体谅家长因子女患病而引起的焦急心情，认真地对待家长所提供的每个症状。6岁以上的小儿，可让他补充叙述一些有关病情的细节，但应注意其记忆及表达的准确性。有些患儿由于惧怕住院、打针等而不肯实说病情，在与他们交谈时仔细观察并全面分析，有助于判断其可靠性。

（12）精神疾病患者：对有自知力的精神疾病患者，问诊对象是患者本人。对于缺乏自知力的患者，其病史是从患者家属或相关人员中获得。由于家属对病情的了解程度不同，有时家属会提供大量而又杂乱无章的资料，医生应结合医学知识综合分析，归纳整理后记录。对缺乏自知力患者的交谈、询问与观察属于精神检查的内容，但有时所获得的一些资料可以作为其病史的补充。

（王婧婧　钟　宁）

第二节 全身一般体格检查

体格检查（physical examination）是指医生运用自己的感官和借助于简便的检查工具（如体温表、血压计、听诊器、叩诊锤、检眼镜等），客观地了解和评估身体状况的一系列基本的检查方法。医生根据全面体格检查的结果，提出对患者健康状况和疾病状态的临床判断称为检体诊断（physical diagnosis）。许多疾病通过体格检查再结合病史采集就可以作出临床诊断。

通过体格检查所发现的异常征象称为体征（sign）。体征可以在一定程度上反映疾病的病理变化，是疾病诊断和鉴别诊断重要而特异的客观证据，同时也是进一步选择实验室检查和特殊检查项目，以协助诊断的主要依据。

体格检查是在问诊的基础上进行的，不仅进行全面系统检查，还应根据患者的陈述有的放矢、重点深入检查，由此可以获得客观的临床资料作为诊断疾病的重要依据。这些资料或体征，有的是对问诊发现和印象、假设的核实和补充，称为阳性发现；有的并无相关异常，是为阴性结果，由此促使医生寻找进一步诊断疾病的依据。

体格检查的最大特点在于其客观性。这些客观存在的体征，应能在同样条件下被同行重复，因而成为诊断疾病的重要条件。例如，患者有反复发作的呼气性呼吸困难，肺部听诊有弥漫性哮鸣音时，可诊断支气管哮喘；在心尖区触及舒张期震颤和闻及舒张期隆隆样杂音，可明确判断为二尖瓣狭窄。

体格检查的内容、顺序和方法是由先哲们反复实践-认识-再实践-再认识，不断锤炼、总结的经验和规律，形成现代临床医学行医的行规和准则，不容轻易更动和改变。体格检查与问诊一样，都是临床诊断的初阶，由此得出初步的临床诊断。有的疾病病程短，临床表现典型，可由此确定诊断、着手治疗；有的疾病可由此计划进一步检查或诊断性试验，以证实或排除初步诊断；有的疾病可能需通过诊断性治疗，观察治疗反应再予确诊。在临床随访观察中，反复地检查可以发现体征的变化或某些新的体征，由此启迪临床诊断思维，有利于纠正或补充临床诊断，也有利于疾病转归或预后的判断。因此，体格检查是临床诊断的重要手段和必由之路，应予充分重视。

一、体格检查的基本素养及注意事项

体格检查的过程也是医患沟通的过程。和蔼的态度、正确的手法、熟练的技能和良好的互动，无疑对建立良好医患关系极为有帮助。在此过程中，医生还可对患者的一般资料加以核实，进行系统回顾、补充问诊，以及对患者进行教育和提出建议等。因此，即便是医学科学发展到今天，已有多种先进的、精确的辅助检查措施协助临床诊断，体格检查仍是医疗活动不可或缺的诊断手段，和问诊一样，作为临床实践的第一步，其所获得的资料始终对临床诊断具有最为重要的和不可替代的作用。

（一）体格检查的基本素养

1. 严肃认真、一丝不苟

体格检查中各器官系统的检查内容、顺序、方法等都是多年临床实践经验的总结，也是完成健康评估和完整病历记录的依据。体检发现在病历中记录在案还是重要的法律文件。因此必须严肃认真、一丝不苟。

2. 勤学苦练、精益求精

体格检查方法的技艺性很强，医生在检查中一举一动、一招一式，都是职业素养和学术背景的体现。初学者应通过教师传授、录像示范，互动切磋和反复磨炼获得各种手法的“真传”，并不断实践，练就正确、协调、灵活、轻柔的检查技巧，力戒任何走样的或错误的手法。

3. 实事求是、客观记录

客观存在是体格检查的精髓。初学者在检查时必须通过自己的检查和判断，确定发现了什么、正常还是异常、有何临床意义，因此必须如实记录检查中的发现，没有检查到的就应及时补充，不能主观臆造，也不能熟视无睹或视而不见。著名内科学家邓家栋教授在实习时，对一位咯血患者进行心脏检查，发现了心脏舒张期杂音，将其记录下来并汇报给上级医生，尽管开始未得证实，经反复核实，确定了该杂音的存在和变异性，使“左心房黏液瘤”的诊断得以成立，这说明实事求是、客观记录的意义重大。

4. 知行合一、手脑并用

体格检查内容和方法都有其深厚的学理背景，应联系基础知识，深入了解检查的科学含义。在体检中应边查边想，开动脑筋，深入到体征的病理学深度，结合问诊和其他检查，归纳出具有诊断价值的信息，必要时应用特殊的手法技巧，获取更有价值的资料。

总之，要想熟练地进行全面、有序、重点、规范、正确的体格检查，既需要扎实的医学知识，更需要反复的临床实践和丰富的临床经验。体格检查既是诊断疾病的必要步骤，也是临床经验的积累过程，还是与患者交流、沟通、建立良好医患关系的过程。

根据临床情景和目的的不同，体格检查可大致分为全身体格检查和重点体格检查。前者为对住院患者所要求的全面系统的体格检查，检查结果记入住院病历之中；后者主要应用于急诊、门诊和专科疾病的检查。

（二）体格检查的注意事项

1. 以患者为中心，关心、体贴、理解患者，体现高度的责任感和良好的医德修养。
2. 检查室内温度适宜，环境安静，光线适当。
3. 医生一般站在患者右侧，着装整洁，仪表端庄，举止大方，态度诚恳和蔼。
4. 检查前礼貌地向患者介绍自己的身份及进行体格检查的原因、目的和要求，以便取得患者的密切配合。

5. 检查前后医师应洗手或用消毒液擦手，必要时可穿隔离衣，戴口罩和手套，

并做好消毒、隔离工作，以避免交叉感染。

6. 按一定的顺序进行体格检查。通常首先进行生命体征和一般检查，然后检查头、颈、胸、腹、脊柱、四肢和神经系统等，必要时进行生殖器、肛门和直肠检查。养成按顺序检查的习惯，可以避免不必要的体位变动，避免不必要的重复和遗漏。

7. 检查手法规范，注意左右及相邻部位的对比。检查中注意保护患者隐私，依次充分暴露各被检查部位，该部检查完毕即行遮蔽。

8. 体格检查力求系统、全面，同时重点突出。根据病情轻重、避免影响检查结果等因素，也可调整检查内容和顺序，利于及时抢救和处理患者。待病情好转后，进行必要的补充检查。

9. 检查结束应对患者的配合与协作表示感谢，与患者简短交流，说明体检发现，但初学者应注意资料的准确性，掌握沟通的分寸。

10. 检查结果准确判断，如实记录，并应根据病情变化及时进行复查，以利补充和修正诊断。

二、基本检查方法

体格检查的基本检查方法有五种：视诊、触诊、叩诊、听诊、嗅诊。体格检查的过程中医师除运用自己的感官外，常需借助于简便的检查工具（表12-2-1）。

表12-2-1　体格检查常用的工具和物品

必要的		备选的	
体温计	叩诊锤	视力表	裂隙灯
听诊器	检眼镜	纱布	检耳镜
血压计	直尺、卷尺	手套	检鼻镜
压舌板	大头针或别针	润滑油	鹅颈灯
电筒	棉签、记号笔	胶布	音叉128 Hz，12 Hz

（一）视诊

视诊（inspection）是医生用眼睛观察患者全身或局部表现的诊断方法。视诊可用于全身一般状态和许多体征的检查，如年龄、发育、营养、意识状态、面容、表情、体位、姿势和步态等。局部视诊可了解患者身体各部分的改变，如皮肤、黏膜、眼、耳、鼻、口、舌、头颈、胸廓、腹形、肌肉、骨骼和关节外形等。特殊部位的视诊需借助于某些仪器如耳镜、鼻镜、检眼镜及内镜等进行检查。

不同部位的视诊内容和方法不同，但它简便易行，适用范围广，常能提供重要的诊断资料和线索，有时仅用视诊就可明确一些疾病的诊断。但视诊又是一种常被忽略的诊断和检查方法。只有在丰富医学知识和临床经验的基础上才能减少和避免视而不见的现象；只有反复临床实践，才能深入、细致、敏锐地观察；只有将视诊与其他检查方法紧密结合起来，将局部征象与全身表现结合起来，才能发现并确定具有重要诊断意义的临床征象。

（二）触诊

触诊（palpation）是医生通过手接触被检查部位时的感觉进行判断的一种诊断方法。触诊可以进一步检查视诊发现的异常征象，也可以发现视诊所不能明确的体征，如体温、湿度、压痛、波动、震颤、摩擦感以及包块的位置、大小、轮廓、表面性质、硬度、移动度等。触诊的适用范围很广，身体各部位均可采用触诊检查，腹部的触诊尤为重要。

手的感觉以指腹和掌指关节部掌面的皮肤最为敏感，如指腹对于触觉较为敏感，掌指关节部掌面对振动较为敏感，手背皮肤对于温度较为敏感，因此触诊时多用这些部位。触诊时，由于检查的部位和目的不同，施加的压力有轻有重，需要患者采取适当的体位予以配合，因此触诊可分为浅部触诊法和深部触诊法。

1. 浅部触诊法

浅部触诊法（light palpation）适用于体表浅在病变（关节、软组织、浅部动脉、静脉、神经、阴囊、精索等）的检查和评估。腹部浅部触诊可触及的深度约为1 cm。触诊时，将一手放在被检查部位，用掌指关节和腕关节的协同动作以旋转或滑动方式轻压触摸。浅部触诊一般不引起患者痛苦或痛苦较轻，也多不引起肌肉紧张，因此有利于检查腹部有无压痛、抵抗感、搏动、包块和某些肿大脏器等。浅部触诊也常在深部触诊前进行，有利于患者做好接受深部触诊检查的心理准备（图12-2-1）。

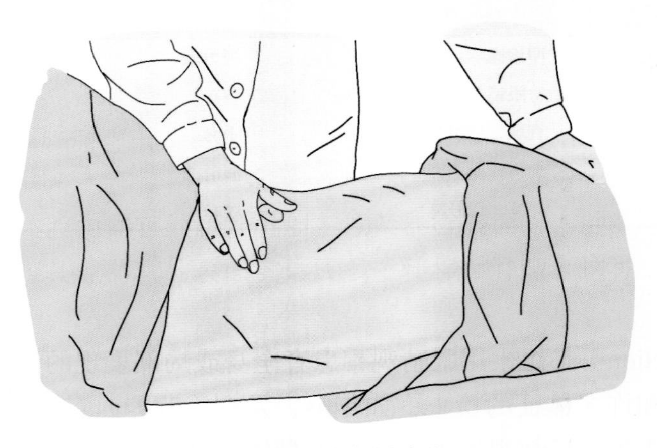

图12-2-1 浅部触诊法

2. 深部触诊法

深部触诊法（deep palpation）检查时可用单手或两手重叠由浅入深，逐渐加压以达到深部触诊的目的。腹部深部触诊法触及的深度常常在2 cm以上，有时可达4～5 cm，主要用于检查和评估腹腔病变和脏器情况（图12-2-2）。根据检查目的和手法不同可分为以下几种。

（1）深部滑行触诊法（deep slipping palpation）：检查时嘱患者张口平静呼吸，或与患者谈话以转移其注意力，尽量使腹肌松弛。医生用右手并拢的二、三、四指平放在腹壁上，以手指末端逐渐触向腹腔的脏器或包块，在被触及的包块上做上下左右滑

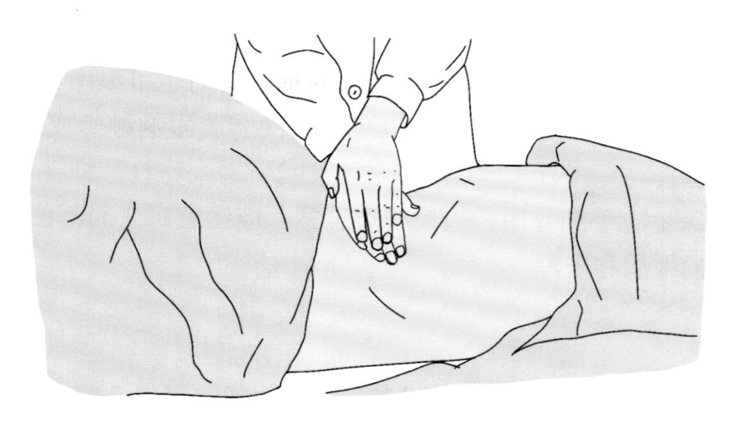

图12-2-2　深部触诊法

动触摸，如为肠管或索条状包块，应向与包块长轴相垂直的方向进行滑动触诊。这种触诊方法常用于腹腔深部包块和胃肠病变的检查。

（2）双手触诊法（bimanual palpation）：将左手掌置于被检查脏器或包块的背后部，右手中间三指并拢平置于腹壁被检查部位，左手掌向右手方向托起，使被检查的脏器或包块位于双手之间，并更接近体表，有利于右手触诊检查。检查时配合好患者的腹式呼吸。双手触诊法用于肝、脾、肾和腹腔肿物的检查。

（3）深压触诊法（deep press palpation）：用一个或两个并拢的手指逐渐深压腹壁被检查部位，用于探测腹腔深在病变的部位或确定腹腔压痛点，如阑尾压痛点、胆囊压痛点、输尿管压痛点等。检查反跳痛时，在手指深压的基础上稍停片刻，2～3秒，迅速将手抬起，并询问患者是否感觉疼痛加重或察看面部是否出现痛苦表情。

（4）冲击触诊法（ballottement）：又称为浮沉触诊法。检查时，右手并拢的示、中、环三个手指取70°～90°角，放置于腹壁拟检查的相应部位，做数次急速而较有力的冲击动作，在冲击腹壁时指端会有腹腔脏器或包块浮沉的感觉。这种方法一般只用于大量腹腔积液时肝、脾及腹腔包块难以触及者。手指急速冲击时，腹腔积液在脏器或包块表面暂时移去，故指端易于触及肿大的肝脾或腹腔包块。冲击触诊会使患者感到不适，操作时应避免用力过猛（图12-2-3）。

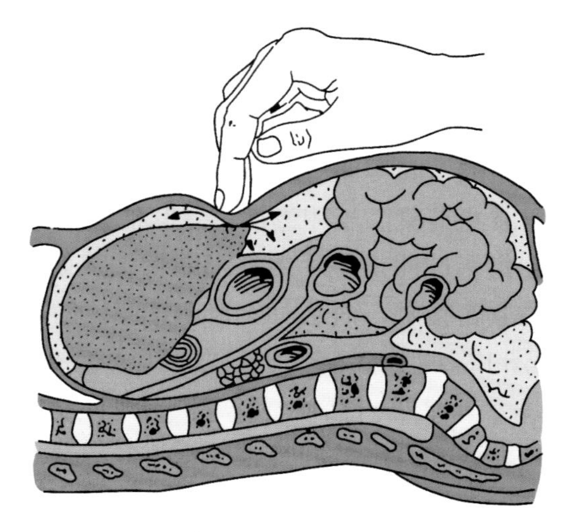

图12-2-3　冲击触诊法

3. 触诊注意事项

（1）检查前医生应向患者讲清触诊的目的，消除患者的紧张情绪，取得患者的密切配合。

（2）医生的手应温暖，手法应轻柔，以免引起肌肉紧张影响检查效果。在检查过程中，应随时观察患者表情。

（3）患者需采取适当体位，以获得满意检查效果。通常取仰卧位，双手置于体侧，双腿稍屈，腹肌尽可能放松。有时检查肝、脾、肾时也可嘱患者取侧卧位。

（4）检查腹部前，应嘱患者排尿，以免充盈的膀胱影响触诊或误认为腹腔包块，有时也需排便后检查。

（5）触诊时医生应手脑并用，边检查边思索。应注意病变的部位、特点、毗邻关系，以明确病变的性质和来源。

（三）叩诊

叩诊（percussion）是医师用手指叩击身体表面某一部位，使之振动而产生音响，根据振动和音响的特点来判断被检查部位的脏器状态及病变性质的一种诊断方法。叩诊通过由手指触觉所获得的感觉以及由听觉所接受的声音的大小和强弱，从而获得器官或组织结构变化的信息。

叩诊在胸、腹部检查尤为重要。叩诊胸壁所产生的振动，能判断深达5～7 cm肺组织的病变。叩诊常用于确定肺尖宽度、肺下界定位、胸膜病变、胸膜腔积液多少或气体有无、肺部病变范围与性质、纵隔宽度、心界大小与形状、肝脾的边界、腹腔积液有无与多少，以及子宫、卵巢是否增大、膀胱有无充盈等情况。另外用手或叩诊锤直接叩击被检查部位，诊察反射情况和有无疼痛反应也属叩诊范畴，如用手直接拍击胸部、腹部、背部，用叩诊锤叩击肌腱、脊椎棘突等。

1. 叩诊方法

（1）直接叩诊法（direct percussion）：医生右手中间三手指并拢，用其掌面直接拍击被检查部位，借助于拍击的反响和指下的振动感来判断病变情况的方法称为直接叩诊法。适用于胸部和腹部范围较广泛的病变，如胸膜粘连或增厚、大量胸腔积液或腹腔积液及气胸等。

（2）间接叩诊法（indirect percussion）：为应用最多的叩诊方法。医生将左手中指第二指节紧贴于叩诊部位，其他手指稍微抬起，勿与体表接触；右手指自然弯曲，用中指指端叩击左手中指末端指关节处或第二节指骨的远端，因为该处易与被检查部位紧密接触，而且对于被检查部位的振动较敏感。叩击方向应与叩诊部位的体表垂直（图12-2-4、12-2-5）。

图12-2-4 间接叩诊法

叩诊时应以腕关节与掌指关节的活动为主，避免肘关节和肩关节参与运动。叩击动作要灵活、短促、富有弹性。叩击后右手中指应立即抬起，以免影响对叩诊音的判断。在同一部位叩诊可连续叩击2～3下，若未获得明确印象，可再连续叩击2～3下。应避免不间断或连续地快速叩击，因为这不利于分辨叩诊音与感知振动。

为了检查患者肝区或肾区有无叩击痛，医生可将左手掌平置于被检查部位，右手握成拳状，并用其尺侧叩击左手手背，询问或观察患者有无疼痛感。

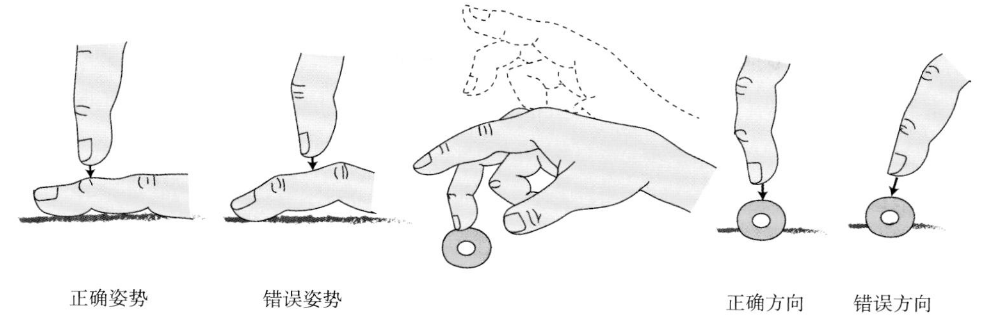

图12-2-5　间接叩诊法正、误示意图

2. 叩诊音

叩诊时被叩击部位产生的反响称为叩诊音(percussion sound)。叩诊音的不同取决于被叩击部位组织或器官的致密度、弹性、含气量及与体表的间距。叩诊音根据音响的频率(高音者调高，低音者调低)、振幅(大者音响强，小者音响弱)和是否乐音(音律和谐)的不同，在临床上分为清音、浊音、鼓音、实音、过清音5种(表12-2-2)。

(1)清音(resonance)：是正常肺部的叩诊音。它是一种频率约为100～128次/s，振动持续时间较长，音响不甚一致的非乐性音。提示肺组织的弹性、含气量、致密度正常。

(2)浊音(dullness)：是一种音调较高，音响较弱，振动持续时间较短的非乐性叩诊音。除音响外，板指所感到的振动也较弱。当叩击被少量含气组织覆盖的实质脏器时产生，如叩击心或肝被肺边缘所覆盖的部分，或在病理状态下如肺炎(肺组织含气量减少)的叩诊音。

(3)鼓音(tympany)：如同击鼓声，是一种和谐的乐音，音响比清音更强，振动持续时间也较长，在叩击含有大量气体的空腔脏器时出现。正常情况下可见于胃泡区和腹部，病理情况下可见于肺内空洞、气胸、气腹等。

(4)实音(flatness)：是一种音调较浊音更高，音响更弱，振动持续时间更短的一种非乐性音，如叩击心和肝等实质脏器所产生的音响。在病理状态下可见于大量胸腔积液或肺实变等。

(5)过清音(hyperresonance)：介于鼓音与清音之间，是属于鼓音范畴的一种变音，音调较清音低，音响较清音强，为一种类乐性音，是正常成人不会出现的一种病态叩击音。临床上常见于肺组织含气量增多、弹性减弱时，如肺气肿。正常儿童可叩出相对过清音。

表12-2-2　叩诊音及其特点

叩诊音	相对强度	相对音调	相对时限	性质	出现部位	病理情况
鼓音	响亮	高	较长	鼓响样	胃泡区和腹部	大量气胸、肺空洞、气腹
过清音	更响亮	更低	更长	回响	正常不出现	肺气肿、肺含气量增加
清音	响亮	低	长	空响	正常肺	支气管炎
浊音	中等	中等	中等	重击声样	心、肝被肺覆盖的部分	大叶性肺炎
实音	弱	高	短	极钝	实质脏器部分	大量胸腔积液、肺实变

3. 叩诊注意事项

（1）环境应安静，以免影响叩诊音的判断。

（2）根据叩诊部位不同，患者应采取适当体位，如叩诊胸部时，可取坐位或卧位；叩诊腹部时常取仰卧位；确定有无少量腹腔积液时，可嘱患者取肘膝位。

（3）叩诊时应注意对称部位的比较与鉴别。

（4）叩诊时不仅要注意叩诊音响的变化，还要注意不同病灶的振动感差异，两者应相互配合。

（5）叩诊操作应规范，用力要均匀适当。叩诊力量应视不同的检查部位、病变组织性质、范围大小或位置深浅等情况而定，一般可达到的深度为5～7 cm。病灶或检查部位范围小或位置浅，宜采取轻（弱）叩诊，如确定心、肝相对浊音界及叩诊脾界时；当被检查部位范围比较大或位置比较深时，则需要用中度力量叩诊，如确定心、肝绝对浊音界；若病灶位置距体表达7 cm左右时则需用重（强）叩诊。

（四）听诊

听诊（auscultation）是医生根据患者身体各部分活动时发出的声音判断正常与否的一种诊断方法。广义的听诊包括听身体各部分所发出的任何声音，如语声、呼吸声、咳嗽声和呃逆、嗳气、呻吟、啼哭、呼叫发出的声音以及肠鸣音、关节活动音及骨擦音，这些声音有时可对临床诊断提供有用的线索。

1. 听诊方法

（1）直接听诊法（direct auscultation）：医生将耳直接贴附于被检查者的体壁上进行听诊，这种方法所能听到的体内声音很弱，目前也只有在某些特殊和紧急情况下才会采用。

（2）间接听诊法（indirect auscultation）：用听诊器（stethoscope）进行听诊的一种检查方法。因听诊器对器官活动的声音有一定的放大作用，且能阻断环境中的噪声，因此应用范围广，除用于心、肺、腹的听诊外，还可以听取身体其他部位发出的声音，如血管音、皮下气肿音、肌束颤动音、关节活动音和骨折面摩擦音等。

2. 听诊注意事项

（1）听诊环境要安静，避免干扰；要温暖、避风以免患者由于肌束颤动而出现的附加音。

（2）切忌隔着衣服听诊，听诊器体件应直接接触皮肤以获取确切的听诊结果。为防止听诊器体件过凉，接触皮肤前应用手测试其温度，过凉时可用手摩擦捂热体件。

（3）应根据病情和听诊的需要，嘱患者采取适当的体位。

（4）要正确使用听诊器。听诊器通常由耳件、体件和软管三部分组成，其长度应与医生手臂长度相适应。听诊前注意检查耳件方向向前，佩戴后并适当调整其角度，检查硬管和软管管腔是否通畅。体件有钟型和膜型两种类型，钟型体件适用于听取低调声音，如二尖瓣狭窄的隆隆样舒张期杂音，使用时应轻触体表被检查部位，但应注意避免体件与皮肤摩擦而产生的附加音；膜型体件适用于听取高调声音，如主动脉瓣关闭不全的杂音及呼吸音、肠鸣音等，使用时应紧触体表被检查部位。

（5）听诊时注意力要集中，听肺部时要摒除心音的干扰，听心音时要摒除呼吸音的干扰，必要时嘱患者控制呼吸配合听诊。

用听诊器进行听诊是许多疾病，尤其是心肺疾病诊断的重要手段，也是体格检查基本方法中的重点和难点，必须要勤学苦练、仔细体会、反复实践、善于比较，才能达到切实掌握和熟练应用的目的。

（五）嗅诊

嗅诊（olfactory examination）是通过嗅觉来判断发自患者的异常气味与疾病之间关系的一种方法。来自患者皮肤、黏膜、呼吸道、胃肠道、呕吐物、排泄物、分泌物、脓液和血液等的气味，根据疾病的不同，其特点和性质也不一样。

正常汗液无特殊强烈刺激气味。酸性汗液见于风湿热和长期服用水杨酸、阿司匹林等解热镇痛药物的患者；特殊的狐臭味见于腋臭等患者，由于腋窝的皮脂腺分泌的皮脂经细菌的作用，散发出特殊的狐臭味。

正常痰液无特殊气味，若呈恶臭味，提示厌氧菌感染，见于支气管扩张症或肺脓肿；恶臭的脓液可见于气性坏疽。痰液呈现血腥味多见于大量咯血。呼吸呈刺激性蒜味见于有机磷杀虫药中毒；烂苹果味见于糖尿病酮症酸中毒，糖尿病病情严重时，大量脂肪在肝脏里氧化而产生酮体，并扩散到血液中，致使呼出的气息中带有丙酮，呼出的气体就会带有烂苹果味。氨味见于尿毒症；肝腥味见于肝性脑病，由于甲基硫醇和二甲基二硫化物不能被肝脏代谢，在体内潴留散发出的一种特殊气味。

口臭为口腔发出难闻气味，一般见于口腔炎症、胃炎等消化道疾病。

呕吐物呈酸味提示食物在胃内滞留时间长而发酵，常见于幽门梗阻或者贲门失弛缓症的患者；呕吐物出现粪便味可见于长期剧烈呕吐或肠梗阻患者；呕吐物杂有脓液并有令人恶心的烂苹果味，可见于胃坏疽。

粪便具有腐败性臭味见于消化不良或胰腺功能不良者；腥臭味粪便见于细菌性痢疾；肝腥味粪便见于阿米巴性痢疾。

尿呈浓烈氨味见于膀胱炎，由尿液在膀胱内被细菌发酵所致。

临床工作中，嗅诊可迅速提供具有重要意义的诊断线索，但必须要结合其他检查才能做出正确的诊断。

三、一般检查

一般检查是对患者全身状态的概括性观察，为整个体格检查过程中的第一步。以视诊为主，配合触诊、听诊和嗅诊进行检查。

（一）全身状态检查

1. 性别

在正常人性征很明显。性征的正常发育，在女性与雌激素和雄激素有关，在男性仅与雄激素有关。女性受雄激素的影响出现大阴唇与阴蒂的发育，腋毛、阴毛生长，可出现痤疮；受雌激素的影响出现乳房、女阴、子宫及卵巢的发育。男性受雄激素的

影响出现睾丸、阴茎的发育，腋毛多，阴毛呈菱形分布，声音低而洪亮，皮脂腺分泌多，可出现痤疮。疾病的发生与性别有一定的关系，某些疾病可引起性征发生改变。

2. 年龄

年龄的增长会使机体出现生长发育、成熟、衰老等一系列改变。年龄与疾病的发生及预后有密切的关系，如佝偻病、麻疹、白喉等多发生于幼儿及儿童；结核病、风湿热多发生于少年与青年；动脉硬化性疾病、某些癌肿多发生于老年。年龄大小一般通过问诊即可得知，但在某些情况下，如昏迷、死亡或隐瞒年龄时则需通过观察进行判断，其方法是通过观察皮肤的弹性与光泽、肌肉的状态、毛发的颜色和分布、面与颈部皮肤的皱纹、牙齿的状态等进行大体上的判断。

3. 生命体征

生命体征（vital sign）是评价生命活动存在与否及其质量的指标，包括体温、脉搏、呼吸和血压，为体格检查时必须检查的项目之一。

（1）体温：生理情况下，体温（temperature）会有一定的波动。清晨体温略低，下午略高，24小时内波动幅度一般不超过1℃；运动或进食后体温略高；老年人体温略低；月经期前或妊娠期妇女体温略高。体温高于正常见于发热和过热，体温低于正常见于休克、严重营养不良、甲状腺功能减退、低血糖昏迷等情况。

体温测量方法要规范，体温测定的结果应按时记录于体温记录单上，描绘出体温曲线。多数发热性疾病，其体温曲线的变化具有一定的规律性，称为热型。

测量体温的常规方法有腋测法、口测法和肛测法，近年来还出现了耳测法和额测法。所用体温计有水银体温计、电子体温计和红外线体温计。①腋测法：将体温计头端置于患者腋窝深处，嘱患者用上臂将体温计夹紧，10分钟后读数。正常值36～37℃。使用该法时，注意腋窝处应无致热或降温物品，并应将腋窝汗液擦干，以免影响测定结果。该法简便、安全，且不易发生交叉感染，为最常用的体温测定方法。②口测法：将消毒后的体温计头端置于患者舌下，让其紧闭口唇，5分钟后读数。正常值为36.3～37.2℃。使用该法时应嘱患者不用口腔呼吸，测量前10分钟内禁饮热水和冰水，以免影响测量结果。该法结果较为准确，但不能用于婴幼儿及神志不清者。③肛测法：让患者取侧卧位，将肛门体温计头端涂以润滑剂后，徐徐插入肛门内达体温计长度的一半为止，5分钟后读数。正常值为36.5～37.7℃。肛测法一般较口测法读数高0.2～0.5℃。该法测值稳定，多用于婴幼儿及神志不清者。④耳测法：是应用红外线耳式体温计测量鼓膜的温度，此法多用于婴幼儿。⑤额测法：是应用红外线测温计测量额头皮肤温度，此法仅用于体温筛查。

临床上有时出现体温测量结果与患者的全身状态不一致，应对其原因进行分析，以免导致诊断和处理上的错误。体温测量误差的常见原因有以下几个方面：测量前未将体温计的汞柱甩到35℃以下，致使测量结果高于实际体温；采用腋测法时，由于患者明显消瘦、病情危重或神志不清而不能将体温计夹紧，致使测量结果低于实际体温；检测局部存在冷热物品或刺激时，可对测定结果造成影响，如用温水漱口、局部放置冰袋或热水袋等。

（2）脉搏：脉搏（pulse）的检查通常是以触诊法检查桡动脉搏动情况，也可以检

查颞动脉、颈动脉、肱动脉、股动脉和足背动脉等，应注意其频率、节律、强弱以及呼吸对它的影响。检查方法：将一手示、中、环三指并拢，并将其指腹平置于桡动脉近手腕处，以适当压力触摸桡动脉搏动，至少30秒，记录每分钟搏动次数。检查时需注意两侧脉搏的对比，正常人两侧脉搏差异很小，不易察觉。若脉搏不规则应延长触诊时间。必要时也可用脉搏计或监护仪来显示脉搏波形、频率、节律等的变化。

脉率可因年龄、性别、活动、情绪状态等不同而有所波动。正常成人在安静、清醒状态下脉率为60～100次/min，平均72次/min，老年人偏慢，女性稍快，儿童较快，小于3岁的儿童多达100次/min以上；睡眠时较慢，餐后活动和情绪激动等情况下较快。某些疾病时，两侧脉搏明显不同，如缩窄性大动脉炎或无脉症；某些心律失常如心房颤动或频发期前收缩时，由于部分心脏收缩的搏出量低，不足以引起周围动脉搏动，故脉率可少于心率。

（3）呼吸：呼吸（respiration）的检查应注意呼吸类型、频率、深度、节律以及有无其他异常现象。由于呼吸易受主观因素的影响，在检查呼吸时切勿对患者有任何暗示。检查方法：医生在检查脉搏结束后，手指仍应置于桡动脉处，但应观察患者胸廓或腹部随呼吸而出现的活动情况，一般情况下应计数1分钟。

（4）血压：血压（blood pressure，BP）通常指体循环动脉血压，分为收缩压（systolic blood pressure，SBP）和舒张压（diastolic blood pressure，DBP），收缩压和舒张压之差称为脉压（pulse pressure，PP），舒张压加1/3脉压为平均动脉压。

血压测量有两种方法，即直接测量法和间接测量法。直接测量法即经皮穿刺将导管送至周围动脉内（如桡动脉、肱动脉或股动脉），导管末端经换能器与压力监测仪相连，可自动显示血压值。此法虽然精确、实时，但需要专用设备，技术要求较高且有一定创伤，故仅用于危重和手术患者。间接测量法即袖带加压法，以血压计测量。血压计有水银柱式、弹簧式（表式）和电子血压计。此法的优点是无创伤、简便易行、不需要特殊设备，适用于任何患者。但因易受周围动脉舒缩及其他因素的影响，检查时应注意规范操作。

① 使用水银柱血压计测量上臂肱动脉部位血压的具体操作规程和要求：首先选择符合计量标准、定期校准的水银柱血压计；气囊袖带大小合适，大多数成年人使用标准规格袖带，肥胖者或臂围大者宜用大规格气囊袖带，儿童应用小规格气囊袖带；被检查者测血压前30分钟内禁止吸烟或饮用咖啡等兴奋或刺激物，排空膀胱，在安静环境下休息5～10 min。

操作时让被检查者取坐位或仰卧位，被测上肢裸露、伸开并轻度外展，肌肉放松，手掌向上，肘部和血压计应与心脏同一水平（坐位时应平第四肋软骨；仰卧位时平腋中线）。将血压计袖带紧贴皮肤平整缚于上臂，袖带内气囊的中部应位于肱动脉表面，袖带下缘应距肘窝横纹以上2～3 cm；将膜型体件置于肘窝部、肱二头肌肌腱内侧的肱动脉搏动处。

将血压计水银柱开关打开，水银柱凸面水平应在零位。然后旋紧与气囊相连的气球充气旋钮，快速向气囊内充气，同时听诊肱动脉搏动音，观察水银柱上升高度，当气囊内压力达到肱动脉搏动音消失后，再升高水银柱30 mmHg，随即松开气球上的充

气旋钮使气囊以恒定的速率缓慢放气（下降速度2～6 mmHg/s）。按柯氏（Korotkoff）5期法，在放气过程中水银柱缓慢下降时，平视汞柱表面，仔细听取柯氏音。首次听到的响亮拍击声（肱动脉搏动声响）时水银柱凸面所示数值为收缩压（第1期），随着水银柱下降，拍击声有所减弱和带有柔和吹风样杂音（第2期），当压力进一步降低而动脉血流量增加后这些声音被较响的杂音所代替（第3期），然后声音突然减弱而低沉（第4期），最终声音消失时水银柱所示数值为舒张压（第5期）。获得舒张压读数后，快速放气至零。12岁以下儿童、妊娠妇女、严重贫血、甲状腺功能亢进、主动脉瓣关闭不全及柯氏音不消失者，可以柯氏音第4期（变音）为舒张压。

用同样的方法测血压至少2次，间隔1～2分钟，如收缩压或舒张压两次读数相差5 mmHg以上，应再次测量，以3次读数的平均值作为测量结果并记录。使用水银柱血压计测压读取血压数值时，末位数值只能为0、2、4、6、8，不能出现1、3、5、7、9。血压测量完毕后将气囊排气，卷好袖带并平整地置于血压计中，然后使玻璃管中水银完全进入水银槽后，关闭水银柱开关和血压计。

② 测量血压的注意事项：测量血压应使用适当大小的气囊袖带，气囊太短或太窄易致血压读数偏高，反之，结果偏低。血压测量的步骤要准确，测量血压的同时应测定脉率。测量血压时嘱被检查者不要屏住呼吸，因为屏气可使血压升高。血压可随季节、昼夜、环境、情绪等影响而有较大波动，有时相差甚大，因此连续观察血压升高幅度、波动范围、变化趋势才有较大临床意义。

部分被检查者偶尔可出现“听音间隙”（在收缩压与舒张压之间出现的无声间隔），这种现象可能因未识别而导致低估收缩压，主要见于重度高血压或主动脉瓣狭窄等。因此，需注意在向袖带内充气时，当肱动脉搏动声消失后，再升高30 mmHg，一般能防止此误差。重复测量血压时应将袖带完全放气1～2分钟后再测或放气后嘱被检查者高举上臂以减轻静脉充血，这样可避免“听音间隙”所导致的误差。

首诊时应测量双上臂血压，以后通常测量较高读数一侧的上臂血压，必要时测量立、卧位血压和四肢血压。老年人、糖尿病患者及出现直立性低血压情况者，应加测站立位血压。站立位血压应在卧位改为站立位后1～5分钟时测量，血压计仍应与心脏在同一水平。

③ 血压参考值：流行病学研究证实，健康人的血压随性别、种族、职业、生理情况和环境条件的不同而稍有差异。新生儿的血压平均为50～60/30～40 mmHg；成年人的血压平均为90～130/60～85 mmHg，脉压为30～40 mmHg。收缩压随着年龄的增长呈线性升高，舒张压较平缓地升高，55岁后进入平台期，在60岁左右缓慢下降，同时脉压逐渐增大。成年人中，男性血压较女性稍高，但老年人血压的性别差异很小。健康人卧位所测得的血压较坐位时稍低；活动、进食、饮茶、吸烟、饮酒、情绪激动或精神紧张时，血压可上升，且以收缩压上升为主，对舒张压影响较小。由于影响血压的因素较多，因此不能轻率地依据一次测量血压的结果判定其正常与否，应该根据不同的场合下多次血压测量的结果加以判断。

4. 发育

发育（development）应通过患者年龄、智力和体格成长状态（包括身高、体重及第二性征）之间的关系进行综合评价。发育正常者，其年龄、智力与体格的成长状态处于均衡一致。

成年人发育正常的指标包括：头部的长度为身高的1/8～1/7；胸围为身高的1/2；双上肢展开后，左右指端的距离与身高基本一致；坐高等于下肢的长度。正常人各年龄组的身高与体重之间存在一定的对应关系。

机体的发育受种族遗传、内分泌、营养代谢、生活条件及体育锻炼等多种因素的影响。临床上的病态发育与内分泌的改变密切相关。在青春期前，如出现腺垂体功能亢进，可致体格异常高大称为巨人症（gigantism）；如发生垂体功能减退，可致体格异常矮小称为垂体性侏儒症（pituitary dwarfism）。甲状腺对体格发育也有很大影响，在新生儿期，如发生甲状腺功能减退，可导致体格矮小和智力低下，称为呆小病（cretinism）。

性激素决定第二性征的发育，当性激素分泌受损，可导致第二性征的改变。男性患者表现为上、下肢过长，骨盆宽大，无胡须、毛发稀少，皮下脂肪丰满，外生殖器发育不良，发音女声；女性患者出现乳房发育不良、闭经、体格男性化、多毛、皮下脂肪减少、发音男声。性激素对体格亦具有一定的影响，性早熟儿童，患病初期可较同龄儿童体格发育快，但常因骨骺过早闭合限制其后期的体格发育。

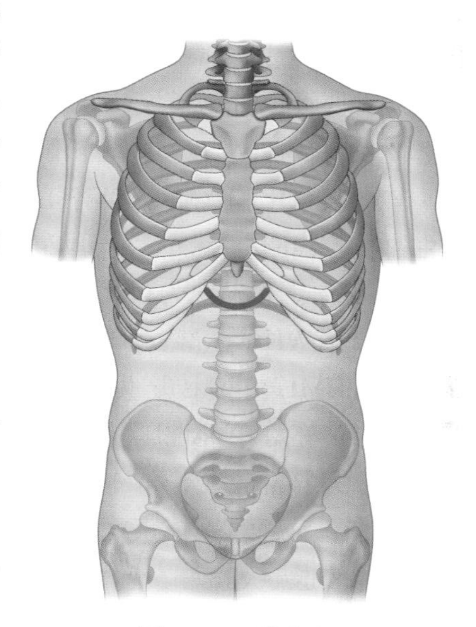

图12-2-6　腹上角

5. 体型（**habitus**）

体型是身体各部发育的外观表现，包括骨骼、肌肉的生长与脂肪分布的状态等。成年人的体型可分为以下3种。

（1）无力型：亦称瘦长型，表现为体高肌瘦、颈细长、肩窄下垂、胸廓扁平、腹上角小于90°（两侧肋弓与剑胸结合共同形成的向下开放的角，图12-2-6）。

（2）正力型：亦称匀称型，表现为身体各个部分结构匀称适中，腹上角90°左右，见于多数正常成年人。

（3）超力型：亦称矮胖型，表现为体格粗壮、颈粗短、面红、肩宽平、胸围大、腹上角大于90°。病态异常体型常见的有矮小型（垂体性侏儒症、呆小病、性早熟等导致）以及高大型（巨人症、肢端肥大症等导致）。

6. 营养状态

营养状态（state of nutrition）与食物的摄入、消化、吸收和代谢等因素密切相关，其好坏可作为鉴定健康和疾病程度的标准之一。尽管营养状态与多种因素有关，但对营养状态异常通常采用肥胖和消瘦进行描述。

营养状态通常根据皮肤、毛发、皮下脂肪、肌肉的发育情况进行综合判断。最简便而迅速的方法是观察皮下脂肪充实的程度，尽管脂肪的分布存在个体差异，男女亦

各有不同，但前臂屈侧或上臂背侧下1/3处脂肪分布的个体差异最小，为判断脂肪充实程度最方便和最适宜的部位。此外，在一定时间内监测体重的变化亦可反映机体的营养状态。

临床上通常用良好、中等、不良三个等级对营养状态进行描述。

（1）良好：黏膜红润、皮肤光泽、弹性良好，皮下脂肪丰满而有弹性，肌肉结实，指甲、毛发润泽，肋间隙及锁骨上窝深浅适中，肩胛部和股部肌肉丰满。

（2）不良：皮肤黏膜干燥、弹性降低，皮下脂肪菲薄，肌肉松弛无力，指甲粗糙无光泽、毛发稀疏，肋间隙、锁骨上窝凹陷，肩胛骨和髂骨嶙峋突出。

（3）中等：介于两者之间。

临床上常见的营养状态异常包括营养不良和营养过度两个方面。营养不良的原因是患者摄食不足和（或）消耗增多，多见于长期或严重的疾病。世界卫生组织（WHO）根据身体质量指数（body mass index，BMI）进行判定，BMI＜18.5 kg/m^2 为消瘦。BMI的计算公式为：BMI＝体重÷身高^2（体重单位：kg，身高单位：m）。极度消瘦者称为恶病质（cachexia）。引起营养不良的常见原因有以下几个方面：①摄食障碍：多见于食管、胃肠道疾病，神经系统及肝、肾等疾病引起的严重恶心、呕吐等；②消化吸收障碍：见于胃、肠、胰腺、肝脏及胆道疾病引起消化液或酶的合成和分泌减少，影响消化和吸收；③消耗增多：见于慢性消耗性疾病，如长期活动性肺结核、恶性肿瘤、代谢性疾病、内分泌疾病等，出现糖、脂肪和蛋白质的消耗过多。

营养过度表现为患者体内脂肪积聚过多，体重增加。超过标准体重的20%为肥胖。根据WHO标准，BMI≥30 kg/m^2为肥胖；基于国人体格，我国肥胖专家推荐标准改为BMI≥28 kg/m^2为肥胖。按其病因可将肥胖分为原发性和继发性两种。①原发性肥胖：亦称单纯性肥胖，为摄入热量过多所致，表现为全身脂肪分布均匀，身体各个部位无异常改变，常有一定的遗传倾向；②继发性肥胖：主要为某些内分泌疾病所致，如下丘脑、垂体疾病、库欣综合征（cushing syndrome）、甲状腺功能减退症、性腺功能减退症等。

7. 意识状态

意识（consciousness）是指人对环境和自身状态的认知与觉察能力，是大脑高级神经中枢功能活动的综合表现。正常人意识清晰，定向力正常，反应敏锐精确，思维和情感活动正常，语言流畅、准确，表达能力良好。凡能影响大脑功能活动的疾病均可引起程度不等的意识改变，称为意识障碍。患者可出现兴奋不安、思维紊乱、语言表达能力减退或失常、情感活动异常、无意识动作增加等。根据意识障碍的程度可将其分为嗜睡、意识模糊、昏睡、谵妄以及昏迷。

判断患者意识状态多采用问诊，通过交谈了解患者的思维、反应、情感、计算及定向力等方面的情况。对于较为严重者，尚应进行痛觉试验、瞳孔反射等检查，以确定患者意识障碍的程度。

8. 语调与语态

语调（tone）指言语过程中的音调。神经和发音器官的病变可使音调发生改变，如喉部炎症、结核和肿瘤可引起声音嘶哑，脑血管意外可引起音调变浊和发音困难，

喉返神经麻痹可引起音调降低和语言共鸣消失。语态（voice）指言语过程中的节奏。语态异常指语言节奏紊乱，出现语言不畅，快慢不均，音节不清，见于帕金森病、舞蹈症、手足徐动症及口吃等。某些口腔或鼻腔病变（如扁桃体周围脓肿、舌部溃疡、舌体肥大、肿瘤等），均可引起语调、语态改变。

9. 面容与表情

面容（facial features）是指面部呈现的状态；表情（expression）是在面部或姿态上思想情的表现。健康人表情自然，神态安怡。患病后因病痛困扰，常出现痛苦、忧虑或疲惫的面容与表情。某些疾病发展到一定程度时，尚可出现特征性的面容与表情，对疾病的诊断具有重要价值。临床上常见的典型面容改变有以下几种。

（1）急性病容：面色潮红，兴奋不安，鼻翼扇动，口唇疱疹，表情痛苦。多见于急性感染性疾病，如肺炎链球菌肺炎、疟疾、流行性脑脊髓膜炎等。

（2）慢性病容：面容憔悴，面色晦暗或苍白无华，目光暗淡、表情忧虑。见于慢性消耗性疾病，如恶性肿瘤、肝硬化、严重结核病等。

（3）贫血面容：面色苍白，唇舌色淡，表情疲惫。见于各种原因所致的贫血。

（4）肝病面容：面色晦暗，额部、鼻背、双颊有褐色色素沉着。见于慢性肝脏疾病。

（5）肾病面容：面色苍白，眼睑、颜面水肿，舌色淡、舌缘有齿痕。见于慢性肾脏疾病。

（6）甲状腺功能亢进面容：面容惊愕，睑裂增宽，眼球突出，目光炯炯，兴奋不安，烦躁易怒。见于甲状腺功能亢进症（图12-2-7）。

（7）二尖瓣面容：面色晦暗、双颊紫红、口唇轻度发绀。见于风湿性心瓣膜病二尖瓣狭窄（图12-2-8）。

（8）黏液性水肿面容：面色苍黄，颜面水肿，睑厚面宽，目光呆滞，反应迟钝，眉毛、头发稀疏，舌色淡、肥大。见于甲状腺功能减退症（图12-2-9）。

（9）满月面容：面圆如满月，皮肤发红，常伴痤疮和胡须生长。见于库欣综合征及长期应用糖皮质激素者（图12-2-10）。

图12-2-7　甲状腺功能亢进面容

图12-2-8　二尖瓣面容

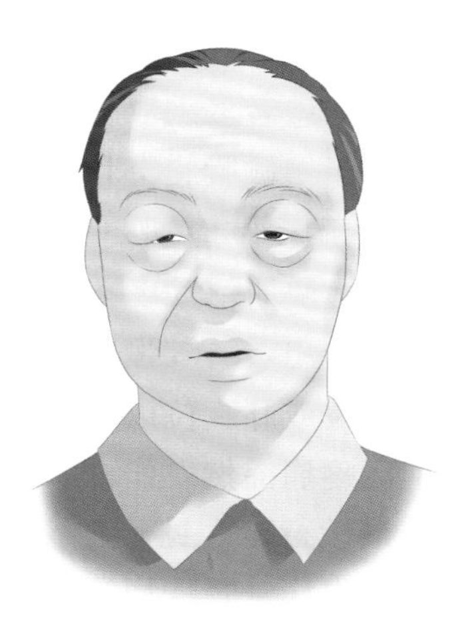

图12-2-9　黏液性水肿面容

（10）肢端肥大症面容：头颅增大，面部变长，下颌增大、向前突出，眉弓及两颧起，唇舌肥厚，耳鼻增大。见于肢端肥大症（图12-2-11）。

图12-2-10　满月面容

图12-2-11　肢端肥大症面容

（11）伤寒面容：表情淡漠，反应迟钝呈无欲状态。见于肠伤寒、脑脊髓膜炎、脑炎等高热衰竭患者。

（12）苦笑面容：牙关紧闭，面肌痉挛，呈苦笑状。见于破伤风。

（13）面具面容：面部呆板、无表情，似面具样。见于帕金森病、脑炎等。

10. 体位

体位（position）是指患者身体所处的状态。体位的改变对某些疾病的诊断具有一定的意义。正常人、轻症和疾病早期患者的身体活动自如，不受限制，称为自主体位（active position）；极度衰竭或意识丧失的患者不能自己调整或变换身体的位置，称为被动体位（passive position）。临床上患者为减轻痛苦，被迫采取的某种特殊体位称为强迫体位（compulsive position）。常见的强迫体位可分为以下几种：①强迫仰卧位：患者仰卧，双腿蜷曲，借以减轻腹部肌肉的紧张程度，见于急性腹膜炎等；②强迫俯卧位：俯卧位可减轻脊背肌肉的紧张程度，见于脊柱疾病；③强迫侧卧位：有胸膜疾病的患者多采取患侧卧位，可限制患侧胸廓活动而减轻疼痛和有利于健侧代偿呼吸，见于一侧胸膜炎和大量胸腔积液患者；④强迫坐位：亦称端坐呼吸（orthopnea），患者坐于床沿上，以两手置于膝盖或扶持床边，该体位便于辅助呼吸肌参与呼吸运动，加大膈肌活动度，增加肺通气量，并减少回心血量和减轻心脏负担，见于心、肺功能不全患者；⑤强迫蹲位：患者在活动过程中，因呼吸困难和心悸而停止活动并采用蹲踞位或膝胸位以缓解症状，见于先天性发绀型心脏病；⑥强迫停立位：在步行时心前区疼痛突然发作，患者常被迫立刻站住，并以右手按抚心前部位，待症状稍缓解后才继续行走，见于心绞痛；⑦辗转体位：患者辗转反侧，坐卧不安，见于胆石症、胆道蛔虫病、肾绞痛等；⑧角弓反张位：患者颈及脊背肌肉强直，出现头向后仰，胸腹前凸，背过伸，躯干呈弓形，见于破伤风及小儿脑膜炎。

11. 姿势

姿势（posture）是指举止的状态。健康成年人躯干端正，肢体活动灵活适度。正常的姿势主要依靠骨骼结构和各部分肌肉的紧张度来保持，但亦受机体健康状况及精神状态的影响，如疲劳和情绪低沉时可出现肩垂、弯背、拖拉蹒跚的步态。患者因疾病的影响，可出现姿势的改变。颈部活动受限提示颈椎疾病；充血性心力衰竭患者多愿采取坐位；腹部疼痛时可有躯干制动或弯曲，胃、十二指肠溃疡或胃肠痉挛性疼痛发作时，患者常捧腹而行。

12. 步态

步态（gait）指走动时所表现的姿态。健康人的步态因年龄、机体状态和所受训练的影响而有不同表现，如小儿喜急行或小跑，青壮年矫健快速，老年人则常为小步慢行。当患某些疾病时可导致步态发生显著改变，并具有一定的特征性，有助于疾病的诊断。常见的典型异常步态有以下几种。

（1）蹒跚步态（waddling gait）：走路时身体左右摇摆似鸭行。见于佝偻病、大骨节病、进行性肌营养不良或先天性双侧髋关节脱位等。

（2）醉酒步态（drunken man gait）：行走时躯干重心不稳，步态紊乱不准确如醉酒状。见于小脑疾病、乙醇及巴比妥中毒。

（3）共济失调步态（ataxic gait）：步态不稳，起步时一脚高抬，骤然垂落，且双目向下注视，两脚间距很宽，以防身体倾斜；闭目时则不能保持平衡，暗处行走困难。见于脊髓病变患者。

（4）慌张步态（festinating gait）：起步困难，起步后小步急速趋行，双脚擦地，身体前倾，越走越快，难以止步之势；双上肢缺乏摆动。见于帕金森病患者（图12-2-12）。

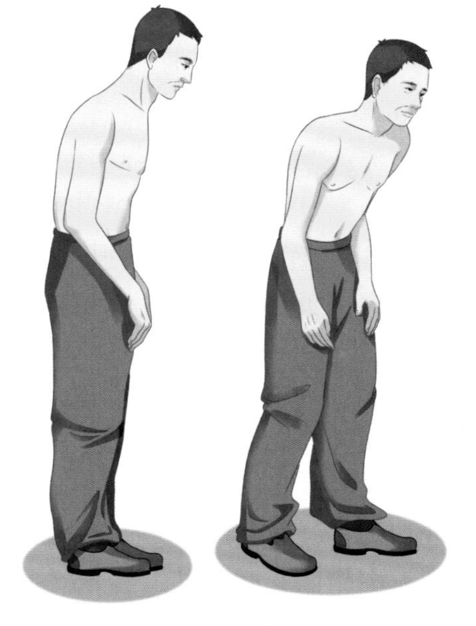

图12-2-12 慌张步态

（5）跨阈步态（steppage gait）：由于踝部肌腱、肌肉弛缓，患足下垂，行走时必须抬高下肢才能起步。见于腓总神经麻痹（图12-2-13）。

（6）剪刀步态（scissors gait）：由于双下肢肌张力增高，尤以伸肌和内收肌张力增高明显，移步时下肢内收过度，两腿交叉呈剪刀状。见于脑性瘫痪与截瘫患者。

（7）间歇性跛行（intermittent claudication）：步行中，因下肢突发性酸痛乏力，患者被迫停止行进，需稍休息后方能继续行进。见于高血压、动脉硬化患者。

（二）皮肤

许多疾病在病程中伴随着多种皮肤病变和反应。皮肤的病变和反应有的是局部的，有的是全身的。皮肤病变除颜色改变外，亦可为湿度、弹性的改变，以及出现皮疹、出血点、紫癜、水肿及瘢痕等。皮肤病变的检查一般通过视诊观察，有时尚需配合触诊。

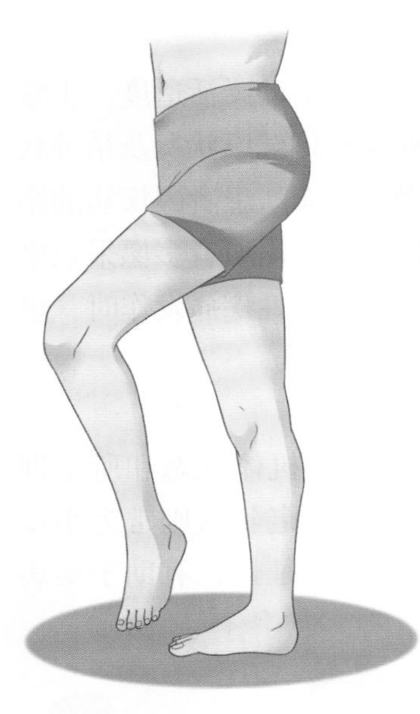

图12-2-13 跨阈步态

1. 颜色

皮肤的颜色（skin color）与种族遗传有关，同一种族可因毛细血管的分布、血液的充盈度、色素量的多少、皮下脂肪的厚薄不同而异，同一个人不同部位、不同生理及疾病状态、不同环境下也不相同。

（1）苍白（pallor）：皮肤苍白可由贫血、末梢毛细血管痉挛或充盈不足所致，如寒冷、惊恐、休克、虚脱以及主动脉瓣关闭不全等。检查时，应观察甲床、掌纹、结膜、口腔黏膜及舌质颜色为宜。若仅出现肢端苍白，可能与肢体动脉痉挛或阻塞有关，如雷诺病、血栓闭塞性脉管炎等。

（2）发红（redness）：皮肤发红是由于毛细血管扩张充血、血流加速、血量增加以及红细胞量增多所致。生理情况下见于运动、饮酒后；病理情况下见于发热性疾病，如肺炎链球菌肺炎、肺结核、猩红热、阿托品及CO中毒等。皮肤持久性发红见于库欣综合征及真性红细胞增多症。

（3）发绀（cyanosis）：皮肤呈青紫色，常出现于口唇、耳郭、面颊及肢端。见于还原血红蛋白增多或异常血红蛋白血症。

（4）黄染（stained yellow）：皮肤黏膜发黄称为黄染，常见的原因有：①黄疸（jaundice）：由于血清内胆红素浓度增高使皮肤黏膜发黄称为黄疸。血清总胆红素浓度＞34.2 μmol/L，可出现黄疸。黄疸引起皮肤黏膜黄染的特点是：黄疸首先出现于巩膜、硬腭后部及软腭黏膜上，随着血中胆红素浓度的继续增高，黏膜黄染更明显时，才会出现皮肤黄染；巩膜黄染是连续的，近角巩膜缘处黄染轻、黄色淡，远角巩膜缘处黄染重、黄色深。②胡萝卜素增高：过多食用胡萝卜、南瓜、橘子、橘子汁等可引起血中胡萝卜素增高，当＞2.5 g/L时，也可使皮肤黄染。其特点是：黄染首先出现于手掌、足底、前额及鼻部皮肤；一般不出现巩膜和口腔黏膜黄染；血中胆红素不高；停止食用富含胡萝卜素的蔬菜或果汁后，皮肤黄染逐渐消退。③长期服用含有黄色素的药物：如米帕林、呋喃类等药物也可引起皮肤黄染。其特点是：黄染首先出现于皮肤，严重者也可出现于巩膜；巩膜黄染的特点是角巩膜缘处黄染重，黄色深；离角巩膜缘越远，黄染越轻，黄色越淡，这一点是与黄疸的重要区别。

（5）色素沉着（pigmentation）：由于表皮基底层的黑色素增多所致的部分或全身皮肤色泽加深。生理情况下，身体的外露部分以及乳头、腋窝、生殖器官、关节、肛门周围等处皮肤色素较深。如果这些部位的色素明显加深或其他部位出现色素沉着，则提示为病理征象。常见于慢性肾上腺皮质功能减退，其他如肝硬化、晚期肝癌、肢端肥大症、黑热病、疟疾以及使用某些药物如砷剂和抗肿瘤药物等，亦可引起不同程度的皮肤色素沉着。

妇女妊娠期间，面部、额部可出现棕褐色对称性色素斑，称为妊娠斑；老年人也可出现全身或面部的散在色素斑，称为老年斑。

（6）色素脱失：正常皮肤均含有一定量的色素，当缺乏酪氨酸酶致体内酪氨酸不能转化为多巴而形成黑色素时，即可发生色素脱失。临床上常见的色素脱失，有白癜风、白斑及白化症。①白癜风（vitiligo）为多形性大小不等的色素脱失斑片，发生后可逐渐扩大，但进展缓慢，无自觉症状亦不引起生理功能改变。见于白癜风患者，有时偶见于甲状腺功能亢进症、肾上腺皮质功能减退症及恶性贫血患者；②白斑（leukoplakia）多为圆形或椭圆形色素脱失斑片，面积一般不大，常发生于口腔黏膜及女性外阴部，部分白斑可发生癌变；③白化病（albinismus）为全身皮肤和毛发色素脱失，头发可呈浅黄色或金黄色。属于遗传性疾病，为先天性酪氨酸酶合成障碍所致。

2. 湿度

皮肤湿度（moisture）与皮肤的排泌功能有关，排泌功能是由汗腺和皮脂腺完成的，其中汗腺起主要作用。出汗多者皮肤比较湿润，出汗少者比较干燥。在气温高、湿度大的环境中出汗增多是生理的调节功能。在病理情况下，可发生出汗增多或无汗，具有一定的诊断价值。如风湿病、结核病和布鲁氏菌病出汗较多；甲状腺功能亢进症、佝偻病、脑炎后遗症亦经常伴有多汗。夜间睡后出汗称为盗汗，多见于结核病。手足皮肤发凉而大汗淋漓称为冷汗，见于休克和虚脱患者。

3. 弹性

皮肤弹性（elasticity）与年龄、营养状态、皮下脂肪及组织间隙所含液体量有关。儿童及青年皮肤紧张富有弹性；中年以后皮肤组织逐渐松弛，弹性减弱；老年皮肤组织萎缩，皮下脂肪减少，弹性减退。检查皮肤弹性时，常选择手背或上臂内侧部位，以拇指和示指将皮肤提起，松手后如皮肤皱褶迅速平复为弹性正常，如皱褶平复缓慢为弹性减弱，后者见于长期消耗性疾病或严重脱水者。发热时血液循环加速，周围血管充盈，可使皮肤弹性增加。

4. 皮疹

皮疹（skin eruption）多为全身性疾病的表现之一，是临床上诊断某些疾病的重要依据。皮疹的种类很多，常见于传染病、皮肤病、药物及其他物质所致的过敏反应等。其出现的规律和形态有一定的特异性，发现皮疹时应仔细观察和记录其出现与消失的时间、发展顺序、分布部位、形态大小、颜色及压之是否退色、平坦或隆起、有无瘙痒及脱屑等。临床上常见的皮疹有以下几种。

（1）斑疹（maculae）：表现为局部皮肤发红，一般不凸出皮肤表面。见于斑疹伤寒、丹毒、风湿性多形性红斑等。

（2）玫瑰疹（roseola）：为一种鲜红色圆形斑疹，直径2～3 mm，为病灶周围血管扩张所致。检查时拉紧附近皮肤或以手指按压可使皮疹消退，松开时又复出现，多出现于胸腹部，为伤寒和副伤寒的特征性皮疹。

（3）丘疹（papules）：除局部颜色改变外，病灶凸出皮肤表面。见于药物疹、麻疹及湿疹等。

（4）斑丘疹（maculopapule）：在丘疹周围有皮肤发红的底盘称为斑丘疹。见于风疹、猩红热和药物疹等。

（5）荨麻疹（urticaria）：为稍隆起皮肤表面的苍白色或红色的局限性水肿，为速

发性皮肤变态反应所致，见于各种变态反应。

（6）疱疹（herpes）：为局限性高出皮面的腔性皮损，颜色可因腔内所含液体不同而异。腔内液体为血清、淋巴液。直径＜1 cm者为小水疱，可见于单纯疱疹、水痘等。直径＞1 cm为大水疱。腔内含脓者为脓疱，脓疱可以原发也可以由水疱感染而来，可见于糖尿病足和烫伤患者。

5. 脱屑

皮肤脱屑（desquamation）常见于正常皮肤表层不断角化和更新，但由于数量很少，一般不易察觉。病理状态下可见大量皮肤脱屑。米糠样脱屑常见于麻疹；片状脱屑常见于猩红热；银白色鳞状脱屑见于银屑病。

6. 皮下出血

皮下出血（subcutaneous hemorrhage）根据其直径大小及伴随情况分为以下几种：＜2 mm称为瘀点（petechia）；3～5 mm称为紫癜（purpura）；＞5 mm称为瘀斑（ecchymosis）。片状出血并伴有皮肤显著隆起称为血肿（hematoma）。

检查时，较大面积的皮下出血易于诊断，对于较小的瘀点应注意与红色的皮疹或小红痣进行鉴别，皮疹受压时，一般可退色或消失，瘀点和小红痣受压后不退色，但小红痣于触诊时可感到稍高于皮肤表面，且表面光亮。皮下出血常见于造血系统疾病、重症感染、某些血管损害性疾病以及毒物或药物中毒等。

7. 蜘蛛痣与肝掌

皮肤小动脉末端分支性扩张所形成的血管痣，形似蜘蛛，称为蜘蛛痣（spider angioma）。多出现于上腔静脉分布的区域内，如面、颈、手背、上臂、前胸和肩部等处，其大小不等。检查时用棉签等物品压迫蜘蛛痣的中心，其辐射状小血管网立即消失，去除压力后又复出现。一般认为蜘蛛痣的出现与肝脏对雌激素的灭活作用减弱有关，常见于急、慢性肝炎或肝硬化。

慢性肝病患者手掌大、小鱼际处常发红，加压后退色，称为肝掌（liver palm），发生机制与蜘蛛痣相同。

8. 水肿

水肿（edema）是指皮下组织的细胞内及组织间隙内液体积聚过多。水肿部位的皮肤张力大且有光泽，但轻度水肿有时视诊不易发现，因此水肿的检查应以视诊和触诊相结合。检查有无水肿时，可用手指按压被检查部位皮肤（通常是胫骨前内侧皮肤）3～5秒，若加压部位组织发生凹陷则称为凹陷性水肿（pitting edema）。若颜面、锁骨上、胫骨前内侧及手足背皮肤水肿，伴有皮肤苍白或略带黄色，皮肤干燥、粗糙，但指压后无组织凹陷，则为黏液性水肿（myxedema），见于甲状腺功能减退症；若下肢出现不对称性的皮肤增厚、粗糙、毛孔增大、有时出现皮肤皱褶，亦可累及阴囊、大阴唇及上肢等为象皮肿（elephantiasis），指压无凹陷，见于丝虫病。根据水肿的轻重，可分为轻、中、重三度。

（1）轻度：水肿仅见于眼睑、眶下软组织、胫骨前、踝部皮下组织，指压后可见组织轻度下陷，平复较快。

（2）中度：全身组织均见明显水肿，指压后可出现明显的或较深的组织下陷，

平复缓慢。

（3）重度：全身组织严重水肿，身体低位皮肤张紧发亮，甚至有液体渗出。此外，胸腔、腹腔等浆膜腔内可见积液，外阴部亦可见严重水肿。

9. 皮下结节

较大的皮下结节（subcutaneous nodules）通过视诊即可发现，对较小的结节则必须触诊方能查及。无论大小结节均应触诊检查，注意其大小、硬度、部位、活动度及有无压痛等。常见的皮下结节有下列几种。

（1）风湿结节：位于关节伸侧的皮下组织，尤其是肘、腕、膝、枕或胸腰椎棘突处，为稍硬无痛性小结节，与皮肤无粘连，表面皮肤无红肿。常与心脏炎同时出现，是风湿活动的表现之一。

（2）类风湿结节：多位于关节隆突部及受压部位的皮下，如前臂伸侧、肘鹰嘴突附近、枕、跟腱等处，大小不等，直径数毫米至数厘米，质硬如橡皮、无压痛、对称性分布，与皮肤粘连或不粘连。其存在提示有类风湿的活动。

（3）囊蚴结节：位于躯干、四肢、皮下或肌肉内出现的黄豆或略大的结节，圆形或椭圆形，数目多少不一，表面平滑，无压痛，与皮肤无粘连，质地硬韧而有一定弹性，结节亦可出现于颈部、乳房及阴部皮下。见于囊尾蚴病，也称囊虫病。

（4）痛风结节：亦称痛风石（tophus），是血液尿酸超过饱和浓度，尿酸盐针状结晶在皮下结缔组织沉积，引起慢性异物样反应所致。多见于外耳的耳郭、跖趾及指（趾）关节、掌指关节等部位，大小不一、黄白色结节，或有疼痛。较大结节表面皮肤变薄，破溃可排出豆渣样白色物质，不易愈合，继发感染少见。为痛风特征性病变。

（5）结节性红斑（erythema nodosum）：多见于青壮年女性，好发于小腿伸侧，常为对称性、大小不一、数目不等的痛性结节。皮损由鲜红色变为紫红色，最后可为黄色。常持续数天至数周而逐渐消退，不留瘢痕，但易复发。有的结节由孤立而逐渐增多，病程持续数年，结节炎症轻微，压痛较轻，称为慢性结节性红斑。见于溶血性链球菌等感染、自身免疫病、某些药物（如溴剂、口服避孕药等）及麻风等。

（6）脂膜炎结节：好发于大腿部位，大小不等，中等硬度，边界清楚，压痛明显，与皮肤粘连（活动度小），持续数周以上可自行消退，消退后可留有皮肤凹陷和色素沉着。多为脂膜炎表现。

（7）动脉炎结节：好发于下肢及上肢，也可出现于躯干、面部、肩部等处，病变局限于皮下组织中、小动脉的结节，可双侧发生，但不对称，结节直径多为0.5～2.0 cm，质硬有压痛，表面皮肤可呈黄红色、鲜红色或正常肤色，结节可单个或多个，沿浅表动脉排列或成群聚集于血管近旁，持续1周以上可自行消退。见于结节性多动脉炎。

（8）Osler小结：指尖、足趾、大小鱼际肌处出现的蓝色或粉红色有压痛的结节，可见于感染性心内膜炎。

10. 溃疡与糜烂

溃疡（ulcer）是指皮肤缺损或破坏达真皮或真皮以下，愈后留有瘢痕。检查时应

注意大小、颜色、边缘、基底、分泌物及发展过程等。

（1）内踝上方等部位发生的小腿溃疡，可为一个或多个，基底肉芽组织丰富，表面覆以浆液或腐物，常伴有下肢水肿，有时在溃疡周围，因毛细血管增生、淋巴阻滞、真皮乳头延长可导致息肉样肥厚。常见于静脉周围炎、血栓性静脉炎或复发性蜂窝织炎等。

（2）口腔、外生殖器及肛门等部位发生的小溃疡并逐渐融合成卵圆形或不规则形，边缘为潜行性，基底可见有高低不平的苍白色肉芽组织，常见黄色颗粒状突起，分泌物或苔膜中可查见结核分枝杆菌，称为溃疡性皮肤结核。常见于活动性结核伴抵抗力明显低下者。

（3）外生殖器等部位出现的圆形或卵圆形、易出血的疼痛性溃疡，边缘呈潜行性，柔软，不整齐，周围皮肤轻度充血，底面覆有污秽的脓性分泌物，也称作软下疳（chancroid）。

（4）边缘锐利如凿状，质硬，基底有坏死组织及树胶样分泌物的无痛性溃疡常为梅毒性溃疡。

糜烂（erosion）是指由于病变使表皮脱落或表皮破损而呈现出潮湿面的皮肤损害，愈后不留瘢痕。见于湿疹、尿布皮炎、接触性皮炎等。

11. 瘢痕

瘢痕（scar）指皮肤外伤或病变愈合后结缔组织增生形成的斑块。表面低于周围正常皮肤者为萎缩性瘢痕；高于周围正常皮肤者为增生性瘢痕。外伤、感染及手术等均可在皮肤上遗留瘢痕，为曾患某些疾病的证据。患过皮肤疮疖者在相应部位可遗留瘢痕；患过天花者，在其面部或其他部位有多数大小类似的瘢痕；颈淋巴结结核破溃愈合后的患者常遗留颈部皮肤瘢痕。

12. 毛发

毛发的颜色、曲直与种族有关，其分布、多少和颜色可因性别与年龄而有不同，亦受遗传、营养和精神状态的影响。正常人毛发的多少存在一定差异，一般男性体毛较多，阴毛呈菱形分布，以耻骨部最宽，上方尖端可达脐部，下方尖端可延至肛门前方；女性体毛较少，阴毛多呈倒三角形分布。中年以后因毛发根部的血运和细胞代谢减退，头发可逐渐减少或色素脱失，形成秃顶或白发。

毛发的多少及分布变化对临床诊断有辅助意义。毛发增多见于一些内分泌疾病，如库欣综合征及长期使用肾上腺皮质激素及性激素者。女性患者除一般体毛增多外，尚可生长胡须。病理性毛发脱落常见于以下原因。

（1）头部皮肤疾病：如脂溢性皮炎、螨寄生等可呈不规则脱发，以顶部为著。

（2）神经营养障碍：如斑秃，脱发多为圆形，范围大小不等，发生突然，可以再生。

（3）发热性疾病：如伤寒等。

（4）内分泌疾病：如甲状腺功能减退症、垂体功能减退症及性腺功能减退症等。

（5）理化因素：如过量的放射线影响，某些抗癌药物如环磷酰胺、顺铂等。

（三）淋巴结

淋巴结（lymph nodes）的变化与许多疾病的发生、发展、诊断及治疗密切相关，尤其是对肿瘤的诊断、转移及发展变化的观察起着非常重要的作用。淋巴结分布于全身，一般检查只能发现身体各部位浅表淋巴结的变化。

1. 正常表浅淋巴结分布

正常情况下，浅表淋巴结很小，直径多为0.2～0.5 cm，质地柔软，表面光滑，无压痛，与毗邻组织无粘连，常呈链状与组群分布，通常不易触及。

（1）头颈部：颈部淋巴结群（图12-2-14）。①耳前淋巴结：位于耳屏前方；②耳后淋巴结：位于耳后乳突表面、胸锁乳突肌止点处，亦称为乳突淋巴结；③枕淋巴结：位于枕部皮下，斜方肌起点与胸锁乳突肌止点之间；④颌下淋巴结：位于颌下腺附近，在下颌角与颏部的中间部位；⑤颏下淋巴结：位于颏下三角内，下颌舌骨肌表面，两侧下颌骨前端中点后方；⑥颈前淋巴结：位于胸锁乳突肌表面及下颌角处；⑦颈后淋巴结：位于斜方肌前缘；⑧锁骨上淋巴结：位于锁骨与胸锁乳突肌所形成的夹角处。

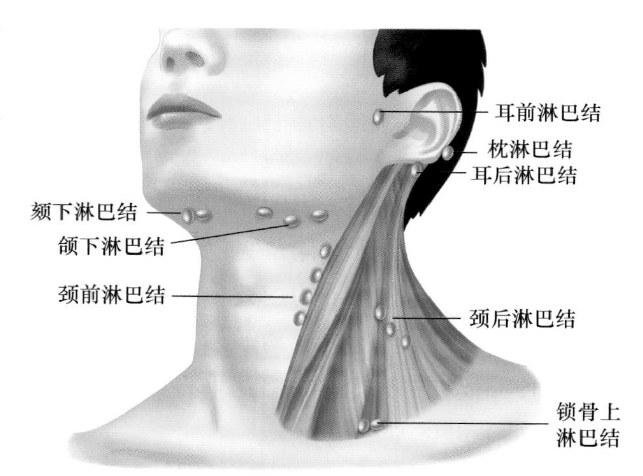

图12-2-14　颈部淋巴结群

（2）腋窝淋巴结群：是上肢最大的淋巴结组群，可分为五群（图12-2-15）：①外侧淋巴结群：位于腋窝外侧壁；②胸肌淋巴结群：位于胸大肌下缘深部；③肩胛下淋巴结群：位于腋窝后皱襞深部；④中央淋巴结群：位于腋窝内侧壁近肋骨及前锯肌

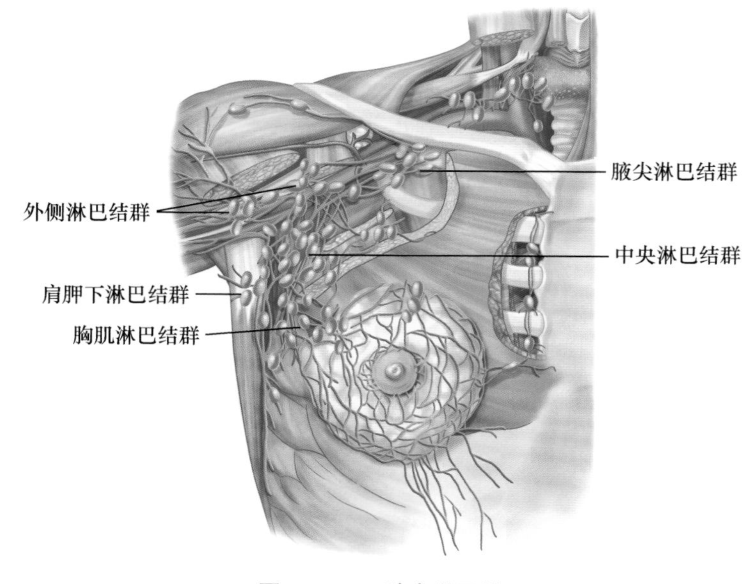

图12-2-15　腋窝淋巴结

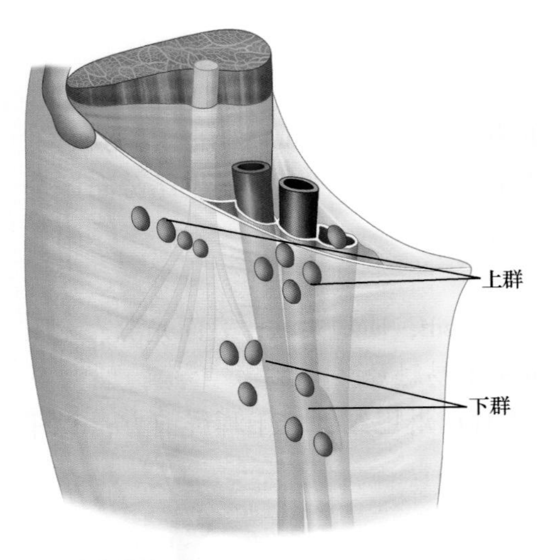

图12-2-16　腹股沟淋巴结

处；⑤腋尖淋巴结群：位于腋窝顶部。

（3）滑车上淋巴结：位于上臂内侧，内上髁上方3～4 cm处，肱二头肌与肱三头肌之间的间沟内。

（4）腹股沟淋巴结：位于腹股沟韧带下方股三角内，它又分为上、下两群（图12-2-16）。①上群：位于腹股沟韧带下方，与韧带平行排列，故又称为腹股沟韧带横组或水平组；②下群：位于大隐静脉上端，沿静脉走向排列，故又称为腹股沟淋巴结纵组或垂直组。

（5）腘窝淋巴结：位于小隐静脉和腘静脉的汇合处。

2. 检查方法及顺序

（1）检查方法：检查淋巴结的方法是视诊和触诊。视诊时不仅要注意局部征象（包括皮肤是否隆起，颜色有无变化，有无皮疹、瘢痕、瘘管等），也要注意全身状态。

触诊是检查淋巴结的主要方法。检查者将示、中、环三指并拢，其指腹平放于被检查部位的皮肤上进行滑动触诊，这里所说的滑动是指腹按压的皮肤与皮下组织之间的滑动；滑动的方式应取相互垂直的多个方向或转动式滑动，这有助于淋巴结与肌肉和血管结节的区别。

检查颈部淋巴结时可站在被检查前面或背后，手指紧贴检查部位，由浅及深进行滑动触诊，嘱被检查者头稍低，或偏向检查侧，以使皮肤或肌肉松弛，有利于触诊（图12-2-17）。检查锁骨上淋巴结时，让被检查者取坐位或卧位，头部稍向前屈，用双

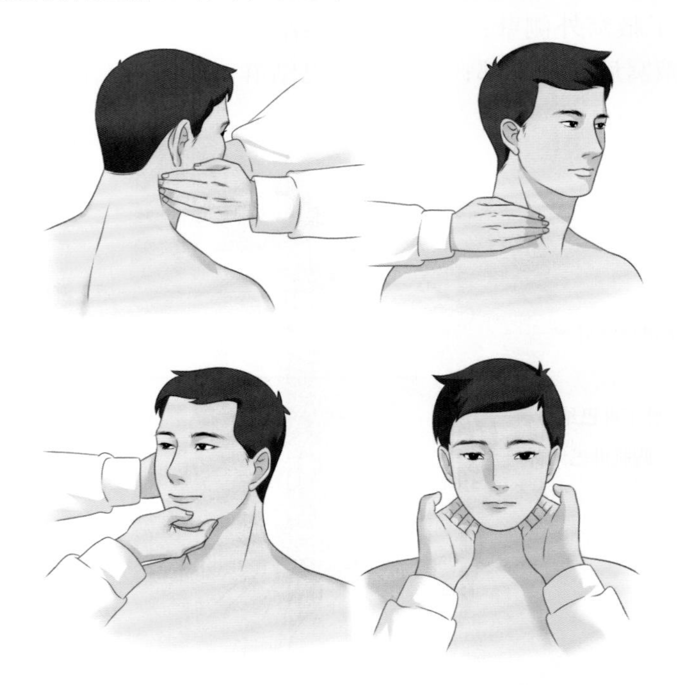
图12-2-17　颈部淋巴结触诊

手进行触诊，左手触诊右侧，右手触诊左侧，由浅部逐渐触摸至锁骨后深部。检查腋窝淋巴结时，被检查者前臂稍外展，检查者以右手检查左侧，以左手检查右侧，触诊时由浅及深至腋窝各部。检查滑车上淋巴结时，以左（右）手扶托被检查者左（右）前臂，以右（左）手向滑车上由浅及深进行触摸。

发现淋巴结肿大时，应注意其部位、大小、数目、硬度、压痛、活动度、有无粘连，局部皮肤有无红肿、瘢痕、瘘管等。同时注意寻找引起淋巴结肿大的原发病灶。

（2）检查顺序：全身体格检查时，淋巴结的检查应在相应身体部位检查过程中进行。为了避免遗漏，应特别注意淋巴结的检查顺序。头颈部淋巴结的检查顺序是：耳前、耳后、枕部、颌下、颏下、颈前、颈后、锁骨上淋巴结。上肢淋巴结的检查顺序是：腋窝淋巴结、滑车上淋巴结。腋窝淋巴结应按腋尖群、中央群、胸肌群、肩胛下群和外侧群的顺序进行。下肢淋巴结的检查顺序是：腹股沟淋巴结（先查上群、后查下群）、腘窝淋巴结。

3. 淋巴结肿大的病因及表现

淋巴结肿大按其分布可分为局限性和全身性淋巴结肿大。

（1）局限性淋巴结肿大

① 非特异性淋巴结炎：由引流区域的急、慢性炎症所引起，如急性化脓性扁桃体炎、齿龈炎可引起颈部淋巴结肿大。急性炎症初始，肿大的淋巴结柔软、有压痛，表面光滑、无粘连，肿大至一定程度即停止。慢性炎症时，淋巴结较硬，最终淋巴结可缩小或消退。

② 单纯性淋巴结炎：为淋巴结本身的急性炎症。肿大的淋巴结有疼痛，呈中等硬度，有触痛，多发生于颈部淋巴结。

③ 淋巴结结核：肿大的淋巴结常发生于颈部血管周围，多发性，质地稍硬，大小不等，可相互粘连，或与周围组织粘连，如发生干酪性坏死，则可触及波动感。晚期破溃后形成瘘管，愈合后可形成瘢痕。

④ 恶性肿瘤淋巴结转移：恶性肿瘤转移所致肿大的淋巴结，质地坚硬，或有橡皮样感，表面可光滑或突起，与周围组织粘连，不易推动，一般无压痛。胸部肿瘤如肺癌可向右侧锁骨上或腋窝淋巴结转移；胃癌多向左侧锁骨上淋巴结转移，因此处是胸导管进颈静脉的入口，这种肿大的淋巴结称为Virchow淋巴结，常为胃癌、食管癌转移的标志。

（2）全身性淋巴结肿大

① 感染性疾病：病毒感染见于传染性单核细胞增多症、艾滋病等；细菌感染见于结核、布鲁氏菌病、麻风等；螺旋体感染见于梅毒、鼠咬热、钩端螺旋体病等；原虫与寄生虫感染见于黑热病、丝虫病等。

② 非感染性疾病：见于结缔组织疾病，如系统性红斑狼疮、干燥综合征、结节病等；血液系统疾病，如急、慢性白血病，淋巴瘤，恶性组织细胞病等。

（王婧婧）

参 考 文 献

[1] 丁文龙, 刘学政. 系统解剖学[M]. 9版. 北京: 人民卫生出版社, 2018.

[2] 丁文龙, 王海杰. 系统解剖学[M]. 3版. 北京: 人民卫生出版社, 2015.

[3] 李和, 李继承. 组织学与胚胎学[M]. 3版. 北京: 人民卫生出版社, 2015.

[4] 李继承, 曾园山. 组织学与胚胎学[M]. 9版. 北京: 人民卫生出版社, 2018.

[5] 王庭槐. 生理学[M]. 9版. 北京: 人民卫生出版社, 2018.

[6] 王庭槐. 生理学[M]. 3版. 北京: 人民卫生出版社, 2015.

[7] 杨宝峰, 陈建国. 药理学[M]. 9版. 北京: 人民卫生出版社, 2018.

[8] 杨宝峰, 陈建国. 药理学[M]. 3版. 北京: 人民卫生出版社, 2015.

[9] 王建枝, 钱睿哲. 病理生理学[M]. 9版. 北京: 人民卫生出版社, 2018

[10] 肖献忠. 病理生理学[M]. 4版. 北京: 高等教育出版社, 2018

[11] 王建枝, 钱睿哲. 病理生理学[M]. 3版. 北京: 人民卫生出版社, 2015

[12] 孙树汉. 遗传与疾病[M]. 北京：人民卫生出版社, 2009.

[13] 步宏, 李一雷. 病理学[M]. 9版. 北京: 人民卫生出版社, 2018.

[14] 陈杰, 周桥. 病理学[M]. 3版. 北京: 人民卫生出版社, 2015.

[15] 万学红, 卢雪峰. 诊断学[M]. 9版. 北京: 人民卫生出版社, 2018.

[16] 万学红, 陈红. 临床诊断学[M]. 3版. 北京: 人民卫生出版社, 2015.

[17] 柳孝先. 生殖健康与保健[M]. 北京：人民军医出版社, 2006.

[18] 周华, 杨向群. 人体解剖生理学[M]. 8版. 北京: 人民卫生出版社, 2022.

[19] 俞小瑞. 基础医学导论[M]. 北京: 人民卫生出版社, 2015.

[20] WILLIAM K, OVALLE, PATRICK C. Nahirney. Netter's essential histology[M]. 3rd Edition. Amsterdam: Elsevier Inc. 2020.

[21] Anthony L, Mescher. Basic Histology 16th Edition[M]. New York: McGraw-Hill Companies, Inc., 2021.

[22] KEITH L M, PERSAUD T V N., MARK G T. The Developing Human[M]. 11th Edition. Amsterdam: Elsevier, Inc. 2019.

[23] GARY D H, STEPHEN J. MCPHEE. Pathophysiology of disease: an introduction to clinical medicine[M]. 8th Edition. McGraw-Hill Companies, Inc, 2019.

[24] SADLER T W. Langman's Medical Embryology[M]. 14th Edition. Philadelphia: Lippincott Williams & Wilkins, 2019.

[25] SCHOENWOLF G, BLEYL S, BRAUER P, et al. Larsen's Human Embryology[M]. 6th Edition. New York: Churchill Livingstone, 2021

中英文索引

A

B

C

D

Note

E

F

Note

Note

Note

J

Note

Note

K

Note

Note

Note

P

Q

R

S

Note

Note

T

W

Note

Note

Y

Note

Note

Z

Note

Note